Wasserwirtschaftlicher Rahmenplan Main

Planungsraum / Zusammenfassende Planaussagen

Kurzfassung - Text

Bayerisches Staatsministerium für Landesentwicklung und Umweltfragen

Impressum:

ISBN 3 - 910088 - 14 - 7

Wasserwirtschaftlicher Rahmenplan Main

Herausgeber: Bayerisches Staatsministerium für Landesentwicklung und Umweltfragen,

Rosenkavalierplatz 2, 81925 München

Bearbeiter: Bayerisches Landesamt für Umweltschutz,

Rosenkavalierplatz 3, 81925 München

Herstellung: Druckhaus Kastner,

Schloßhof 2-4, 85283 Wolnzach

Vertrieb: Die Kurzfassung kann kostenlos, die Langfassung gegen Schutzgebühr bezogen werden.

© 1994 by Bayerisches Staatsministerium für Landesentwicklung und Umweltfragen, München

Vorwort

Der Main, ein größerer Nebenfluß des Rheins, ist nach der Donau der bedeutendste Flußlauf in Bayern. Er gliedert mit seiner vielgestaltigen Flußlandschaft den Norden des Freistaates Bayern und entwässert ca. 28% der Landesfläche.

Der Planungsraum des Wasserwirtschaftlichen Rahmenplanes Main umfaßt den bayerischen Anteil am Flußgebiet des Main ohne das Flußgebiet der Regnitz, für das bereits 1974 ein Rahmenplan aufgestellt wurde. Anlaß war damals schon die im Vergleich mit dem Donauraum angespannte wasserwirtschaftliche Situation im Maingebiet, insbesondere im mittelfränkischen Wirtschaftsraum Nürnberg. Die im Rahmenplan Regnitz behandelte Wasserüberleitung über den Main-Donau-Kanal ist 1993 verwirklicht worden.

Nach § 36 des Wasserhaushaltsgesetzes soll ein Wasserwirtschaftlicher Rahmenplan die für die Entwicklung der Lebens- und Wirtschaftsverhältnisse notwendigen wasserwirtschaftlichen Voraussetzungen sichern. Ein Rahmenplan muß daher eine großräumige Zusammenschau der wasserwirtschaftlichen Situation in allen Fachbereichen der Wasserwirtschaft - Wasserversorgung, Abflußbewirtschaftung, Gewässerschutz - sein, im Sinne einer Rückschau, Standortbestimmung und Vorausschau. Neben diesen bisherigen Schwerpunkten eines Rahmenplanes, die primär auf die Nutzungen des Wassers abzielen, befaßt sich der Wasserwirtschaftliche Rahmenplan Main in einem eigenen Teil mit dem Wasser in Natur und Landschaft. Neben der Sicherung der langfristigen Nutzung der Wasservorräte soll damit der Ordnung des Wasser- und Naturhaushaltes insgesamt ein neuer Stellenwert gegeben werden, entsprechend der Aufnahme des Staatszieles Umweltschutz in die Bayerische Verfassung.

Der Kernpunkt eines Rahmenplans ist die künftige Wasserbilanz, die für das Jahr 2020 prognostiziert wurde. Die Prognosen des künftigen Wasserbedarfs stehen im Einklang mit den Zielen der Raumordnung und Landesplanung.

In dem umfangreichen Kartenwerk wird die Komplexizität der Materie Wasser deutlich. Erst durch eine solche Zusammenschau ist die Gewichtung von Teilaspekten möglich. Ein Rahmenplan soll und kann keine Einzelmaßnahmen vorgeben, vielmehr grenzt er den „Rahmen" für künftige Entwicklungen ein und stellt damit eine Grundlage für regionale und örtliche Planungsvorhaben mit wasserwirtschaftlicher Bedeutung dar.

Für den allgemein interessierten Leser wurde auch eine Kurzfassung des mehrbändigen Planes erstellt.

Dr. Peter Gauweiler
Staatsminister

Christl Schweder
Staatssekretärin

A/B   Planungsraum / Zusammenfassende Planaussagen

Inhaltsverzeichnis

	Seite
Vorwort	III
Tabellenverzeichnis	VI
Abbildungsverzeichnis	VII
Einführung	1

A Planungsraum

		Seite
1	**Allgemeine Beschreibung des Planungsraumes**	5
1.1	Gliederung des Planungsgebietes	7
1.1.1	Administrative Gliederungen	7
1.1.2	Planerische Gliederungen	7
1.2	Topographie / Naturräume	10
1.2.1	Topographie	10
1.2.2	Naturräumliche Gliederung	10
1.3	Geologie, Hydrogeologie	11
1.3.1	Geomorphologischer Überblick	11
1.3.2	Die wichtigsten Grundwasserleiter im Planungsraum	12
1.3.2.1	Paläozoikum (Erdaltertum) und Kristallin	13
1.3.2.2	Mesozoikum (Erdmittelalter)	13
1.3.2.3	Känozoikum (Erdneuzeit)	16
1.4	Klima	17
1.4.1	Niederschlag	17
1.4.2	Lufttemperatur	17
1.4.3	Verdunstung	17
1.4.4	Wind	18
1.5	Hydrographie	18
1.5.1	Flußgeschichte des Mains	18
1.5.2	Übrige Oberflächengewässer	19
1.5.3	Feststofftransport des Mains	20
1.5.4	Hydrologie der Oberflächengewässer	20
2	**Raumnutzung**	26
2.1	Bevölkerung	26
2.1.1	Bevölkerungsentwicklung	26
2.1.2	Siedlungsstruktur	29
2.2	Verkehr und Wirtschaft	29
2.2.1	Verkehr	29
2.2.2	Wirtschaft	30
2.2.3	Fremdenverkehr	31
2.3	Flächennutzung	32

B Zusammenfassende Planaussagen

		Seite
1	**Wasserversorgung und Wasserbilanz**	33
1.1	Einleitung	33
1.2	Situation der Wasserversorgung; Wasserbedarf	34
1.2.1	Versorgungsstruktur der öffentlichen Wasserversorgung	34
1.2.2	Wasserbedarf der öffentlichen Wasserversorgung	36
1.2.3	Industrie	36
1.2.4	Abschätzung der zukünftigen Entwicklung	38
1.3	Wasserdargebot	42
1.3.1	Derzeit genutztes Dargebot	42
1.3.2	Dargebotsreserven	46
1.3.3	Wassertransporte über Planungs- und Bilanzraumgrenzen	47
1.4	Wasserbilanz	47
1.4.1	Zwischenbilanz	48
1.4.2	Möglichkeiten der Bedarfsdeckung	48
1.4.3	Wasserbilanzen und erforderliche Maßnahmen	49
1.5	Umweltstatistik 1991	51
1.6	Wasserwirtschaftliche Zielsetzung	54
1.7	Landwirtschaftliche Bewässerung	56
1.8	Wasserversorgung der Wärmekraftanlagen	57
1.9	Schlußbemerkungen	60
2	**Abflußbewirtschaftung und Wasserbau**	62
2.1	Hochwasserschutz	62
2.1.1	Kriterien	62
2.1.2	Hochwasserschutz im Maingebiet	62
2.1.3	Hochwasserschutz in Bayreuth	63
2.2	Niedrigwasseraufhöhung	65
2.2.1	Donauwasserüberleitung	65
2.2.2	Niedrigwasseraufhöhung am Roten Main	65
2.3	Flußausbau und Gewässerpflege	67
2.3.1	Pflegepläne	67
2.3.2	Kiesgruben	67
2.3.3	Flußbiologie	68
2.3.4	Erholungsnutzung und Fischerei	68
2.4	Wasserkraftausbau	69
2.5	Schiffahrt	70
2.6	Stauraumbewirtschaftung am Main	72
2.7	Schlußbemerkungen	72
3	**Wasser in Natur und Landschaft**	74
3.1	Allgemeine Betrachtungen	74
3.2	Erfassung des Zustands der Auen und Fließgewässer	75
3.3	Landschaftsökologische Bewertung der Auen, Fließgewässer und Einzugsgebiete	75
3.3.1	Allgemeine Bewertungsgrundlagen	75
3.3.2	Bewertungsmodell für Auenbereiche	76
3.3.3	Bewertungsmodell für Fließgewässer	76
3.3.4	Bewertung großräumiger Einzugsgebiete	77
3.3.5	Ergebnisse der landschaftsökologischen Bewertung	78
3.4	Zielvorstellungen und Maßnahmen	78
3.4.1	Gewässerpflege zur Umsetzung von Maßnahmen	79
3.4.2	Maßnahmenkonzept für Auen- und Fließgewässerabschnitte	80
3.5	Schlußbemerkungen	83

		Seite
4	**Gewässerschutz**	84
4.1	Allgemeine Grundlagen	84
4.2	Beschaffenheit der Gewässer im Planungsraum	84
4.2.1	Sauerstoffhaushalt	84
4.2.2	Anorganische Salze	86
4.2.3	Nährstoffe	88
4.2.3.1	Phosphor	88
4.2.3.2	Stickstoff	92
4.2.3.3	Verringerung der Nährstoffeinträge aus landwirtschaftlichen Quellen in die Gewässer	94
4.2.4	Anorganische und organische Schadstoffe	95
4.2.4.1	Anorganische Schadstoffe	96
4.2.4.2	Organische Schadstoffe	100
4.2.4.2.1	Halogenkohlenwasserstoffe	101
4.2.4.2.2	Pflanzenbehandlungsmittel	104
4.2.4.2.3	Komplexbildner NTA und EDTA	110
4.2.5	Bakteriologisch-hygienische Belastung der Gewässer im Planungsraum	111
4.2.6	Radioaktive Substanzen	113
4.2.7	Ökologische und nutzungsorientierte Bewertung der Gewässer im Planungsraum	115
4.2.8	Grundwasserschutz	118
4.3	Abwasser aus Kommunen und Industrie	120
4.3.1	Allgemeines	120
4.3.2	Regenwassernutzung, Abwasserreduzierung und Regenwasserbehandlung	121
4.3.3	Stand und Entwicklung kommunaler Kläranlagen	122
4.3.3.1	Anschluß an kommunale Kläranlagen	123
4.3.3.2	Abläufe und Frachten aus kommunalen Kläranlagen	124
4.3.4	Abwasser aus Industrie und Gewerbe	127
4.3.5	Kosten der Abwasserreinigung	128
4.4	Auswirkungen von Gewässerschutzmaßnahmen	129
4.4.1	Allgemeines	129
4.4.2	Auswertung der Jahresfrachten	130
4.4.3	Konzentrationserhöhungen von Abwasserinhaltsstoffen in Vorflutern durch die Kläranlagen im Planungsraum	131
4.4.4	Gewässergütesimulationen	135
4.4.4.1	Beschreibung der Simulationsstrecken und Darstellung der Bezugssituation 1987	138
4.4.4.2	Prognoselastfälle	139
4.5	Zusammenfassung und Schlußbemerkungen	141

	Seite
Anhang	155
Literaturverzeichnis	155
Verzeichnis der Tabellen im Anhang	158
Anhangtabellen zu Kapitel A 1 Allgemeine Beschreibung des Planungsraumes	159
Anhangtabellen zu Kapitel A 2 Raumnutzung	168
Anhangtabellen zu Kapitel B 1 Wasserversorgung und Wasserbilanz	172
Anhangtabellen zu Kapitel B 2 Abflußbewirtschaftung und Wasserbau	188
Anhangtabellen zu Kapitel B 3 Wasser in Natur und Landschaft	190
Richtlinien für die Aufstellung von wasserwirtschaftlichen Rahmenplänen	194
Inhaltsverzeichnisse der Fachteile	196
Fachteil „Wasserversorgung und Wasserbilanz"	196
Fachteil „Wasser in Natur und Landschaft"	197
Fachteil „Gewässerschutz / Oberflächengewässer"	198
Fachteil „Gewässerschutz / Grundwasser"	199
Fachteil „Abflußbewirtschaftung und Wasserbau"	200
Verzeichnis der Abkürzungen	201
Verzeichnis der Fachausdrücke	204
Verzeichnis der Bilder	207
Bildnachweis	207
Verzeichnis der Karten	208

Tabellenverzeichnis

A Planungsraum

		Seite
A 1-1	Politische Gliederung und Bevölkerungsanteile des Main-Einzugsgebietes	5
A 1-2	Vergleich der Einwohnerzahlen und Einwohnerdichte im Maingebiet	6
A 1-3	Wasserwirtschaftsämter im Planungsraum	8
A 1-4	Gliederung des Planungsgebietes in Bilanzräume	8
A 1-5	Hauptwerte von Höhe, Flußlänge und Gefälle im Maingebiet	10
A 1-6	Naturräumliche Haupteinheiten	11
A 1-7	Typische Klimawerte im Maingebiet (1931 - 1960)	18
A 1-8	Flußmorphologische Angaben des Mains	20
A 1-9	Schwebstofftransport an ausgewählten Meßstellen im Maingebiet	21
A 1-10	Niederschlag, Abfluß und Verdunstung für ausgewählte Teile des Planungsraumes	23
A 2-1	Bevölkerung im Planungsraum in den Bilanzräumen und Regionen am 25.05.1987	27
A 2-2	Überörtliches Straßennetz nach Stand vom 01.01.1989	30
A 2-3	Beschäftigte im Bergbau und Verarbeitenden Gewerbe - Rangfolge der 7 Industriegruppen 1987	31

B Zusammenfassende Planungsaussagen

B 1-5	Wasserbedarf aus öffentlicher Wasserversorgung	43
B 1-16	Elektrizitätsaufkommen in Bayern in den Jahren 1960, 1970, 1980, 1985 und 1990	59
B 1-17	Wassergewinnung 1987	59
B 1-18	Abwärme, Kühlwasserbedarf und Verdunstungsverluste je 100 MW erzeugter elektrische Leistung je nach meteorologischen Bedingungen	59
B 1-19	Durchschnittliche Verdunstungsverluste der Wärmekraftwerke im Planungsraum bei Vollast (Anlagen über 100 MW)	60
B 2-2	Ablaufwerte der Kläranlage Bayreuth, Bezugssituation 1987 und Prognosen	68
B 2-3	Wasserkraftwerke im Planungsgebiet, nach Größenklassen	70
B 4-1	Stickstoffemissionen der Belastungsgebiete Würzburg und Aschaffenburg	93
B 4-2	Rechtsgrundlagen und Zielvorgaben für Metallgehalte im Trinkwasser in µg/l (unfiltrierte Probe)	97
B 4-3	Vorschlag für Qualitätsziele zum aquatischen Ökosytem- und Artenschutz: Konzentrationsangaben beziehen sich auf gelöste Phase	97
B 4-4	Vorschlag für Höchstmengen an Schwermetallen im Fischfleisch und zugeordnete Konzentrationen im Wasser (WACHS 1989, 1993)	101
B 4-5	Hygienische Anforderungen nach der EG-Badewasserrichtlinie	113
B 4-6	Qualitätsanforderungen der EG-Rohwasserrichtlinie	113
B 4-7	Abwasserbürtige Stickstoffjahresfrachten (Planungsraum)	126
B 4-8	Herkunft der Schwermetallfrachten in kommunalen Kläranlagen im Planungsraum (1987 und Prognose)	127
B 4-9	Anzahl der Betriebe nach Industriegruppen und Planungsraumabschnitten	128
B 4-10	Jahresfrachten der Direkteinleiter; Mittelwerte der Jahre 1983-1987	129
B 4-11	Stillegung von Ackerflächen in den Regierungsbezirken	130
B 4-12	Phosphorjahresfrachten für Bezugs- und Prognosefälle	132
B 4-13	Stickstoffjahresfrachten für Bezugs- und Prognosefälle	132
B 4-14	Einfluß der Stillegung von Ackerflächen auf die Stickstoffjahresfrachten des Maingebietes am Pegel Kahl a. Main	133
B 4-15	Anzahl der Kläranlagen 1987 geordnet nach den Vorflutverhältnissen: Abfluß der Vorfluter (MNQ) + Trockenwetterabfluß der Kläranlagen (QTW)	133
B 4-16	Simulierte Lastfälle	138

Abbildungsverzeichnis

A Planungsraum

		Seite
A 1-1	Stand der wasserwirtschaftlichen Rahmenplanung in Bayern	3
A 1-2	Abwasserabschnitte	9
A 1-3	Bilanzraumgrenzen	12
A 1-4	schematischer Querschnitt des geologischen Schichtenaufbaus	14
A 1-5	Aufbau des Einzugsgebietes des Mains von der Regnitzmündung bis zur Landesgrenze	22
A 1-6	Abflußdauerlinien Kemmern / Main und Pettstadt / Regnitz	23
A 1-7	Mittel- und Niedrigwasserabflüsse und -abflußspenden des Mains	24
A 1-8	Hochwasser- und Niedrigwasserabflüsse des Mains zu verschiedenen Wiederkehrzeiten	25
A 2-1	Bevölkerungsentwicklung in Bayern	28
A 2-2	Bevölkerungsentwicklung in Ober- und Unterfranken	28

B Zusammenfassende Planungsaussagen

		Seite
B 1-1	Übersicht über erfaßte Bedarfsträger in den Bedarfsstatistiken der Bundesrepublik Deutschland	35
B 1-2	Pro-Kopf-Bedarfs-Werte (Umweltstatistik 1987)	37
B 1-3	Öffentliche Wasserversorgung - Entwicklung bei den einzelnen Bedarfssektoren	37
B 1-4	Trinkwasserabgabe der öffentlichen Wasserversorgung 1987	39
B 1-5	Entwicklung personenbezogener Bedarfswerte in der Bundesrepublik und Bayern	40
B 1-6	Ermittlung des personenbezogenen Bevölkerungsbedarfs	41
B 1-7	Bevölkerungsentwicklung im Planungsraum	41
B 1-8	Entwicklung des gesamten Trinkwasserbedarfs der öff.WV im Planungsraum	43
B 1-9	Wassergewinnung der öffentlichen Wasserversorgung 1987	45
B 1-10	Jahresbilanz	52
B 1-11	Tagesbilanz für verbrauchsreiche Zeiten	53
B 2-1	Zukünftige Abflußänderung an Main und Regnitz in Trockenjahren gegenüber dem Bezugsjahr 1976 durch die Donauwasserüberleitung	66
B 2-2	Pegel Bayreuth: Jahresreihe der Wochenmittelwerte 1946-1987: Langjährige Mittelwerte und Minima der Wochenintervalle	67
B 2-3	Bestehende Wasserkraftwerke am Main mit Ausbauleistung über 900 kW	70
B 2-4	Güterumschlag auf den bayerischen Binnenwasserstraßen 1960 bis 1992	71
B 2-5	Schiffsverkehr auf den bayerischen Binnenwasserstraßen 1960 bis 1992	71

		Seite
B 4-1	Einsatz mineralischen Düngerphosphors auf Landwirtschaftsflächen von 1950 bis 1993 in der Bundesrepublik (alte Länder) und in Bayern	89
B 4-2	Phosphordüngereinsatz auf Ackerflächen in Bayern von 1978 bis 1989	90
B 4-3	Langfristige Entwicklungen der Konzentrationen von Gesamtphosphor, Ammonium- und Nitratstickstoff in Regnitz und Main	91
B 4-4	Einsatz mineralischen Düngerstickstoffes auf Landwirtschaftsflächen von 1950 bis 1993 in der Bundesrepublik (alte Länder) und in Bayern	94
B 4-5	Stickstoffdüngereinsatz auf Ackerflächen in Bayern von 1978 bis 1989	95
B 4-6	Blei und Cadmium im Staubniederschlag, Jahresmittel 1982 - 1989	99
B 4-7	LCKW-Konzentrationen und -Frachten im Main, Meßaktion November 1989	105
B 4-8	Einsatz von Pflanzenschutzmitteln in der Bundesrepublik 1980 bis 1990	106
B 4-9	PSM-Wirkstoffe im Main bei Kleinwallstadt und in der Wern	108
B 4-10	Cs-137 - Aktivität in Fischfleisch (Fließgewässer)	115
B 4-11	Mischungsverhältnisse der KA-Abläufe zu den Vorfluter-Abflüssen nach KA-Größenklassen und Hauptabschnitte geordnet	136
B 4-12	Prozentanteil der KA verschiedener Aufhöhungsklassen von BSB, CSB und NH_4-N in mg/l	136
B 4-13	Mittlere Aufhöhungen der Vorfluter-Konzentrationen und BSB-Einleitungsfrachten nach KA-Größenklassen	137
B 4-14a	Ammonium- und Nitrat-Stickstoff, Regnitz, Sommer 1987 mit und ohne Überleitung, Prognose 2	145
B 4-14b	Ortho-Phosphat-P, Regnitz, Sommer 1987 mit und ohne Überleitung, Prognose 2	145
B 4-14c	Sauerstoffgehalt, Regnitz, Sommer 1987 mit und ohne Überleitung, Prognose 2	146
B 4-14d	Chemischer Index, Regnitz, Sommer 1987 mit und ohne Überleitung, Prognose 2	146
B 4-15	Ammonium - Stickstoff in mg/l, Main, Sommer 1987 mit Überleitung	147
B 4-16	Chlorophyll a und Zooplankton-Trockengewicht, Main, Frühjahr und Sommer 1987 ohne Überleitung	148
B 4-17	Chemischer Index, Main, Frühjahr und Sommer 1987	149
B 4-18	Chlorophyll a und Zooplankton-Trockengewicht, Main, Sommer 1987 mit Überleitung, Prognose 1 und Prognose 2	150
B 4-19	Ammonium- und Nitrat-Stickstoff, Main, Sommer 1987 mit Überleitung, Prognose 1 und Prognose 2	151
B 4-20	Ortho-Phosphat-P, Main, Sommer 1987 mit Überleitung, Prognose 1 und Prognose 2	152
B 4-21	Chemischer Index, Main, Sommer 1987 mit Überleitung, Prognose 1 und Prognose 2	153

Einführung

Gesetzliche Grundlagen, Ziele eines wasserwirtschaftlichen Rahmenplanes

Der wasserwirtschaftliche Rahmenplan ist eine großräumige, gesamtwasserwirtschaftliche Untersuchung, die eine Ermittlung der wasserwirtschaftlichen Zusammenhänge und Abhängigkeiten zum Ziel hat. Die Aufstellung wasserwirtschaftlicher Rahmenpläne wird in §36 des Wasserhaushaltsgesetzes gefordert [1]:

(1) Um die für die Entwicklung der Lebens- und Wirtschaftsverhältnisse notwendigen wasserwirtschaftlichen Voraussetzungen zu sichern, sollen für Flußgebiete oder Wirtschaftsräume oder für Teile von solchen wasserwirtschaftliche Rahmenpläne aufgestellt werden. Sie sind der Entwicklung fortlaufend anzupassen.

(2) Ein wasserwirtschaftlicher Rahmenplan muß den nutzbaren Wasserschatz, die Erfordernisse des Hochwasserschutzes und die Reinhaltung der Gewässer berücksichtigen. Die wasserwirtschaftliche Rahmenplanung und die Erfordernisse der Raumordnung sind miteinander in Einklang zu bringen.

(3) Wasserwirtschaftliche Rahmenpläne sind von den Ländern nach Richtlinien aufzustellen, die die Bundesregierung mit Zustimmung des Bundesrates erläßt.

Begriff, Ziel, Inhalt und Grundsätze der wasserwirtschaftlichen Rahmenplanung wurden vom Bundesministerium des Inneren in einer Allgemeinen Verwaltungsvorschrift „Richtlinien für die Aufstellung von wasserwirtschaftlichen Rahmenplänen" zusammengefaßt (der volle Wortlaut der VwV ist im Anhang wiedergegeben) [2]:

1. Der wasserwirtschaftliche Rahmenplan ist die Darstellung der wasserwirtschaftlichen Zusammenhänge und Abhängigkeiten in einem Planungsraum. Damit stellt er als Bindeglied zwischen Raumordnung und Landesplanung einerseits sowie der wasserwirtschaftlichen Fachplanung andererseits zugleich einen fachplanerischen Beitrag zur Verwirklichung der Ziele und Grundsätze der Raumordnung dar. Der Rahmenplan ergibt sich aus großräumigen Untersuchungen. Er soll die wasserwirtschaftlichen Gegebenheiten eines Planungsraumes aufzeigen und ermöglichen, die Auswirkungen von Änderungen zu beurteilen. Er ist Grundlage einer großräumigen wasserwirtschaftlichen Ordnung.

2. Ein wasserwirtschaftlicher Rahmenplan muß

a) den derzeitigen und den voraussichtlichen künftigen Wasserbedarf angeben,

b) das Wasserdargebot und seinen nutzbaren Teil nachweisen,

c) die Abflußregelung und den Hochwasserschutz behandeln,

d) die Reinhaltung der Gewässer berücksichtigen,

e) die Möglichkeiten der Deckung des Wasserbedarfs aus dem Wasserdargebot in Wasserbilanzen aufzeigen.

Wie der Auszug aus den Richtlinien zeigt, wird großes Gewicht auf die Funktion des wasserwirtschaftlichen Rahmenplanes als Bindeglied zwischen Raumordnung einerseit sowie der wasserwirtschaftlichen Fachplanung andererseits gelegt. Auf der Grundlage des Art. 71a des Bayerischen Wassergesetzes [3] werden wasserwirtschaftliche Rahmenpläne durch das Bayerische Staatsministerium für Landesentwicklung und Umweltfragen aufgestellt. Die Ausarbeitung von wasserwirtschaftlichen Rahmenplänen wurde mit Verordnung der Staatsregierung dem Bayer. Landesamt für Umweltschutz übertragen.

Kernpunkte eines wasserwirtschaftlichen Rahmenplanes sind die Ermittlung von Wasserbedarf und Wasserdargebot und ihre Gegenüberstellung in Form von Wasserbilanzen, die Abflußregelung und der Hochwasserschutz und die Reinhaltung der Gewässer. Zudem wird gefordert, die Bedeutung des Gewässers als Landschaftsbestandteil und Lebensraum zu berücksichtigen.

Der wasserwirtschaftliche Rahmenplan enthält die großräumige Zusammenschau der wasserwirtschaftlichen Situation im untersuchten Flußgebiet über Verwaltungs- und Regionsgrenzen hinweg und schätzt die zukünftige Entwicklung ab. Er stellt damit eine wichtige Grundlage für Entscheidungen über regionale oder örtliche Planungsvorhaben von wasserwirtschaftlicher Bedeutung dar. Er entfaltet jedoch keine rechtliche Bindungswirkung nach außen und enthält schon aufgrund des Planungsmaßstabes keine Detailplanungen.

Mit der Aufstellung des Planes durch das Bayerische Staatsministerium für Landesentwicklung und Umweltfragen und einer gemeinsamen Bekanntmachung der berührten Ressorts wird im staatlichen Bereich sichergestellt, daß der wasserwirtschaftliche Rahmenplan der Ausarbeitung von Programmen und Plänen, die wasserwirtschaftliche Fragen behandeln, insbesondere bei der Regionalplanung, und bei der Beurteilung wasserwirtschaftlich bedeutsamer Einzelvorhaben zu Grunde gelegt wird. Im kommunalen Bereich ist der wasserwirtschaftliche Rahmenplan Orientierungsrahmen für wasserwirtschaftliche Vorhaben mit überörtlicher Bedeutung.

Stand der wasserwirtschaftlichen Rahmenplanung in Bayern

In Bayern wurden bisher der Sonderplan Abfluß Mangfall (1972) [4], der Wasserwirtschaftliche Rahmenplan Regnitz (1974) [5] und der Wasserwirtschaftliche Rahmenplan Isar (1979) [6] aufgestellt. Die Wasserwirtschaftliche Rahmenuntersuchung Donau und Main (1985) [7] befaßt sich mit den Flußläufen und Talräumen der beiden großen bayerischen Flüsse Donau und Main, vor allem mit der Überleitung von Altmühl- und Donauwasser in das Regnitz-Main-Gebiet (s.a. Abbildung A 1-1). Der vorliegende Wasserwirtschaftliche Rahmenplan Main baut auf den Erkenntnissen dieser Rahmenuntersuchung auf. Der Planungsraum umfaßt etwa 11.500 km^2.

Da für das Flußgebiet der Regnitz bereits ein Rahmenplan existiert, konnte auf eine nochmalige detaillierte Untersuchung dieses wichtigsten Nebenflusses des Mains verzichtet werden. Als maßgeblicher Einflußfaktor auf die Gewässergüteverhältnisse des Mittelmains unterhalb von Bamberg konnte die Regnitz jedoch speziell im Gewässerschutzbereich nicht ausgeschlossen bleiben. So wurden z.B. die Belastungen aus dem fränkischen Wirtschaftsraum an der oberen Regnitz über die Hauptmeßstellen Hüttendorf und Hausen berücksichtigt. Bei den Frachtbilanzen wurde das gesamte Regnitzgebiet erfaßt, bei den Gewässergütesimulationen wurde die Regnitz selbst und die Pegnitz ab dem Pegel Ledererersteg einbezogen. Auf diese Weise wurden in Teilaspekten auch für die Regnitz einige Gewässerschutzaussagen aktualisiert.

Wasserwirtschaftliche Fachteile des Wasserwirtschaftlichen Rahmenplanes Main

Zunehmende wissenschaftliche Erkenntnisse und wasserwirtschaftliche Anforderungen, in Verbindung mit der rasch steigenden Flut von auszuwertenden Daten bestimmen den Umfang und die erforderliche Bearbeitungszeit eines wasserwirtschaftlichen Rahmenplanes. Im Wasserwirtschaftlichen Rahmenplan Main wurde daher erstmals der Weg beschritten, neben einer Kurzfassung der wichtigsten Ergebnisse und Zielsetzungen in einem Sammelband, der dem Leser einen raschen Überblick vermitteln soll, die Untersuchungen zu den einzelnen Fachgebieten in gesonderten Bänden mit den entsprechenden fachlichen Detaildarstellungen herauszugeben. Der Wasserwirtschaftliche Rahmenplan Main gliedert sich in folgende Fachteile:

- **Teil A/B „Planungsraum" / „Zusammenfassende Planaussagen":** Im **Teil „Planungsraum"** wird eine allgemeine Beschreibung des Planungsraumes und eine Übersicht über die Raumnutzung gegeben. **Der Teil „Zusammenfassende Planaussagen"** enthält die Zusammenfassung der wichtigsten Ergebnisse und wasserwirtschaftlichen Zielsetzungen der Fachteile C bis F. Die **Teile „Planungsraum"** und **„Zusammenfassende Planaussagen"** stellen zusammen die **„Kurzfassung"** des Mainplanes dar.

- **Fachteil C „Wasserversorgung und Wasserbilanz":** Als Kernpunkt eines wasserwirtschaftlichen Rahmenplanes wird die derzeitige und zukünftige Wasserbilanz als Gegenüberstellung von Wasserbedarf und Wasserdargebot behandelt. Von besonderer Bedeutung ist hierbei die Trinkwasserbilanz der öffentlichen Wasserversorgung. Prognosen zur zukünftigen Entwicklung werden kurz- bis mittelfristig („Wasserbilanz 2000") und langfristig („Wasserbilanz 2020") gemacht.

- **Fachteil D „Wasser in Natur und Landschaft":** Erstmalig wird in einem eigenen Fachteil des Wasserwirtschaftlichen Rahmenplanes Main die Bedeutung der Gewässer und Auen in der Natur- und Kulturlandschaft hervorgehoben. Unter den Gesichtspunkten des Naturschutzes und der Landschaftspflege werden Bewertungsmaßstäbe entwickelt.

- **Fachteil E „Gewässerschutz":** Im Fachteil **„Gewässerschutz / Oberflächengewässer"** werden der Gewässergütezustand der Oberflächengewässer sowohl stoff- als auch nutzungsorientiert dargestellt, die Abwassersituation von Kommunen und Industrie beleuchtet und zukünftige Auswirkungen abgeschätzt. Der Bedeutung des Grundwassers und den zunehmenden Erkenntnissen über seine Gefährdung ist durch die Behandlung des Grundwasserschutzes in einem eigenen **Fachteil „Gewässerschutz / Grundwasser"** Rechnung getragen.

- **Fachteil F „Abflußbewirtschaftung und Wasserbau":** Die Situation und die Zielsetzung in den Bereichen Hochwasserschutz und Niedrigwasseraufhöhung werden im **Fachteil „Abflußbewirtschaftung und Wasserbau"** behandelt. Hier wird auch auf die Schiffahrt und die Wasserkraftnutzung eingegangen.

Grundlagen, beteiligte Stellen

Die Planungsarbeit besteht auch in der Koordination und Zusammenschau von Beiträgen anderer Stellen, sowohl innerhalb des Fachbereiches des Bayerischen Staatsministerium für Landesentwicklung und Umweltfragen, als auch in anderen Fachbereichen (Bayer. Landesanstalt für Betriebswirtschaft und Agrarstruktur, uva.). Maßgebliche Grundlagenuntersuchungen wurden von den Fach-

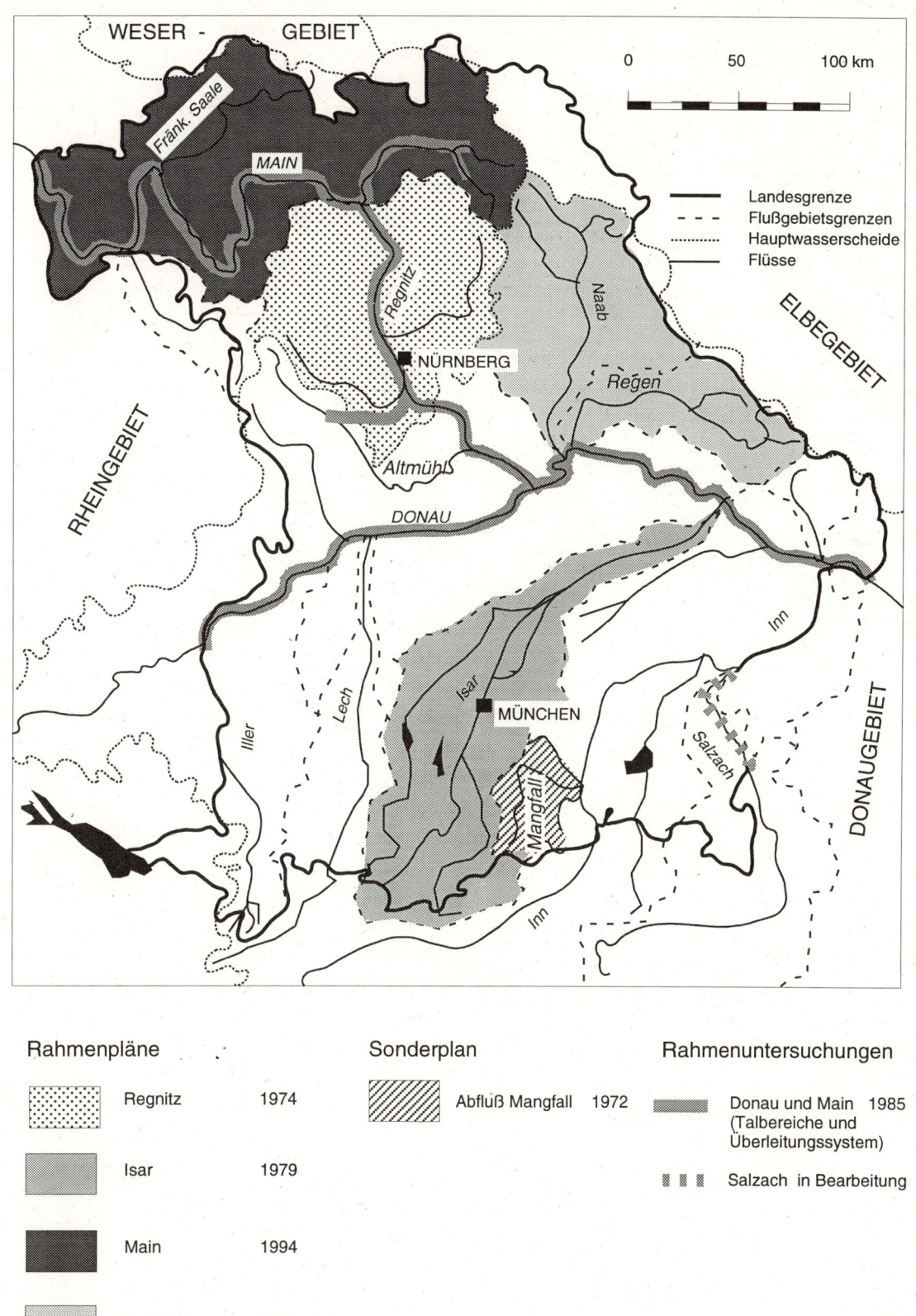

Abb. A 1-1: Stand der wasserwirtschaftlichen Rahmenplanung in Bayern

stellen des Naturschutzes und der Landschaftspflege, von der Bayer. Landesanstalt für Wasserforschung und vom Bayer. Geologisches Landesamt durchgeführt. Eingearbeitet wurden auch Beiträge von Forschungseinrichtungen (Universitäten, Forschungszentrum für Umwelt und Gesundheit) zu bestimmten Fragestellungen.

Einen wichtigen und insbesondere zeitlich sehr umfangreichen Anteil bei der Bearbeitung eines wasserwirtschaftlichen Rahmenplanes nimmt die Erhebung und Sammlung von Daten zur Situationsanalyse, überwiegend bei staatlichen Stellen, ein; an hervorragender Stelle sei hier das Bayer. Landesamt für Wasserwirtschaft, aber auch die anderen Behörden der Wasserwirtschaftsverwaltung, genannt. Unverzichtbarer Bestandteil der wasserwirtschaftlichen Rahmenplanung ist die Abstützung auf landesweit verfügbares statistisches Datenmaterial, wie es hauptsächlich vom Bayer. Landesamt für Statistik und Datenverarbeitung zur Verfügung gestellt wird. Hierauf beruhen auch die Prognosen und Abschätzungen der zukünftigen Entwicklung.

Die Datengrundlage eines so umfangreichen Planungswerkes steht dabei immer in einem Spannungsfeld zwischen den Forderungen nach möglichst großer Aktualität und einheitlichem Datenstand.

Zum einen basieren die Grundlagenuntersuchungen auf dem zum Zeitpunkt ihrer Ausarbeitung vorhandenen Datenstand, die zumeist weit vor der endgültigen Planausarbeitung und Veröffentlichung liegt (z.B. Grundlagenuntersuchungen zum „Gewässerschutz" und „Wasser in Natur und Landschaft").

Eine Aktualisierung dieser Daten ist zumeist nur mit erheblichen Schwierigkeiten und Einschränkungen möglich, bezogen auf die langfristigen Planaussagen aber in der Regel auch nicht erforderlich.

Zum anderen sind die Erhebungszeitpunkte statistischer Erhebungen zu berücksichtigen, die teilweise erhebliche zeitliche Abstände aufweisen (z.B. Umweltstatistik). Beim Versuch, in bestimmten Bereichen möglichst die aktuellsten Erhebungen zu verwenden, besteht die Schwierigkeit, andere statistische Daten an diesen Datenstand anzupassen.

Da durch die jüngsten politischen Entwicklungen eine kurzfristige Datenaktualisierung in bestimmten Bereichen unumgänglich war, stellt die verwendete Datengrundlage im vorliegenden Wasserwirtschaftlichen Rahmenplan Main einen Kompromiß zwischen einheitlichem Datenstand und Aktualität dar.

So mußten auf Grund der Bevölkerungsentwicklung z.B. die Prognoseansätze für die Bevölkerung und damit auch den Wasserbedarf in großem Umfang überarbeitet werden, was eine erhebliche Verzögerung bei der Fertigstellung des bereits 1990 in weiten Zügen ausgearbeiteten Planes ergab.

Für eine schnelle Durchführung entsprechender Überarbeitungen und damit zukünftig auch für die Aktualisierung und Fortschreibung wasserwirtschaftlicher Rahmenpläne ist der konsequente Einsatz fortschrittlicher EDV-Verfahren in der wasserwirtschaftlichen Rahmenplanung von Bedeutung. Ein entsprechendes Planungsinstrumentarium wurde aufgebaut.

Planungsraum

1 Allgemeine Beschreibung des Planungsraumes

Der Main, ein größerer Nebenfluß des Rheins, ist nach der Donau der zweitbedeutendste Flußlauf in Bayern. Seine Lauflänge beträgt von der Vereinigung der Quellflüsse Roter und Weißer Main bis zur bayerisch - hessischen Landesgrenze 402 km und bis zur Mündung in den Rhein 524 km. Der Planungsraum umfaßt den bayerischen Flußgebietsanteil des Maines.

Der Main gliedert mit seiner vielgestaltigen Flußlandschaft den Norden des Freistaates Bayern, dessen Gebiet er zu 28 % entwässert. Der Name Main geht als Moenus auf Ptolemaeus zurück und wird uns aus der römischen Antike überliefert; in karolingischen Quellen heißt er Moin. Zum römischen Imperium rechnete allerdings nur der Unterlauf vom Rhein bis nach Miltenberg. Die frühe Geschichte sieht die Franken als beherrschenden Volksstamm, die das Land des Mains und seiner Zuflüsse, dem Flußlauf in West-Ostrichtung folgend vom Spessart bis zum Fichtelgebirge besiedelten.

Die Bedeutung des Mains als Verkehrsweg wird schon bei den Römern und Karolingern hervorgehoben. Besonders der Untermain war immer ein wichtiger Transportweg für Lasten und Personen. Bereits im Mittelalter war der Main bis nahe Bamberg schiffbar. Damals wurden jedoch wesentlich kleinere Schiffe als heute eingesetzt. Somit war der Main auch für Ostfranken, aber besonders für die Reichsstadt Nürnberg, ein wesentlicher Verkehrsweg für vielfältige Handelsbeziehungen nach Westen und Norden. Der Obermain war von Lichtenfels an flößbar und verband den Lichtenfelser Forst und vor allem den Frankenwald mit den bedeutenden Absatzmärkten am Rhein. Im Spätmittelalter gewann die Flößerei im Obermaingebiet einen beträchtlichen Aufschwung, denn im ausgehenden 14. Jahrhundert waren die Gebirgsbäche zum Holzdriften ausgebaut worden. Sie dienten darüberhinaus auch dem Betrieb von Sägemühlen. Oberfränkisches Langholz gelangte als Schiffbauholz, besonders seit der Mitte des 17. Jahrhunderts, auf dem Wasserweg bis in die Niederlande. Eine erhebliche Bedeutung erlangte am Main auch die Energiegewinnung durch Wasserkraft. Hierbei entwickelte sich allerdings die Anlage von Staueinrichtungen häufiger zu Interessenkonflikten mit der Schiffahrt.

Nach Jahrhunderten der politisch-territorialen Zersplitterung kam das Maingebiet um die Wende des 18. Jahrhunderts unter kurbayerische, seit 1806 königlich bayerische Herrschaft. Die damals eingeführten Benennungen gelten auch noch heute - Ober-, Mittel- und Unterfranken.

Tabelle A 1-1: Politische Gliederung und Bevölkerungsanteile des Main-Einzugsgebietes

Land	Einzugsgebiet		Bevölkerung		Bevölkerungsdichte
	km^2	%	Mio. E	%	E/km^2
1	2	3	4	5	6
Bayern	19.700	72	3,42	57	175
Thüringen	800	3	0,12	2	147
Baden-Württemberg	1.700	6	0,17	3	104
Hessen	5.000	19	2,31	38	447
Einzugsgebiet	27.200	100	6,02	100	221

Die Tabelle A 1-1 zeigt die politische Zugehörigkeit des Main - Einzugsgebietes. Die Aufteilung der Bevölkerungsanteile des gesamten Main-Einzugsgebietes wird hier beispielhaft anhand älterer Bevölkerungsdaten vorgestellt. Aktuellere Zahlen zur Bevölkerungsentwicklung im Planungsraum zwischen 1987 und 1991 sind in Kapitel 2.1 angegeben. Der Freistaat Bayern ist am Main-Einzugsgebiet mit fast Dreiviertel der Einzugsfläche beteiligt. Der nächstgrößere Gebietsanteil gehört zum Bundesland Hessen. Dieser wies bei einem Flächenanteil von 19 % einen hohen Bevölkerungsanteil von 38 % auf, was einer Besiedelungsdichte von 447 Einwohner je Quadratkilometer (E/km^2) entsprach. Im bayerischen Einzugsgebiet des Mains betrug die Besiedelungsdichte dagegen nur 175 E/km^2.

Tabelle A 1-2: Vergleich der Einwohnerzahlen und Einwohnerdichte im Maingebiet

	Maingebiet [1]		
	gesamt (1975)	davon bayer. Anteil (1975)	Planungsraum (1987)
1	2	3	4
Einzugsgebiet A_E (km²)	23.422	19.684	10.474 [2]
Einwohner (in Millionen)	3,802	3,422	1,702
Einwohnerdichte (E/km²)	163	175	162
Verdichtungsräume			
Fläche (km²)		4.357	1.771 [2]
Einwohner (in Millionen)		1,808	0,634
Einwohnerdichte		415	358
Ländlicher Raum [3]			
Einwohnerdichte (E/km²)		105	103

[1] Bis zur bayerisch-hessischen Grenze (Kahlmündung)
[2] Ohne gemeindefreie (außermärkische) Gebiete
[3] Gebiete außerhalb der Verdichtungs- und Talräume

Zum Flußgebiet des Mains gehören mit allen außerbayerischen Flächen bis zur Landesgrenze an der Kahlmündung 23.351 km². Der bayerische Anteil am Flußgebiet des Mains ist in der Tabelle A 1-2 ausgewiesen. Wesentliche Einflüsse aus den Einzugsflächen der Regnitz und der Tauber werden an den Einmündungspunkten dieser Nebenflüsse in den Main summarisch berücksichtigt. Für das Flußgebiet der Regnitz wurde bereits 1974 der Wasserwirtschaftliche Rahmenplan Regnitz veröffentlicht [1]. Für den hessischen Untermain hat die Hessische Landesanstalt für Umwelt im August 1988 den Bewirtschaftungsplan Hessischer Untermain herausgegeben [2].

Ein Überblick über die Erwerbsstruktur in Nordbayern zeigt ein relativ starkes Hervortreten der Beschäftigung in Gewerbe- und Industriebetrieben insbesondere in Oberfranken, im Verdichtungsraum Nürnberg - Fürth - Erlangen, sowie im Untermaingebiet. Landwirtschaftlich strukturierte Gemeinden liegen im Maingebiet in größerer Zahl nur im westlichen Mittelfranken, also außerhalb des eigentlichen Planungsraumes.

Schon in früherer Zeit boten breite Täler wegen ihres weitgehend gleichmäßigen Gefälles günstige Voraussetzungen für die Anlage von Verkehrswegen. An Furten und ähnlichen für die Überquerung geeigneten Stellen entstanden bereits im Mittelalter wichtige Wohn- und Wirtschaftsplätze, die sich bald zu Schnittpunkten im Netz der Verkehrswege entwickelten. Das Regnitz-Maintal stellt daher fast auf der ganzen Länge Entwicklungsachsen von überregionaler Bedeutung dar, wenngleich sie unterschiedlich stark verdichtet sind. So kann das Land am Main als ein ausgesprochen „urbanes" Land beschrieben werden.

Talräume sind auch landschaftliche Anziehungspunkte, besonders wenn sie sich abwechslungsreich und tief eingeschnitten durch Hügelland winden. Der Main durchfließt innerhalb des Fränkischen Schichtstufenlandes reizvolle Täler, die mit einer Vielzahl von altertümlichen Städtchen und Dörfern eine lebhafte Anziehungskraft auf den Fremdenverkehr besonders im mittleren Maintal zwischen Würzburg und Miltenberg und im oberen Maintal ausüben. Hier wird in einzelnen Gemeinden die landesdurchschnittliche Fremdenverkehrsdichte von etwa 10 Übernachtungen je Einwohner im Jahr und die Aufenthaltsdauer von etwa 5 Tagen übertroffen.

Wichtiger als der Urlaubsverkehr ist im Planungsraum jedoch die Naherholung, denn alle nordbayerischen Verdichtungsräume - Schweinfurt, Würzburg und Aschaffenburg - beziehen den Talbereich des Mains ein. Der Verdichtungsraum Bamberg umfaßt an der Mündung der Regnitz in den Main sowohl den Talbereich dieses wichtigsten Mainzuflusses, als auch den Talbereich des Mains selbst. Der Verdichtungsraum Bamberg liegt somit am Rande des Planungsraumes. Da diesem Seeflächen für Freizeit und Erholung fast gänzlich fehlen, stellt der Main einen nicht zu unterschätzenden Erholungsfaktor dar, der im Bereich Aschaffenburg - Würzburg auch noch für den benachbarten Verdichtungsraum Frankfurt - Offenbach - Hanau bedeutsam ist.

1.1 Gliederung des Planungsgebietes

1.1.1 Administrative Gliederungen

Der Planungsraum erstreckt sich im wesentlichen auf die Regierungsbezirke Oberfranken und Unterfranken. Während der Regierungsbezirk Unterfranken mit Ausnahme von 16 Gemeinden überwiegend dem Planungsraum angehört, sind es vom Regierungsbezirk Oberfranken nur bestimmte Teile von Coburg im Nordwesten bis Bayreuth im Südosten. Vom Regierungsbezirk Mittelfranken befinden sich lediglich die beiden Gemeinden Ippesheim und Oberickelsheim (Lkr. Neustadt a.d. Aisch - Bad Windsheim) innerhalb des Planungsraumes.

Die Abgrenzung des Planungsraumes nach Verwaltungsgrenzen orientierte sich an den natürlichen Wasserscheiden der einzelnen Teilniederschlagsgebiete. Entscheidend für die Zuordnung zu einem Niederschlagsgebiet ist die Lage des Bevölkerungsschwerpunktes der Gemeinden. Auf diese Weise wurden auch die Abgrenzungen der fünf wasserwirtschaftlichen Bilanzräume festgelegt. Die Gemeinde ist damit die kleinste Gebietseinheit, die der Gliederung des Planungsraumes zugrunde liegt. Einzelheiten sind in der Tabelle A 1-11 im Anhang enthalten, in der die Regionen und Landkreise dargestellt werden, die ganz oder teilweise im Maingebiet liegen.

Die Wasser- und Schiffahrtsverwaltung des Bundes (WSV) gewährleistet die Verkehrs- und Transportfunktion der Wasserstraßen. Der schiffbare Main liegt im Zuständigkeitsbereich der Wasser- und Schiffahrtsdirektion Süd mit Sitz in Würzburg. Als nachgeordnete Behörden liegen im Planungsraum die Wasser- und Schiffahrtsämter (WSA) Aschaffenburg (Dienstbereich von der Mündung des Mains in den Rhein bis zum Ortsteil Sackenbach, Gde. Lohr a.M.) und Schweinfurt (Dienstbereich von Sackenbach bis zur Mündung der Regnitz in den Main). Für den anschließenden Main-Donau-Kanal einschließlich der schiffbaren Abschnitte der Regnitz ist das WSA Nürnberg zuständig.

Ferner sind folgende Hafenverwaltungen zu erwähnen:

- Bayerische Landeshafenverwaltung in Regensburg für die Hafenverwaltung Aschaffenburg,
- Würzburger Hafen GmbH,
- Hafenbetriebe der Stadt Schweinfurt.

In Tabelle A 1-3 sind die Wasserwirtschaftsämter der bayerischen Wasserwirtschaftsverwaltung im Planungsraum aufgeführt. In der Mittelstufe sind die Bezirksregierungen von Unterfranken in Würzburg und von Oberfranken in Bayreuth zuständig.

1.1.2 Planerische Gliederungen

Bayerische Planungsregionen

Für landes- und regionalplanerische Bedürfnisse ist Bayern in 18 Planungsregionen eingeteilt worden. Sechs dieser Planungsregionen haben Anteil am Planungsgebiet; davon ist die Region 1 „Bayerischer Untermain" vollständig, die Region 8 „Westmittelfranken" nur mit zwei Gemeinden erfaßt. Eine Übersicht der Einwohneranteile kann den Tabellen A 1-11 im Anhang entnommen werden.

Bilanzräume (für die Wasserversorgung)

Ein Kernstück des wasserwirtschaftlichen Rahmenplans bildet die Wasserbilanz, die im vorliegenden Plan als Bilanz der öffentlichen Wasserversorgung dargestellt wird. Hierzu wird das Planungsgebiet in Teilräume gegliedert, mit der Absicht möglichst die Wasserüberschuß- und Wassermangelgebiete sichtbar zu machen.

Wesentlichen Einfluß haben üblicherweise die Abgrenzung von Bedarfsschwerpunkten und die hydrogeologischen Einheiten. Im vorliegenden Planungsraum fehlen dominierende Bedarfsschwerpunkte. Deshalb wurden die Bilanzräume in erster Linie in etwa nach hydrogeologischen Haupteinheiten abgegrenzt. Aus erhebungstechnischen Gründen wurden diese aber durch Gemeindegrenzen angenähert (s.a. Tabelle A 1-12 im Anhang und Abbildung A 1-3). Die Bilanzraumgliederung stellt in der Regel einen Kompromiß aus verschiedenen Zuordnungskriterien dar.

Abwasserabschnitte (für Gewässergütebetrachtungen)

Die Abwasserentsorgung, wie auch die davon abhängige Vorflutbelastung, bilden eine wichtige Aussage des Rahmenplanes. Die erforderliche Untergliederung des Planungsraumes in Abwasserabschnitte ergibt sich dabei aus dem vorhandenen Gewässernetz mit den dazu gehörigen Einzugsgebieten. Die vier großen Hauptabschnitte (A1 bis A4) sind in insgesamt 17 Unterabschnitte unterteilt, wobei eine weitere Unterteilung bis zu 7-stelligen Flußgebietsnummern möglich ist (s.a. Abbildung A 1-2). Die zum Flußgebiet des Mains gehörenden Flüsse Regnitz und Tauber gehören nicht zum Planungsraum, wurden aber bei der Frachtermittlung am Pegel Kahl mit einbezogen. Gleiches gilt für die außerhalb Bayerns liegenden Einzugsgebiete am Obermain, im Flußgebiet der Fränkischen Saale und am Bayer. Untermain.

Tabelle A 1-3: Wasserwirtschaftsämter im Planungsraum

Regierungsbezirk	Wasserwirtschaftsamt	Landkreis
1	2	3
Unterfranken	WWA Aschaffenburg	Stadt Aschaffenburg Aschaffenburg Miltenberg
	WWA Würzburg	Stadt Würzburg Kitzingen Main-Spessart Würzburg
	WWA Schweinfurt	Stadt Schweinfurt Bad Kissingen Haßberge Rhön-Grabfeld Schweinfurt
Oberfranken	WWA Bamberg	Bamberg Lichtenfels
	WWA Bayreuth	Stadt Bayreuth Bayreuth Kulmbach
	WWA Hof	Stadt Coburg Coburg Hof Kronach
Mittelfranken	WWA Ansbach	Neustadt / Aisch - Bad Windsheim

Tabelle A 1-4: Gliederung des Planungsgebietes in Bilanzräume

Bilanz-raum	Bezeichnung		
	nach allgemein geographischen Ortsschwerpunkten	nach geologisch-geomorphologischen Gesichtspunkten	nach Flußgebieten
1	2	3	4
B.1	Bayreuth	Thüringisch-Fränkisches Mittelgebirge und Bruchschollenland	Weißer Main, Roter Main, Rodach
B.2	Lichtenfels	Coburger Land	Main von Rodach bis Regnitz, Itz
B.3	Würzburg	Mittelmain	Main von Regnitz bis zur Fränkischen Saale
B.4	Bad Kissingen	Sinn - Saale - Gebiet	Fränkische Saale
B.5	Aschaffenburg	Spessart	Main von Fränkischer Saale bis zur Landesgrenze ohne das Gebiet der Tauber

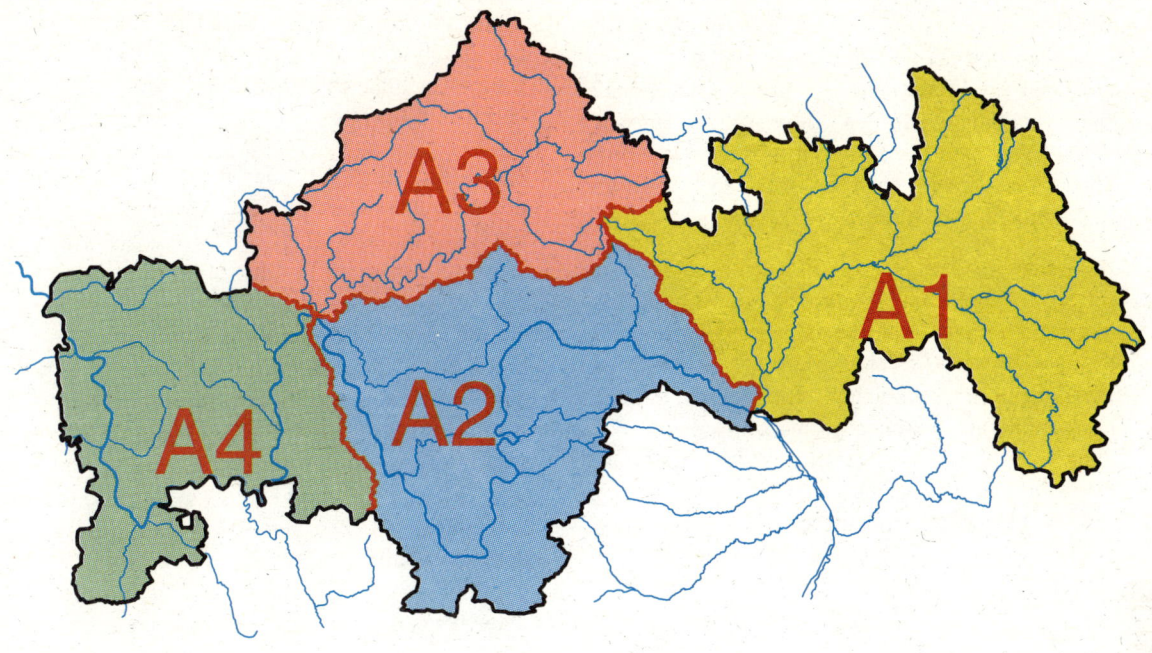

Abb. A 1-2a   Abwasserabschnitte - Hauptabschnitte

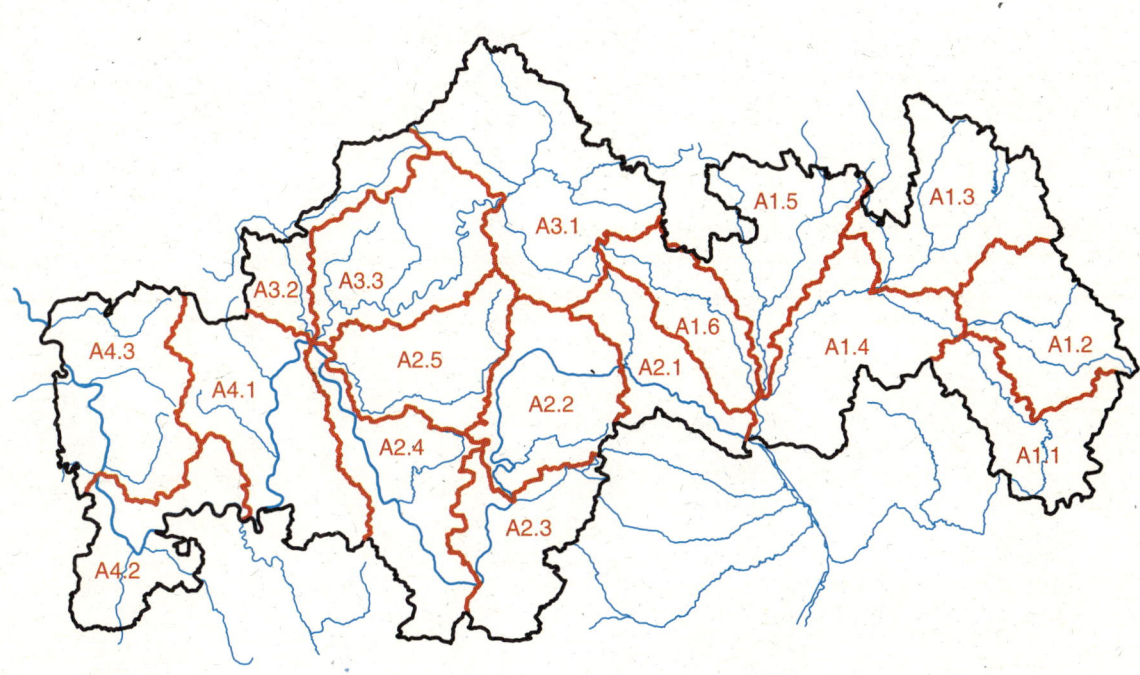

Abb. A 1-2b   Abwasserabschnitte - Unterabschnitte

1.2 Topographie / Naturräume

1.2.1 Topographie (s.a. Karte A 1)

Südbayern und Nordbayern unterscheiden sich in geomorphologischer und landschaftlicher Hinsicht. Im Gegensatz zu Südbayern ist Nordbayern vielgestaltiger und kleinräumiger gegliedert. Die Donau kann als natürliche Grenze zwischen dem Süden und dem Norden Bayerns angesprochen werden. Während die Donau in Bayern im wesentlichen von Westen nach Osten fließt, entwässert das Maingebiet nach Westen zum Rhein.

Das Relief wird durch das Fränkische Schichtstufenland gebildet. Seine Höhenzüge und Mittelgebirge verlaufen hauptsächlich in Nord-Süd-Richtung. Der nach Westen fließende Main hat sie in seinem Talverlauf mit zahlreichen Richtungsänderungen durchschnitten. Besonders markant sind diese Knickpunkte bei Schweinfurt, Ochsenfurt und Gemünden (sog. „Maindreieck"), sowie bei Gemünden, Urphar, Miltenberg und Hanau (sog. „Mainviereck").

Der obere Main wird durch die Quellflüsse Roter und Weißer Main gebildet, die sich bei Kulmbach vereinigen. Der Rote Main entspringt südlich von Bayreuth in der Fränkischen Alb. Die Quelle des Weißen Mains liegt am Ochsenkopf im Fichtelgebirge. Nach Vereinigung der beiden Quellflüsse fließt der Main in einem 1 - 2 km breiten Tal nach Westen bis Lichtenfels und dann in südsüdwestlicher Richtung nach Bamberg.

Das Tal liegt östlich von Lichtenfels im Sandsteinkeuper und durchzieht dann bis Bamberg den Jura. Im Bereich um Staffelstein ist das Maintal wegen seiner landschaftlichen Schönheit mit den Höhepunkten Vierzehnheiligen und Schloß Banz ein wichtiger Anziehungspunkt für den Fremdenverkehr.

Bei Bamberg nimmt der obere Main die von Südosten zufließende Regnitz auf. Sie ist der wasserreichste Zufluß des Mains und verbindet im Zuge des Main-Donau-Kanals die Niederschlagsgebiete von Main und Donau. Der mittlere Main fließt nun in westnordwestlicher Richtung bis Schweinfurt und durchschneidet im Gebiet bei Eltmann die aus Keuper gebildeten Höhenzüge des Steigerwaldes und der Haßberge.

Aus Muschelkalk bestehen die Hänge des Maintals erstmals bei Haßfurt. Im weiteren Flußverlauf treffen wir diesen auch in den landschaftlich reizvollen Abschnitten bei der Volkacher Mainschleife und zwischen Kitzingen, Würzburg und Karlstadt an. Bei Würzburg weitet sich das nur 0,5 - 1 km breite Tal und bot damit Platz für die Entwicklung der unterfränkischen Hauptstadt. Unterhalb von Karlstadt schneidet sich das Maintal eng in die Buntsandsteinhänge von Spessart und Odenwald ein. Die Breite des windungsreichen Tales beträgt auf langen Strecken nur 500 m und weniger. Größere Ansiedlungen fehlen in diesem Abschnitt. Nördlich von Obernburg tritt der Fluß in die Untermainebene ein, die als Tal im eigentlichen Sinn nicht mehr angesprochen werden kann. Einen Überblick über die höchsten und tiefsten Geländepunkte, die Flußlänge und Gefällsverhältnisse im bayerischen Maingebiet zeigt Tabelle A 1-5.

1.2.2 Naturräumliche Gliederung (s.a. Karte D 1)

Der Planungsraum gliedert sich in die in Tabelle A 1-6 enthaltenen naturräumlichen Haupteinheiten. Angaben zu geologischen Formationen, Bodencharakteristik, Flächennutzung und Klima in den Naturräumen sind in den Anhangtabellen A 1-13, A 1-14, A 1-15 und A 1-16 im Anhang vorgetragen.

Tabelle A 1-5: Hauptwerte von Höhe, Flußlänge und Gefälle im Maingebiet

Einzugsgebiet (bis zur bayerisch/hessischen Landesgrenze)	23.422	km²
Bayerischer Anteil (1978)	19.684	km²
Höchster Punkt (Schneeberg im Fichtelgebirge)	1.051	m ü.NN
Weißmainquelle (am Ochsenkopf)	880	m ü.NN
Vereinigung der Main-Quellflüsse Roter und Weißer Main bei Kulmbach	289	m ü.NN
Mündung der Regnitz in den Main	231	m ü.NN
Tiefster Punkt des Mains in Bayern	98	m ü.NN
(Mündung der Kahl an der bayerisch/hessischen Landesgrenze)		
Flußlänge des Mains von der Vereinigung der Quellflüsse Roter und Weißer Main bis zur bayerisch/hessischen Landesgrenze	402	km
Tallänge des Mains auf dieser Strecke	364	km
Mittleres Gefälle des Mains zwischen Kulmbach und Mündung der Kahl	0,48	‰
Mittleres Gefälle der Regnitz	0,9	‰

Tabelle A 1-6: Naturräumliche Haupteinheiten

Nr.	Bezeichnung	Nr.	Bezeichnung
1	2	3	4
071	Obermainisches Hügelland	080	Nördliche Frankenalb
112	Vorland der nördl. Frankenalb	115	Steigerwald
116	Haßberge	117	Itz-Baunach-Hügelland
130	Ochsenfurter und Gollachgau	132	Marktheidenfelder Platte
134	Gäuplatten im Maindreieck	133	Mittleres Maintal
135	Wern-Lauer-Platte	136	Schweinfurter Becken
137	Steigerwaldvorland	138	Grabfeldgau
139	Hesselbacher Waldland	140	Südrhön
141	Sandsteinspessart	142	Vorderer Spessart
144	Sandsteinodenwald	231	Rheinheimer Hügelland
232	Untermainebene	233	Ronneburger Hügelland
353	Vorder- und Kuppenrhön	354	Lange Rhön
390	Südliches Vorland des Thüringer Waldes		
392	Nordwestlicher Frankenwald (Thüringisches Schiefergebirge)		
393	Münchberger Hochfläche	394	Hohes Fichtelgebirge

1.3 Geologie, Hydrogeologie

Im folgenden Abschnitt soll ein Überblick über die geologisch-hydrogeologischen Grundlagen des Planungsraumes gegeben werden. Das Bayerische Geologische Landesamt hat für den wasserwirtschaftlichen Rahmenplan Main einen umfassenden Beitrag über die hydrogeologischen Verhältnisse im Planungsraum erarbeitet [3]. Eine auf die einzelnen Fachteile des Wasserwirtschaftlichen Rahmenplanes Main bezogene Zusammenfassung der wichtigsten Teilaspekte des Beitrags ist im Fachteil „Gewässerschutz/Grundwasser" und im Anhang des Fachteils „Wasserversorgung und Wasserbilanz" enthalten. Im folgenden wird ein kurzer Überblick der dort dargestellten Ergebnisse gegeben. Die Tabelle A 1-17 im Anhang enthält eine Übersicht zur Geologie. Abbildung A 1-4 zeigt einen schematisierten Querschnitt des geologischen Schichtenaufbaus.

1.3.1 Geomorphologischer Überblick

Geomorphologische Hauptelemente des Maingebietes sind Altflächen, (Schicht-) Stufen und scharf eingesenkte Sohlen- und Kerbtäler. Die Bildung der Landschaftsformen setzt im Oberen Malm an, da seither große Teile Frankens trocken liegen. Die maßgebliche Gestaltung der heutigen Landschaft beginnt im Tertiär. Zu Beginn des Jungtertiärs klingen die tektonischen Aktivitäten aus. Im Pleistozän wird dieses Relief durch die Eiszeiten deutlich überprägt; alte Talformen werden übertieft, Verwitterungsschutt z.T. ausgeräumt. In den Kaltzeiten bilden sich wiederum Schuttdecken; Löß und Flugsand werden angeweht.

In Abhängigkeit von Landschaftsformen und Gesteinsbeschaffenheit (Verwitterungsresistenz) lassen sich im Maingebiet folgende geomorphologische Einheiten unterscheiden:

– **Stark zertalte Mittelgebirge:** Hierzu zählen das Fichtelgebirge, Bereiche des Frankenwaldes, der Odenwald, der Spessart und die Südrhön.

– **Kuppen:** Sie finden sich in Teilen der Rhön, der Frankenalb und in den Haßbergen.

– **Hügelige Gebiete:** Hierzu zählen die Muschelkalkausstriche und das Obermain-Hügelland.

– **Hügelige bis flachwellige Gebiete:** Sie sind im kristallinen Spessart sowie im Ausstrich der Glimmerschiefer der Münchberger Gneismasse zu finden.

– **Flachwellige bis flächige Gebiete:** Damit sind Verebnungen des Unteren Keupers, Hochflächen der Keuper- und Juralandstufe und die Hochrhön gemeint. Die Oberfläche der Jura-Landstufe ist von Karstformen und tiefeingeschnittenen Tälern geprägt. Das ähnliche Aussehen der Hochrhön geht auf deckenartige Basaltausflüsse zurück.

– **Schichtstufen:** Im Tertiär wurden Schichtstufen aus dem von Westen nach Osten fallenden Schichtgebäude flächenhaft abgetragen. Die Stufenbildung begann dort, wo auf weiche Gesteinsserien härtere folgen. So entstanden an der Grenze Oberer Buntsandstein/Unterer Muschelkalk die Muschelkalk-Landstufe, an der Grenze Gips-/Sandstein-Keuper die Keuper-Landstufe und an den Grenzen Lias/Dogger und Dogger/Malm die Jura-Landstufe.

Abb. A 1-3   Bilanzraumgrenzen

1.3.2 Die wichtigsten Grundwasserleiter im Planungsraum (s.a. Karte C 4)

Das Einzugsgebiet des Mains ist geologisch sehr heterogen aufgebaut. Die Karte der Grundwasserleiter vermittelt einen Eindruck von der Vielfalt der anstehenden Formationen. Die hydrogeologischen Verhältnisse sind eng mit dem geologischen Aufbau des Gebietes verknüpft. So lassen sich den wichtigsten Gesteinsstrukturen Grundwasserräume zuordnen, die in guter Näherung hydrogeologisch und hydrochemisch als Einheiten betrachtet werden können. Es sind dies die vom Erdaltertum geprägten Gebiete in den östlichen und westlichen Randbereichen sowie die großräumigen, von West nach Ost aufeinanderfolgenden Bereiche des Buntsandsteins, des Muschelkalkes, des Keupers, die Folgen von Dogger und Malm im Fränkischen Jura sowie der Ausstrich von Gesteinen im Bruchschollenland (Gebiet entlang der Linie Rodach - Kronach - Bayreuth - Neustadt a.Kulm). Die Hauptgrundwasserleiter im Planungsraum seien hier kurz aufgezählt:

- Paläozoikum und Kristallin
- Mesozoikum
  • Trias (Buntsandstein, Muschelkalk, Keuper)
  • Jura (Dogger, Malm)
- Känozoikum
  • Tertiär
  • Quartär

Zum leichteren Vergleich mit den Ausarbeitungen zum Grundwassererkundungsprogramm sei die Gliederung des Planungsgebietes in Grundwasserlandschaften genannt [4]. Von Osten nach Westen hat der Planungsraum Main Anteil an folgenden Grundwasserlandschaften:

- Altes Gebirge;
- Obermainisch Oberpfälzisches Trias- und Kreide - Hügelland;
- Fränkischer Jura;
- Fränkisches Sandsteinkeuper-Land;
- Fränkisches Gipskeuper-Land;
- Mainfränkische Muschelkalk-Platten;
- Buntsandstein - Spessart und Rhön;
- kristalliner Vorspessart.

Der umfassende Beitrag des Bayer. Geologischen Landesamtes [3] enthält detaillierte Aussagen zur Verbreitung und zu den hydrogeologischen Verhältnissen sowie eine hydrochemische Beurteilung der geogenen Grundwasserbeschaffenheit der einzelnen Grundwasserleiter. Der interessierte Leser wird auf diesen Fachbeitrag mit seinem umfangreichen Karten- und Tabellenmaterial verwiesen, da nur durch eine umfangreiche Schilderung die Verhältnisse hinreichend genau beschrieben werden können. Die folgende kurze Schilderung der Grundwasserleiter bietet nur einen groben Überblick zur Orientierung. Dargestellt wird vor allem die Bedeutung der Grundwasserleiter für die Was-

Bild 1   Main bei Himmelstadt

serversorgung und es wird darauf eingegangen, wo die geogene Grundwasserbeschaffenheit zu besonderen Schwierigkeiten für die Wasserversorgung führt. In Tabelle A 1-18 im Anhang sind bedeutende Trinkwasservorkommen in den einzelnen Grundwasserleiter vorgetragen.

1.3.2.1 Paläozoikum (Erdaltertum) und Kristallin

Kristallines Grundgebirge aus der Erdurzeit (Präkambrium) und Schichten aus dem Erdaltertum (u.a. Rotliegendes, Zechstein und Karbon aus dem Paläozoikum vor 570 bis 225 Millionen Jahren) sind im Planungsraum oberflächennah räumlich nur gering verbreitet, bilden jedoch im Untergrund vielfach die Basis der mächtigen Grundwasserleiter des Erdmittelalters. Hauptsächliche oberflächennahe Vorkommen dieser Schichten finden sich im Fichtelgebirge und Frankenwald am östlichen Rand und im Vorspessart am westlichen Rand des Planungsraumes. Für die Wasserversorgung sind sie nur örtlich von größerer Bedeutung.

Die Wässer aus dem **Kristallin** haben i.d.R. hohe CO_2-Gehalte und sind dann kalk- und metallaggressiv.

Grundsätzlich ist für diese Wässer eine Aufbereitung in Form einer Entsäuerung erforderlich. „Saurer Regen" und das geringe Puffervermögen der kristallinen Gesteine bewirken z.T. eine verstärkte Lösung von Aluminium, Mangan und Eisen. Neben Grenzwertüberschreitungen, hauptsächlich beim Aluminium, ergeben sich Probleme aufbereitungstechnischer Art, wenn z.B. die Betriebssicherheit der häufig eingesetzten, einfachen und nicht rückspülbaren Jurakalkfilteranlagen nicht mehr gewährleistet ist.

1.3.2.2 Mesozoikum (Erdmittelalter)

Wasserwirtschaftlich gesehen sind die Schichten des Erdmittelalters (Mesozoikum vor 225 bis 65 Millionen Jahren) von größerer Bedeutung. Diese Schichten fallen von Westen nach Osten und bilden nach ihrer flächenhaften Abtragung im Tertiär das „fränkische Schichtstufenland". Hierbei treten die älteren Schichten (Buntsandstein) im Westen, die jüngeren (Dogger, Malm) im „fränkischen Jura" an die Oberfläche (s.a. Abbildung A 1-4). Zwischen Jura und „Altem Gebirge" sind im „Bruchschollenland" auf Grund der Bruchtektonik die verschiedenen Grundwasserleiter in engster Nachbarschaft zu finden.

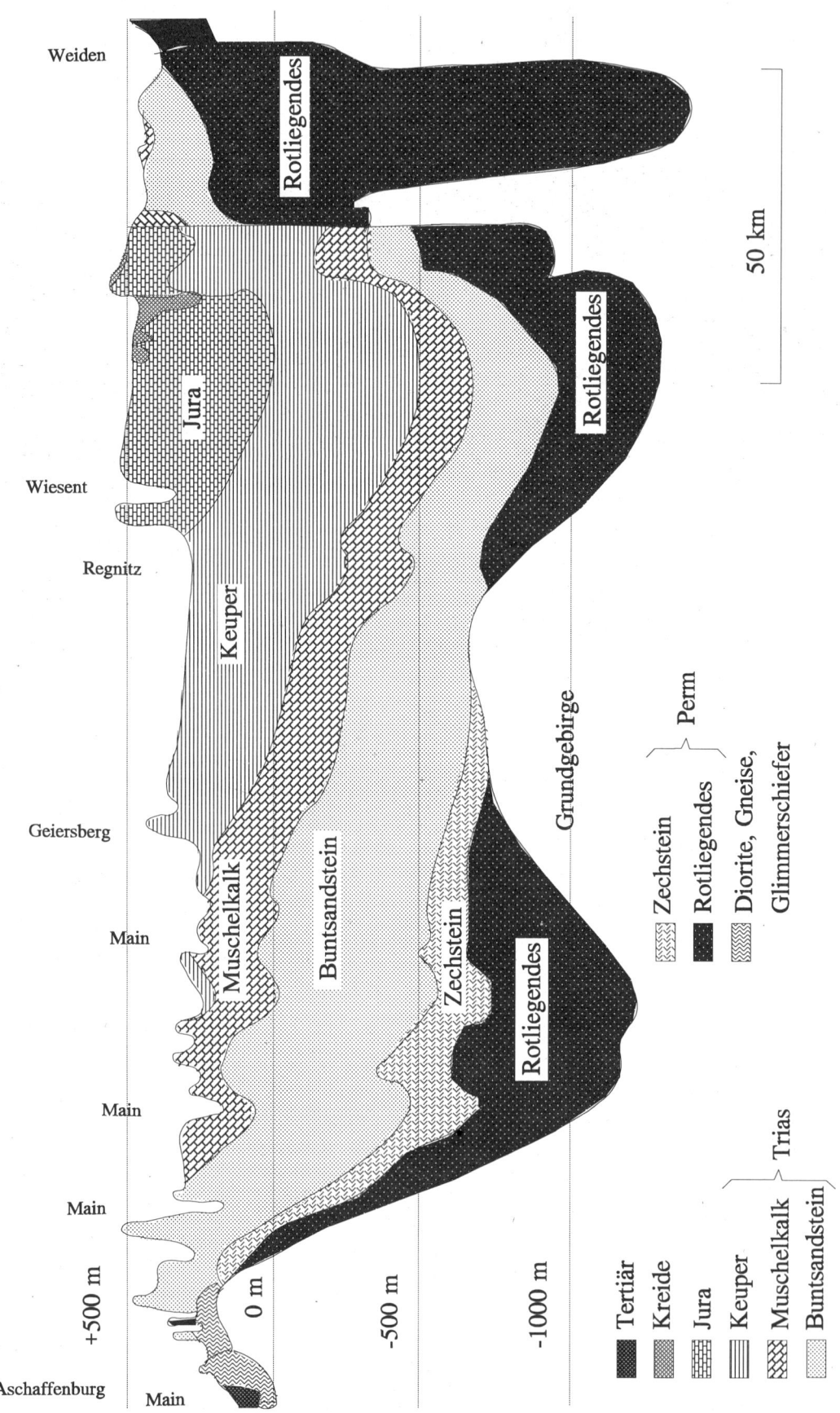

Abb. A 1-4   schematischer Querschnitt des geologischen Schichtenaufbaus

14

Buntsandstein

In Odenwald, Spessart und Rhön stellt der Buntsandstein einen wichtigen Grundwasserleiter dar. Da die Wasserführung an die Klüfte gebunden ist, ist die Erschließung der Grundwasservorkommen mit einem gewissen Risiko behaftet. Wassererschließungen nutzen häufig Quellvorkommen.

Im Buntsandstein sind weiche bis sehr weiche Wässer mit einem meist hohen Gehalt an aggressiver Kohlensäure zu finden, die eine Entsäuerung erfordern. Lokal erhöhte Eisen- und Manganwerte können eine Aufbereitung des Rohwassers nötig machen. In der Brunnengalerie Erlach der Fernwasserversorgung Mittelmain (FWM) können geogene Arsengehalte zu Schwierigkeiten mit den Grenzwerten der Trinkwasserverordnung führen.

Der Buntsandstein in Spessart und Rhön stellt neben dem fränkischen Jura das letzte Gebiet im Planungsraum dar, in dem noch ergiebige, noch nicht erschlossene Grundwasservorkommen zu finden sind. Die Erschließung dieser Vorkommen wird die Aufgabe der Zukunft sein.

Muschelkalk

Über dem Buntsandstein folgen die Serien des Muschelkalkes, die oberflächlich weit verbreitet sind: Von der Linie Fränkische Saale - Main - untere Tauber im Westen bis zur Schichtstufe des Keupers im Osten, etwa von Rothenburg ob der Tauber im Süden bis Bad Königshofen im Norden. In Abhängigkeit von Klüftung und Verkarstung, kann der Muschelkalk als mäßiger bis sehr guter Kluft- oder Karst-Grundwasserleiter ausgebildet sein. Im Muschelkalk werden harte bis sehr harte Wässer mit z.T. erhöhten Sulfat- und Chloridgehalten erschlossen, die aber nur in Ausnahmefällen zu technischen Schwierigkeiten führen. Häufig treten - vor allem in Quellen - im Karst, wie auch im geklüfteten Buntsandstein und stark geklüfteten Keuper hygienische Probleme und Trübungen nach Niederschlagsereignissen auf, so daß eine Entkeimung erforderlich ist.

Keuper

Der Keuper schließt als Schichtstufe östlich an den Muschelkalk des Maindreiecks an und taucht östlich der Regnitz unter den Jura ab. Im Norden umschließt er in breitem Streifen den Jura und ist auch im Bruchschollenland stellenweise verbreitet. Grob läßt sich der Keuper in Unteren Keuper, Gipskeuper und Sandsteinkeuper einteilen.

Große Bereiche des Keupers sind tonig ausgebildet und daher als Grundwasserstauer zu betrachten. Grundwasserführend sind vor allem die größeren Sandsteinpakete. Ergiebige Vorkommen gibt es vor allem im Bruchschollenland im Raum Bayreuth.

Die Gipskeuperwässer im Fränkischen Gipskeuper-Land sind häufig überhart und besitzen z.T. erhöhte Gehalte an Sulfat und korrosionsfördernde Eigenschaften. Der hohe Mineralisierungsgrad macht diese Wässer teilweise für die Trinkwasserversorgung unbrauchbar. Zudem ist der Gipskeuper meist nur gering ergiebig, so daß er für die Wasserversorgung von untergeordneter Bedeutung ist. Bedeutendere Vorkommen im Gipskeuper entstammen dem Benker Sandstein.

Jura

Der Jura (vor 195 bis 136 Millionen Jahren) baut im Planungsraum den Höhenzug der Fränkischen Alb sowie einzelne Erhebungen im Bruchschollenland auf. Er gliedert sich von unten nach oben in:

- den Schwarzen Jura oder Lias, der an seiner Basis aus Sand- und Sand-Tonstein-Wechselfolgen, ansonsten aus Tonsteinen besteht,
- den Braunen Jura oder Dogger, der überwiegend aus Sandsteinen aufgebaut ist und
- den Weißen Jura oder Malm, der vorwiegend aus mächtigen Kalken und Dolomiten besteht.

Die größte wasserwirtschaftliche Bedeutung besitzt hierbei der Malmkarst der „nördlichen Frankenalb". In Abhängigkeit von der Tiefenlage der Grundwassersohlschicht können Bereiche des seichten und des tiefen Karstes unterschieden werden. Im seichten Karst streicht die Sohle des Grundwasserleiters über dem Talboden bzw. dem Erosionsniveau aus, im tiefen Karst taucht sie darunter ab. Beide Bereiche besitzen eine freie Grundwasseroberfläche. Die Wasserführung ist ausschließlich auf Klüfte und Schichtfugen beschränkt, die durch Verkarstungen vielfach zu Gerinnen erweitert sind. Die Verkarstung begann in der Kreidezeit und setzt sich bis heute fort.

Den großen Ergiebigkeiten der Grundwasservorkommen in der nördlichen Frankenalb steht die Gefährdung des Karstwassers durch den punktuellen und flächenhaften Eintrag von belastenden Stoffen gegenüber. Im tiefen Karst ergeben sich aufgrund der hohen Grundwassermächtigkeiten längere Fließzeiten. Die Verdünnungswirkung dieser Grundwassermächtigkeiten führt aber dazu, daß im tiefen Karst trotz lückenhafter oder fehlender Deckschichten die anthropogene Beeinflussung relativ gering ist. Hingewiesen werden muß auf die Schwierigkeiten und teilweise Unmöglichkeit, in Karstgebieten vollständig wirksame Trinkwasserschutzgebiete auszuweisen.

Bild 2   Fränkische Schichtstufenlandschaft am Main bei Harrbach

1.3.2.3   Känozoikum (Erdneuzeit)

Tertiär (vor 65 bis 2 Millionen Jahren)

Die tertiären Ablagerungen sind im Planungsraum nur örtlich von hydrogeologischer Bedeutung. Nur im Aschaffenburger Raum (Sande und Kiese) und in der Langen Rhön (Basalt) sind größere, wasserwirtschaftlich nutzbare Grundwasservorkommen anzutreffen.

Im Aschaffenburger und im Großostheimer Becken wurden Sedimentfolgen mit zum Teil hohen Anteilen sandigen bis kiesigen Materials abgelagert, die heute bedeutende Porengrundwasserleiter darstellen.

Quartär (vor 2 Millionen Jahren bis heute)

Die Mehrzahl der quartären Sedimente spielt für die Wasserversorgung im allgemeinen nur eine untergeordnete Rolle. Für die Trinkwassergewinnung bedeutsam sind nur die kiesig-sandigen Talfüllungen des Maintalquartärs, die sich in vier Abschnitte unterteilen lassen:

— das Aschaffenburger Becken,
— das Buntsandsteingebiet zwischen Obernburg und Karlstadt,
— das Muschelkalk-Keuperland zwischen Karlstadt und Haßfurt,
— das Fränkische Keuper-Lias-Land zwischen Haßfurt und Kulmbach.

Besondere Bedeutung kommt dem Grundwasserzufluß aus den Gesteinen zu, in die das Maintalquartär eingelagert ist. Er ist meist an Störung-, Verkarstungs- und Auslaugungszonen gebunden. Solche Wasserzutritte sind besonders aus dem Mittleren Muschelkalk, den Schaumkalkbänken des Unteren Muschelkalkes und aus den sandigen Schichten des Buntsandsteins zu erwarten, weniger dagegen aus dem Oberen Muschelkalk, dem Sandsteinkeuper und den sandig ausgebildeten Schichten des Tertiärs. Bei durchlässiger Talumrahmung besteht in der Regel ein Grundwasserzufluß zum Main, bei undurchlässiger Talumrahmung treten häufiger Quellen oberhalb grundwasserstauender Schichten in den Talflanken aus und speisen in die quartären Talfüllungen ein.

In den kanalisierten Laufabschnitten ergibt sich ein zusätzlicher Effekt durch den Aufstau des Mains oberhalb der Staustufen. Während im Oberwasser der Fluß in das Grundwasser einspeisen kann, zeigt sich im Unterwasser ein verstärkter Grundwasserzustrom zum Main.

Generell kann gesagt werden, daß das Wasser des Maintalquartärs anthropogen überprägt ist. Häufig treten sauerstoffuntersättigte Wässer mit erhöhten Eisen-, Mangan- und Ammoniumgehalten auf, die einer Aufbereitung bedürfen. Bei Übernutzung werden Brunnen (vor allem im Bereich zwischen Sulzfeld, Marktsteft und Grafenrheinfeld) durch aufsteigende salzhaltige Tiefenwässer beeinträchtigt.

1.4 Klima

Das Maingebiet liegt innerhalb der Klimazone der gemäßigten Breiten im Übergangsgebiet vom westlichen maritimen zum östlichen kontinentalen Klima.

Die Klimastruktur hängt weitgehend von der Geländegestalt eines Raumes ab. Hierbei weisen die ausgedehnten Niederungen einerseits und das Bergland andererseits die größten Unterschiede im „Landschaftsklima" auf. Dieses wird je nach Lage, z.B. im Tal oder am Hang, zum „Lageklima". Das Klima einer Region wird durch die Gesamtheit der meteorologischen Elemente in einer charakteristischen, statistischen Verteilung beschrieben. Typische Klimawerte im Maingebiet nennt die Tabelle A 1-7.

Zur Darstellung der klimatischen Verhältnisse im Planungsraum hat der Deutsche Wetterdienst (DWD) klimatologische Unterlagen zusammengestellt und die Verhältnisse in einem „Klimatologischen Gutachten zum wasserwirtschaftlichen Rahmenplan des Main - Einzugsgebietes" [5] erläutert. Das Gutachten wird im folgenden in Auszügen wiedergegeben. Erweiterte Starkniederschlagsstatistiken unter Einbeziehung von Kurzzeitniederschlägen sind in einem gesonderten Gutachten „Untersuchungen zur räumlichen Repräsentanz der Starkniederschlagsstatistiken von Bayreuth und Würzburg" [6] behandelt.

Ausschlaggebend für das Wasserdargebot in einem Einzugsgebiet sind die atmosphärischen Glieder des Wasserkreislaufes Niederschlag und Verdunstung. Im Maingebiet betreibt der DWD rund 400 Niederschlagsstationen, von denen 55 als Klimastationen und 5 als synoptisch - klimatologische Meldestellen ausgestattet sind.

1.4.1 Niederschlag

Der Vergleich der drei 30jährigen Teilmeßreihen 1901/30, 1931/60 und 1961/90 zeigt für das bayerische Maingebiet eine Zunahme der mittleren jährlichen Gebietsniederschlagshöhe von 721 mm über 744 mm auf 767 mm. Die monatlichen Verteilungen dagegen schwanken erheblich. Hierbei ist ein stabiles Maximum für die Monate Juni bis August (rd. 235 mm) und ein stabiles Minimum für die Monate Februar bis April (rd. 150 mm) festzustellen.

Die größten mittleren monatlichen Niederschlagshöhen werden aufgrund der orographischen Bedingungen des Main-Einzugsgebietes in der Regel in den Sommermonaten gemessen. Die niederschlagsreichsten Gebiete des Planungsraumes befinden sich in den höheren Mittelgebirgslagen. Während in den Tallagen die Sommerniederschläge deutlich überwiegen, können in den Höhenlagen die Winterniederschlagshöhen größenordnungsmäßig die Sommerniederschlagshöhen erreichen. Die räumliche und zeitliche Streuung des Niederschlags ist jedoch insgesamt recht groß.

Extreme Witterungsbedingungen

Als Trockenjahr in jüngerer Zeit kristallisiert sich das hydrologische Jahr 1976 (November 1975 bis Oktober 1976) mit 480 mm Gebietsniederschlagshöhe heraus und liegt damit um 35 % niedriger als der Jahresmittelwert (Geringer war nur 1921 mit 472 mm). Weitere Trockenjahre waren 1934 und 1964. Bevorzugt lange Trockenperioden sind in den Monaten Februar und März, sowie September und Oktober zu beobachten.

Das hydrologische Naßjahr 1966 liefert mit 1066 mm Jahresniederschlag (rund 45 % höher als der Mittelwert) den weitaus höchsten Wert einer 100 jährigen Zeitreihe, gefolgt von 1965 mit 945 mm und 1981 mit 925 mm.

1.4.2 Lufttemperatur

Mit ansteigender Höhe über dem Meeresspiegel nimmt die Lufttemperatur um etwa 0,5 °C je 100 m Höhe ab. Die höchsten Jahresmitteltemperaturen liegen im Maintal mit Werten um 9 °C zwischen Schweinfurt und der Mündung in den Rhein, die niedrigsten Werte um knapp 6 °C auf den Höhenlagen des Fichtelgebirges und der Rhön.

Die Lufttemperatur weist einen ausgeprägten Jahresgang auf. Der kälteste Monat ist der Januar (Beispiel Station Würzburg: im Zeitraum 1951 bis 1980 = - 0,3 °C), gefolgt von Februar (1,0 °C) und Dezember (1,1 °C). Die höchsten mittleren monatlichen Lufttemperaturen treten im Juli auf (18,2 °C) gefolgt von August (17,5 °C) und Juni (16,6 °C). Die tiefsten mittleren Minima werden größtenteils im Januar gemessen (bis zu - 4,5 °C). Das höchste mittlere Tagesmaximum liegt im August (25,9 °C).

1.4.3 Verdunstung

Die Komponenten der Verdunstung werden nach ihrer Entstehung definiert. Sie setzt sich aus der Verdunstung von Wasseroberflächen, Bodenoberflächen, Vegetation und Eis- und Schneeflächen zusammen. Die Verdunstung auf Wasseroberflächen kann auf ein unbeschränktes Wasserdargebot zurückgreifen und geschieht unmittelbar ohne Rückhalteffekte von Pflanzen- oder Bodenporen.

Tabelle A 1-7:   Typische Klimawerte im Maingebiet (1931 - 1960)

Mittlerer Niederschlag	
Höchstwert	über 1.100 mm im Fichtelgebirge; 750 mm bei Gemünden
Niedrigster Wert	600 mm zwischen Schweinfurt und Ochsenfurt
Im Sommerhalbjahr fallen 50-62 % des Jahresniederschlags - und zwar:	62 % bei Volkach 50 % bei Gemünden
Mittlere jährliche Zahl der Tage mit einer Schneedecke von mindestens 10 cm Höhe	
Schneereicher Talbereich	über 100 Tage im Fichtelgebirge
Schneearmer Talbereich	5-10 Tage zwischen Lichtenfels und Gemünden
Mittlere Lufttemperatur	
Im allgemeinen 8-9 °C, unterhalb von Schweinfurt 9-10 °C, wobei das Maintal eine um etwa 1 °C höhere mittlere Lufttemperatur besitzt als die benachbarten höher liegenden Gebiete.	
Quelle: Hydrologischer Atlas der Bundesrepublik Deutschland, 1978 Klimatologisches Gutachten zum wasserwirtschaftlichen Rahmenplan des Main - Einzugsgebietes, Deutscher Wetterdienst, Offenbach 1989	

Sie entspricht näherungsweise einer theoretischen Maximalverdunstung und wird der potentiellen Verdunstung gleichgesetzt.

Basierend auf der Wasserhaushaltsgleichung **Abfluß = Niederschlag - Verdunstung** ergibt sich für das Maingebiet eine mittlere jährliche Verdunstung zwischen 450 und 500 mm mit den höheren Werten im Westteil des Planungsgebietes. Werte über 500 mm werden in den Tallagen des Mains und entlang von Westrücken der Mittelgebirgshöhenzüge erreicht. Die Verdunstung beschreibt im Jahresverlauf einen ausgeprägten, sinusförmigen Verlauf. Während im Dezember und Januar nur etwa 1 % der jährlichen Verdunstung stattfindet, liegen die Werte der Monate Mai bis August im Bereich von 15 bis 20 % der jährlichen Verdunstung (s.a. Tabelle A 1-10).

Untersuchungen des Deutschen Wetterdienstes ergaben keine bedeutenden regionalklimatischen Abweichungen. Bei der Berechnung der potentiellen Verdunstungshöhe nach PENMAN wurden im Jahresmittel der Reihe 1951 bis 1980 bei den Stationen Nürnberg und Würzburg Werte über 800 mm errechnet, während in anderen Gebieten deutlich niedrigere Werte ermittelt wurden (Bamberg 540 mm, Bad Kissingen 430 mm).

1.4.4   Wind

Die Niederschlagsverteilung im Mittelgebirge wird durch Luv- und Lee-Effekte beeinflußt. Windrichtung und Windgeschwindigkeit werden in der freien Atmosphäre in erster Linie durch die großräumige Zirkulation bestimmt. Das bodennahe Windfeld wird hingegen durch die Oberflächenrauhigkeit, die thermische Schichtung der Atmosphäre und die Geländestruktur beeinflußt.

Im Planungsraum sind Winde aus westlichen Richtungen im Jahresmittel am häufigsten. Die Windverhältnisse sind hier ähnlich wie im Gesamtgebiet der Bundesrepublik, in dem Winde aus Südwesten bis Nordwesten vorherrschen. Einflüsse der Reliefgestaltung treten ausgeprägt in Erscheinung. Das Maintal mit einem Jahresmittel der Windgeschwindigkeit von weniger als 2 m/s ist im Vergleich zur Bundesrepublik als windschwach einzustufen. In Tallagen parallel zur Hauptwindrichtung können durch eine Kanalisierung der Strömung jedoch höhere Windgeschwindigkeiten auftreten als im ungegliederten Gelände. Ferner zeigen die Auswertungen sogenannter Niederschlagswindrosen, daß auch der Niederschlag bevorzugt aus westlichen Richtungen kommt.

1.5   Hydrographie

1.5.1   Flußgeschichte des Mains

Der gesamte nordbayerische Raum östlich des Steigerwaldes entwässerte im Pliozän nach Süden. Der Urmain war nur ein kurzer Nebenfluß des Rheins, dessen Einzugsgebiet anfänglich über den Spessart nicht hinausreichte und sich erst an der Wende vom Pliozän zum Pleistozän bis zum Steigerwald ausgedehnt hat.

Das Obermaingebiet aber gehörte zum Donauraum, wobei zeitweilig die Urnaab, im übrigen aber die

Talzüge von Rednitz und Rezat als Vorfluter genutzt wurden. Im Altpleistozän lenkte der Urmain die Entwässerungsrichtung im Obermaingebiet nach Westen um, und bis zum mittleren Pleistozän hatte sich auch die Fließrichtung der Regnitz nach Norden auf dieses Flußsystem hin ausgerichtet. Damit war in großen Zügen der Zustand erreicht, wie er noch heute besteht.

Die Quellflüsse des Mains entspringen im Grenzbereich zwischen der Böhmischen Masse im Osten und dem Schichtstufenland im Westen in der naturräumlichen Einheit des Obermain-Hügellandes. Der Weiße Main hat seinen Ursprung am Ochsenkopf im Fichtelgebirge, der Rote Main in der östlichen Randzone des Fränkischen Jura. Ihr Zusammenfluß bei Mainleus liegt in 289 m Höhe ü.NN.

In seinem Oberlauf umfließt der Main in weitgespanntem Bogen die Zone der härteren Gesteinsfolgen des Malm, hat den Dogger breitbandig ausgeräumt und im weicheren Lias eine weite Talaue angelegt, in der er sich ein gewundenes, stärker mäandrierendes Bett geschaffen hat. Dementsprechend liegt die Laufentwicklung zwischen den Pegeln Mainleus, Schwürbitz und Hallstadt bei einem Wert um 0,45, die Talentwicklung dagegen mit 0,06 bis 0,20 erheblich niedriger. Das Sohlgefälle auf dieser Strecke nimmt von 0,85 ‰ oberhalb von Schwürbitz auf 0,65 ‰ bis Hallstadt ab. Das Einzugsgebiet des Obermains umfaßt an der Regnitzmündung 4.415 km^2.

Nach dem Zusammenfluß mit der Regnitz quert der Fluß in generell westlicher Richtung das Fränkische Schichtstufenland entgegen dem Einfallen der Schichten. Dadurch wird der Fluß zu großräumigen, weit ausgreifenden Passagen jeweils quer oder schräg zur Hauptströmungsrichtung gezwungen, ehe auf Schwäche- oder Störungszonen der Durchbruch durch die Stufenscheitel erfolgen kann. Die dadurch bedingte eigenartige Geometrie des Flußverlaufes im Grundriß mit dem charakteristischen Maindreieck und Mainviereck gibt dem Fluß das typische Gepräge. Flußgeschichtlich erklärt sich dieses Entwässerungsmuster durch den mainaufwärts fortschreitenden Anschluß ursprünglich donauorientierter, also vorwiegend nord-süd-gerichteter Talsysteme.

In der Keuperlandschaft unterhalb der Regnitzmündung markiert die noch breite Talaue des Mains die Grenze zwischen dem Steigerwald im Süden und den Haßbergen im Norden. Die Laufentwicklung ist mit 0,40 deutlich höher als die Talentwicklung mit 0,14; das Gefälle beträgt 0,44 ‰. Von Bamberg bis zur Mündung in den Rhein ist der Fluß lückenlos staureguliert und für die Binnenschiffahrt ausgebaut. Das freie Spiel der bettbildenden Kräfte ist damit vollständig unterbunden. Bis in die Gegend von Haßfurt hat der Fluß die Keuperformation im Talbereich rückschreitend ausgeräumt und schneidet die Schichten des oberen Muschelkalkes an. Damit wandelt sich der Flußcharakter: Das Tal verengt sich und Lauf- und Talentwicklung gleichen sich an.

Unterhalb des Maindreiecks, in der Gegend von Harrbach, verläßt der Main den Muschelkalk und tritt in die Schichtfolgen des Buntsandsteins über. Dabei ermäßigt sich das Gefälle von über 0,40 ‰ auf etwa 0,30 ‰. Die Laufentwicklung erreicht auf dem Nord-Süd-Schenkel des Mainvierecks mit 0,16 ihren niedrigsten Wert entlang der bayerischen Mainstrecke. Vermutlich gehörte dieser Abschnitt mit der Fränkischen Saale und der Sinn zum Flußgebiet der Urtauber, als diese noch der Donau zufloß. Zwischen Eichel und Wallstadt durchbricht der Main mit einem tief eingeschnittenen, engen und gewundenen Tal den Buntsandstein zwischen Spessart und Odenwald, wendet sich dann wieder nach Nordwesten und tritt bei Aschaffenburg in das Rhein-Main-Tiefland hinaus. Unterhalb von Eichel nimmt das Sohlgefälle jedoch zunächst wieder bis auf etwa 0,40 ‰ zu. Im Gegensatz zur Donau, die im Aufriß über weite Strecken bereits annähernd den typisch parabelförmigen Verlauf eines im Gleichgewicht befindlichen Flusses erreicht hat, ist das Gefälleband des Mains von diesem Zustand weiter entfernt [7].

Das Einzugsgebiet des Mains umfaßt unterhalb des Zusammenflusses von Regnitz und Obermain 11.939 km^2, wovon allerdings deutlich mehr als die Hälfte auf die Regnitz mit 7.523 km^2 entfällt. Schon diese Größenverhältnisse lassen darauf schließen, daß die Regnitz das Abflußverhalten des Mains maßgeblich mitbestimmt. Auf der folgenden 200 km langen Flußstrecke bis zur Einmündung der Fränkischen Saale vergrößert sich das Einzugsgebiet nur um 3.062 km^2. Zusammen mit den 2.765 km^2 der Fränkischen Saale beträgt es bis zum Pegel Steinbach kaum 18.000 km^2. Auf der Strecke bis zur Mündung in den Rhein wächst das Gebiet auf insgesamt 27.207 km^2, wobei die Tauber mit 1.800 km^2 und die Nidda mit 1.940 km^2 die größten Einzelbeiträge leisten. Vom gesamten Einzugsgebiet des Mains enfallen auf Bayern ca. 72 %. Den Aufbau des Maineinzugsgebietes zeigen Abbildung A 1-5 und Karte A 2.

1.5.2 Übrige Oberflächengewässer

Das Gefälle-Verhalten der Bäche wird weitgehend von der Lithologie des Untergrundes bestimmt. Gewässer der unterschiedlichen naturräumlichen Haupteinheiten weisen spezifische Gefälle in ihrem Ober-, Mittel- und Unterlauf auf. Hierbei zeigt im allgemeinen ein Gefälle von weniger als 0,5 % ein

Tabelle A 1-8: Flußmorphologische Angaben des Mains

Pegel	Fluß km	Einzugsgebiet	Höhe üb. NN	Lauflänge	Gefälle	Laufentwicklung	Talentwicklung
		km²	m	km	%	-	-
1	2	3	4	5	6	7	8
Mainleus	473,7	1.169	285,30				
				25,3	0,86	0,41	0,06
Schwürbitz	448,4	2.424	263,50				
				51,4	0,65	0,51	0,20
Hallstadt	397,0	4.428	230,20				
				66,2	0,44	0,40	0,14
Schweinfurt	330,8	12.715	201,16				
				55,3	0,49	0,37	0,42
Marktbreit	275,5	13.693	174,05				
				56,2	0,40	0,18	0,16
Harrbach	219,3	14.416	151,73				
				18,8	0,29	-	-
Steinbach	200,5	17.914	146,33				
				26,2	0,32	0,16	0,19
Lengfurt	174,3	18.580	137,84				
				52,6	0,35	0,81	0,79
Kleinheubach	121,7	21.505	119,62				
				44,4	0,44	0,29	0,29
Kleinostheim	77,3	23.087	100,02				

akkumulatives, ein von mehr als 0,5 % ein erosives Verhalten des Fließgewässers an.

Im Fränkischen Keuper-Lias-Land, im Obermain-Hügelland und in den Mainfränkischen Platten (d.h. im Ausstrich weicher Gesteine) zeichnen sich die Bachläufe dadurch aus, daß sie nach einem relativ steilen Oberlauf bald verflachen. Ähnliche Verhältnisse werden auch an Kahl und Aschaff angetroffen. Ihre Oberläufe liegen im Unteren Buntsandstein, ihre Mittel- und Unterläufe im tiefgründig verwitterten Grundgebirge des kristallinen Vorspessarts bzw. im Quartär des Aschaffenburger Beckens. Derartige Gewässer erodieren in den Oberläufen, zeigen in den mittleren Abschnitten ein teils erosives, teils akkumulierendes Verhalten und akkumulieren zumeist in den Unterläufen.

Bei den Bächen im Spessart und im nördlichsten Bereich der Frankenalb sind Ober- und Mittelläufe steil, die Unterläufe bedeutend flacher. Vergleichbar verhalten sich Gewässer, deren Ober- und Mittellauf im Alten Gebirge, ihr Unterlauf im Obermain-Hügelland liegt. Einige solcher Bäche sind durchgehend erosiv, die Mehrzahl akkumuliert im Unterlauf. Bäche, deren Untergrund stets von harten Gesteinen gebildet werden und deren Vorflut tief genug liegt, weisen ständig Gefälle von mehr als 0,5 % auf und wirken auf ihrer gesamten Strecke erosiv. Hierzu gehören z.B. Brend, Kellersbach und Schondra (in Rhön und Südrhön), Wässernach (im Hesselbacher Waldland) sowie mit Einschränkungen der Breitbach (östlich Marktbreit).

1.5.3 Feststofftransport des Mains

Die Geschiebefracht des Mains und seiner Zuflüsse - auch der aus den Mittelgebirgen - ist unbedeutend. Das eingetragene Geschiebe besteht überwiegend aus weicheren Gesteinsarten, die leicht zertrümmert werden und einem starken Abrieb unterliegen.

Die Schwebstofffracht setzt sich aus dem Abrieb und der flächenhaften Feinstoffabspülung zusammen. Meßwerte enthält die Tabelle A 1-9. Im übergebietlichen Vergleich liegen die Zahlen für den mittleren Schwebstoffabtrag in der Größenordnung, die auch in anderen Mittelgebirgen beobachtet werden.

1.5.4 Hydrologie der Oberflächengewässer

Das gemäßigt ozeanische Klima und der Mittelgebirgscharakter bilden die gebietsweit einigermaßen gleichartigen Wirkungsfaktoren für die Hydrologie des Maingebiets. Weniger homogen ist der geologische Aufbau. Hierbei haben die abflußprägenden Unterschiede zwischen den hauptbeteiligten Kristallin- und Sedimentgesteinen ein geringeres

Tabelle A 1-9: Schwebstofftransport an ausgewählten Meßstellen im Maingebiet

Meßstelle [1]	mittlere Schwebstofffracht	Schwebstoffgehalt		mittlerer Schwebstoffabtrag
		mittlerer	größter	
	1.000 t/a	g/m^3	g/m^3	t/(km$^2 \cdot$ a)
1	2	3	4	5
Main				
Kemmern	63	45	1110	14,9
Marktbreit [2]	159	30	521	11,6
Kleinheubach [3]	284	32	437	13,2
Regnitz				
Pettstadt	76	46	556	10,9

[1] Die im Gewässerkundlichen Jahrbuch veröffentlichten Daten von 4 der 15 Meßstellen
[2] Summe aus Tagesmitteln der Jahre 1966/89
[3] Summe aus Tagesmitteln der Jahre 1974/89

Gewicht als der Einfluß von großflächigen Verkarstungen.

Das Quellgebiet des Mains baut sich aus zwei gewichtigen Einheiten auf, die sich hydrologisch stark unterscheiden. Es sind dies die Westabhänge des Fichtelgebirges und des Frankenwaldes einerseits und das Keuper/Jura-Land der Regnitz andererseits. Am Zusammenfluß der Quellflüsse bei Bamberg dominiert der namengebende Obermain das Hochwassergeschehen, die gebietsgrößere Regnitz den Niedrigwasserabfluß. Dieser Rollentausch ist sehr stark durch die Geologie bedingt. Das Kristallin und Paläozoikum des Obermains bieten vergleichsweise wenig Grundwasserspeicherraum und sind mit schwer durchlässigen Verwitterungsauflagen bedeckt. Diese Voraussetzungen begünstigen die Entstehung von Hochwässern. Demgegenüber enthält das Regnitzgebiet in seinem ausgedehnten Juraanteil einen sehr großen Grundwasserspeicher im verkarsteten Weißjura. Die Versickerung im Karst dämpft den Hochwasserabfluß der Regnitz insgesamt deutlich und erhöht trotz geringerer Gebietsniederschläge den Niedrigwasserabfluß dieses Quellflusses. Der Vergleich der Abflußdauerlinien von Kemmern/Main und Pettstadt/Regnitz zeigt den unterschiedlichen Abflußcharakter der beiden Gebietsanteile deutlich (s.a. Abbildung A 1-6).

Der Regnitzabfluß wird seit den 60er Jahren durch die Überleitung von Trinkwasser aus dem Lechmündungsgebiet aufgestockt. Seit der Eröffnung des Main-Donau-Kanals kommt Schleusungswasser aus der Donau hinzu und künftig auch noch die planmäßige Zuschußwasserüberleitung über den Brombachspeicher bzw. den Schiffahrtskanal. Der Dauerlinienvergleich Kemmern - Pettstadt wird deshalb später im Niedrigwasserast noch deutlicher das Übergewicht der Regnitz erkennen lassen.

Alle weiteren stromabwärts folgenden Nebenflüsse, wie Wern, Fränkische Saale, Tauber, Gersprenz usw., sind im Vergleich zum Main selbst von untergeordneter Bedeutung. Daher wird das Abflußverhalten des Mittel- und Untermains vorwiegend durch Regnitz und Obermain geprägt. Selbst der größte Zubringer des Mains, die Fränkische Saale, verändert den Abflußcharakter des unteren Mains nicht mehr wesentlich.

In graphischer Form wird in den Abbildungen A 1-7 und A 1-8 ein Überblick über die Entwicklung der mittleren Abflüsse sowie der Hochwasser- und Niedrigwasserabflüsse längs des Mains gegeben. Die Zahlen für Niederschlag, Abfluß und Verdunstung in ausgewählten Teilgebieten des Maingebietes sind in Tabelle A 1-10 wiedergegeben.

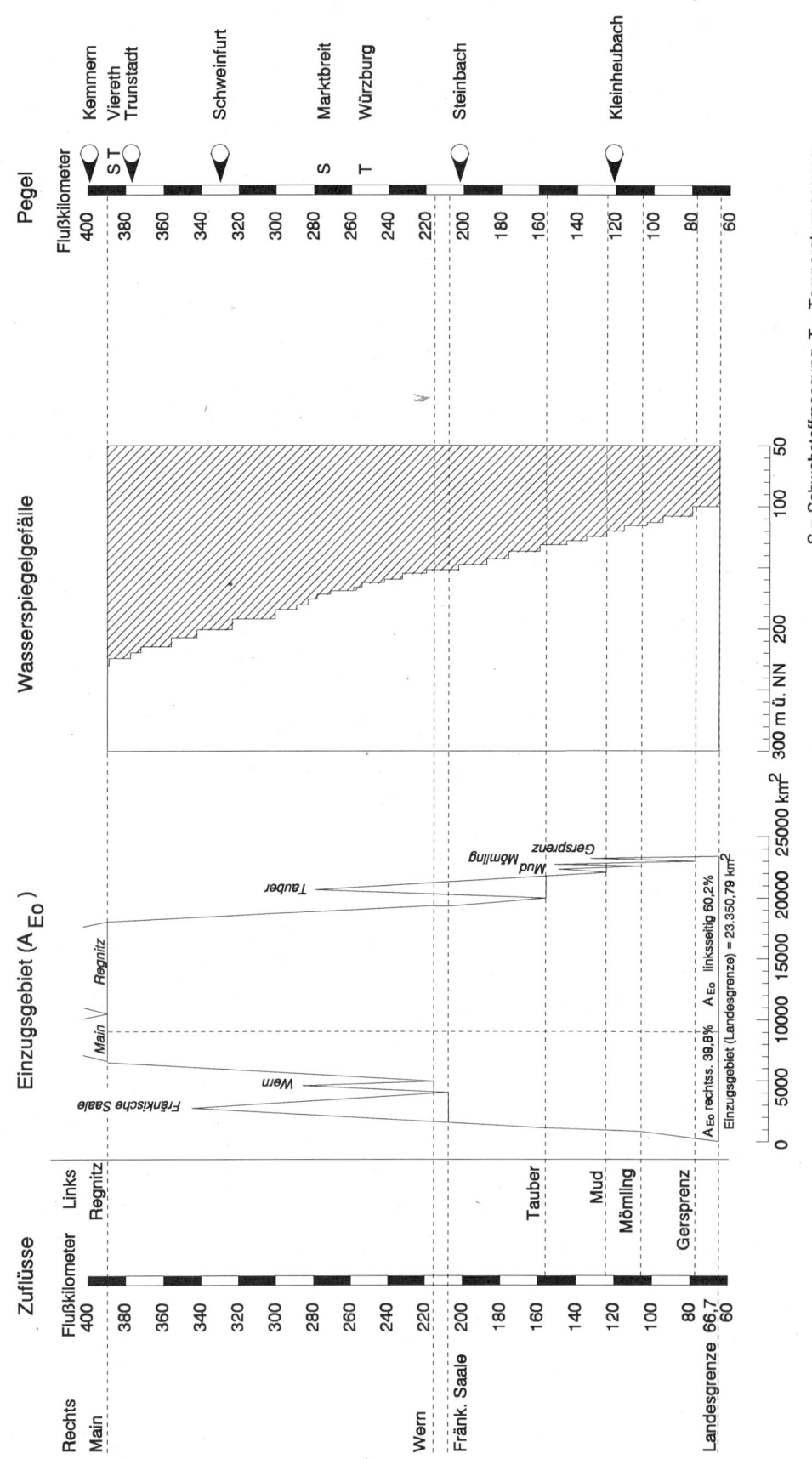

Abb. A 1-5 Aufbau des Einzugsgebietes des Mains von der Regnitzmündung bis zur Landesgrenze

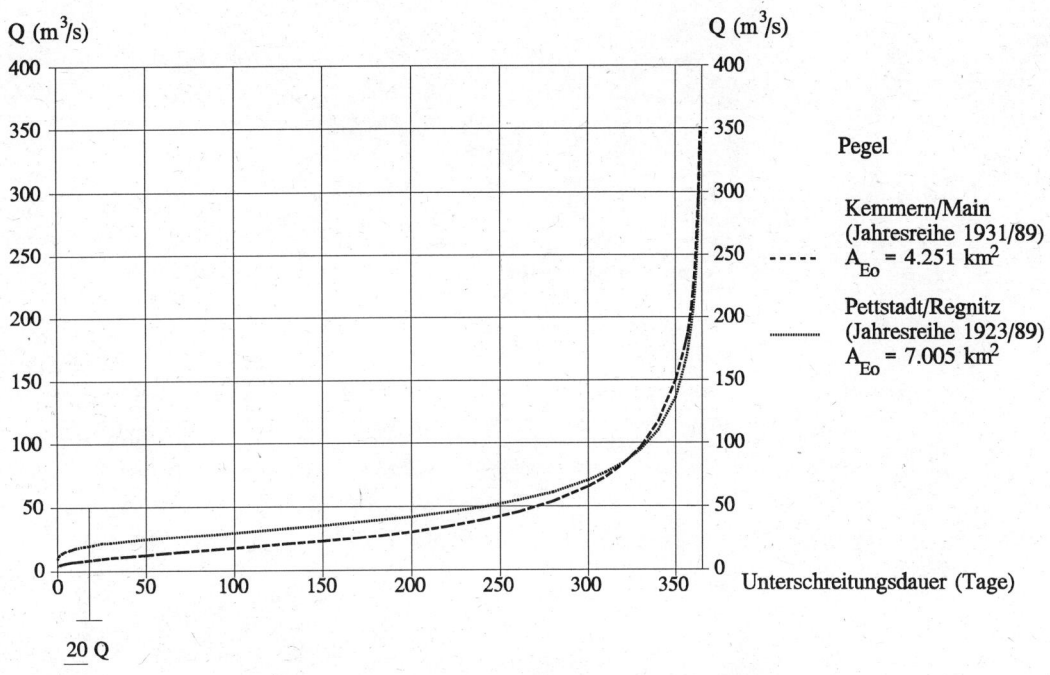

Abb. A 1-6   Abflußdauerlinien Kemmern / Main und Pettstadt / Regnitz

Tabelle A 1-10:   Niederschlag, Abfluß und Verdunstung für ausgewählte Teile des Planungsraumes

Fluß	Gebietsabgrenzung	A^*	Gebietsniederschlag	Abfluß	Verdunstung
		km²	mm/a	mm/a	mm/a
1	2	3	4	5	6
Main	v. Quellen bis Kemmern	3.821	764	286	478
Main	v. Regnitz bis Fränk. Saale	3.062	641	149	492
Main	v. Fränk. Saale bis Kahl	2.941	796	288	508
Regnitz	Mündung	7.523	731	243	488
Fränk. Saale	Mündung	2.338	741	281	460
Tauber	Mündung	656	682	185	497
A^* = bayer. Anteil des Einzugsgebietes					

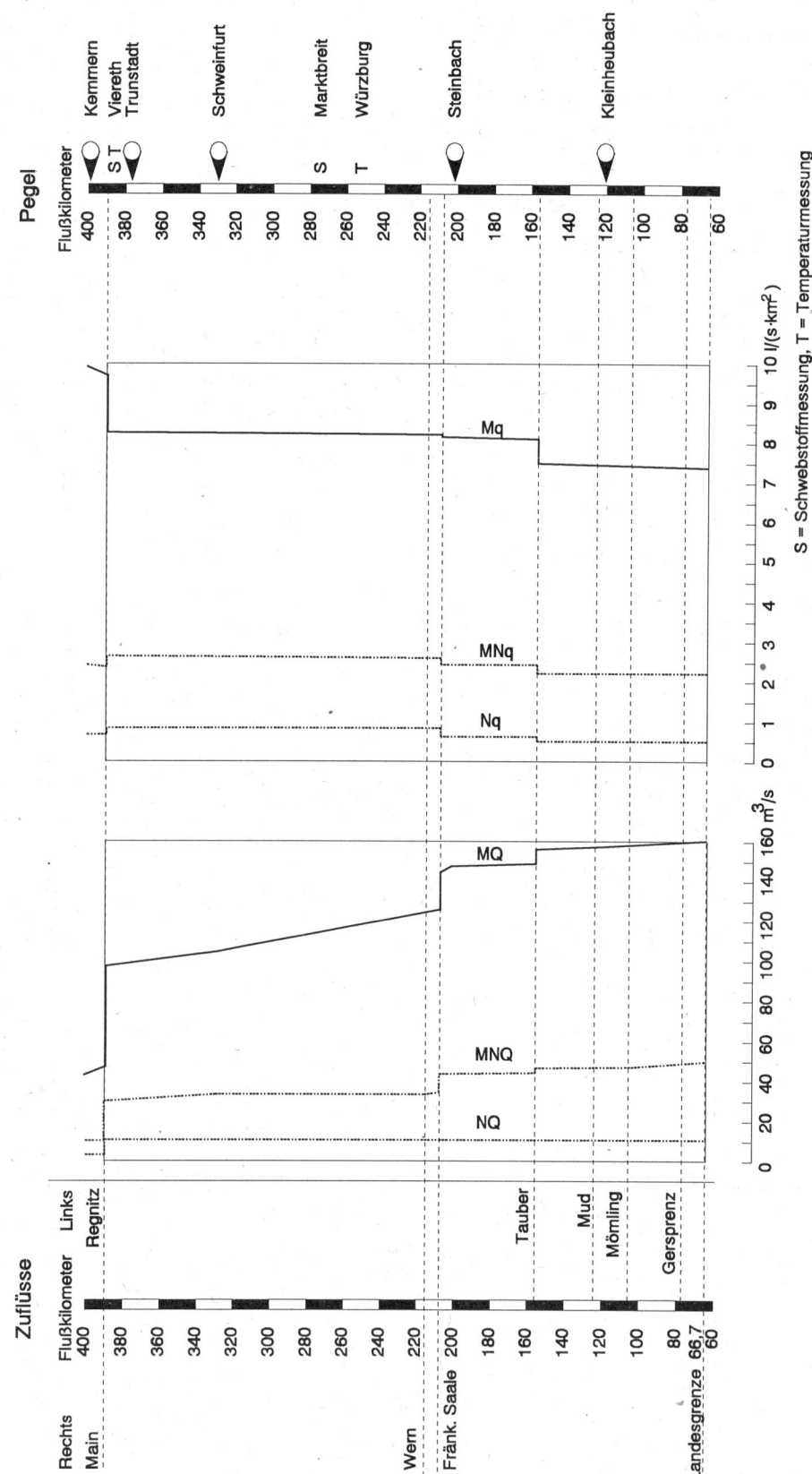

Abb. A 1-7   Mittel- und Niedrigwasserabflüsse und -abflußspenden des Mains

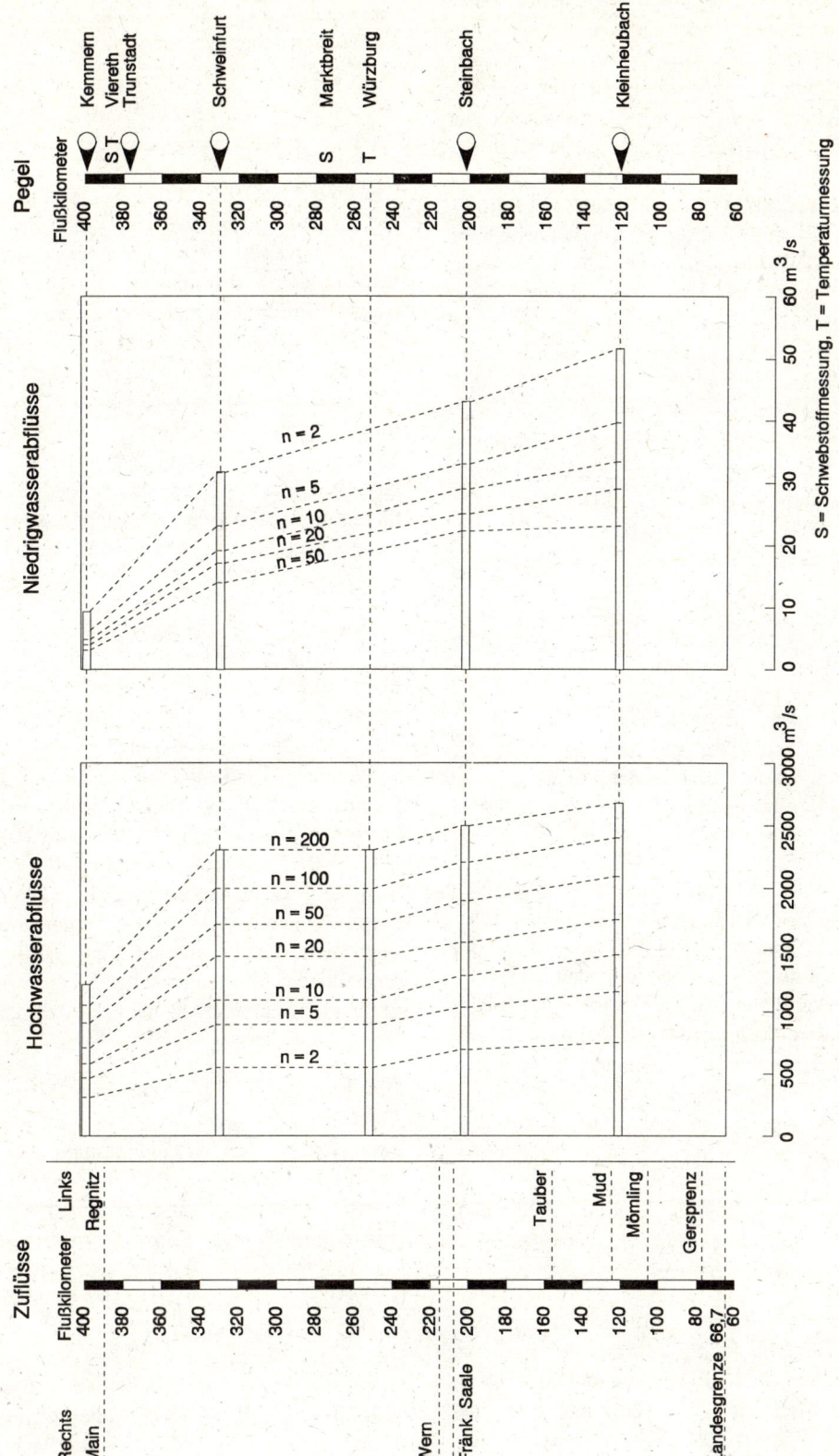

Abb. A 1-8   Hochwasser- und Niedrigwasserabflüsse des Mains zu verschiedenen Wiederkehrzeiten

2 Raumnutzung

2.1 Bevölkerung

Der Bevölkerungsstand der Volkszählung 1987 (Stichtag: 25.05.1987) ist von besonderer Bedeutung, da er auch den Erhebungen zur Umweltstatistik 1987 „Öffentliche Wasserversorgung und Abwasserbeseitigung" zugrundeliegt. In der Bundesrepublik Deutschland lebten am Stichtag der Volkszählung (25.05.1987) etwa 61,08 Millionen Einwohner, das sind im Durchschnitt 246 Einwohner auf 1 Quadratkilometer Fläche (246 E/km^2). Am gleichen Stichtag betrug die Einwohnerzahl in Bayern etwa 10,90 Millionen und die Einwohnerdichte durchschnittlich 155 E/km^2. Diese liegt damit deutlich unter dem Bundesdurchschnitt und an vorletzter Stelle, vor Niedersachsen mit 151 E/km^2. Zum Zeitpunkt der deutschen Wiedervereinigung am 03. Oktober 1990 lebten im deutschen Staatsgebiet 79,67 Millionen Einwohner. Hiervon 63,56 Millionen in den alten und 16,11 Millionen in den fünf neuen Bundesländern. Die Bevölkerungszahl in Bayern betrug zu diesem Zeitpunkt 11,41 Millionen.

Wie in Kapitel 1.1 näher erläutert, umfaßt der Planungsraum Main folgende Regionen ganz oder wesentliche Teile von ihnen:

- Region 1 Bayerischer Untermain (ganz),
- Region 2 Würzburg (größtenteils),
- Region 3 Main-Rhön (größtenteils),
- Region 4 Oberfranken West (teilweise),
- Region 5 Oberfranken Ost (teilweise).

Nach den Vorgaben der Landesplanung [1] gehören die Regionen 3, 4 und 5 zum „Bayerischen Grenzraum". Die im Planungsraum liegenden Teile der Regionen 3, 4 und 5 machen flächenmäßig etwa zwei Drittel des Planungsraumes aus. In der Tabelle A 2-1 wurden die Einwohnerzahlen nach Bilanzräumen und Regionen zusammengestellt. Aus dieser Tabelle ist auch zu ersehen, wie die Einwohner sich auf die verschiedenen Lebensräume verteilen. Hierbei wurde in Bevölkerung in Verdichtungsräumen (darunter im Talraum und in sonstigen Gebieten) sowie in Bevölkerung im ländlichen Raum (darunter im Talraum und in sonstigen ländlichen Gebieten) unterschieden.

Es zeigt sich, daß von den 1987 im Planungsraum lebenden 1,702 Millionen Einwohnern (E) etwa 0,634 Mio. oder 37 % in den Verdichtungsräumen wohnen. Die Mehrheit der in Verdichtungsräumen lebenden Bevölkerung (0,428 Mio. E) ist im Talraum des Mains angesiedelt. Insgesamt leben etwa 0,821 Mio. E oder 48 % im Maintalraum. Auf die sonstigen Gebiete des Planungsraumes entfallen etwa 0,881 Mio. E oder 52 %, von denen wiederum etwa 0,206 Mio. E oder 12 % in den Verdichtungsräumen wohnen. Von den bayerischen Verdichtungsräumen liegen Aschaffenburg und Schweinfurt ganz und Würzburg zum größten Teil im Planungsraum. Der Verdichtungsraum Bamberg gehört ihm nur mit 9 Gemeinden an. Über die Einwohnerdichte gibt Karte A 3 Auskunft.

2.1.1 Bevölkerungsentwicklung

Die zwischen 1975 und 1988 stagnierende Bevölkerungszahl Bayerns ist aufgrund der politischen Entwicklung seit 1989 in Osteuropa und den neuen Bundesländern deutlich gestiegen. Dieser Anstieg ist auch im Maingebiet in den Regierungsbezirken Ober- und Unterfranken festzustellen. In Unterfranken betrug die Steigerung gegenüber der Volkszählung 1987 am 31.12.1991 5,5 %. In Oberfranken, dessen Bevölkerungszahl seit der Volkszählung 1970 kontinuierlich um insgesamt 4 % gesunken war, ist im genannten Zeitraum eine Steigerung von 4,6 % festzustellen, so daß jetzt die Einwohnerzahl von 1970 wieder überschritten wird (s.a. Karten A 4 und A 5).

„Modellrechnungen zur Bevölkerungsvorausschätzung für den Wasserwirtschaftlichen Rahmenplan Main" des Bayerischen Staatsministeriums für Landesentwicklung und Umweltfragen vor dem Eintritt der politischen Veränderungen gingen von einem deutlichen Rückgang der Bevölkerung im Planungszeitraum bis zum Jahr 2020 aus. In Unterfranken wurde noch ein leichtes Ansteigen bis zum Jahr 2000 vorausgesagt. Aufgrund des sprunghaften Bevölkerungsanstiegs seit 1988 mußten diese Vorausschätzungen nach oben korrigiert werden. Hier zeigt sich die Unsicherheit langfristiger Vorausschätzungen, die entsprechende „unvorhersehbare Ereignisse" naturgemäß nicht berücksichtigen können.

Für den Zeitraum bis zum Jahr 2010 wurde den Abschätzungen für den Wasserwirtschaftlichen Rahmenplan Main (Planungsstichjahre 2000 und 2020) die Status-Quo-Prognose des Bayerischen Staatsministeriums für Landesentwicklung und Umweltfragen zum Landesentwicklungsprogramm Bayern Fortschreibung 1993 (Stand des Entwurfes 01.07.1993) für die weitere Entwicklung der Bevölkerung in den Planungsregionen zugrunde gelegt [1a]. Die Prognose berücksichtigt die Wanderungsbewegungen der letzten Jahre. Nach dieser Prognose ist bayernweit mit einer weiteren Bevölkerungszunahme zu rechnen, die bis zum Jahr 2005 bzw. 2010 anhält und dann langsam in eine Stagnation übergeht. Eine unterschiedliche Entwicklung wird hierbei für Ober- und Unterfranken und den Planungsraum Main angesetzt (s.a. Abbildung A 2-2).

Tabelle A 2-1: Bevölkerung im Planungsraum in den Bilanzräumen und Regionen am 25.05.1987

Gebiet	Bevölkerung am 25.5.87 (VZ 87)					Beteiligte Verdichtungsräume
	insgesamt	davon in Verdichtungsräumen		im ländlichen Raum		
B = Bilanzraum R = Region		im Talraum	in sonstigen Gebieten	im Talraum	in sonstigen ländlichen Gebieten	
1	2	3	4	5	6	7
B.1 (Bayreuth)	273.046	-	-	114.250	158.796	
B.2 (Lichtenfels)	274.604	25.416	15.473	67.464	166.251	Bamberg
B.3 (Würzburg)	540.202	242.420	73.965	133.425	90.392	Schweinfurt Würzburg
B.4 (Bad Kissingen)	200.608	-	-	10.050	190.558	
B.5 (Aschaffenburg)	413.552	159.671	117.047	67.965	68.869	Aschaffenburg
Σ Planungsraum	1.702.012	427.507	206.485	393.154	674.866	
R.1 Bayer. Untermain	327.586	159.671	102.649	29.383	35.883	Aschaffenburg
R.2 Würzburg	442.681	164.630	47.274	134.584	96.193	Würzburg
R.3 Main-Rhön	403.515	77.790	41.089	47.473	237.163	Schweinfurt
R.4 Oberfranken-West	324.630	25.416	15.473	67.464	216.277	Bamberg
R.5 Oberfranken-Ost	201.736	-	-	114.250	87.486	
R.8 Westmittelfranken	1.864	-	-	-	1.864	
Σ Planungsraum	1.702.012	427.507	206.485	393.154	674.866	

Für die weitere Entwicklung nach 2010 wurde auf „langfristige demographische Modellrechnungen" des Bayerischen Staatsministeriums für Landesentwicklung und Umweltfragen (Stand 06/1991) zurückgegriffen, die von der Bevölkerungszahl am 31.12.1990 ausgehen. In Unterfranken wird der Höhepunkt der Bevölkerungsentwicklung zwischen 2000 und 2010 mit über 1,35 Mio. Einwohnern prognostiziert; der daran anschließende leichte Rückgang ergibt für das Jahr 2020 noch deutlich über dem Stand von 1991 liegende Einwohnerzahlen. In Oberfranken wird nach diesen Prognosen das Maximum von über 1,1 Mio. Einwohnern zwischen 1995 und 2005 erreicht. Für den gesamten Planungsraum Main ergibt sich damit ebenfalls ein Maximum bis zum Jahr 2010. Die Bevölkerungszahl dürfte zwischen 1995 und 2015 bei knapp 1,9 Mio. Einwohnern liegen. Der Bevölkerungsstand von 1991 wird selbst im Planungsstichjahr 2020 noch deutlich überschritten (s.a. Abbildung B 1-7).

Zur Abschätzung der Untergrenze der Entwicklung wurde eine andere Variante der Bevölkerungsprognosen des Bayerischen Staatsministeriums für Landesentwicklung und Umweltfragen mit geringeren Ansätzen der Zuwandererzahlen herangezogen. Die Obergrenze wurde durch Erhöhung der Prognosezahlen für alle Berechnungsjahre im Verhältnis der oberen Richtzahlen im Landesentwicklungsprogramm Bayern Fortschreibung 1993 zu den Prognosezahlen für das Jahr 2000 ermittelt.

Der Vorausschätzungszeitraum zwischen 2000 und 2020 ist neben den Unwägbarkeiten der Wanderungsentwicklung auch in den Annahmen zur Geburtenhäufigkeit und Sterblichkeit weit unsicherer, als der Zeitraum bis 2000, da hier langfristige Abschätzungen der Veränderung der Lebenserwartung und Aussagen über die Geburtenhäufigkeit heute noch nicht geborener Personen erforderlich sind. Abschätzungen für Vorsorgeplanungen (Wasserversorgung, Abwasserbeseitigung) müssen sich aus diesen Gründen an einer oberen Entwicklungsvariante orientieren. Eine Überprüfung der Eingangsgröße Bevölkerungszahl in kurzen Abständen ist nicht nur für wasserwirtschaftliche Planungen von großer Bedeutung.

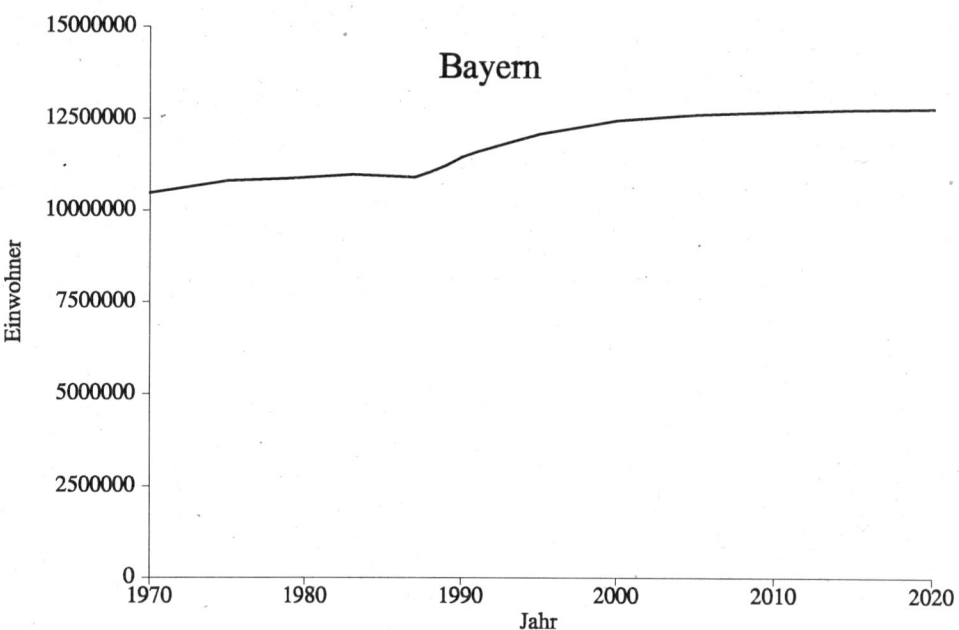

Abb. A 2-1   Bevölkerungsentwicklung in Bayern

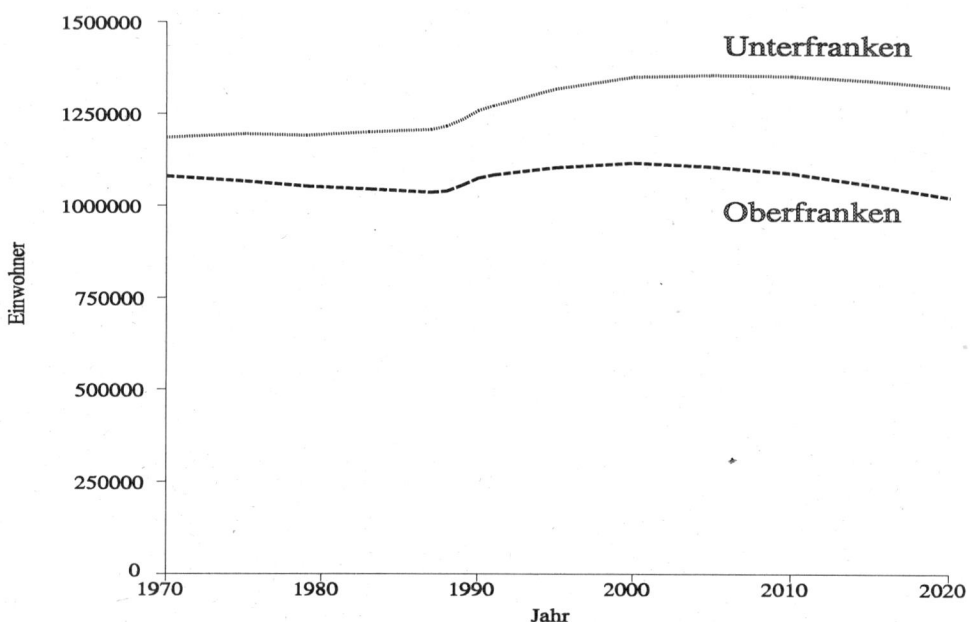

Abb. A 2-2   Bevölkerungsentwicklung in Ober- und Unterfranken

2.1.2 Siedlungsstruktur

Die Siedlungsstruktur Nordbayerns ist von geschlossenen Baugebieten geprägt. Die Landesteile nördlich der Donau waren bis zum Beginn des 19. Jh. herrschaftlich stark zersplittert. Dies begünstigte das Entstehen vieler, zumeist kleiner, häufig stark landwirtschaftlich strukturierter und befestigter Städte. Nicht selten konnten diese die Privilegien einer Freien Reichsstadt erlangen. In den fränkischen Landesteilen südlich des Mains ist daher die Städtedichte gut doppelt so hoch wie in den altbayerischen, wo in weiten Landstrichen fast nur dörfliche Gemeinden, Weiler und Einzelgehöfte liegen, die sich um eine Kleinstadt oder Marktgemeinde als Mittelpunkt für Dienstleistungen und Warenumschlag gruppieren.

Die strukturelle Entwicklung des Planungsraumes hat in den vergangenen Jahrzehnten dazu geführt, daß im gesamten Main-Talraum, ausgenommen das Teilstück Schweinfurt - Marktbreit, Entwicklungsachsen von überregionaler Bedeutung verlaufen.

Nach Abschluß der Gebietsreform befinden sich im Planungsraum 398 Gemeinden. Von diesen liegen 108 (= 27 %) im Talraum des Mains und 290 (= 73 %) im Umland. Die beteiligten Verdichtungsräume umfassen 93 Gemeinden. Davon liegen 42 im Talraum und 51 im Hinterland. Eine Reihe von Gemeinden sind bereits im Landesentwicklungsprogramm Bayern 1984 als „Zentrale Orte" eingestuft [2]; die Fortschreibung des Landesentwicklungsprogrammes [1] sieht eine Aufstufung zahlreicher Kommunen vor, so daß sich folgende Verteilung zentraler Orte im Planungsraum ergibt (der Stand von 1984 ist in Klammern angegeben):

- 5 (1) Oberzentren (Würzburg, Aschaffenburg, Bayreuth, Coburg und Schweinfurt);
- 0 (4) Mögliche Oberzentren (1984: Aschaffenburg, Bayreuth, Coburg und Schweinfurt);
- 17 (10) Mittelzentren;
- 9 (7) Mögliche Mittelzentren;
- 34 (22) Unterzentren.

2.2 Verkehr und Wirtschaft

2.2.1 Verkehr

Breite Täler wurden bereits in früheren Zeiten wegen ihres weitgehend gleichmäßigen Gefälles für die Anlage von Verkehrswegen bevorzugt. An Furten und ähnlichen für die Querung geeigneten Stellen entstanden schon im Mittelalter wichtige Wohn- und Wirtschaftsplätze, die sich dann zu Schnittpunkten im Netz der Verkehrswege weiter entwickelten. Dementsprechend verlaufen auch im Maintal fast auf der gesamten Länge zumindest regional wichtige Schienen- und Straßenverbindungen.

Die für den innerdeutschen und internationalen Schienenverkehr bedeutenden Strecken von Frankfurt a. Main bzw. von Fulda über Würzburg nach München oder nach Nürnberg-Regensburg-Passau-Wien folgen bis Aschaffenburg, sowie zwischen Lohr und Marktbreit dem Maintal. Die dem Schnellverkehr dienende Neubaustrecke der Bundesbahn zwischen Würzburg und Hannover meidet dagegen das kurvenreiche Flußtal. Die vorwiegend für den überregionalen Güterverkehr genutzte Hauptbahnlinie von Fürth über Bamberg-Schweinfurt nach Gemünden verläuft ebenfalls weitgehend im Talraum des Mains.

Neben den Bahnlinien durchziehen auch Bundesstraßen lange Abschnitte des Regnitz-Maintales, während die Bundesautobahnen den dichtbesiedelten Tälern meist ausweichen. Lediglich im Regnitztal und im Maintal zwischen Schweinfurt und Bamberg liegen längere Abschnitte von zum Teil fertigen, oder noch im Entstehen begriffenen Autobahnstrecken.

Wichtige Nord-Süd-Verbindungen berühren den Planungsraum sowohl am östlichen Rand als E 6 (A 9) Berlin-München, wie auch östlich von Würzburg als E 70 (A 7) Hamburg-Kempten. Als Ost-West-Verbindung durchzieht die E 5 (A 3) Regensburg-Frankfurt a. Main den Südwesten des Planungsraumes.

Über den Bestand an Straßenkilometern gibt Tabelle A 2-2 einen Überblick [3]. Nach dem Stand vom 01.01.1989 wurden die Längen der einzelnen Straßenklassen im überörtlichen Straßennetz für die drei fränkischen Regierungsbezirke und für das bayerische Staatsgebiet zusammengestellt.

Franken, dessen Gebiet etwa einem Drittel Bayerns entspricht, verfügt auch über mehr als 35 % des überörtlichen Straßennetzes mit einem verhältnismäßig großen Anteil an Autobahnkilometern. Franken ist eine wichtige Verkehrsdrehscheibe im Herzen Deutschlands.

Im Zuge der Öffnung der innerdeutschen Grenze und bedingt durch die politischen Entwicklungen in den fünf neuen Bundesländern ist damit zu rechnen, daß sich das Verkehrsaufkommen zwischen Nordbayern und dem benachbarten Sachsen und Thüringen spürbar vergrößert. Die verkehrstechnische Erschließung des von seinem nördlichen Hinterland bisher abgeschnittenen ehemaligen Zonenrandgebietes wird daher in absehbarer Zukunft verbessert werden müssen.

Tabelle A 2-2: Überörtliches Straßennetz nach Stand vom 01.01.1989

Gebiet	Bundes-autobahn	Bundesstraßen	Staatsstraßen	Kreisstraßen	überörtliches Straßennetz insgesamt
	km	km	km	km	km
1	2	3	4	5	6
Oberfranken	167	944	1.478	1.889	4.478
Mittelfranken	356	645	1.647	2.074	4.722
Unterfranken	293	946	1.858	2.349	5.446
Bayern	2.015	7.126	13.800	18.213	41.154
Quelle: Statistisches Jahrbuch für Bayern 1990					

Den dritten Verkehrsweg neben Schiene und Straße stellt der Main selbst als Schiffahrtsstraße dar. Der bis Bamberg schiffbare Main und der im Regnitztal liegende Main-Donau-Kanal haben zwischen Aschaffenburg und Nürnberg eine Länge von 369 km. Nach Eröffnung der Kanalstrecke im September 1992 gibt es jetzt eine vollständige schiffbare Verbindung zwischen Main und Donau und damit einen durchgängigen Schiffahrtsweg zwischen Nordsee und Schwarzem Meer.

Die Kanaltrasse verläuft oberhalb von Bamberg bis Nürnberg im Regnitztal, führt in einer flachen Juraeinsenkung über die Hauptwasserscheide Donau-Main und folgt etwa ab Berching dem Flußtal der Altmühl bis Kelheim zur Donau. Von der 171 km langen Gesamtstrecke des Kanals ist die 72 km lange Teilstrecke bis zum Hafen Nürnberg bereits seit 1972 in Betrieb.

2.2.2 Wirtschaft

Auch für die Betrachtung von Industrie und Gewerbe stellt das Jahr 1987 als Stichjahr der Umweltstatistik ein besonderes Erhebungsjahr dar, da nur für die Stichjahre der Umweltstatistik umfassende statistische Daten über Wasserbedarf und Abwasserbeseitigung vorliegen [4].

Regionale Daten zu Wirtschaftszweigen oder Industriegruppen unterliegen weitgehend der Geheimhaltung im Rahmen des Datenschutzes. Daher stehen Angaben zu den Beschäftigtenzahlen in der Wirtschaft oder zum Umsatz der Betriebe lediglich auf der Basis der Regierungsbezirke und z.T. der Regionen zur Verfügung. Wasserwirtschaftlich bedeutsame Industriegruppen werden in den Fachteilen „Wasserversorgung und Wasserbilanz" und „Gewässerschutz" behandelt.

Für die Jahre 1980 bis 1987 wird in der Tabelle A 2-4 im Anhang ein Überblick über die Entwicklung der Zahl der Erwerbstätigen in den 4 Wirtschaftsbereichen (Land- und Forstwirtschaft, Produzierendes Gewerbe, Handel und Verkehr, sowie Dienstleistungs- und sonstiger Bereich) gegeben [5]. Die Zahlen der Regierungsbezirke Oberfranken und Unterfranken werden mit den durchschnittlichen Werten für Bayern verglichen. Hiernach überwiegen in beiden Regierungsbezirken die Arbeitsplätze im Produzierenden Gewerbe. Ihre Zahl übertrifft auch deutlich die bayerischen Durchschnittswerte bei allerdings abnehmender Tendenz innerhalb des betrachteten Zeitrahmens.

Der nächsthöhere Anteil der Erwerbstätigen kommt aus dem sonstigen Bereich, der auch den Dienstleistungssektor einschließt. Die Tendenz ist hier kontinuierlich steigend, wenn auch der gesamtbayerische Durchschnitt nicht erreicht wird.

Die Entwicklung der Arbeitsplätze in der Land- und Forstwirtschaft bietet kein einheitliches Bild. Jedoch ist allgemein ein deutlicher Rückgang der landwirtschaftlichen Arbeitsplätze festzustellen. Für die Zukunft wird in allen Regionen Bayerns mit einer Abnahme der Arbeitsplätze in der Land- und Forstwirtschaft gerechnet.

Für das Jahr 1987 wurde die Verteilung der „Beschäftigten im Bergbau und Verarbeitenden Gewerbe" auf die wasserwirtschaftlich relevanten 7 Industriegruppen in der Tabelle A 2-5 im Anhang dargestellt. Es lassen sich Schwerpunkte bei den Arbeitsplätzen und Abweichungen vom bayerischen Landesdurchschnitt erkennen. Der Anteil der Beschäftigten im Bergbau und im Verarbeitenden Gewerbe betrug in Oberfranken etwa 12 % und in Unterfranken etwa 11 % an den in Bayern 1987 insgesamt in diesem Wirtschaftsbereich vorhandenen Arbeitsplätzen.

Tabelle A 2-3: Beschäftigte im Bergbau und Verarbeitenden Gewerbe -
Rangfolge der 7 Industriegruppen 1987

Rangfolge	Anteile der Beschäftigten in den 7 Industriegruppen					
	Bayern	%	Oberfranken	%	Unterfranken	%
1	2		3		4	
1. Stelle	Maschinenbau	32	Textilgewerbe	24	Maschinenbau	47
2. Stelle	Elektrotechnik	28	Maschinenbau	19	Elektrotechnik	15
3. Stelle	Textilgewerbe	10	Steine und Erden	15	Textilgewerbe	11
4. Stelle	Chemische Industrie	9	Elektrotechnik	15	Papiererzeugung	10
5. Stelle	Papiererzeugung	9	Papiererzeugung	13	Chemische Industrie	7
6. Stelle	Steine und Erden	6	Chemische Industrie	9	Steine und Erden	5
7. Stelle	Nahrungsmittelgewerbe	6	Nahrungsmittelgewerbe	5	Nahrungsmittelgewerbe	5

Quelle: Bergbau und Verarbeitendes Gewerbe in den Regierungsbezirken und Planungsregionen Bayerns 1987, Bayer. Landesamt für Statistik und Datenverarbeitung

In Oberfranken sind fast ein Viertel (24 %) der Arbeitsplätze im Textilgewerbe angesiedelt, gefolgt von etwa 19 % im Maschinenbau. In Unterfranken liegt der Schwerpunkt mit 47 % der Arbeitsplätze im Maschinenbau. An zweiter Stelle kommt die Elektrotechnik mit etwa 15 % (s.a. Tabelle A 2-3).

2.2.3 Fremdenverkehr

Wie die Entwicklung der Arbeitsplätze von 1980 bis 1987 zeigt, steigt die Anzahl der Beschäftigten im Sonstigen- und Dienstleistungsbereich auch in Nordbayern an. Hieran ist auch der Fremdenverkehr beteiligt, ist er doch ein Wirtschaftsfaktor mit allgemein wachsender Bedeutung. Auch in Ober- und Unterfranken ist in einigen Gemeinden der Fremdenverkehr stärker als im Durchschnitt des Planungsraumes. Eine starke Steigerung ist seit der Öffnung der Grenzen nach Norden und Osten zu verzeichnen.

Der Einfluß des Fremdenverkehrs auf den Wasserbedarf ist im Fachteil „Wasserversorgung und Wasserbilanz" abgeschätzt. Weitere Einzelheiten zum Thema „Freizeit und Erholung" finden sich in den Fachteilen „Wasser in Natur und Landschaft" sowie „Abflußbewirtschaftung und Wasserbau".

Eine gemeindeweise Darstellung der Fremdenverkehrsdichte 1991, ausgedrückt als Verhältnis zwischen Übernachtungen pro Jahr und Einwohnerzahl, ist in Karte A 6 wiedergegeben. Schwerpunkte des Fremdenverkehrs sind in diesem Gebiet die Bäder in der Bayerischen Rhön und im Grabfeldgau, außerdem 10 Gemeinden im Spessart, sowie einige Gemeinden im Landkreis Kitzingen, die zum Fremdenverkehrsgebiet Fränkisches Weinland am westlichen Rand des Steigerwaldes gehören. Die höchste Fremdenverkehrsdichte im Planungsraum wird in der kleinen Gemeinde Hausen am Ostabhang der Bayerischen Rhön, nahe der Grenze zu Thüringen erreicht.

Insbesondere im mittleren Maintal zwischen Würzburg und Miltenberg und im oberen Maintal ist der Fremdenverkehr lebhafter als im Durchschnitt des Planungsraumes. Jedoch übersteigt er auch in den genannten Abschnitten nur in einzelnen Gemeinden die landesdurchschnittliche Fremdenverkehrsdichte und Aufenthaltsdauer (rund 5 Tage), z.B. in den Gemeinden Staffelstein am oberen Main und Rothenfels bei Lohr.

Das Landesentwicklungsprogramm Bayern unterscheidet zwei Gruppen von Fremdenverkehrsgebieten [1]:

– **Kategorie 1:**
„Gebiete mit erheblichem längerfristigen ländlichen Erholungsreiseverkehr" und

– **Kategorie 2:**
„Gebiete mit in Ansatzpunkten vorhandenem längerfristigen ländlichen Erholungsreiseverkehr, die insbesondere aufgrund ihres Landschaftscharakters und ihrer klimatischen Gegebenheiten für eine fremdenverkehrliche Entwicklung geeignet sind".

Der Planungsraum enthält Gebiete beider Kategorien. Von Kategorie 1 liegen die Fremdenverkehrsgebiete Spessart / Bayerischer Odenwald und Rhön ganz im Planungsraum, vom Planungsraum am Rande berührt werden Steigerwald, Fränkische Schweiz, Frankenwald und Fichtelgebirge. Von Kategorie 2 liegen Haßberge, Oberes Maintal und Coburger Land sowie Aschaffenburg und Umgebung ganz sowie das Fränkische Weinland teilweise im Planungsraum.

2.3 Flächennutzung

Die Flächennutzung wurde von der Bayer. Landesanstalt für Betriebswirtschaft und Agrarstruktur auf der Grundlage der Nutzungsarten in den einzelnen Teilflußgebieten des Mains untersucht. In den Tabellen A 2-6 und A 2-7 im Anhang wurden die Ergebnisse für die Bilanzräume, sowie für die Regionen des Planungsraumes zusammengestellt.

Die Verteilung der verschiedenen Nutzungsarten ist gebietsweise deutlich unterschieden. Landwirtschaft und Wald stellen die Hauptarten der Bodennutzung dar. Im Planungsraum wird mit 51 % etwa die Hälfte aller Flächen landwirtschaftlich genutzt. Der Wald bedeckt etwa 38 % des Planungsraumes.

Der Anteil der Bau- und Verkehrsflächen beträgt etwa 8 %. Wasserflächen spielen im Planungsraum mit weniger als 1 % Flächenanteil nur eine sehr untergeordnete Rolle.

Die Region 3 (Main-Rhön) weist innerhalb des Planungsraumes mit etwa 54 % den höchsten Flächenanteil bei der landwirtschaftlichen Nutzung auf. Den höchsten Flächenanteil des Waldes besitzt mit etwa 52 % die Region 1 (Bayerischer Untermain). In dieser Region ist auch der Anteil der Siedlungs- und Verkehrsflächen mit etwa 10 % am größten, während die Region 3 hierfür mit etwa 7 % den geringsten Flächenanteil aufweist. Von den landwirtschaftlichen Flächen werden mehr als drei Viertel als Ackerland genutzt.

Zusammenfassende Planaussagen

1 Wasserversorgung und Wasserbilanz

1.1 Einleitung

Einer der Kernpunkte eines Wasserwirtschaftlichen Rahmenplanes ist die Erstellung der **Wasserbilanz**, d.h. die Gegenüberstellung des derzeitigen und zukünftigen **Wasserbedarfs** für die verschiedenen Bedarfszweige (Trinkwasser, Betriebswasser für die Industrie, Bewässerungswasser, Wasser für die Schiffahrt, Wasser für die Wasserkraftnutzung, Wasser zur Sicherstellung der Mindestwasserführung) und des zur Verfügung stehenden **Dargebotes** und seines nutzbaren Anteils.

Die große Bedeutung, die der Wasserbilanz beigemessen wird, zeigt sich schon daran, daß drei der fünf Grundforderungen an einen Wasserwirtschaftlichen Rahmenplan auf Bedarf, Dargebot und Bilanz bezugnehmen [1]. In einem mit natürlichem Wasserdargebot relativ reichlich bedachten Gebiet wie Bayern spielt die o.g. mengenmäßige Wasserbilanz eine weniger wichtige Rolle.

Von besonderer Bedeutung ist die jederzeitige Sicherstellung der Versorgung der Bevölkerung mit ausreichendem Trinkwasser von einwandfreier Qualität. Vor diesem Hintergrund entwickelt sich die allgemeine Wasserbilanz immer mehr zu einer **Trinkwasserbilanz der öffentlichen Wasserversorgung**.

Auf der Bedarfsseite gehen in diese Bilanz der Wasserbedarf der Bevölkerung (Haushalte, Kleingewerbe, öffentliche Einrichtungen, usw.) und der Wasserbezug der Industrie aus dem öffentlichen Netz ein. Grundlage der Ausarbeitungen war eine detaillierte Untersuchung der Versorgungssituation sowohl der öffentlichen Wasserversorgung wie auch der Industrie anhand statistischer Unterlagen.

Die jüngste politische Entwicklung in den neuen Bundesländern und in Osteuropa führte zu einem deutlichen Bevölkerungsanstieg in Bayern, der sich auch in den Prognosen für die zukünftige Bevölkerungsentwicklung niederschlägt. Aus diesem Grund mußten auch die Ansätze für den zukünftigen Wasserbedarf der Bevölkerung für den Wasserwirtschaftlichen Rahmenplan Main mehrfach überarbeitet werden.

Dem Bedarf gegenübergestellt wird das langfristig nutzbare Dargebot im Planungsraum. Zur Ermittlung derzeit noch nicht genutzter Grundwasserreserven erarbeitete das Bayer. Geologische Landesamt einen umfassenden hydrogeologischen Fachbeitrag [2], der neben der mengenmäßigen Abschätzung auch die hydrochemische Eignung der Grundwässer zur Trinkwassergewinnung und eventuelle Beeinträchtigungen der Grundwasservorkommen in ihren Einzugsgebieten untersucht.

Inzwischen hat sich eine bundesweite Diskussion über eine generelle oder zumindest große Räume erfassende Verschlechterung der Grundwasserqualität entfaltet. Die Öffentlichkeit wird in jüngster Zeit auf verschiedene Gefahren hingewiesen, die das Grundwasserdargebot einzuengen drohen.

Grundwassererschließungen weisen Nitratgehalte auf, die über den Grenzwerten der EG-Richtlinien liegen. Die überhöhten Nährstoffgehalte gehen oft Hand in Hand mit sonstigen Schadstoffbelastungen aus der Landbewirtschaftung; so wurden auch Pflanzenschutzmittel im Trinkwasser gefunden. Im Planungsgebiet muß mit dem Ausfall einer Reihe von derzeit noch genutzten Trinkwassergewinnungsanlagen, vor allem in Unterfranken, gerechnet werden.

Anlaß zur Besorgnis geben auch Fälle von Grundwasserbelastung mit Chlorkohlenwasserstoffen; sie haben ihren Ausgangspunkt in bestehenden oder aufgelassenen, schadstoffverarbeitenden Betriebsstätten. Gleiches gilt für Grundwasserschädigungen durch Schadstoffe aus ehemaligen, seinerzeit unsachgemäß betriebenen Deponien. Schließlich besteht eine ständige Gefährdung der nutzbaren Grundwasserräume durch Unfälle beim Transport wassergefährdender Stoffe.

Insgesamt ist zur Charakterisierung der Versorgungslage festzustellen, daß die Sicherung der Wasserversorgung neben dem Mengenproblem heute vorwiegend ein Qualitätsproblem ist. Eine Aufgabe des vorliegenden Planes ist es, zur Abschätzung der Gefährdungssituation und der Sicherheit der zukünftigen Versorgung auch aus qualitativer Sicht beizutragen. Maßnahmen und Wege zur Verbesserung der Verhältnisse werden aufgezeigt.

Die mengenmäßige Bilanz bildet die Grundlage für eine Kontrolle der Versorgungslage und für die Veranschaulichung unterschiedlicher Verhältnisse in den Teilen des Planungsgebietes. Hierzu ist es erforderlich, Bilanzräume auszuweisen, die jeweils - zumindest näherungsweise - einheitliche Grundstrukturen zeigen, was die Wassergewinnungsmöglichkeiten und den Bedarf betrifft.

Für die Wasserbilanz wird das Planungsgebiet in Teilräume gegliedert, mit der Absicht möglichst die Wasserüberschuß- und Wassermangelgebiete sichtbar zu machen. Die Bilanzraumgliederung stellt in der Regel einen Kompromiß aus verschiedenen Zuordnungskriterien dar.

Wesentlichen Einfluß haben üblicherweise die Abgrenzung von Bedarfsschwerpunkten und die hydrogeologischen Einheiten. Da im Planungsraum dominierende Bedarfsschwerpunkte fehlen, wurden die Bilanzräume in erster Linie in etwa nach hydrogeologischen Haupteinheiten abgegrenzt. Aus erhebungstechnischen Gründen wurden diese Haupteinheiten durch Gemeindegrenzen angenähert (s.a. Tabelle A 1-2 im Anhang).

Die bayerischen Planungsregionen und die wasserwirtschaftlichen Bilanzräume überschneiden sich derart, daß eine Übertragung der Ergebnisse aus einem bestimmten Bilanzraum auf eine bestimmte Region nicht möglich ist (s.a. Abbildung A 1-3). In vielen Abbildungen und Tabellen wurden deshalb neben den Werten für die Bilanzräume auch die Werte für Planungsregionen angegeben.

1.2 Situation der Wasserversorgung; Wasserbedarf

Erhebungsgrundlagen

Eine Abschätzung zukünftiger Entwicklungen kann nur auf Grundlage einer umfassenden Analyse der bestehenden Situation erfolgen. Seit 1975 werden im vierjährigen Turnus statistische Daten der öffentlichen Wasserversorgung erfaßt. Gesetzliche Grundlage bildet §5 Abs.1 Nr. 1 des Gesetzes über Umweltstatistiken (UStatG)[8]. Erfaßt werden alle Wasserversorgungsunternehmen (WVU) mit einer Jahreswassermenge von mehr als 1.000 m^3.

Zusätzlich steht die jährlich erhobene Statistik des Bundesverbandes der Deutschen Gas- und Wasserwirtschaft e.V. (BGW) zur Verfügung [9]. Sie erfaßt 220 WVU in Bayern und über 60 % des Wasseraufkommens und der Wasserabgabe an Letztverbraucher (bezogen auf 1987). Es standen Erhebungen bis zur 103. BGW-Wasserstatistik für das Jahr 1991 zur Verfügung.

Nach §6 des Gesetzes über Umweltstatistiken (UStatG) werden ebenfalls seit 1975 alle vier Jahre statistische Daten der „Wasserversorgung im Bergbau und Verarbeitenden Gewerbe" erhoben [10]. Eine Übersicht über diese statistischen Grundlagen, die einzelnen Versorgungsbereiche und die verschiedenen Bedarfsträger zeigt Abbildung B 1–1.

Umweltstatistik 1991

Wie bereits erwähnt, stellt die Umweltstatistik als flächendeckende Erhebung die wichtigste Grundlage für die Ausarbeitung des Fachteils „Wasserversorgung und Wasserbilanz" dar.

Neben dem relativ langen Erhebungsintervall von vier Jahren ist auch der Veröffentlichungszeitpunkt und der erhebliche, daran anschließende Zeitbedarf für die planerische Aufbereitung der Daten zu berücksichtigen.

Zum Zeitpunkt des Redaktionsschlusses für den Wasserwirtschaftlichen Rahmenplan Main Ende 1993 lag die Umweltstatistik 1991 im Bereich der öffentlichen (§5) und gewerblichen (§6) Wasserversorgung noch nicht vor.

Die grundsätzliche Datengrundlage für Bedarf, Dargebot und Bilanz mußte daher die Umweltstatistik 1987 bilden. In Bereichen, in denen aktuelle Daten vorlagen (u.a. BGW-Statistik, Bevölkerungszahlen), wurde der Datenstand 1991 als Vergleichsgrundlage mit angegeben.

Erste, z.T. vorläufige Ergebnisse der Umweltstatistik 1991, die Ende 1993 auf Landkreisebene zur Verfügung standen, sind in Kapitel 1.5 beschrieben. In anderen Kapiteln wird nicht auf die Umweltstatistik 1991 Bezug genommen.

1.2.1 Versorgungsstruktur der öffentlichen Wasserversorgung
(s.a. Kapitel 2.1.2.1 Fachteil „Wasserversorgung und Wasserbilanz")

Der Grad der zentralen Wasserversorgung hat 1987 im Planungsgebiet den hohen Stand von 99,3% erreicht. In allen fünf Regionen, die Anteil am Planungsraum haben, liegt der Anschlußgrad deutlich über dem Landesdurchschnitt.

Die öffentliche Wasserversorgung deckt ihren Bedarf im Planungsraum zum größten Teil aus Grund- und Quellwasser, jedoch liegt dessen prozentualer Anteil deutlich unter dem Landesdurchschnitt.

Während für die Bilanzräume 1 und 2 die Trinkwassertalsperre Mauthaus zur Verfügung steht, wird im Bilanzraum 3 ein Viertel der Wassergewinnung aus Uferfiltrat und angereichertem Grundwasser entnommen (s.a. Abbildung B 1-9 sowie Tabellen B 1-1 und B 1-2 im Anhang). Der Schwerpunkt liegt hierbei im Bereich Schweinfurt mit den Anlagen der Stadtwerke Schweinfurt und der Rhön-Maintal-Gruppe bei Weyer.

Die Hauptlast der Versorgung tragen die gemeindlichen Versorgungsunternehmen. Der großen Bedeutung der gemeindlichen Wasserversorgungsunternehmen und der Vielzahl kleinerer Wassergewinnungsanlagen trägt die Staatsregierung Rechnung, indem das Landesentwicklungsprogramm Bayern [7] fordert: *Örtliche Versorgungsanlagen sollen beibehalten bzw. angestrebt werden, soweit*

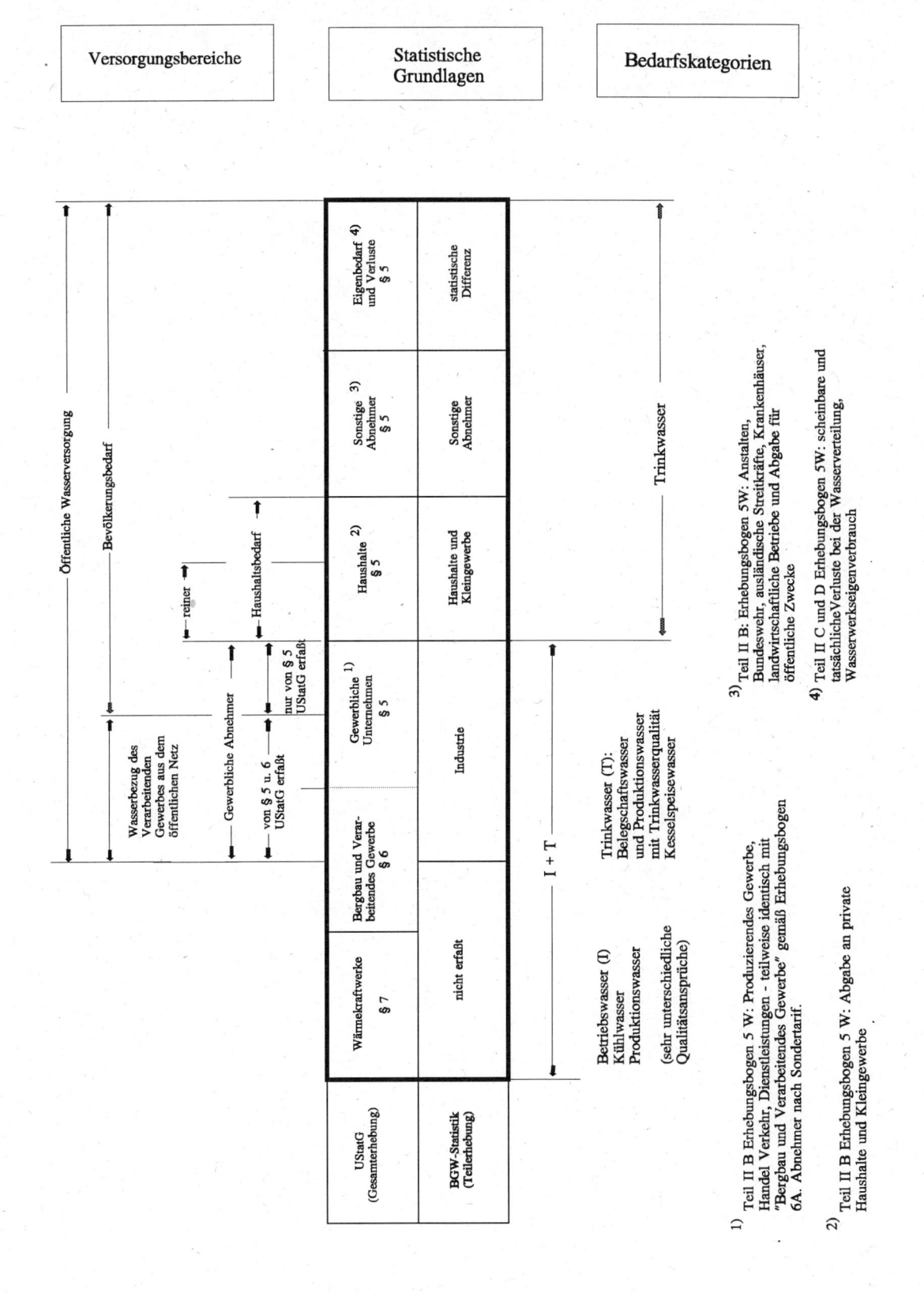

Abb. B 1-1   Übersicht über erfaßte Bedarfsträger in den Bedarfsstatistiken der Bundesrepublik Deutschland

damit eine einwandfreie Wasserversorgung mit wirtschaflich vertretbarem Aufwand gewährleistet werden kann.

Etwa ein Fünftel der Wasserabgabe entfällt auf die großen Fernwasserversorgungsunternehmen, zum größten Teil jedoch als Zusatzwasserlieferung an die kommunalen WVU. Schwerpunkte der überörtlichen Versorgung liegen in den Bilanzräumen 3 und 5, und hier vor allem in den Landkreisen Würzburg, Schweinfurt und Aschaffenburg.

Das Gebiet zwischen Würzburg und Schweinfurt gehört zu den niederschlagsärmsten in der Bundesrepublik Deutschland und weist zudem nur im Maintal ergiebige Grundwasservorkommen auf. Die örtlich nutzbaren Grundwasservorkommen reichen in weiten Bereichen quantitativ und/oder qualitativ nicht aus, um eine einwandfreie Trinkwasserversorgung der Bevölkerung und Wirtschaft sicherzustellen, so daß sich im Planungsgebiet folgende Fernwasserversorgungszweckverbände gebildet haben (s.a. Karte C 3):

– Fernwasserversorgung Oberfranken FWO (Bilanzräume 1 und 2),
– Fernwasserversorgung Franken FWF (Bilanzraum 3),
– Fernwasserversorgung Mittelmain FWM (Bilanzräume 3 und 5),
– Wasserversorgung Rhön-Maintal-Gruppe RMG (Bilanzräume 3 und 4).

Die Fernwasserversorgungszweckverbände liefern den örtlichen Wasserversorgungsunternehmen (Gemeinden) in der Regel Zusatzwasser zur Weiterverteilung an die Letztverbraucher. Örtliche Wassergewinnungen sind beizubehalten und weiter zu nutzen, soweit sie für eine zukunftssichere und wirtschaftliche Versorgung geeignet sind. Fernwasserversorgungen sollen jedoch grundsätzlich nicht nur zur Deckung des Spitzenbedarfs herangezogen werden. Aus hygienischen und wirtschaftlichen Gründen sind im allgemeinen bestimmte Mindestabnahmen aus dem Fernleitungsnetz notwendig. Darüber hinaus kann die überörtliche Nutzung leistungsfähiger Wasservorkommen durch Fernwasserversorgungen dazu beitragen, örtliche Grundwasservorkommen, im Interesse eines geordneten Wasserhaushaltes und des Naturschutzes und der Landschaftspflege zu schonen.

1.2.2 Wasserbedarf der öffentlichen Wasserversorgung
(s.a. Kapitel 2.1.2.2 Fachteil „Wasserversorgung und Wasserbilanz")

Nach der Umweltstatistik 1987 benötigte die öffentliche Wasserversorgung im Planungsraum im Erhebungsjahr 125,7 Mio. m³ Wasser; davon dienten 114,5 Mio. m³ zur Deckung des Bevölkerungsbedarfs der 1,689 Mio. angeschlossenen Einwohner (s.a. Abbildung B 1-4 und Tabelle B 1-3 im Anhang). Dieser Wasserbedarf verteilte sich folgendermaßen auf die einzelnen Bedarfssektoren (Vergleichswerte für den Freistaat Bayern in Klammern):

– Haushalte 64,1 % (60,1 %),
– gewerbliche Unternehmen 11,3 % (13,2 %),
– sonstige Abnehmer 11,5 % (11,5 %),
– Wasserwerkseigenbedarf und Wasserverluste 12,9 % (15,2 %).

Die Anteile für Gewerbe und Wasserverluste liegen also unter den Mittelwerten für ganz Bayern. Die Abgabe der öffentlichen Wasserversorgung an die Industrie nach §6 UStatG beträgt nur etwa 9 % des Gesamtaufkommens der öffentlichen Wasserversorgung und nähert sich einem unteren Grenzwert. Ein Vergleich der personenbezogenen Bedarfswerte zeigt deutlich unter dem Landesdurchschnitt liegende Werte. Der Gesamtbedarf der öffentlichen Wasserversorgung liegt bei 204 (240) l/(E•d), der Bevölkerungsbedarf bei 186 (219) l/(E•d) und der Bedarf von Haushalten (incl. Kleingewerbe) bei 131 (144) l/(E•d) (Werte für einzelne Landkreise s.a. Abbildung B 1-2).

Der Wasserbedarf der öffentlichen Wasserversorgung ist von einer stetigen Steigerung gekennzeichnet; von 1983 bis 1987 hat die Zuwachsrate gegenüber dem Zuwachs zwischen den Erhebungsjahren 1975, 1979, 1983 aber deutlich abgenommen. Die Abgabe an Letztverbraucher ist sogar leicht gesunken. Eine Steigerung ist nur bei den Sektoren „Haushalte und Kleingewerbe" und „Wasserwerkseigenbedarf und Wasserverluste" festzustellen (s.a. Abbildung B 1-3). Der deutlichste Zuwachs ist hierbei in den Gemeinden im ländlichen Raum in den Bilanzräumen 3 und 5 erkennbar.

1.2.3 Industrie
(s.a. Kapitel 2.1.3 Fachteil „Wasserversorgung und Wasserbilanz")

Das gesamte Wasseraufkommen, das Trinkwasseraufkommen und der Bezug der Industrie aus dem öffentlichen Netz im Planungsraum gehen kontinuierlich zurück. Den überwiegenden Teil des Wasseraufkommens deckt die Industrie aus eigenen Gewinnungsanlagen, nur 7 % stammen von öffentlichen Wasserversorgungsunternehmen. Ein hoher Fremdbezugsanteil ist im Bilanzraum 4 festzustellen. Etwa 80 % des eigengeförderten Wassers stammt aus Oberflächenwasser nur etwa 20 % aus Grund- und Quellwasser. Hierin ist auch noch ein beträchtlicher Anteil an infiltriertem Flußwasser enthalten.

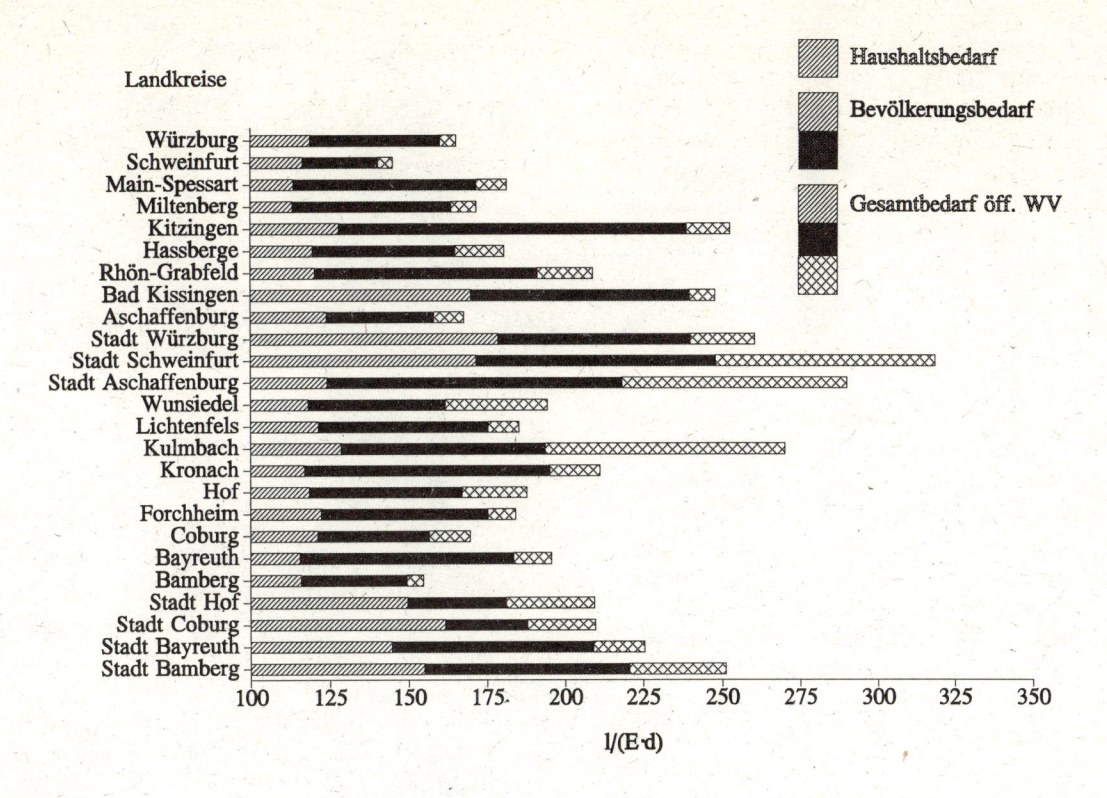

Abb. B 1-2   Pro-Kopf-Bedarfs-Werte (Umweltstatistik 1987)

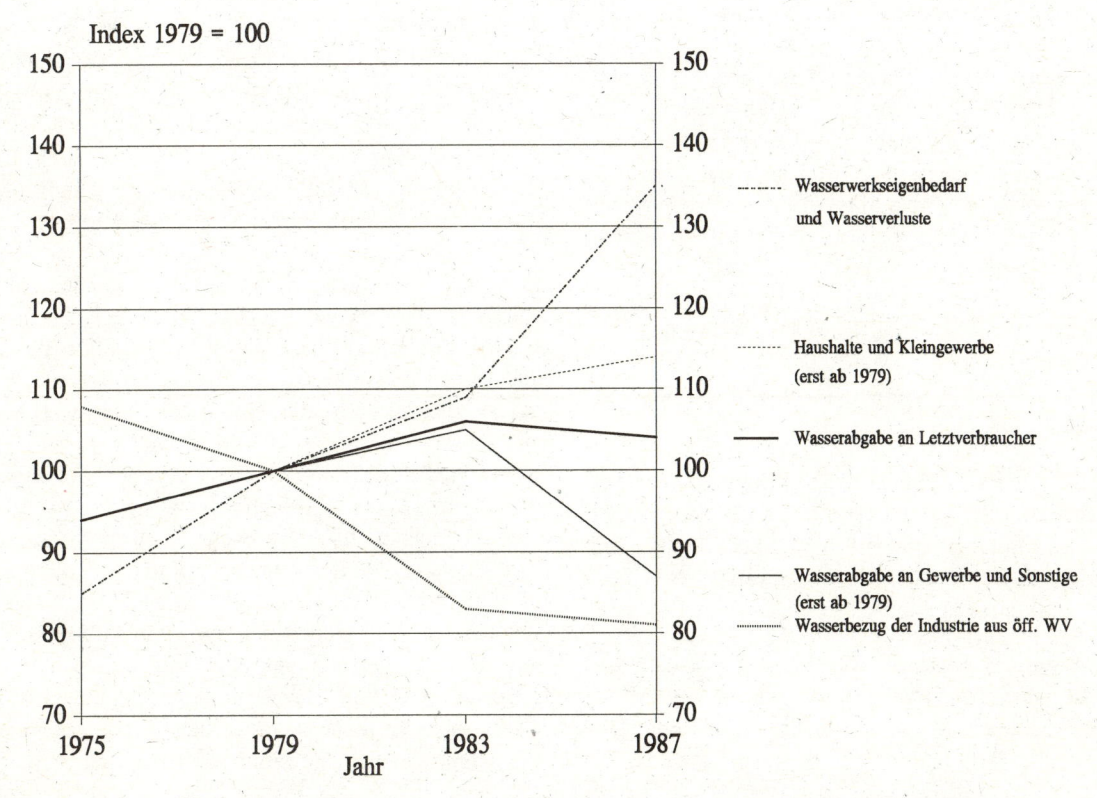

Abb. B 1-3   Öffentliche Wasserversorgung - Entwicklung bei den einzelnen Bedarfssektoren

Der Trinkwasserbedarf und der Einsatz von Wasser mit potentieller Trinkwasserqualität in der Industrie machen nur einen geringen Anteil (ca. 26 %) des Gesamtaufkommens aus. Der gesamte Wasserbedarf der Industrie betrug 1987 etwa 156 Mio. m^3 ($\triangleq$ 7 m^3/s bei 270 Arbeitstagen). Der Anteil echten Grundwassers daran ist auf etwa 21 Mio. m^3 ($\triangleq$ 0,9 m^3/s) zu veranschlagen.

1.2.4 Abschätzung der zukünftigen Entwicklung

Für die zukünftige Wasserbilanz wird nur der Trinkwasserbedarf der öffentlichen Wasserversorgung betrachtet. Der Einsatz von Oberflächenwasser der Industrie entzieht sich einer rahmenplanerischen Bilanzierung, zumal dieses Wasser im Lauf des Vorfluters einer mehrfachen Nutzung zur Verfügung steht. Die Eigengewinnung der Industrie aus dem Grundwasser ist rückläufig; die Abschätzungen der zukünftigen Entwicklung des Trinkwassereinsatzes der Industrie haben auch in ungünstigen Fällen Mengen ergeben, die unter denen der 70er Jahren liegen. Fragen der Konkurrenz zwischen öffentlicher Wasserversorgung und Industrie bei der Nutzung einzelner Grundwasservorkommen können nur im Einzelfall beantwortet werden.

Der zukünftige Trinkwasserbedarf der öffentlichen Wasserversorgung setzt sich zusammen aus dem Bevölkerungsbedarf (hierunter fallen der Bedarf von Haushalten einschließlich Kleingewerbe, der Bedarf sonstiger Abnehmern, der Bedarf von gewerblichen Unternehmen, die nicht in der Umweltstatistik nach §6 UStatG erfaßt sind, sowie der Eigenbedarf und die Wasserverluste der WVU) und dem Industriebedarf (das ist der Wasserbezug von Bergbau und verarbeitendem Gewerbe aus dem öffentlichen Netz). Dieser Industriebezug wird - wie der gesamte Wasserbedarf von Bergbau und verarbeitendem Gewerbe - nach einem gesonderten Verfahren abgeschätzt (s.a. Kapitel 2.1.3.4 Fachteil „Wasserversorgung und Wasserbilanz"). Für diesen „Industrieanteil" ist ein deutlicher Rückgang seit den siebziger Jahren festzustellen, so daß er heute unter den Bedarfsträgern der öffentlichen Wasserversorgung den geringsten Anteil darstellt.

Im folgenden soll zunächst die Vorgehensweise zur Abschätzung des „Bevölkerungsbedarfs" dargestellt werden. Grundsätzlich ist die Entwicklung des Bedarfs aus öffentlicher Wasserversorgung von drei Faktoren abhängig:

- Anschlußgrad der Bevölkerung an die öffentliche Wasserversorgung,
- Personenbezogener Bedarf (Pro-Kopf-Bedarf),
- Bevölkerungszahl.

Entwicklung des Anschlußgrads

Im Planungsraum Main ist inzwischen ein Anschlußgrad von 99,3 % (1987) an die öffentliche Wasserversorgung erreicht, so daß für die rechnerische Abschätzung vereinfachend davon ausgegangen werden kann, daß zukünftig die gesamte Bevölkerung aus der öffentlichen Wasserversorgung zu versorgen sein wird; das heißt aber nicht, daß Einzelanlagen die den technischen und hygienischen Ansprüchen genügen, nicht weiterbetrieben werden können.

Entwicklung des personenbezogenen Bevölkerungsbedarfs

Die Entwicklung des Wasserbedarfs aus der öffentlichen Wasserversorgung weist darauf hin, daß Steigerungen des Pro-Kopf-Bedarfs nur noch für die Bedarfskomponente „Haushaltsbedarf" (einschließlich Kleingewerbe) zu erwarten sind. Bei den übrigen Bedarfsträgern ist großräumig nicht mehr mit großen Bedarfssteigerungen zu rechnen. Eine Betrachtung der langjährigen Entwicklung des Haushaltsbedarfs (s.a. Abbildung B 1-5, BGW-Statistik) zeigt nach deutlichen Steigerungen in den sechziger und siebziger Jahren seit 1983 ein Stagnieren sowohl im Bundesgebiet (alte Länder), als auch in Bayern. Die Prognosen aus den späten siebziger und frühen achtziger Jahren, die noch mit einer deutlichen Steigerung bis zum Jahr 2000 auf Größenordnungen über 200 l/(E•d) für den Haushaltsbedarf hinwiesen, haben sich damit glücklicherweise nicht bestätigt.

Heute wird für Bayern mit einem Sättigungswert bei etwa 160 l/(E•d) gerechnet (Ist-Wert nach UStat 1987 144 l/(E•d)). In Gebieten mit deutlich unter dem Durchschnitt liegenden Bedarfswerten - wie gerade dem Maingebiet - muß jedoch noch mit Steigerungen in Hinblick auf eine Angleichung der hygienischen Ansprüche gerechnet werden.

Für den Mainplan wurde daher folgendes Abschätzverfahren gewählt (s.a. Abbildung B 1-5 und B 1-6): Durch die Meßwerte der BGW-Statistik für das Bundesgebiet wurde grafisch eine Trendkurve gelegt, die im Jahr 2000 ihren Sättigungswert erreicht. Es wird angenommen, daß die Form der Kurve auch für die Entwicklung des Bevölkerungsbedarfs in kleineren Gebieten - wie dem Maingebiet - charakteristisch ist, wenn auch zeitlich und betragsmäßig verschoben. Die ermittelte Trendkurve wird deshalb zeitlich und betragsmäßig so verschoben, daß sie sich den ausgewerteten Stützstellen für das Untersuchungsgebiet (Umweltstatistiken 1975, 1979, 1983, 1987) möglichst gut anpaßt. Über ihre Verlängerung werden Werte für die Planungsstichjahre 2000 und 2020 ermittelt.

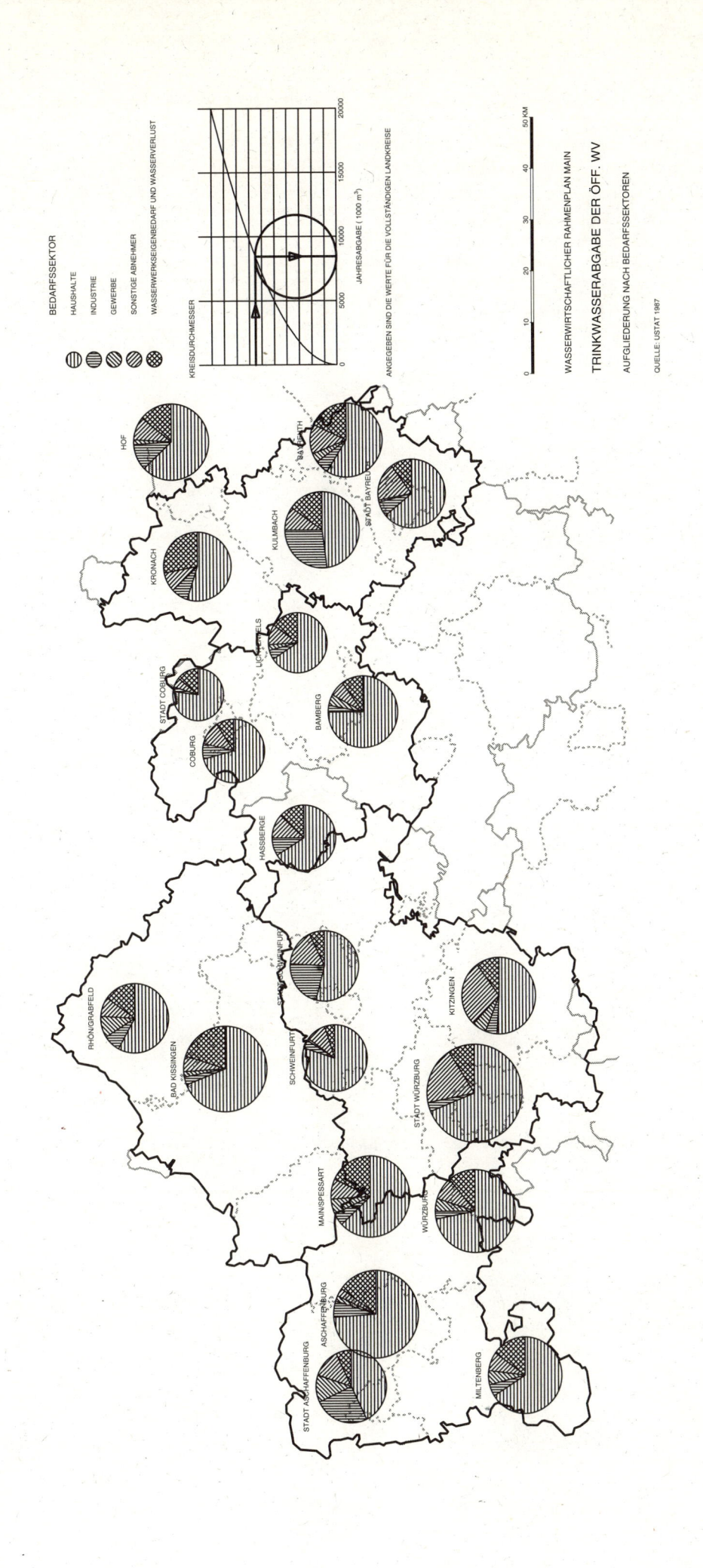

Abb. B 1-4   Trinkwasserabgabe der öffentlichen Wasserversorgung 1987

Die so ermittelten Werte werden als plausible Möglichkeit der zukünftigen Entwicklung betrachtet und als „mittlere" Entwicklung bezeichnet. Als „Obergrenze" wird ein Ansatz gewählt, der die zwischen 1975 und 1987 zu beobachtende Steigerung linear bis zum Jahr 2000 fortsetzt und den so ermittelten Wert als Sättigungswert betrachtet. Als „Untergrenze" wird eine Stagnation auf dem erreichten Stand angesehen und ein Wert in der Größenordnung der Umweltstatistiken 1983 und 1987 angesetzt.

Bevölkerungsentwicklung

Die Abschätzung der zukünftigen Bevölkerungsentwicklung wird in Kapitel 2.1.1 Teil „Planungsraum" beschrieben. In Unterfranken wird der Höhepunkt der Bevölkerungsentwicklung zwischen 2000 und 2010 mit über 1,35 Mio. Einwohnern prognostiziert; der daran anschließende leichte Rückgang ergibt für das Jahr 2020 noch deutlich über dem Stand von 1991 liegende Einwohnerzahlen. In Oberfranken wird nach diesen Prognosen das Maximum von über 1,1 Mio. Einwohnern zwischen 1995 und 2005 erreicht. Für den gesamten Planungsraum Main ergibt sich damit ebenfalls ein Maximum bis zum Jahr 2010. Die Bevölkerungszahl dürfte zwischen 1995 und 2015 bei knapp 1,9 Mio. Einwohnern liegen. Der Bevölkerungsstand von 1991 wird selbst im Planungsstichjahr 2020 noch deutlich überschritten (s.a. Abbildung B 1-7).

Bevölkerungsbedarf

Die Werte für den zukünftig zu erwartenden Bevölkerungsbedarf können als Produkt der ermittelten Einflußfaktoren (s.a. Tabelle B 1-4 im Anhang) errechnet werden:

$$Q_{aBev_{zuk}} = A_{zuk} \cdot E_{zuk} \cdot Q_{dBev_{zuk}} \cdot 365/10^6$$

Q_{aBev} = Bevölkerungsbedarf [1.000 m³/a]
A = Anschlußgrad [-] , hier 1,0
E = Bevölkerungszahl [E]
Q_{dBev} = Pro-Kopf-Bedarf [l/(E•d)]
zuk = zukünftig

Industriebezug aus dem öffentlichen Netz

Der zukünftige Wasserbedarf der Industrie wird folgendermaßen abgeschätzt (s.a. Kapitel 2.1.3.4 und Begriffsbestimmungen Fachteil „Wasserversorgung und Wasserbilanz"):

– die gemessene Wassernutzung wird mit einer prognostizierten Steigerung des Produktionsindex multipliziert und so die zukünftig erforderliche Wassernutzung abgeschätzt;
– zur Ermittlung des zukünftigen Wasseraufkommens wird diese zukünftige Wassernutzung durch verschiedene Varianten des Nutzungsfaktors (entspricht dem Verhältnis zwischen

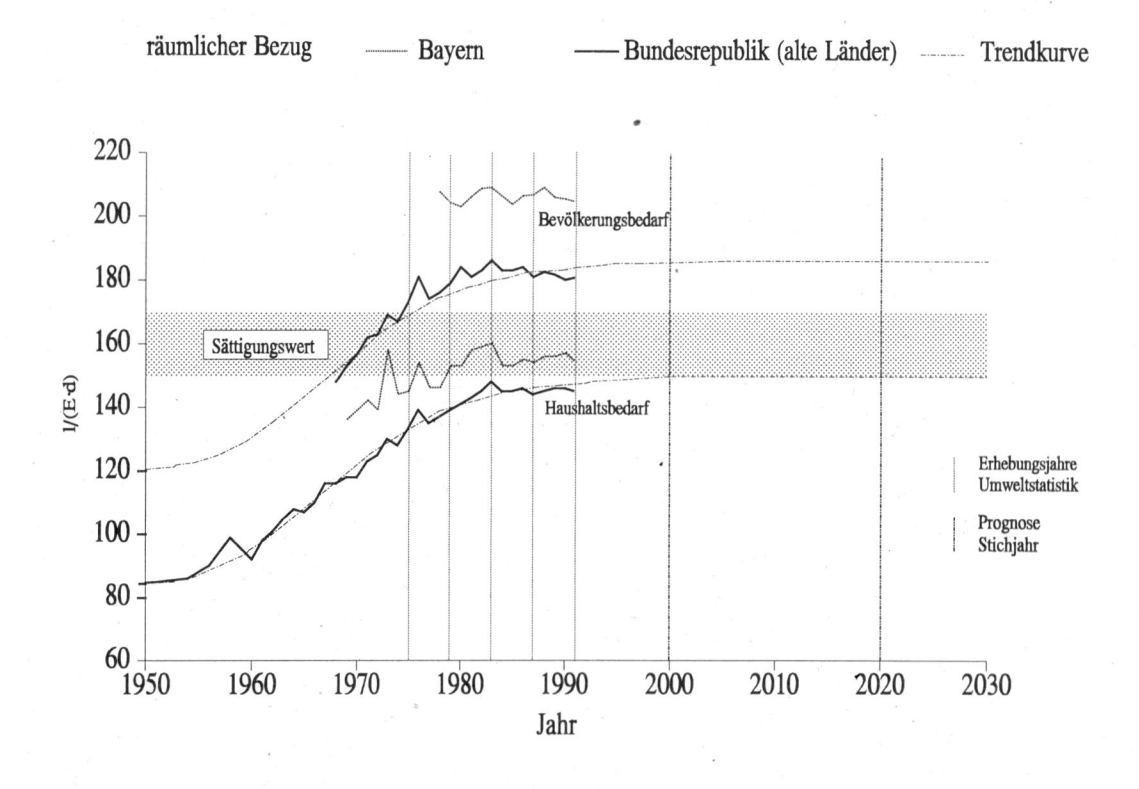

Abb. B 1-5   Entwicklung personenbezogener Bedarfswerte in der Bundesrepublik und Bayern

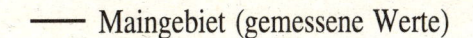

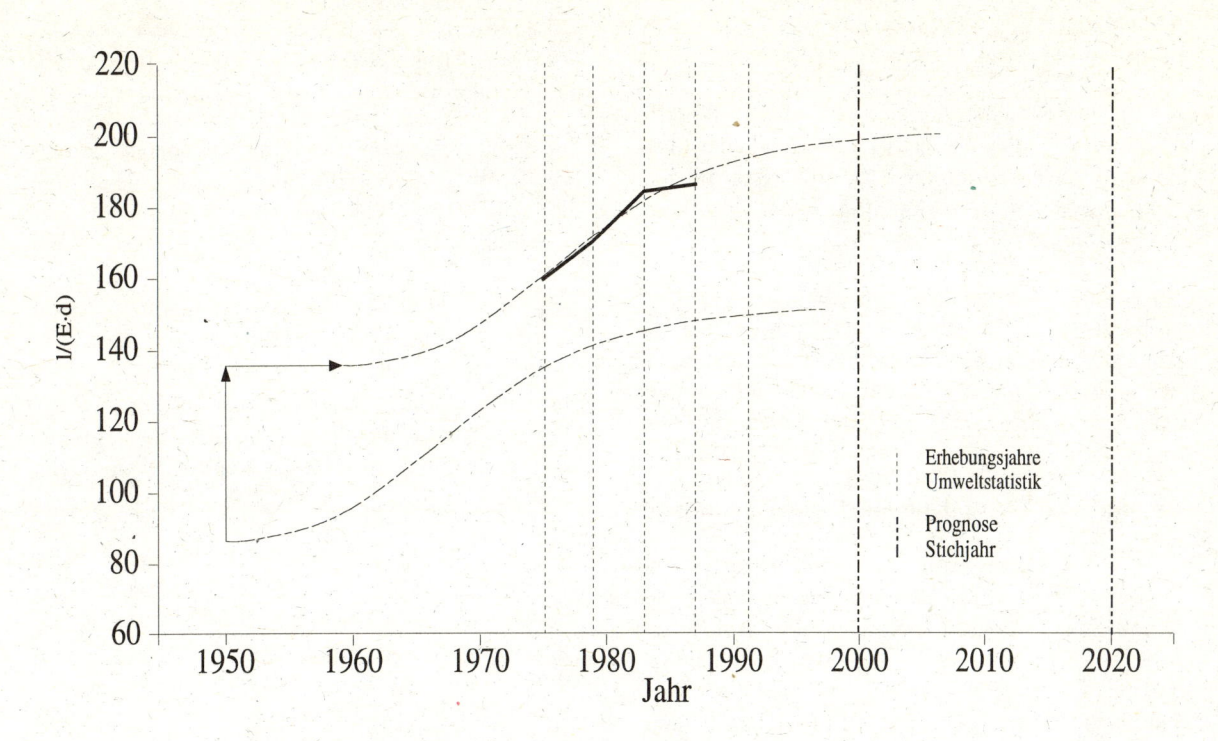

Abb. B 1-6 Ermittlung des personenbezogenen Bevölkerungsbedarfs

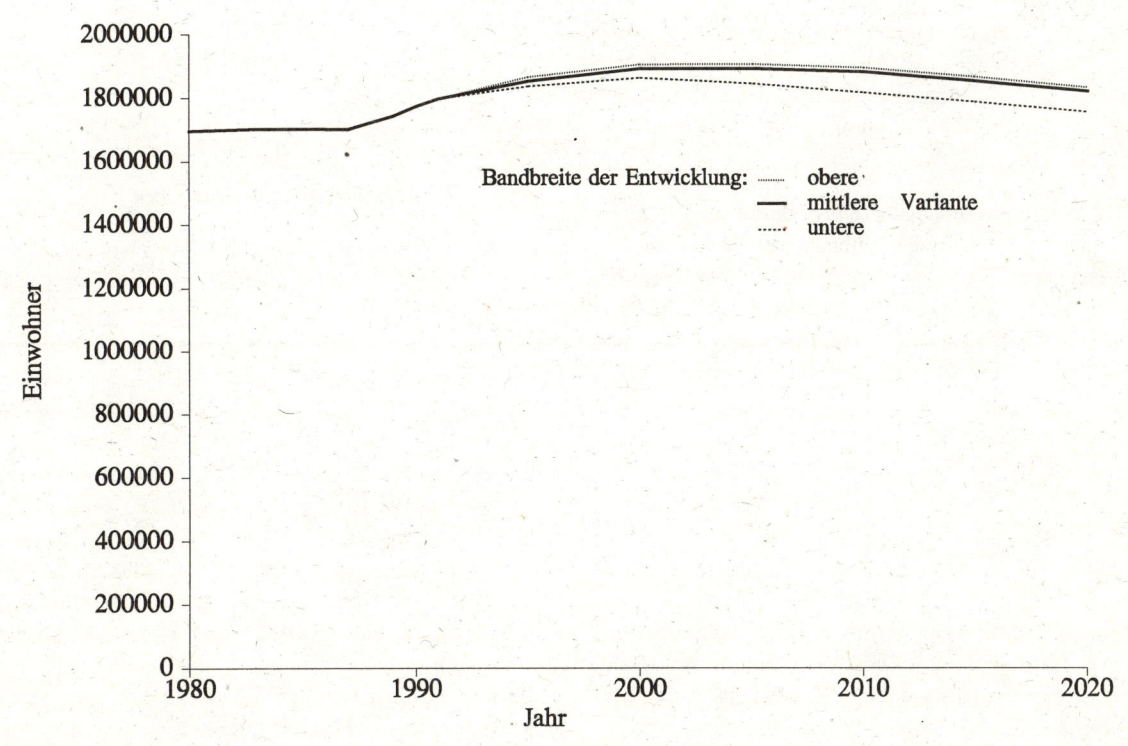

Abb. B 1-7 Bevölkerungsentwicklung im Planungsraum

41

Wassernutzung und Wasseraufkommen) dividiert; als Untergrenze wird dabei der erreichte Nutzungsfaktor, als Obergrenze eine optimistische, exponentielle Steigerung des Nutzungsfaktors nach Literaturwerten angesetzt;

- für die Abschätzung des zukünftig erforderlichen Fremdbezuges aus dem öffentlichen Netz wird davon ausgegangen, daß dessen prozentualer Anteil am zukünftigen Wasseraufkommen in etwa gleichbleibt.

Aufgrund vorliegender Unsicherheiten müssen große Streubreiten angenommen werden. Da die Abgabe der öffentlichen Wasserversorgung an die Industrie jedoch nur 9 % des Gesamtaufkommens der öffentlichen Wasserversorgung ausmachen, fallen diese Unsicherheiten kaum ins Gewicht.

Gesamtbedarf aus öffentliche Wasserversorgung

Aus der Addition von Bevölkerungsbedarf und Industriebezug ergibt sich der Gesamtbedarf der öffentlichen Wasserversorgung. Die Zahlen der Tabelle B 1-5 und Abbildung B 1-8 zeigen die Überlagerung der Einflußfaktoren (Bevölkerungszahl, personenbezogener Bevölkerungsbedarf, Industriebezug aus dem öffentlichen Netz) jeweils in der minimalen, mittleren und maximalen Variante.

Beim personenbezogenen Bedarf und beim Industriebezug ist es sehr unwahrscheinlich, daß sie über den gesamten Planungszeitraum Extremwerten folgen; damit wird die Kombination extremer Entwicklungen mit zunehmendem Abstand vom Ausgangspunkt immer unwahrscheinlicher, ebenso das Auftreten von Extrementwicklungen im gesamten Planungsraum. Es wurden daher zwei Linien (Ober- und Untergrenze) als Grenzbereich der **möglichen** Entwicklung im ganzen Planungsraum festgelegt, die dieser Tatsache Rechnung tragen (s.a. Abbildung B 1-8).

Der Vergleich mit früheren Bedarfsprognosen [5, 6] zeigt, daß sich die unterschiedlichen Entwicklungen bei Pro-Kopf-Bedarf und Bevölkerungsentwicklung gegenseitig ausgleichen (s.a. Kapitel 2.1.4 Fachteil „Wasserversorgung und Wasserbilanz"), so daß für zukünftige Entwicklungen in etwa mit den gleichen Bedarfsansätzen gerechnet werden muß wie bei den früheren Annahmen.

1.3 Wasserdargebot

Auch hier soll nur auf die öffentliche Wasserversorgung eingegangen werden. Die öffentliche Wasserversorgung hatte 1987 im Planungsraum ein Wasseraufkommen von ca. 130 Mio. m^3. Etwa 120 Mio. m^3 (≙ 92 %) stammen aus Grundwasser (Grundwasser, Quellwasser und Uferfiltrat nach UStat), Oberflächenwasser wird nur durch die TWT Mauthaus und zwei Anlagen mit Grundwasseranreicherung am Main genutzt. Das Grundwasser stellt also die wichtigste Quelle für die Gewinnung von Trinkwasser dar (s.a. Abbildung B 1-9 und Tabellen B 1-1, B 1-2 im Anhang).

Zur Ermittlung von zusätzlich nutzbaren Grundwasservorkommen von besonderer Bedeutung führte das Bayer. Geologische Landesamt ein umfangreiches Untersuchungsprogramm durch und erarbeitete einen hydrogeologischen Fachbeitrag [2] zum Wasserwirtschaftlichen Rahmenplan Main. Außerdem konnte auf die Ermittlungen der Wasserwirtschaftsverwaltung im Rahmen des bayerischen Grundwassererkundungsprogrammes [3] und im Zusammenhang mit den Berichten zur Wasserversorgung in Unterfranken vor dem Bayer. Landtag [4] zurückgegriffen werden.

Lange war es die Ansicht der Fachleute, daß das Grundwasser durch die darüber liegenden Deckschichten ausreichend gegen Verunreinigungen geschützt ist. Die Entwicklung der letzten Jahrzehnte führte aber zu der Erkenntnis, daß das Grundwasser nicht nur in dichtbesiedelten Bereichen sondern großflächig von einer Vielzahl anthropogener Beeinträchtigungen bedroht ist.

In früheren Rahmenplänen war das zum Erhebungszeitpunkt genutzte Wasserdargebot um die ermittelten Reserven zu erhöhen, um so das zukünftig verfügbare Dargebot zu bestimmen. Für den vorliegenden Plan muß berücksichtigt werden, daß ein nicht geringer Teil des im Bilanzstichjahr genutzten, gebietseigenen Dargebotes aufgrund seiner anthropogenen Belastung in der Zukunftsbilanz nicht mehr als nutzbares Dargebot angesetzt werden kann.

1.3.1 Derzeit genutztes Dargebot

Aufgrund der jüngsten Erkenntnisse über anthropogene Beeinträchtigungen des Grund- und Trinkwassers kann im Rahmenplan Main nicht davon ausgegangen werden, daß das gesamte, momentan genutzte Wasserdargebot auch zukünftig in vollem Umfang zur Verfügung steht. Die Abschätzung des langfristig weiterhin nutzbaren Dargebotsanteils aus den bereits erschlossenen Grundwasservorkommen ist für die Wasserbilanz von erstrangiger Bedeutung. Wassergewinnungsanlagen, die auf Dauer nicht schütz- oder sanierbar sind, müssen in der Zukunftsbilanz unberücksichtigt bleiben. Für die Entscheidung dieser Frage kann auf flächendeckende Einzeluntersuchungen nicht zurückgegriffen werden. Fassungsscharfe Beurteilungen liegen nur für Teilgebiete vor. Andererseits lassen sich solche mit den vergröbernden Ergebnissen der Umwelt-

Tabelle B 1-5: Wasserbedarf aus öffentlicher Wasserversorgung

Bilanzraum	Gesamtbedarf aus öff. WV						
	1987	2000			2020		
		min.	mittel	max.	min.	mittel	max.
	1.000 m³/a						
1	2	3	4	5	6	7	8
B.1	21.938	23.600	26.900	29.300	20.300	25.700	30.100
B.2	17.658	19.400	21.500	23.500	17.600	20.500	23.500
B.3	41.237	45.200	48.000	52.700	42.000	46.900	52.900
B.4	16.230	18.100	20.200	22.900	16.600	20.000	22.500
B.5	28.596	30.500	35.000	37.600	29.600	36.800	40.900
Σ PR	125.659	(136.800) 138.700	151.600	(166.000) 163.400	(126.100) 137.700	149.900	(169.900) 161.700

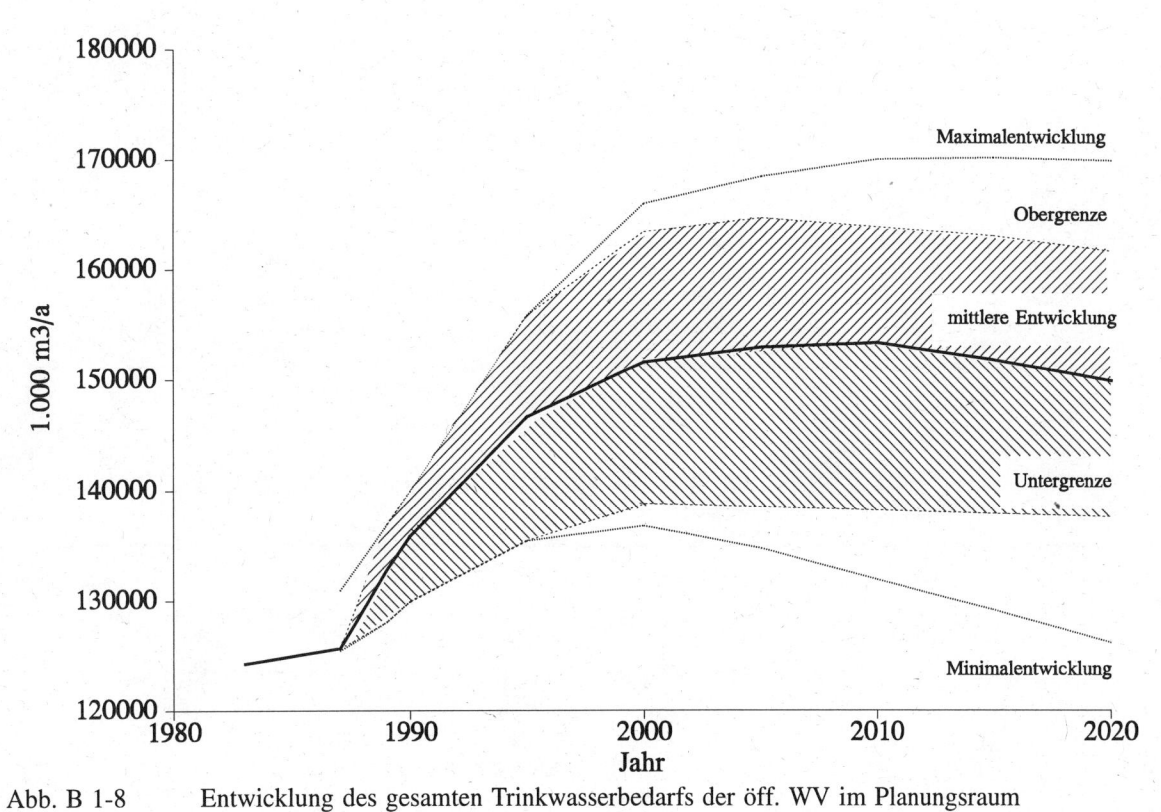

Für die Planungsraumsumme sind minimale und maximale Werte in Klammer () und untere und obere Grenze angegeben.

Abb. B 1-8   Entwicklung des gesamten Trinkwasserbedarfs der öff. WV im Planungsraum

statistik - der Hauptdatenbasis - ohnehin nicht exakt kombinieren. Die Abgrenzung des weiterhin nutzbaren Dargebots mußte deshalb unter Verwendung aller erreichbaren Einzelinformationen - mit Hilfe eines pauschalierenden Vorgehens - vorgenommen werden, das allerdings für den Arbeitsmaßstab des Rahmenplans hinreichend genau ist.

Außer den Ergebnissen der Umweltstatistik über die öffentliche Wasserversorgung (s.a. Kapitel 2.2.4.1 Fachteil „Wasserversorgung und Wasserbilanz") waren verschiedene fachliche Untersuchungen verfügbar.

Auf Beschluß des Bayer. Landtags vom 15.06.1988 hinsichtlich des Trinkwasserspeichers Hafenlohr wurde vom BayStMI dem Bayer. Landtag im Mai 1991 detailliert über die Trinkwasser- und Grundwassersituation in Unterfranken berichtet [4]. Im Rahmen der Untersuchungen für diesen Bericht wurden im Regierungsbezirk Unterfranken von der Wasserwirtschaftsverwaltung und der Gesundheitsverwaltung alle Wasserfassungen detailliert aufgrund von Belastung und örtlicher Situation beurteilt und in vier Bewertungsstufen I bis IV eingeteilt, wobei die Sanierbarkeit einzelner Fassungen im Detail untersucht wurde:

- Stufe I: unbelastet oder unwesentlich belastet,
- Stufe II: mäßig belastet,
- Stufe III (a + b): belastet und mittel- bis langfristig sanierbar,
- Stufe IVa: stark belastet,
- Stufe IVb: stark belastet und/oder nicht sanierbar.

Für einen neuerlichen Bericht an den Bayer. Landtag wurde die Untersuchung im Jahre 1992 fortgeschrieben. Nach den gleichen Kriterien wurden auch die bedeutenderen Wassergewinnungsanlagen im Maingebiet Oberfrankens von der Wasserwirtschaftsverwaltung untersucht (Datenstand 31.12.1991).

Ausgehend von den vorliegenden Erfahrungen aus den Beratungsgesprächen mit den Betreibern belasteter Anlagen und den wasserwirtschaftlichen Voraussetzungen geht die Wasserwirtschaftsverwaltung davon aus, daß in Unterfranken großräumig mit einem Sanierungserfolg von etwa 50 % bei Anlagen in Bewertungsstufe III zu rechnen ist. Für die Anlagen der Stufe IVb wird ein Sanierungserfolg von 25 % abgeschätzt, wobei hier die Sanierung der Anlagen durch technische Maßnahmen erforderlich ist. Eine vollständige Beseitigung der Ursachen in den Einzugsgebieten ist in diesen Fällen nicht möglich. Bei den Ansätzen für den Sanierungserfolg wird von optimistischen Annahmen ausgegangen.

Eine Besonderheit stellen die Anlagen der Stufe IVa dar. Hierbei handelt es sich vorwiegend um Quellen in den Kluft- und Karstgrundwasserleitern Buntsandstein, Muschelkalk und Keuper. Hier können auch bei ausreichend bemessenen Schutzgebieten zeitweise mikrobiologische Beeinträchtigungen auftreten. Eine Sanierung ist aufgrund der geologischen Voraussetzungen nicht möglich. Da es in diesen Gebieten jedoch keine Alternativen für diese Anlagen gibt, müssen sie weiterbetrieben und eine Vorsorgedesinfektion des Trinkwassers hingenommen werden.

Weitere Informationen aus Unterlagen der Wasserwirtschafts- und Gesundheitsverwaltung betrafen die Belastung von Trinkwasser-Gewinnungsanlagen bzw. Wasserfassungen mit Nitrat, PBSM sowie bakteriellen Beeinträchtigungen. Diese Unterlagen stellen zwar einen etwas älteren Datenstand dar (bis 1989), konnten aber in etwa mit der Umweltstatistik 1987 abgeglichen werden.

Die Umsetzung dieser Informationen mußte nun darauf ausgerichtet sein, heute noch genutzte Versorgungsanteile auszugrenzen, deren Verwendung auf Dauer nicht vertretbar erscheint bzw. deren Wiederverwendbarkeit nicht in Aussicht steht. Die wegfallende Wassermenge mußte sodann bilanzraumweise aufgeteilt werden.

Für die 37 größten Anlagen im Maingebiet konnte die Bewertung der Fachverwaltung direkt übernommen werden. Diese Anlagen können relativ leicht identifiziert und den Bilanzräumen zugeordnet werden. Erfaßt werden dabei alle Anlagen mit einer Wassergewinnung 1987 von über 500.000 m^3; sie repräsentieren mit ca. 76 Mio. m^3/a etwa 60% der gesamten Wassergewinnung der öffentlichen Wasserversorgung im Planungsraum. Hierin ist auch die TWT Mauthaus (1987: 8,7 Mio. m^3) miterfaßt.

Bei den großen Anlagen wurde aufgrund der Erfahrungen der Fachverwaltung in o.g. Untersuchungen der „langfristig gesicherte Anteil" des derzeit genutzten Dargebotes im ganzen Maingebiet durch Multiplikation der Wassermengen in den einzelnen Bewertungsstufen mit dem abgeschätzten Sanierungserfolg für diese Bewertungsstufe errechnet.

Für die restlichen 40% der Wassermenge war eine einfache Bezugnahme auf die Bewertung der Wasserwirtschaftsverwaltung nicht möglich. Es handelt sich hierbei um eine Vielzahl von kleinen Wassergewinnungsanlagen. Eine Verknüpfung der fassungsscharfen Bewertung der Wasserwirtschaft mit den Angaben der Umweltstatistik war hier nicht möglich, zumal auch noch unterschiedliche Erhebungszeitpunkte berücksichtigt werden mußten.

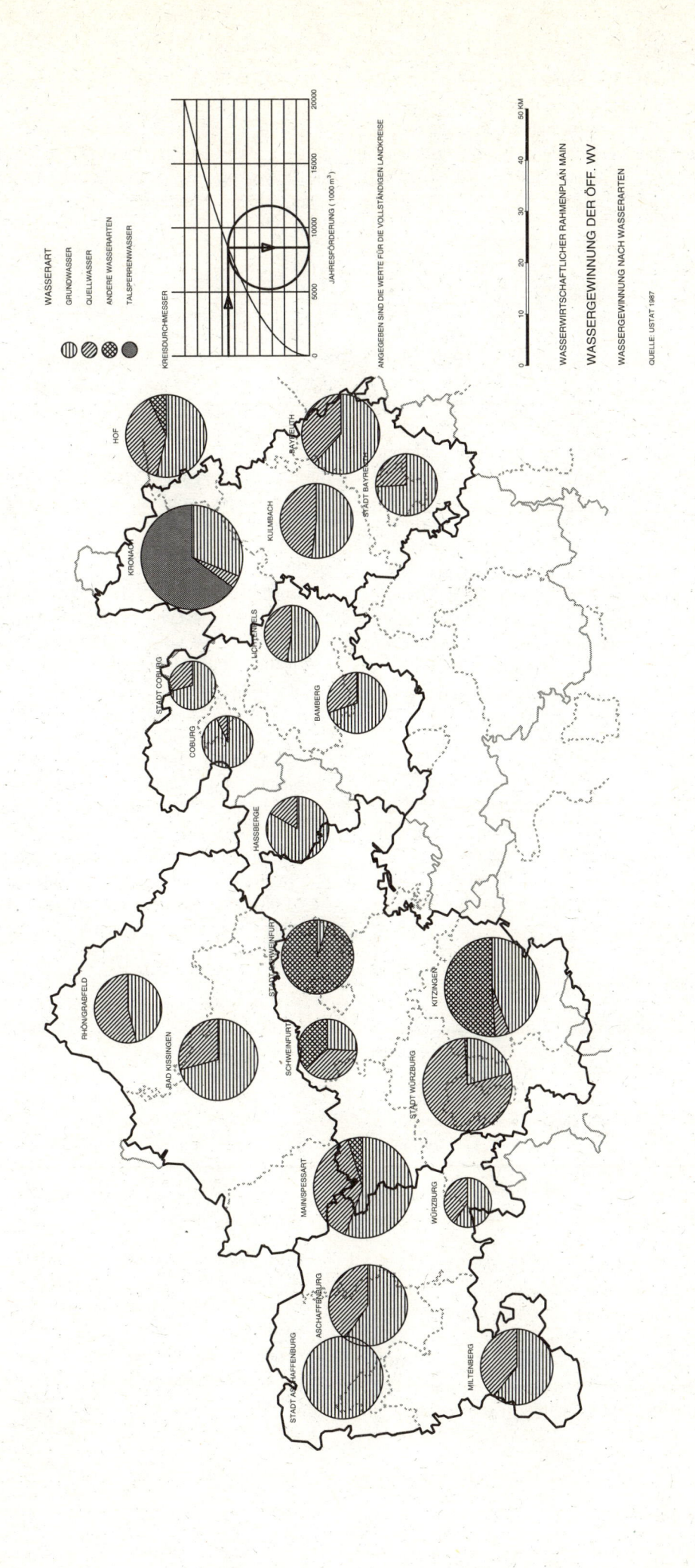

Abb. B 1-9   Wassergewinnung der öffentlichen Wasserversorgung 1987

45

Die verbleibende Wassermenge wurde deshalb unter Verwendung der oben genannten zusätzlichen Unterlagen der Wasserwirtschafts- und der Gesundheitsverwaltung in verschiedene Belastungskategorien eingeteilt (s.a. Kapitel 2.2.4.3 Fachteil „Wasserversorgung und Wasserbilanz"):

- Kategorie A   unbelastet bzw. keine Belastung gemeldet,
- Kategorie B   anthropogen belastet,
- Kategorie C   stark anthropogen belastet,
- Kategorie D   sehr stark anthropogen belastet.

Eine eindeutige Beziehung zwischen vorhandener Belastung und möglichem Sanierungserfolg ist im Bearbeitungsmaßstab des Rahmenplanes anlagenbezogen nicht möglich; für eine großräumige Abschätzung bei der gewonnenen Wassermenge aus kleinen Anlagen, die sich als statistische Differenz zwischen der gebietsweise ermittelten gesamten Wassergewinnung und der identifizierbaren Wassergewinnung aus großen Anlagen ergibt, wurde vereinfachend der pauschalierende Ansatz gewählt, alle Wassermengen, die als „sehr stark anthropogen belastet" (Kategorie D) einzustufen waren, als „langfristig nicht gesicherten Anteil" des derzeit genutzten Dargebotes zu betrachten.

Zusammen ergeben beide Bewertungen, daß im Planungsraum von einem langfristig gesicherten Grundwasserdargebot der bestehenden Wassergewinnungsanlagen von etwa 81 Mio. m³ im Jahr ausgegangen werden kann (bezogen auf UStat 1987). Etwa 40 Mio. m³ müssen als nicht gesichert angesehen werden (s.a. Tabelle B 1-6 im Anhang).

1.3.2 Dargebotsreserven

Die Untersuchungen der Wasserwirtschaftsverwaltung (s.o.) zeigen, daß gewisse Entnahmesteigerungen bei den bestehenden Anlagen möglich sind, wobei auch örtliche Neuerschließungen mit einbezogen werden. Diese möglichen Entnahmesteigerungen werden im Wasserwirtschaftlichen Rahmenplan Main in Form von regionalen Steigerungsfaktoren berücksichtigt. Für Unterfranken (und damit die Bilanzräume 3, 4 und 5) wurde ein Steigerungsfaktor von 1,2 ermittelt, wogegen eine Überprüfung der Anlagen in Oberfranken ergab, daß hier großräumig keine weiteren Reserven mehr bestehen. Die Betrachtung einzelner Anlagen kann zwar durchaus noch Steigerungsmöglichkeiten ergeben, jedoch sind auch Vorkommen zu registrieren, die derzeit deutlich übernutzt werden. Der Steigerungsfaktor wird deshalb zu 1,0 angesetzt.

Als zusätzliche Grundwasserreserve sind die Vorkommen anzusetzen, die im Rahmen des landesweiten Grundwassererkundungsprogrammes erkundet wurden [3]. Die im Planungsraum liegenden Vorkommen stellen ein Dargebot von ca. 21 Mio. m³ zur Verfügung. Die Brunnenergiebigkeiten dieser Vorkommen sind nachgeprüft und Wasserschutzgebiete größtenteils ausgewiesen, so daß diese Vorkommen als „gesicherte Reserve" in die Bilanzen eingesetzt werden können (s.a. Tabelle B1–6 im Anhang).

Die Trinkwassertalsperre Mauthaus wird in Zukunftsbilanzen mit ihrem jährlichen Dargebot von 12,6 Mio. m³ eingesetzt. Gegenüber der Wassergewinnung 1987 von 8,7 Mio. m³ ergeben sich hier noch Reserven, die 1991 aber bereits vollständig ausgeschöpft wurden.

Zusätzlich zu o.g. langfristig gesicherten Dargebot könnten weitere gebietseigene Trinkwasservorkommen erschlossen werden:

- In Teilen Unterfrankens haben die ungünstigen Ergebnisse des seit 1970 durchgeführten Grundwassererkundungsprogrammes, die tendenzielle Verschlechterung der Grundwasserqualität und andererseits der stetige Anstieg des Wasserbedarfs die Wasserwirtschaftsverwaltung veranlaßt, die Möglichkeiten für die Bereitstellung von Talsperrenwasser für die Trinkwasserversorgung zu prüfen. Aus dem Vergleich von zunächst 16 Speicherstandorten wurde unter den letztlich verbliebenen Alternativen Schondra- und Hafenlohrtal nur die letztere im anschließenden Raumordnungsverfahren (landesplanerische Beurteilung vom 11.08.1982) positiv beurteilt [5]. Die Abwägung berücksichtigte auch die Belange von Naturschutz und Landschaftspflege bei der Prüfung der generellen Standorteignung, d.h. in Hinblick auf die Freihaltung des ökologisch besonders hochwertigen Schondratales. Die auch im Hafenlohrtal vorhandenen erheblichen, naturschutzfachlichen Bedenken gegen einen Speicherbau wurden gegenüber den wasserwirtschaftlichen Notwendigkeiten zurückgestellt. Eine potentielle Trinkwassertalsperre im Hafenlohrtal kann ein jährliches Dargebot von ca. 19 Mio. m³ für Trinkwasserzwecke zur Verfügung stellen.

- Die hydrogeologischen Untersuchungen des Bayer. Geologischen Landesamtes zum Wasserwirtschaftlichen Rahmenplan Main weisen verschiedene Grundwasservorkommen von regionaler bis überregionaler Bedeutung nach. Sie konzentrieren sich auf den Spessart (400 - 600 l/s, entsprechend etwa 12,6 Mio. m³) und das Sinn-Saale-Gebiet (ca. 90 l/s, entsprechend etwa 2,9 Mio. m³). Hier muß die technische Durchführbarkeit verbesserter Erschließungstechniken nachgeprüft werden. Nach ersten, nicht erfolgreichen Probebohrungen läßt sich erkennen, daß kurz- bis mittelfristig nur ein Teil dieser Vorkommen erschlossen werden kann (s.a. Kapitel 2.2.4.5 und 2.3.2.9 Fachteil „Wasserversorgung und Wasserbilanz"). Die Erschließungstechnik muß noch erheblich verbessert werden.

- Die Mainwasserqualität zeigt eine günstige qualitative Entwicklung. Die direkte Nutzung von Mainwasser zur Trinkwassergewinnung muß dennoch, auch in Hinblick auf kurzfristige, unvorhergesehene Beeinträchtigungen, als deutlich ungünstiger angesehen werden, als die Nutzung von Oberflächenwasser aus gering beeinflußten Einzugsgebieten in einer Trinkwassertalsperre oder die Nutzung geschützter Grundwasservorkommen. Auch erweist sich die Suche nach potentiellen Standorten zur Nutzung von Mainwasser als Trinkwasser aufgrund der vielfältigen Nutzungen im Maintal als schwierig. Die Flußwassernutzung wurde deshalb als qualitativ nachrangige Möglichkeit nicht detailliert untersucht.

Mittel- bis langfristig sind im Planungsgebiet damit bis zu 37 Mio. m^3 Grundwasser und 19 Mio. m^3 Talsperrenwasser an zusätzlichem Dargebot erschließbar. Zusätzliches gebietseigenes Dargebot könnte im Frankenwald durch einen weiteren Speicher bei Kremnitz oder Beileitung aus benachbarten Einzugsgebieten zur Trinkwassertalsperre Mauthaus geschaffen werden, wobei eine Vorprüfung durch die Wasserwirtschaftsverwaltung ergab, daß eine Beileitung mit verschiedenen Schwierigkeiten (u.a. evtl. Beeinträchtigung der Wasserqualität im Speicher) verbunden wäre.

Überregional bedeutsame, anthropogen gering beeinflußte Grundwasservorkommen finden sich in der Nördlichen Frankenalb im Maingebiet jedoch außerhalb des eigentlichen Planungsraumes. Die gesamte Nördliche Frankenalb wird vom Bayer. Geologischen Landesamt eingehend hydrogeologisch untersucht. Eine Bilanzierung der Vorkommen wird nach Abschluß der Untersuchungen möglich sein. Die Vorkommen bieten sich zur Bedarfsdeckung in Oberfranken (Bilanzräume 1 und 2) an.

1.3.3 Wassertransporte über Planungs- und Bilanzraumgrenzen

Neben der Trinkwassergewinnung im Planungsgebiet ist auch eine Betrachtung der Wassertransporte über Planungsraum- oder Bilanzraumgrenzen hinweg erforderlich, um die zur Bedarfsdeckung zur Verfügung stehenden Wassermengen abzuschätzen. Als „großräumige" Wassertransporte werden dabei nur die Wasserlieferungen der Fernwasserversorgungsunternehmen betrachtet:

- FWO aus Bilanzraum 1 nach Bilanzraum 2 und nach außerhalb des Planungsraumes,
- FWF aus Bilanzraum 3 nach außerhalb des Planungsraumes,
- RMG aus Bilanzraum 4 nach Bilanzraum 3,
- FWM aus Bilanzraum 5 nach Bilanzraum 3.

Wasserlieferungen kleinerer Wasserversorgungsunternehmen über Planungsraum- oder Bilanzraumgrenzen liegen in vernachlässigbaren Größenordnungen. Zum Stand 1987 war die Bilanz des Planungsraumes noch negativ, da die Fernwasserversorgungsunternehmen in der Summe ca. 3,9 Mio. m^3/a in die Räume Hof, Bamberg und in das Tauber- und Regnitzgebiet lieferten, die nicht zum festgelegten Planungsraum gehören. Der größte Teil dieses Wassers blieb jedoch über Tauber und Regnitz, die nur aus abgrenzungstechnischen Gründen nicht zum Untersuchungsgebiet zählen, dem Maingebiet erhalten. 1991 waren nur noch Lieferungen aus Bilanzraum 1 in die Räume Hof und Bamberg mit insgesamt 2,4 Mio. m^3 zu verzeichnen. Künftig wird sich die Bilanz durch die Lieferung von Wasser aus dem Lechmündungsgebiet nach Oberfranken (ca. 3,1 Mio. m^3) und Unterfranken (ca. 6,5 Mio. m^3) umkehren.

Zur Deckung bestehender Defizite wurden für den Wasserwirtschaftlichen Rahmenplan Main weitere mögliche „großräumige" Beileitungen in den Planungsraum betrachtet (s.a. Kapitel 1.4).

1.4 Wasserbilanz

Zur Darstellung von Reserven und Defiziten in den Bilanzräumen und dem gesamten Planungsraum sind Wasserbedarf und Wasserdargebot einander gegenüberzustellen (s.a. Kapitel 2.3.1 und 2.3.4 Fachteil „Wasserversorgung und Wasserbilanz"). Wie bereits erwähnt, wird für zukünftige Entwicklungen (Planungsstichjahre 2000 und 2020) eine Trinkwasserbilanz der öffentlichen Wasserversorgung durchgeführt. Für den Ist-Zustand (Umweltstatistik 1987) ist in Kapitel 2.3.4 Fachteil „Wasserversorgung und Wasserbilanz" auch eine Gesamtwasserbilanz entsprechend den „Richtlinien zur Aufstellung wasserwirtschaftlicher Rahmenpläne" [1] enthalten (s.a. Tabelle B 1-7 im Anhang).

Für großräumige rahmenplanerische Überlegungen sind neben der Bilanzierung des jährlichen Bedarfes auch Betrachtungen kürzerer Zeitabschnitte mit erhöhtem Bedarf erforderlich. Zu diesem Zweck wurden neben den Jahresbilanzen auch Bilanzen für den „mittleren Tagesbedarf in verbrauchsreichen Monaten in Trockenjahren" durchgeführt (s.a. auch Kapitel 2.1.2.5 Fachteil „Wasserversorgung und Wasserbilanz"). Betrachtungen absoluter Spitzenbedarfstage, wie sie bei der Bemessung von Wasserversorgungsanlagen durchgeführt werden, sind für großräumige Untersuchungen nicht erforderlich.

1.4.1 Zwischenbilanz

Zunächst soll abgeschätzt werden, ob das „gesicherte Dargebot" im Planungsraum und den Bilanzräumen mengenmäßig zur Bedarfsdeckung ausreicht bzw. in welcher Größenordnung evtl. Defizite liegen. Zu diesem Zwecke wurden in einer „Zwischenbilanz" verschiedene Kombinationen der Gegenüberstellung von Bedarfs- und Dargebotsgrößen in den einzelnen Bilanzräumen untersucht (s.a. Kapitel 2.3.1 Fachteil „Wasserversorgung und Wasserbilanz"). Das „gesicherte Dargebot" enthält hierbei folgende Teilmengen:

– langfristig gesicherter Anteil des derzeit genutzten Grundwasserdargebotes, erhöht um einen Faktor für örtliche Neuerschließungen und mögliche Entnahmesteigerungen,
– gesamtes nutzbares Dargebot der Trinkwassertalsperre Mauthaus,
– im Rahmen des Grundwassererkundungsprogrammes erkundete Vorkommen,
– künftige Beileitungen von Lechmündungswasser in den Planungsraum (WFW zur FWF und WFW zur FWO).

Die beiden wichtigsten Möglichkeiten zur Minimierung von Defiziten sind in dieser Zwischenbilanz bereits berücksichtigt:

– **Sanierung bestehender Wassergewinnungsanlagen:** Sie ist über die Abschätzung des Sanierungserfolges bei belasteten Wassergewinnungsanlagen in den Bilanzen berücksichtigt. Die Bedeutung dieser Maßnahmen zeigt sich daran, daß weniger als ein Fünftel der großen Grundwassergewinnungsanlagen als unbelastet, gering oder mäßig belastet gelten können. Bei allen anderen Anlagen werden mehr oder weniger umfangreiche Sanierungsmaßnahmen erforderlich. Etwa 40 Mio. m³ des derzeit genutzten Dargebotes im Planungsraum müssen als „langfristig nicht gesichert" angesehen werden (bezogen auf die Wassermengen der UStat 1987).

– **Wassersparmaßnahmen:** Sie sind über die verschiedenen Varianten der Bedarfsentwicklung in den Bilanzen berücksichtigt. Die auf den Pro-Kopf-Bedarf der Bevölkerung zurückzuführenden Differenzen zwischen maximaler und minimaler Variante liegen bei 20 Mio. m³ (2000) bzw. 25 Mio. m³ (2020) pro Jahr. Es zeigt sich jedoch, daß schon aufgrund der Bevölkerungsentwicklung auch langfristig nicht mit einem absoluten Bedarfsrückgang (bezogen auf die Erhebung 1987) gerechnet werden kann. Kurz- bis mittelfristig sind auch bei stagnierendem Pro-Kopf-Bedarf sogar noch deutliche Steigerungen zu erwarten.

Die Zwischenbilanz zeigt, daß selbst die untere Variante der Bedarfsentwicklung mit dem als gesichert anzusehenden Dargebot nicht abzudecken ist. Erhebliche Defizite ergeben sich vor allem in verbrauchsreichen Zeiten in den Bilanzräumen 3, 4 und 5 (Unterfranken). Aufgrund der erforderlichen Abgaben in Gebiete außerhalb des Planungsraum (Hof, Bamberg, Auracher Gruppe) sind auch in den Bilanzräumen 1 und 2 Defizite bereits bei mittlerer Entwicklung zu verzeichnen.

1.4.2 Möglichkeiten der Bedarfsdeckung

Es waren deshalb verschiedene Möglichkeiten der Bereitstellung zusätzlicher Wassermengen zu untersuchen. Für die Bilanzräume 3 und 5 wurden die gebietseigenen Vorkommen im Spessart (Grundwasservorkommen und Trinkwassertalsperre Hafenlohr) mit großräumigen Beileitungen aus Iller- und Lechmündungsgebiet, vom Bodensee und aus Oberfranken verglichen. Es zeigt sich, daß Beileitungen in der erforderlichen Größenordnung über bestehende Leitungsnetze nicht möglich sind; es werden bei allen Beileitungsmöglichkeiten erhebliche Neubauten von Transportleitungen erforderlich.

Wegen der großen Transportentfernungen erfordern die Beileitungen große Pumphöhen und damit hohen Energieeinsatz. In Oberfranken und im Lechmündungsgebiet wäre eine völlige Neuerschließung der entsprechenden Dargebotsmengen erforderlich; am Bodensee oder im Lechmündungsgebiet müßten die Gewinnungsanlagen und Entnahmerechte angepaßt oder bestehende Bezugsrechte abgelöst werden.

Ein Vergleich der gebietseigenen Möglichkeiten der Grundwassererschließung oder der Nutzung von Talsperrenwasser im Spessart zeigt folgende maßgebliche Vorteile der Talsperrenlösung:

– Das Dargebot der Talsperre ist aufgrund hydrologischer Untersuchungen abgesichert. Das angesetzte nutzbare Dargebot stellt nur etwa die Hälfte der an der Sperrenstelle zur Verfügung stehenden Jahresabflußsumme dar. Das Wasserdargebot der Grundwasservorkommen kann nur in vollem Umfang angesetzt werden, wenn die technische Erschließbarkeit der ermittelten Wassermengen nachgewiesen werden kann. Für beide Dargebotsmöglichkeiten ist auch der erforderliche Realisierungszeitraum zu berücksichtigen. Wie oben erwähnt (s.a. Kapitel 2.2.4.5 und 2.3.2.9 Fachteil „Wasserversorgung und Wasserbilanz"), könnte im Jahr 2000 maximal 40 % des Spessartgrundwassers zur Verfügung stehen. Die potentielle Talsperre Hafenlohr könnte bei einer Bauzeit von mehreren Jahren nur dann in die mittelfristige Wasserbilanz eingesetzt werden, wenn der zeitgerechte Abschluß der Planungs- und Rechtsverfahren gesichert ist.

- Bei der Betrachtung der Bilanz für verbrauchsreiche Zeiten weist die Talsperre versorgungstechnische Vorteile auf. Während für die Grundwasservorkommen in Trockenzeiten nur mittlere tägliche Dargebotsmengen angesetzt werden können, bietet die Talsperre die Möglichkeit einen Ausgleich zwischen den Zeiten hohen Bedarfes und Zeiten hohen Dargebotes herzustellen. Die mögliche Abgabemenge wird hierbei hauptsächlich durch die technischen Einrichtungen begrenzt.

Von besonderer Bedeutung für den Planungsraum ist, daß Varianten mit stärkerer Bedarfsentwicklung nur mit beiden Dargebotsmöglichkeiten zusammen abgedeckt werden können.

Für die Deckung der Defizite in Bilanzraum 4 sind Deckungsmöglichkeiten erforderlich, die in verbrauchsreichen Zeiten deutlich höhere Mengen zur Verfügung stellen können als im Jahresmittel. Angesetzt wird hierzu eine Lieferung über den im Gespräch befindlichen „Unterfrankenast" der FWO. Alternativ wäre auch eine Beileitung aus der potentiellen Trinkwassertalsperre Hafenlohr in die nördlichen und östlichen Teile des Bilanzraumes denkbar. Die südwestlichen Bereiche des Bilanzraumes liegen bereits im vom Raumordnungsverfahren von 1982 abgegrenzten Versorgungsbereich der potentiellen Trinkwassertalsperre. Im ungünstigsten Fall der Bedarfsentwicklung sind beide Liefermöglichkeiten gleichzeitig erforderlich.

Die bestehende Trinkwassertalsperre Mauthaus ist zusammen mit den Grundwasserreserven im Steinachtal und Haßlachtal und der Beileitung aus dem Lechmündungsgebiet in der Lage bei günstiger Bedarfsentwicklung sowohl den Bedarf in den Bilanzräumen 1 und 2, als auch den Bedarf der angrenzenden angeschlossenen Gebiete außerhalb des Planungsraumes und den Bedarf des Bilanzraumes 4 über einen Unterfrankenast zu decken. Bei stärkerer Bedarfssteigerung ist zur Deckung all dieser Bedürfnisse jedoch eine weitere Erhöhung des Dargebotes in Bilanzraum 1 erforderlich. Hierfür sollte die Nutzung der Grundwasservorkommen in der Nördlichen Frankenalb, oder weitere Oberflächenwassererschließungen im Frankenwald über Beileitung zur Trinkwassertalsperre Mauthaus aus benachbarten Einzugsgebieten oder Bau eines weiteren Speichers oder eine Erhöhung der Bezugsmenge von der WFW geprüft werden. Bei ungünstiger Bedarfsentwicklung ist auch hier eine Kombination der verschiedenen Möglichkeiten erforderlich.

1.4.3 Wasserbilanzen und erforderliche Maßnahmen

Der Planungszeitraum eines wasserwirtschaftlichen Rahmenplanes erstreckt sich über einen relativ langen Zeitraum von etwa 30 Jahren. Zur Darstellung zukünftiger Entwicklungen wurden als markante Planungsstichjahre die Jahre 2000 und 2020 gewählt, wobei aber darauf hingewiesen werden muß, daß hiermit keine Terminvorstellungen verbunden sind; das Jahr 2000 repräsentiert vielmehr einen kurz- bis mittelfristigen, das Jahr 2020 einen langfristigen Planungshorizont.

In Tabelle B 1-8 im Anhang sind die erforderlichen Maßnahmen zur Sicherstellung der Trinkwasserversorgung im Planungsraum dargestellt und in allgemein erforderliche sowie kurz-, mittel- und langfristig erforderliche Maßnahmen in den einzelnen Bilanzräumen eingeteilt. Allgemein im gesamten Planungsraum erforderlich sind umfangreiche Sanierungsbemühungen bei den bestehenden Wassergewinnungsanlagen, der verantwortungsbewußte und sparsame Einsatz von Wasser durch Bevölkerung und Industrie, die weitere Verbesserung der Wassergüte im Main und eine scharfe Beobachtung der weiteren Entwicklung dieser Bereiche.

Als kurzfristig einzuleitende Maßnahmen sind im gesamten Planungsraum die Nutzung der im Rahmen des bayerischen Grundwassererkundungsprogrammes erkundeten Grundwasservorkommen und der Auf- und Ausbau der Verteilungsnetze der größeren Gruppenversorgungsunternehmen zu nennen.

In den Bilanzräumen 1 und 2 sind die Einzugsgebiete im Frankenwald vor konkurrierenden Nutzungen zu sichern. Über eine mittelfristige Extensivierung der Albhochfläche können die Voraussetzungen für eine langfristige Nutzung der Grundwasservorkommen im Karst der Nördlichen Frankenalb geschaffen werden. Als alternative langfristige Deckungsmöglichkeit etwaiger Bedarfsengpässe kommt die Nutzbarmachung weiterer Oberflächenwasservorkommen im Frankenwald in Betracht.

Für den Bilanzraum 4 wird sich kurz- bis mittelfristig die Erfordernis ergeben, Wasser aus entfernteren Gewinnungsgebieten zu beziehen. Hierzu bietet sich der Ausbau des Versorgungsgebietes der FWO in den Raum Haßberge und Rhön-Grabfeld an. Zusätzlich sollte die Versorgungssicherheit durch einen Verbund der größeren Gruppenversorgungsunternehmen verbessert werden. Mittel- bis langfristig sollte auch ein Verbund mit dem Versorgungsgebiet der potentiellen Trinkwassertalsperre Hafenlohr angestrebt werden.

Zur Sicherstellung der Wasserversorgung in den Bilanzräumen 3 und 5, die in groben Zügen dem Versorgungsgebiet der potentiellen Trinkwassertalsperre Hafenlohr entsprechen, sind neben den im gesamten Planungsraum erforderlichen Maßnahmen kurz- bis mittelfristig auch technische Reparaturmaßnahmen erforderlich. Kurz- bis mittelfristig muß in diesem Bereich mit erheblichen Defiziten gerechnet werden.

In Hinblick auf die Versorgungssicherheit sowie unter besonderer Berücksichtigung der Forderung, die Wasserversorgung weitmöglich mit gebietseigenen Vorkommen zu decken, ist einer Talsperre und der Erschließung von Spessartgrundwasser der Vorzug vor großräumigen Beileitungsmaßnahmen zu geben.

Das kurz- bis mittelfristig (Wasserbilanz 2000) prognostizierte Defizit kann auch bei günstigsten Annahmen schon in einer Größenordnung liegen, das mit den Grundwasservorkommen im Spessart allein nicht zu decken ist. Versorgungstechnische Vorteile der Trinkwassertalsperre ergeben sich besonders in verbrauchsreichen Zeiten.

Bei ungünstiger Bedarfsentwicklung ist eine Bedarfsdeckung nur durch Kombination beider Dargebotsfaktoren erreichbar. Die Möglichkeiten zur Nutzung des Spessartgrundwassers und einer Trinkwassertalsperre im Hafenlohrtal müssen daher gemeinsam offengehalten werden.

Zur Vorsorge für stärkere Bedarfssteigerungen und ungünstige Entwicklungen bei der Sanierung bestehender Anlagen, sollten die vom BayGLA festgestellten Grundwasservorkommen möglichst rasch hinsichtlich ihrer technischen Erschließbarkeit überprüft werden.

Die Wirksamkeit des vorgeschlagenen Verfahrens wird nach Vorliegen der Ergebnisse der ersten Probebohrungen (maximal vier Schrägbohrungen) hinreichend beurteilt werden können.

Die weitgehend bewaldeten und bisher nur gering belasteten Einzugsgebiete dieser Vorkommen sind dringend vor konkurrierenden Nutzungen zu schützen.

Um der Forderung nach jederzeitiger Sicherstellung der Wasserversorgung für den derzeitigen und künftigen Bedarf zu genügen, ist die weitere Entwicklung der Situation der Wasserversorgung wie bisher in kurzen Zeitabständen zu überprüfen.

Planungen für großräumige Beileitungsmöglichkeiten sollten nicht vollständig aufgegeben werden. An Bodensee und Lechmündung steht ein ausreichendes Wasserdargebot zur Verfügung. Aufgrund der zu überbrückenden Entfernungen und auch aufgrund qualitativer Überlegungen, wäre eine Beileitung aus dem Lechmündungsgebiet wohl die günstigere Möglichkeit.

Die Fortführung entsprechender Planungen kann dringlich werden, wenn die Überprüfung der weiteren Entwicklung von Bedarf und Sanierungsfortschritten ungünstige Ergebnisse zeigt, oder unerwartete Schwierigkeiten bei der Erschließung gebietseigener Trinkwasservorkommen auftreten.

Als Alternative zu weiträumigen Beileitungen wäre auch noch die Möglichkeit der Errichtung von Grundwasseranreicherungsanlagen im Maintal zu erwähnen. Die Voraussetzungen hierfür sind jedoch wegen der Raummenge und der Störanfälligkeit sehr ungünstig.

In den tabellarischen und kartenmäßigen Darstellungen zur Wasserbilanz (s.a. Tabellen B 1-9 und B 1-10 im Anhang sowie Karten C 7a und C 8) sind die entsprechenden Deckungsmöglichkeiten angegeben. Im folgenden sollen noch einige Erläuterungen zu den Bilanzkarten und -tabellen gegeben werden.

Größere Wasserlieferungen über die Grenzen des Planungsraumes oder Bilanzraumgrenzen gehen allein auf das Konto der FWVU; nur diese werden in den Karten dargestellt. Zunächst sind die „bestehenden Lieferungen" der FWVU angegeben, wie sie sich aus der Auswertung der Umweltstatistik 1987 ergeben (s.a. Kapitel 2.2.5 Fachteil „Wasserversorgung und Wasserbilanz").

Die vorgesehenen Beileitungsmengen von der WFW in die Versorgungsgebiete von FWO und FWF werden als Wassertransporte in die Bilanzräume 2 und 3 dargestellt. Für mittlere und ungünstige Entwicklung ist zu sehen, daß die anzusetzenden Lieferungen aus Bilanzraum 1 nach außerhalb des Planungsraumes diese Beileitungsmenge überschreiten. Sie wird also in diesen Fällen bereits außerhalb des Planungsraumes (Bamberg, Auracher Gruppe) aufgebraucht.

Zu diesen feststehenden Lieferungen sind „Liefersteigerungen und zusätzliche Lieferungen" eingetragen, deren Höhe sich aus den errechneten Defiziten in den Mengenbilanzen ergeben. Als „Liefersteigerungen" sind zusätzliche Abgaben der FWO an

Gebiete außerhalb des Planungsraumes und zur Bedarfsdeckung in Bilanzraum 2 eingetragen.

„Zusätzlich erforderliche Lieferungen" ergeben sich aus der Bedarfsdeckung in Bilanzraum 4 über den Unterfrankenast der FWO, der Nutzung der Vorkommen aus dem Grundwassererkundungsprogramm in Bilanzraum 4 für den Bilanzraum 3 und der Abgabe aus den Vorkommen im Spessart (Trinkwassertalsperre Hafenlohr, Grundwasservorkommen) an den Bilanzraum 3.

In Karte C 8 ist zusätzlich eine Abgabe aus den Spessart-Vorkommen in den Bilanzraum 4 als Alternative zu den Lieferungen aus Oberfranken oder zur vollständigen Erschließung der Grundwasservorkommen im Sinn-Saale-Gebiet eingetragen.

Schließlich ist auch noch der „Zusatzbedarf" angegeben, d.h. die Bedarfsmenge, die mit den gebietseigenen Wasservorkommen nicht mehr abgedeckt werden kann. Ab mittlerer Bedarfsentwicklung ergibt sich ein solcher Zusatzbedarf in Oberfranken.

Als Deckungsmöglichkeiten kommen die Erschließung der Grundwasservorkommen in der Nördlichen Frankenalb, die Erhöhung des Dargebotes der Talsperre Mauthaus durch Beileitung aus benachbarten Einzugsgebieten, die gebietsinterne Errichtung eines weiteren Speichers oder großräumige Beileitungsmaßnahmen in Betracht.

In den Bilanzräumen 3 und 5 kann im ungünstigsten Fall die Bilanz trotz der vorgesehenen Beileitung von Lechmündungswasser nur dann gerade noch ausgeglichen werden, wenn die gebietseigenen Reserven (Spessartgrundwasser und Hafenlohrtalsperre) vollständig in Anspruch genommen werden (der ungünstigste Fall ist nur im Fachteil „Wasserversorgung und Wasserbilanz" kartenmäßig dargestellt).

Die Tabellen und Karten betrachten jeweils nur einzelne Zeithorizonte (2000 und 2020); in den Abbildungen B 1-10 „Jahresbilanz" und B 1-11 „Tagesbilanz für verbrauchsreiche Zeiten" ist die zeitliche Entwicklung des Gesamtbedarfes im gesamten Planungsraum den verschiedenen Dargebotsmöglichkeiten gegenübergestellt (s.a. Kapitel 2.3.4 Fachteil „Wasserversorgung und Wasserbilanz").

1.5 Umweltstatistik 1991

Zum Zeitpunkt des Redaktionsschlusses für den Wasserwirtschaftlichen Rahmenplan Main Ende 1993 standen nur erste, z.T. vorläufige Ergebnisse der Umweltstatistik 1991 auf Landkreisebene zur Verfügung. Angaben können daher nur für die Regierungsbezirke Ober- und Unterfranken und die Planungsregionen 1 bis 5 gemacht werden, nicht jedoch für den Planungsraum und die Bilanzräume.

In den Tabellen B 1-11 bis B 1-14 im Anhang wird jeweils ein Vergleich der Werte der Umweltstatistiken 1987 und 1991 für die Bereiche Wassergewinnung, Wasserabgabe der öffentlichen Wasserversorgung (nach Bedarfssektoren), Anschlußgrad und personenbezogener Trinkwasserbedarf wiedergegeben.

Der Vergleich zeigt deutlich den Einfluß des Bevölkerungszuwachses seit 1989. Die zwischen 1983 und 1987 stagnierende bis leicht rückläufige Wassergewinnung zeigt zwischen 1987 und 1991 in Ober- wie in Unterfranken eine deutliche Steigerung. Zu erkennen ist, daß die Wassergewinnung zunehmend auf Grundwasser zurückgreift, wogegen die Nutzung von Quellwasser zurückgeht.

Eine Steigerung ist in allen betrachteten fünf Planungsregionen zu verzeichnen; die deutlichste Steigerung tritt in Region 4 auf, in der die Trinkwassertalsperre Mauthaus liegt (s.a. Tabelle B 1–11 im Anhang).

Generell ist in allen fünf Planungsregionen eine deutliche Zunahme der angeschlossenen Einwohner, des Gesamtbedarfes der öffentlichen Wasserversorgung, des Bevölkerungsbedarfes und, mit Ausnahme der Region 5, auch eine nochmalige leichte Steigerung des Anschlußgrades zu verzeichnen.

Ein Blick auf die personenbezogenen Bedarfswerte zeigt, daß die Bedarfssteigerung nicht ausschließlich auf die Bevölkerungszunahme zurückzuführen ist. Während der „Pro-Kopf-Bedarf" bezogen auf ganz Bayern zwischen 1987 und 1991 leicht zurückgegangen ist, ist er in Unterfranken leicht und in Oberfranken stärker gestiegen; eine deutliche Zunahme ist hier beim Bedarfssektor Haushalte und Kleingewerbe zu erkennen.

Bei der Abschätzung des künftigen Wasserbedarfes der öffentlichen Wasserversorgung (s.a. Kapitel 2.1.5 Fachteil „Wasserversorgung und Wasserbilanz") wurden zur Darstellung der Entwicklung auch Zwischenwerte für das Stichjahr 1991 errechnet; hierbei wurde die Abschätzung der Entwicklung bei personenbezogenem Bevölkerungsbedarf und Industriebezug aus dem öffentlichen Netz mit der bekannten Bevölkerungszahl 1991 kombiniert.

Ein Vergleich mit den tatsächlichen Werten der Umweltstatistik 1991 zeigt, daß sich diese innerhalb der abgeschätzten Bandbreite bewegen. Für die Regionen 1 und 3 liegen sie am unteren Rand, für Region 2 bei der mittleren Entwicklung, für Region 4 zwischen mittlerer Entwicklung und oberem Rand und für Region 5 sogar leicht über

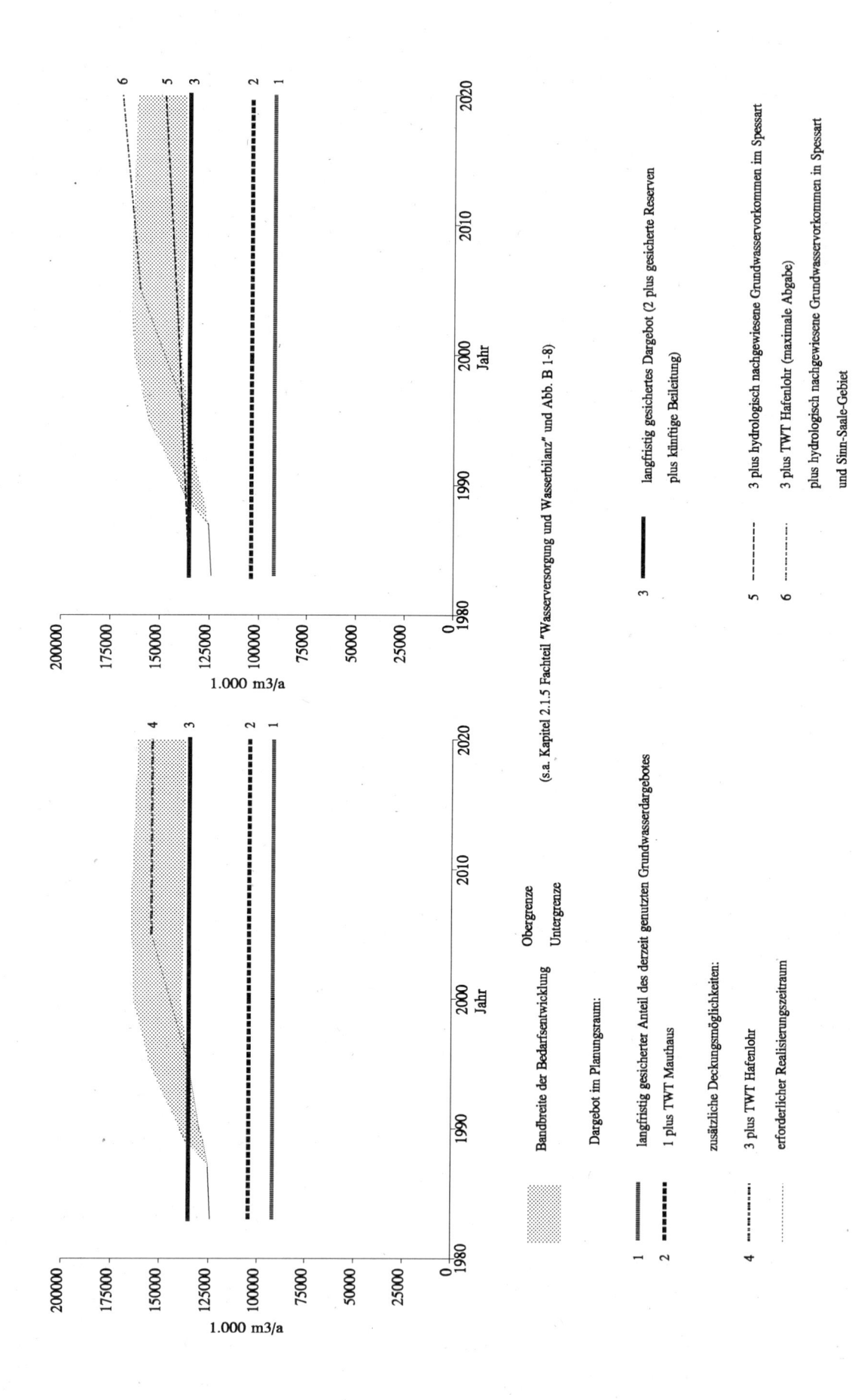

Abb. B 1-10   Jahresbilanz

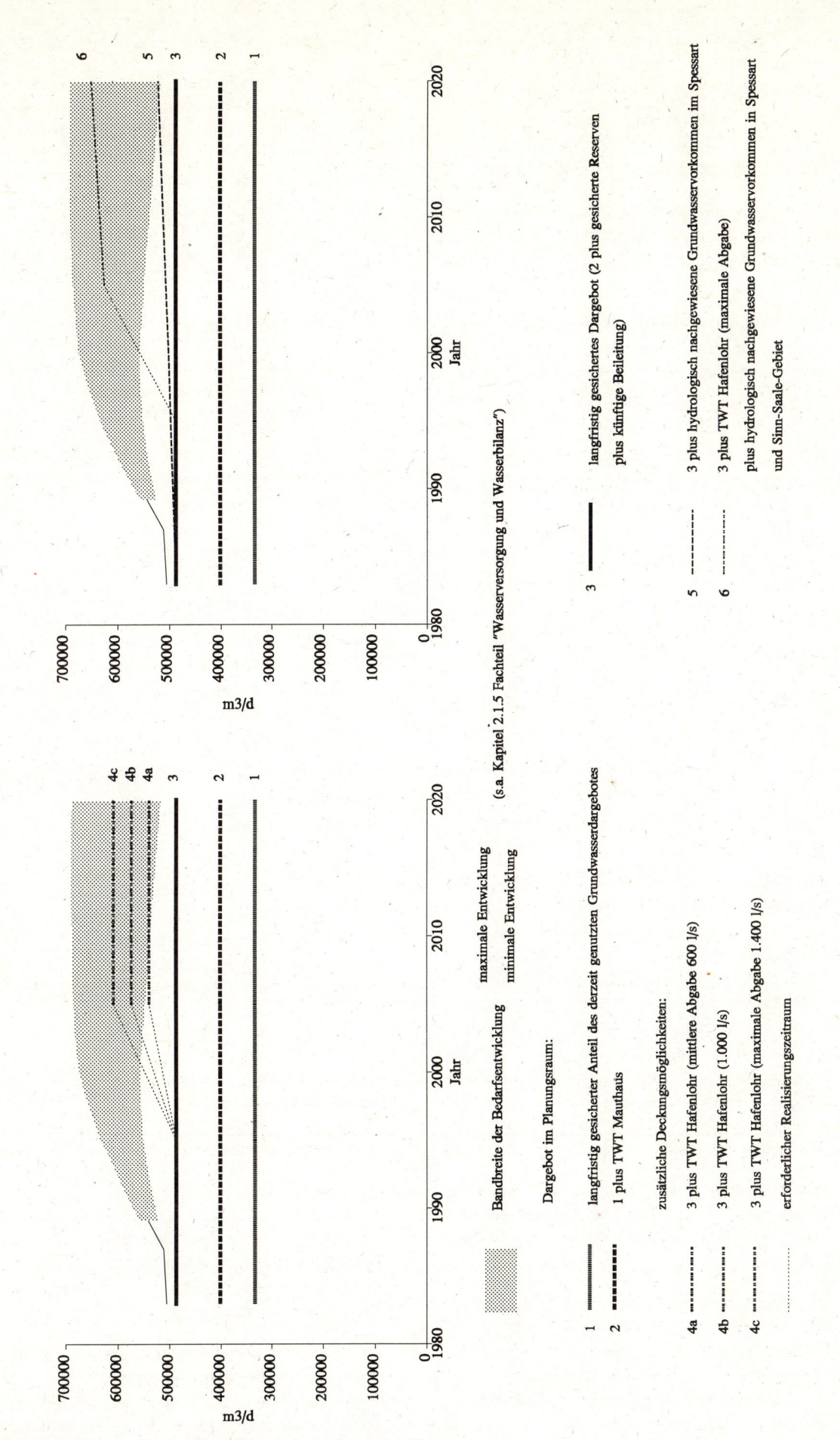

Abb. B 1-11   Tagesbilanz für verbrauchsreiche Zeiten

der abgeschätzten Obergrenze. In der Summe der fünf Regionen wird ziemlich genau die mittlere abgeschätzte Entwicklung getroffen.

1.6 Wasserwirtschaftliche Zielsetzung

Die Ergebnisse der Untersuchungen zur Wasserversorgung im Wasserwirtschaftlichen Rahmenplan Main sollen in einigen Kernsätzen zusammengefaßt werden:

– **Die Sanierung bestehender Wassergewinnungsanlagen ist von überragender Bedeutung bei der Lösung der Wasserversorgungsprobleme im Maingebiet, und hier vor allem in Unterfranken.**

Bei fast 80 % der gewonnenen Wassermenge ist eine anthropogene Beeinflussung feststellbar. Über 30 % der gewonnenen Wassermenge sind als „nicht sanierbar" (in überschaubaren Zeiträumen) anzusehen. In Unterfranken sind allein fast 90 % der gewonnenen Wassermenge als „belastet" bis „stark belastet" einzustufen. Die besondere Bedeutung von Sanierungsmaßnahmen zeigt sich auch daran, daß praktisch keine der bedeutenden Wassergewinnungsanlagen (große Städte, FWVU) als völlig unbelastet gelten kann.

– **Dem Grundwasserschutz und der Trinkwasserversorgung müssen Vorrang vor konkurrierenden Nutzungen eingeräumt werden.**

Die Untersuchungen zeigen, daß Sanierungsbemühungen nicht nur in Einzelfällen bei Überschreitung bestimmter Grenzwerte erfolgen sollten, sondern daß entsprechende Maßnahmen (Ermittlung der Einzugsgebiete und der hydrogeologischen Situation, Feststellung konkurrierender Nutzungen und möglicher Gefährdungsquellen, Sanierung entsprechender Gefährdungsquellen und Abstimmung der Erfordernisse der Wasserversorgung mit denen anderer Flächennutzungen) flächendeckend durchgeführt werden müssen.

– **Der Abstimmung der Belange von Landwirtschaft und Wasserwirtschaft kommt bei den Sanierungsbemühungen eine zentrale Bedeutung zu.**

Es muß verstärkt darauf hingewirkt werden, daß eine ordnungsgemäße landwirtschaftliche Bodennutzung auch mit den Erfordernissen der Trinkwassergewinnung in Einklang steht. (Hinweis: Allgemeine Aussagen zum flächendeckenden Grundwasserschutz sind im Fachteil „Gewässerschutz / Grundwasser" des Wasserwirtschaftlichen Rahmenplanes Main enthalten).

– Wie die Belastungssituation zeigt, muß davon ausgegangen werden, daß einzelne Wassergewinnungsanlagen auch langfristig nicht saniert werden können. Aus der Sicht eines flächendeckenden Grundwasserschutzes sollen auch solche Anlagen soweit möglich erhalten und Anstrengungen zur Verbesserung der Wasserqualität und Eingrenzung oder Vermeidung anthropogener Belastungen auch bei ungewissem Erfolg und sehr langer zeitlicher Dauer mit Nachdruck weiter verfolgt werden.

– **Um die Grenzwerte der Trinkwasserverordnung einhalten zu können werden auch Reparaturmaßnahmen erforderlich werden.**

Aus Mangel an kurzfristigen Alternativen, werden einige Wasserversorgungsunternehmen nicht umhin können, sich auf „Reparaturmaßnahmen" - Aufbereitungsanlagen und Verschneiden mit geringer belastetem Wasser - zu stützen.

Es muß aber Ziel aller wasserwirtschaftlichen Maßnahmen sein, solche Reparaturmaßnahmen nicht zu Dauerlösungen werden zu lassen, sondern sie auf mittlere bis längere Sicht durch die Sanierung der Einzugsgebiete wieder entbehrlich zu machen.

– **Neben Sanierungs- und Vorsorgemaßnahmen hat auch das Wassersparen eine erhebliche Bedeutung.**

Der Vergleich von oberen und unteren Varianten der Bedarfsentwicklung zeigt, daß ein erhebliches „Sparpotential" - vor allem im Bereich des Bevölkerungsbedarfs - zwischen einem ungezügelten Bedarfswachstum und einer Stabilisierung auf dem heutigen Niveau besteht.

Maßnahmen, die zur Einsparung von Wasser bei Bevölkerung und Industrie führen und Wasserverluste senken, sind mit Nachdruck zu verfolgen. Sie werden aber in absehbarer Zukunft voraussichtlich nicht zu einem absoluten Bedarfsrückgang führen, sondern können nur die Dynamik der Bedarfssteigerung bremsen.

Im Planungsraum ist der Pro-Kopf-Bedarf geringer als im Landesdurchschnitt, so daß hier noch mit einem gewissen Nachholbedarf gerechnet werden muß.

– **In Konkurrenzsituationen zwischen öffentlicher und industrieller Wasserversorgung bei der Grundwassergewinnung ist der öffentlichen Wasserversorgung Vorrang einzuräumen.**

– **Bei der Aufstellung von Gewässerschutzzielen für den Main muß den Anforderungen der Wasserversorgung verstärkt Rechnung getragen werden.**

Da viele bedeutende Wassergewinnungsanlagen im Planungsraum direkt und indirekt von der Wasserqualität des Mains abhängig sind, können diese Anlagen nur unter dieser Voraussetzung langfristig in ihrem Bestand gesichert werden. Die Entwicklung der Mainwasserqualität in den letzten Jahren zeigt eine positive Tendenz.

– **Für eine kurzfristige Entspannung der Situation ist eine zügige Erschließung der bereits erkundeten Grundwasservorkommen erforderlich.**

Sie stellen eine bedeutende, zumeist bereits über Wasserschutzgebiete gesicherte, Dargebotsreserve dar. Um die erschließbaren Wassermengen zu den Bedarfsschwerpunkten transportieren zu können, muß ein leistungsfähiges Verteilungsnetz aufgebaut werden. Ein solches Verteilungsnetz erhöht auch die allgemeine Versorgungssicherheit.

Die Wasserbilanz, in die alle vorgenannten Maßnahmen bereits eingebunden wurden, zeigt, daß auch bei Nutzung all dieser Reserven noch teilweise erhebliche Defizite bestehen. Die größten Defizite ergeben sich in den Bilanzräumen 3, 4 und 5. Daraus ergeben sich folgende zusätzliche Forderungen:

– **Zwischen den Fernwasserversorgungsunternehmen Nordbayerns ist ein leistungsfähiger Betriebsverbund auszubauen.**

Er muß eine durchgängige Verbindung aller fünf Bilanzräume ermöglichen, um auch den Anforderungen aller weitergehenden Maßnahmen gerecht werden zu können. In den Verbund wären auch die Zweckverbände und städtischen WVU am Untermain mit aufzunehmen. Zur Sicherung der Wasserversorgung im Bilanzraum 4 empfiehlt sich der Bau des „Unterfrankenastes der FWO".

– **In Hinblick auf die Versorgungssicherheit sowie unter besonderer Berücksichtigung der Forderung, die Wasserversorgung weitmöglich mit gebietseigenen Vorkommen zu decken, ist einer Talsperre und der Erschließung von Spessartgrundwasser der Vorzug vor großräumigen Beileitungsmaßnahmen zu geben. Beide Dargebotsmöglichkeiten müssen offengehalten werden.**

In beiden Fällen sind länger dauernde Vorarbeiten erforderlich:

- Erkundungsprogramm und Rechtsverfahren zur Erschließung der Grundwasservorkommen,
- Planungs- und Rechtsverfahren zur Vorbereitung des Baus einer Trinkwassertalsperre.

Die Vorarbeiten müssen zügig durchgeführt werden, um die Nutzung der Dargebote rechtzeitig zu ermöglichen.

Die derzeit noch weitgehend bewaldeten und wenig belasteten Einzugsgebiete sind dringend vor konkurrierenden Nutzungen zu schützen.

Im Vergleich der beiden Dargebotsfaktoren im Spessart weist die Trinkwassertalsperre Vorteile auf. Das Dargebot der Talsperre ist aufgrund hydrologischer Untersuchungen abgesichert. Das angesetzte nutzbare Dargebot stellt nur etwa die Hälfte der an der Sperrenstelle zur Verfügung stehenden Jahresabflußsumme dar.

Demgegenüber kann das Wasserdargebot der Grundwasservorkommen nur in vollem Umfang angesetzt werden, wenn die technische Erschließbarkeit der ermittelten Wassermengen nachgewiesen werden kann.

Das kurz- bis mittelfristig (Wasserbilanz 2000) zu erwartende Defizit liegt auch bei günstigsten Annahmen in einer Größenordnung, das mit den Grundwasservorkommen im Spessart allein nicht zu decken ist.

Versorgungstechnische Vorteile der Trinkwassertalsperre ergeben sich besonders in verbrauchsreichen Zeiten. Während für die nachgewiesenen Grundwasservorkommen, wegen eingeschränkter Speicherfähigkeit der Gesteine, in Trockenzeiten nur tägliche Dargebotsmengen in gleichbleibender Höhe angesetzt werden können, bietet die Talsperre die Möglichkeit, einen Ausgleich zwischen den Zeiten hohen Bedarfes und Zeiten hohen Dargebotes herzustellen. Die mögliche Abgabemenge wird nur durch die technischen Einrichtungen begrenzt.

Im Vergleich mit allen anderen im Rahmenplan untersuchten Möglichkeiten ist dem Bau der Trinkwassertalsperre Hafenlohr der Vorzug zu geben, so daß, wie bereits im Raumordnungsverfahren zu Beginn der 80er Jahre, auch aus heutiger Sicht den Interessen der öffentlichen Wasserversorgung der Vorrang vor konkurrierenden Belangen des Naturschutzes und der Landschaftspflege einzuräumen ist.

Bei stärkerer Bedarfssteigerung oder ungünstiger Entwicklung bei der Sanierung bestehender Wassergewinnungsanlagen kann schon mittelfristig die Nutzung sowohl der Trinkwassertalsperre als auch der Grundwasservorkommen im Spessart erforderlich werden (s.a. Kapitel 2.3.4 Fachteil „Wasserversorgung und Wasserbilanz").

- **Wie bisher ist eine fortlaufende Kontrolle der Qualitäts- und Bedarfsentwicklung erforderlich, um rechtzeitig auf sich abzeichnende Entwicklungen reagieren zu können.**

- **Die verstärkte Nutzung der Erschließungskapazitäten im Lechmündungsgebiet ist im Hinblick auf die langfristige Sicherung der Wasserversorgung offen zu halten.**

Da die Nutzung der gebietseigenen Vorkommen noch nicht endgültig geklärt ist, müssen auch Planungen für großräumige Beileitungen im Auge behalten werden. Die Nutzung der Vorkommen im Lechmündungsgebiet ist auch zur Erhöhung des Dargebotes in den Bilanzräumen 1 und 2 möglich.

Bei ungünstigen Bedarfsentwicklungen und verstärkten Anforderungen aus Gebieten außerhalb des Planungsraumes sind auch für die Bilanzräume 1 und 2 (Oberfranken) zusätzliche Dargebotsmöglichkeiten zu erschließen:

- **Hierzu soll der tiefe Karst der Nördlichen Frankenalb als Grundwassererschließungsgebiet für die Zukunft geschützt werden.**

Die Landnutzung im Karsteinzugsgebiet muß langfristig auf eine standortgemäße extensive Bewirtschaftung zurückgeführt werden. Außerdem muß in diesem Gebiet die Versickerung von Abwässern und flüssigen Abfällen aller Art konsequent unterbunden werden, um die Grundwasserleiter zu schützen.

In den Gebieten der Nördlichen Frankenalb außerhalb des Planungsraumes stehen aufgrund mächtiger Grundwasserleiter mit hoher Verdünnung noch bedeutende Grundwasservorkommen mit relativ geringer anthropogener Beeinflussung zur Verfügung. Eine mengenmäßige Abschätzung wird nach Abschluß der Untersuchungen des Bayer. Geologischen Landesamtes in der Nördlichen Frankenalb möglich sein.

- **Als weitere Möglichkeit sind die Einzugsgebiete im Frankenwald vor konkurrierenden Nutzungen zu sichern.**

Die Optionen auf Beileitung zur TWT Mauthaus aus benachbarten Einzugsgebieten und den potentiellen Bau eines weiteren Speichers bei Kremnitz sollen als langfristige Reserve offen gehalten werden.

1.7 Landwirtschaftliche Bewässerung

Der Wasserbedarf für die landwirtschaftliche Bewässerung stellt einen schwer kalkulierbaren Faktor der Gewässernutzung dar, insbesondere im Hinblick auf seine zukünftige Größe.

Die traditionelle Staugrabenberieselung der Talwiesen, die in den fränkischen Trockengebieten sehr verbreitet war, ist aufgegeben worden. Ihr auf Grünland beschränkter Betrieb ist unrentabel und mit der modernen Landwirtschaftstechnik nicht vereinbar.

Die Bayer. Landesanstalt für Betriebswirtschaft und Agrarstruktur (BayLBA) hat über den zukünftigen Beregnungsumfang bereits 1982 ein Gutachten ausgearbeitet [11, 12], das sie 1992 ergänzt hat. Sie weist darin darauf hin, daß es für Prognosen keine eindeutigen Ansätze gibt.

Die Entwicklung der Rahmenbedingungen für die Landwirtschaft insgesamt und der existenztragenden Fruchtarten im besonderen sind stark von politischen Entwicklungen abhängig und somit nicht absehbar. Sowohl eine Beschränkung der heute gegebenen Beregnungsmöglichkeiten als auch das Verlangen nach einer starken Ausweitung des Beregnungsumfanges liegen im Bereich des Möglichen.

Das Problem muß in Form von sogenannten Szenarien behandelt werden. Dazu entwirft die BayLBA eine Grundlage mit der Aussage, daß die Ernährungssicherstellung in Krisenzeiten in den landwirtschaftlich günstigen Gebieten durch die Sicherstellung ausreichenden pflanzenverfügbaren Wassers effektiver wird.

Für diese Gebiete und für den Anbauumfang der beregnungswürdigen Fruchtarten, nämlich Wintergetreide, Spätkartoffeln, Zuckerrüben und Mais, hat die BayLBA flußabschnittsweise die Beregnungsflächen und den Wasserbedarf als obere Grenzwerte ermittelt.

Der Maximalwert des Wasserbedarfs wird nicht unmittelbar übernommen sondern für die planerische Verwendung in mögliche Stufen der Verwirklichung umgesetzt. Diese Stufen von 25%, 35% bzw. 60% des maximalen Beregnungsumfangs sind nicht als zeitliche Entwicklung zu verstehen sondern wiederum als Szenarien aufzufassen.

In diesen Szenarien wird davon ausgegangen, daß abhängig von der Entwicklung der Erzeugungs-

Bild 3   Grundwasseranreicherungsanlage der Rhön-Maintal-Gruppe bei Weyer

bedingungen jeweils nur ein bestimmter Prozentsatz der beregnungswürdigen Flächen auch tatsächlich zu bewässern sein wird. Dementsprechend beträgt auch der erforderliche Wasserbedarf in diesen Bedarfsstufen nur 25%, 30% oder 60% des erforderlichen Wasserbedarfs, wenn alle beregnungswürdigen Flächen bewässert würden.

Der Beregnungswasserbedarf für das Planungsgebiet insgesamt ist in Tabelle B 1-15 im Anhang für diese Stufen zu ersehen; hier ist das Regnitzgebiet wegen seiner Auswirkung auf den Main mit aufgenommen.

1.8 Wasserversorgung der Wärmekraftanlagen

Das Elektrizitätsaufkommen in Bayern stieg zwischen 1960 und 1990 von 17,2 auf 68,6 TWh, die öffentliche Energiegewinnung im gleichen Zeitraum von 10,6 TWh auf 65,8 TWh (s.a. Tabelle B 1–16). Die Energiegewinnung mit Wasserkraft ist seit 1970 nur noch geringfügig gestiegen. Der Zuwachs im Elektrizitätsaufkommen wurde hauptsächlich über die Steigerung der Energiegewinnung mit Wärmekraft gedeckt.

Die in Wärmekraftanlagen eingesetzte Primärenergie kann nur zum Teil in elektrische Energie umgesetzt werden, wobei Umwandlungsverluste vornehmlich in Form von Abwärme anfallen. Zur Abführung der Abwärme werden Kühlverfahren eingesetzt, die die Abwärme an die Atmosphäre (Kühltürme), zumeist jedoch an das Medium Wasser abgeben. Gemessen am gesamten Wasseraufkommen stellen die Wärmekraftanlagen den mit Abstand größten Bedarfsträger im Vergleich zu Industrie und öffentlicher Wasserversorgung dar (s.a. Tabelle B 1-17).

Zum überwiegenden Teil (Bund 98,9 %, Bayern 99,8 %, Maingebiet 99,9 %) decken die Wärmekraftwerke ihr Wasseraufkommen aus Oberflächengewässern und verwenden es für Kühlzwecke bei der Energieerzeugung. In zunehmendem Maße werden hierbei Rück- bzw. Kreislaufkühlverfahren verwendet, so daß der Nutzungsfaktor seit 1979 von 1,3 über 1,7 im Jahr 1983 und 2,3 im Jahr 1987 auf 2,8 im Jahre 1991 gestiegen ist. Höhere Nutzungsfaktoren treten vor allem an den abflußschwächeren Wasserläufen Nordbayerns auf. Im Maingebiet lag der Nutzungsfaktor 1987 bei 3,0, 1991 bei 3,2. Besonders hohe Nutzungsfaktoren werden vor allem bei großen Kernkraftwerken erreicht. Im Planungsraum trifft dies auf das Kernkraftwerk Grafenrheinfeld zu.

Die Abflußverhältnisse in den Flüssen wirken sich entscheidend auf die Höhe der Nutzungsfaktoren aus. Bei höheren Abflüssen können viele Kraftwerke mit Durchlaufkühlung betrieben werden, in ungünstigeren Abflußjahren müssen die Kraftwerke weitaus häufiger mit Rück- bzw. Kreislaufkühlung gefahren werden, wodurch sich entsprechend höhere Nutzungsfaktoren ergeben. Wasser mit Trinkwasserqualität, das sogenannte Belegschaftswasser, wird überwiegend aus dem öffentlichen Netz bezogen.

Für die technische Lösung des Kühlproblems an den Hauptkühlstellen der Kraftwerke gibt es verschiedene Verfahren. Alle Naßverfahren haben die wasserwirtschaftlichen Nachteile, daß dabei Wasser verdunstet oder Abwärme in den Vorfluter eingeleitet wird. Allerdings verschieben sich die Schwerpunkte je nach Verfahren mehr auf den einen oder anderen Nachteil.

Im Wärmelastplan Bayern 1981 [16] sind Werte für Abwärme, Kühlwasserbedarf und Verdunstungsverluste angegeben (s.a. Tabelle B 1-18). Aus der Umweltstatistik können die jährlichen Verdunstungsverluste als Differenz zwischen Wasseraufkommen und wieder abgeleiteter Abwassermenge bestimmt werden. Sie betrugen 1983 20,7 Mio. m^3, 1987 22,3 Mio. m^3, 1991 21,3 Mio. m^3 und lassen sich fast ausschließlich auf das KKW Grafenrheinfeld zurückführen.

Die großen Kraftwerkseinheiten, die heute in der öffentlichen Elektrizitätserzeugung üblich sind, müssen an größeren Wasserläufen errichtet werden, weil nur diese in dem erforderlichen Maß belastet werden können, ohne daß sonstige Nutzungen benachteiligt und die Lebensbedingungen im Gewässer tiefgreifend verändert werden.

An den abflußstarken Vorflutern, die heute als Standort für die Wärmekraftwerke in Frage kommen, sind die Verdunstungsverluste der Kreislaufverfahren wasserwirtschaftlich noch am ehesten hinzunehmen, obgleich sie in der Summe beträchtliche Abflußanteile, besonders in Zeiten niedriger Abflüsse, verbrauchen können.

Die Verdunstungsverluste an den bestehenden und den nach dem Standortsicherungsplan für Wärmekraftwerke [15] möglichen Anlagen über 100 MW im Planungsraum sind in Tabelle B 1-19 enthalten. Der Standortsicherungsplan für Wärmekraftwerke zeigt grundsätzlich geeignete Standorte für große Wärmekraftwerke sowie mögliche Ausbaugrößen auf.

Die installierte Leistung der Wärmekraftwerke im Flußgebiet des Mains reduzierte sich gegenüber dem damaligen Stand (1981) durch Stillegungen in den Kraftwerken Aschaffenburg und Dettingen um 170 MW. Neben den Wärmekraftwerken für die öffentliche Stromversorgung in Bayern sind noch zahlreiche kleinere Wärmekraftwerke der Industrie vorhanden. Im Maingebiet sind es rd. 30 Anlagen mit einer Engpaßleistung von etwa 235 MW.

Die in Tabelle B 1-19 angegebenen Verdunstungsverluste sind Durchschnittswerte, die unter bestimmten Bedingungen verringert werden können. Zum einen ist die Höhe der Verdunstung abhängig von den meteorologischen Gegebenheiten, und zwar im wesentlichen von der Lufttemperatur und der relativen Luftfeuchte. Zum anderen müssen mögliche Ausfälle von Anlagen in Betracht gezogen und Reserven für Störfälle vorgehalten werden, weshalb die tatsächliche Leistung der Kraftwerke normalerweise nicht dem Vollastbetrieb entspricht.

Man kann davon ausgehen, daß Kernkraftwerke ca. 10 Monate zu 100 % und ca. 2 Monate (im Sommer) zu 0 % ausgelastet sind, während die Auslastung bei Kohlekraftwerken etwa zwischen 35 % im Sommer und 95 % im Winter, bei Öl- und Gaskraftwerken ungefähr zwischen 0 % im Sommer und 60 % im Winter schwankt.

Der Standortsicherungsplan für Wärmekraftwerke nennt wasserwirtschaftliche Leitlinien bei der Auswahl von möglichen Standorten von Wärmekraftwerken:

– *Grundsätzlich ist vorzusehen, Kühlwasser nur nach Rückkühlung in Kühltürmen - dem Stand der Technik entsprechend - in Gewässer wieder einzuleiten. Maßgebend für die anzuwendenden Kühlmethoden - Ablauf- oder Kreislaufkühlung - sind die Abfluß-, Güte- und Temperaturverhältnisse des Vorfluters.*

– *Die Abwärmebelastung ist auf ein gewässerökologisch unschädliches Maß zu begrenzen. Regelmäßig darf eine Aufwärmung des Flußwassers von 3 K*$^{*)}$ *- in Ausnahmefällen 5 K - sowie eine Höchsttemperatur von 28 °C in sommerkalten Gewässern auch bei niedrigen Abflüssen nicht überschritten werden.*

Diese Richtwerte sind bei ungünstigen Gewässergüteverhältnissen - z.B. bei gestauten Gewässern mit großer Abwasserlast und instabilem Sauerstoffhaushalt oder bei Gewässern, die der Trinkwasserversorgung dienen - wesentlich zu unterschreiten.

$^{*)}$ die LAWA gibt als Aufwärmspannen für sommerwarme Gewässer T_G = 5K, für sommerkalte Gewässer T_G = 3K an.

– *Beim Betrieb von Wärmekraftwerken treten in Kühltürmen und Gewässern erhebliche Verdunstungsverluste auf (z.B. etwa 1 m^3/s je 1.300 MW-Kernkraftwerksblock), die den natürlichen Abfluß besonders in Niedrigwasserzeiten unvertretbar schmälern können. In Flußgebieten mit ungünstigen Abflußbedingungen sind deshalb die Verdunstungsverluste auszugleichen.*

Tabelle B 1-16: Elektrizitätsaufkommen in Bayern in den Jahren 1960, 1970, 1980, 1985 und 1990

Art der Energiegewinnung	1960	1970	1980	1985	1990
	GWh	GWh	GWh	GWh	GWh
1	2	3	4	5	6
öffentliche Energiegewinnung	10.580	24.996	36.020	58.608	65.802
- mit Wasserkraft	6.443	8.888	9.227	8.432	8.944
- mit Wärmekraft	4.137	16.108	26.793	50.176	56.858
sonstige Energiegewinnung					
- mit Wasserkraft	1.286	1.722	1.744	1.715	1.731
- mit Wärmekraft	2.498	4.197	3.599	3.328	3.323
Austausch mit anderen Ländern	2.797	1.538	8.794	-4.085	-2.220
Summe Aufkommen bzw. Verwendung	17.161	32.453	50.157	59.566	68.636

1) Bezug = [+]; Lieferung = [-]
Quelle: Statistisches Jahrbuch für Bayern [13]; „Stromversorgung in Bayern" für 1990 [17]

Tabelle B 1-17: Wassergewinnung 1987

Bedarfsträger		Bundesrepublik Deutschland	Bayern
		Mio. m^3	Mio. m^3
1		2	3
öff. WV	(§5 UStatG)	4.917,8	928,8
Industrie	(§6 UStatG)	9.222,0	947,3
Wärmekraftanlagen	(§7 UStatG)	30.318,9	3.280,6

Quelle: Umweltstatistik [14]

Tabelle B 1-18: Abwärme, Kühlwasserbedarf und Verdunstungsverluste je 100 MW erzeugter elektrischer Leistung je nach meteorologischen Bedingungen

Art des Kraftwerkes	Abwärme	Art der Kühlung	Kühlwasser-entnahme	Verdunstungsverluste	
				durchschnittlich	extrem *)
	MJ/s		l/s	l/s	l/s
1	2	3	4	5	6
Konventionelles Wärmekraftwerk (Gas, Kohle, Öl)	125 - 168	Durchlaufkühlung Ablaufkühlung Kreislaufkühlung	3.000 - 4.000 3.000 - 4.000 150 - 180	28 - 32 32 - 43 40 - 54	38 51 65
Kernkraftwerk	168 - 230	Durchlaufkühlung Ablaufkühlung Kreislaufkühlung	4.000 - 5.000 4.000 - 5.000 200 - 240	34 - 38 39 - 51 49 - 64	46 60 77

*) Extremwerte, die kurzzeitig im Sommer auftreten können (stark von der Auslegung der Kühlsysteme abhängig)
Quelle: Wärmelastplan für Bayern 1981 [16]

Tabelle B 1-19: Durchschnittliche Verdunstungsverluste der Wärmekraftwerke im Planungsraum bei Vollast (Anlagen über 100 MW)

Standort	Bestehende Anlagen					möglicher Zubau (Standortsicherungsplan)			
	Installierte Leistung [MW] (brutto)		Verdunstungsverluste m³/s			Installierte Leistung [MW] (brutto)	Verdunstungsverluste m³/s		
	1991	1981	Sommer	Herbst	Winter		Sommer	Herbst	Winter
1	2	3	4	5	6	7	8	9	10
Viereth						2.600	1,56	1,43	1,27
Grafenrheinfeld	1.300	1.300	0,78	0,72	0,64	1.300	0,78	0,72	0,64
Aschaffenburg	300	414	0,14	0,14	0,10				
Dettingen	100	156	0,05	0,05	0,03				
Quelle: Wärmelastplan für Bayern 1981 [16]									

Im Wärmelastplan für Bayern wurde das Vorliegen der wasserwirtschaftlichen Voraussetzungen an den im Standortsicherungsplan für Wärmekraftwerke ausgewiesenen Standorten überprüft. Als Ergebnis wurde festgestellt, daß die Abwärmeeinleitungen bei Rückkühlung in Kühltürmen auf ein gewässerökologisch unschädliches Maß beschränkt werden können. Im Maingebiet wären die zu erwartenden Verdunstungsverluste gegenüber dem natürlichen Wasserdargebot jedoch von erheblicher Bedeutung.

Ein Ersatz dieser Verdunstungsverluste in Zeiten niedriger Abflüsse durch Überleitung von Wasser aus dem Donaugebiet wurde gefordert. Diese Voraussetzung ist mit der Fertigstellung des Überleitungsprojektes von Altmühl- und Donauwasser in das Regnitz - Maingebiet gegeben.

Eine Realisierung der Kernkraftwerksblöcke am Main in naher Zukunft ist jedoch derzeit nicht zu erwarten.

1.9 Schlußbemerkungen

Der Planungsraum Main stellt bayernweit das schwierigste Gebiet in Hinblick auf die Wasserversorgung dar. Niederschlag und Grundwasserneubildung sind relativ gering; die vorherrschenden Kluftgrundwasserleiter gehen häufig in ihren Ergiebigkeiten gerade in Zeiten hohen Bedarfes stark zurück. Auch sind die Grundwasservorkommen in diesen Grundwasserleitern nur schwer erschließbar.

Trotz vergleichsweise moderatem Bedarfsverhalten kommt es häufig zu quantitativen Engpässen. Ergiebige Vorkommen konzentrieren sich auf wenige Bereiche, häufig im Maintal, so daß diese Vorkommen über Fernwasserversorgungsunternehmen an wasserärmere Gebiete verteilt werden müssen.

Stärker noch als die quantitativen Probleme prägen jedoch qualitative Probleme die Situation der Wasserversorgung im Planungsraum, vor allem in Unterfranken.

Einzugsgebiete ergiebiger Vorkommen überschneiden sich häufig mit konkurrierenden Nutzungen wie Siedlungs- und Verkehrsflächen oder Flächen intensiver landwirtschaftlicher Nutzungen.

Fehlende oder durchlässige Deckschichten ermöglichen das Eindringen von Nähr- und Schadstoffen in das Grundwasser. Die geringen Grundwasserneubildungsraten lassen bei gleichen Einträgen von Schadstoffen höhere Konzentrationen im Grundwasser entstehen als in wasserreicheren Gebieten.

Fast ein Drittel der derzeit genutzten Grundwasservorkommen muß aus diesen Gründen als langfristig nicht gesichert angesehen werden.

Auch aufgrund der steigenden Bevölkerungszahlen werden sich damit in Zukunft auch bei intensiven Sanierungsbemühungen und maßvollem Verbrauchsverhalten die bereits bestehenden Engpässe bei der Bedarfsdeckung noch verschärfen.

Mit der Trinkwassertalsperre Hafenlohr, den Grundwasservorkommen im Spessart, im Sinn-Saale-Gebiet und der Nördlichen Frankenalb oder erweiterter Oberflächenwassergewinnung im Frankenwald stehen jedoch im Planungsraum und angrenzend zum Planungsraum Trinkwasservorkommen zur Verfügung, die eine langfristige Sicherstellung der öffentlichen Wasserversorgung ermöglichen, wenn dem Grundwasserschutz und der

Trinkwassergewinnung Vorrang vor konkurrierenden Nutzungen eingeräumt wird.

Die im vorliegenden Plan aufgestellten Bilanzen gehen von einer Reihe von Annahmen aus (z.B. Bedarfsentwicklung, Sanierbarkeit von Wassergewinnungsanlagen, technische Erschließbarkeit von Trinkwasservorkommen). Sie müssen gegebenenfalls korrigiert werden, falls sich diese Annahmen in nicht vorhersehbarem Umfang verändern.

Bild 4   Trinkwassertalsperre Mauthaus; Blick auf den Entnahmeturm

2 Abflußbewirtschaftung und Wasserbau

2.1 Hochwasserschutz

2.1.1 Kriterien

Aufgabe des Hochwasserschutzes ist es, für Menschen und Siedlungen das Risiko von Schäden durch Überflutungen zu mindern. Gemäß dem Landesentwicklungsprogramm Bayern [1] soll *auf eine Verringerung von Abflußextremen hingewirkt werden. Der Überschwemmung der Talräume soll im Bereich von Siedlungen entgegengewirkt werden. Landwirtschaftliche Nutzflächen sollen in der Regel nicht hochwasserfreigelegt werden. Auf die Erhaltung und Verbesserung der Rückhalte- und Speicherfähigkeit der Landschaft soll hingewirkt werden. Dem Umbruch von Grünland in Überschwemmungsgebieten soll entgegengewirkt werden. Für Ackerflächen, die regelmäßig von Überflutung betroffen sind, soll die Grünlandnutzung angestrebt werden.*

Bei der Hochwasserfreilegung von Siedlungen soll die Wahl eines Hochwasserschutzsystems nach Abwägung der wasserwirtschaftlichen, ökologischen, städtebaulichen und ökonomischen Aspekte erfolgen, wobei auch Kombinationen verschiedener Systeme in Betracht kommen.

Als Maßnahmen kommen hier zum Beispiel Bedeichungen, Gewässerverbreiterungen und Entlastungs- oder Überleitungsgerinne in Frage. Die Möglichkeiten des naturnahen Wasserbaus sollten genutzt werden, um die Eingriffe in die Fließgewässer möglichst gering zu halten.

Außer flußbaulichen Lösungen zur Hochwasserrückhaltung und Anlagen zur Hochwasserspeicherung sollten auch dezentrale, d.h. flächenhafte Maßnahmen zur Minderung des Oberflächenabflusses erwogen werden. Exemplarisch seien hierzu die Wiederherstellung ehemaliger Auengebiete, die Reaktivierung der Wasserrückhaltefähigkeit der Landschaft etwa in Form von Geländemulden oder natürlichen Rückhalteräumen, die Steigerung der Versickerungskapazität im Einzugsgebiet durch Änderung der Bodennutzung und die gezielte Versickerung in Siedlungen genannt.

Dieser dezentrale Hochwasserschutz vermag im allgemeinen bei kleineren Hochwasserereignissen positive Veränderungen sowohl in der Abflußspitze als auch im Abflußvolumen zu bewirken. Für seltenere Hochwasser ist nach den bisher bekanntgewordenen Erfahrungen eine wesentliche Reduktion des Scheitelabflusses auf diesem Wege nicht zu erwarten.

Soweit die natürlichen Speicherräume zur Verringerung von Abflußextremen nicht ausreichen, sollen gemäß den Zielen des Landesentwicklungsprogrammes [1] *Standortmöglichkeiten für die Errichtung von Wasserspeichern offen gehalten werden.* Primärer Vorteil des Baus von Speichern ist die kontrollierte und sichere Verhinderung der schädigenden Auswirkungen von Hochwasserereignissen durch Rückhalt der Welle bis zu einem vorzugebenden Restrisiko.

Allerdings können durch Bau und Betrieb von Speichern auch Beeinträchtigungen in Natur und Landschaft auftreten. Bei der Planung sollte als Grundlage für die Beurteilung von Eingriffen vor Projektbeginn eine ökologische Bestandsaufnahme durchgeführt werden.

2.1.2 Hochwasserschutz im Maingebiet

Nachstehend soll ein kurzer Überblick zu Sachstand und Vorhaben des Hochwasserschutzes im Maingebiet gegeben werden. Dabei war auch grundsätzlich zu prüfen, ob Rückhalteraum für überörtlichen Hochwasserschutz geschaffen werden kann.

Die Einzugsgebiete des Roten und des Weißen Mains sind durch ein sehr unausgeglichenes Abflußverhalten mit großen Hochwasserspitzen, vorwiegend im Winterhalbjahr, gekennzeichnet. Eine Verbesserung des Hochwasserschutzes wird in einer Reihe von Siedlungen angestrebt [2]. Insbesondere ist auch eine Reduzierung der Hochwassergefährdung von Bayreuth am Roten Main geplant, auf die im folgenden Kapitel näher eingegangen wird.

Die Nebengewässer des Mains besitzen vielfach sehr enge Talräume mit der Folge eines stark konkurrierenden Nutzungsdruckes (z.B. durch Siedlungen, Industrie, Landwirtschaft, Verkehr, Erholung). In den Ortsbereichen können infolge der teilweise geringen Abflußleistung der Mainzuflüsse bereits bei mittleren Hochwasserereignissen großflächigere Überflutungen auftreten.

Im Zuge zunehmender Bebauung der Talbereiche sowie anläßlich vielerorts durchgeführter Dorferneuerungsmaßnahmen wurden seitens der Wasserwirtschaftsverwaltung eine Reihe von Hochwasserfreilegungen durchgeführt. Auch zukünftig verbleiben noch für zahlreiche Siedlungen Verbesserungen des Hochwasserschutzes zu realisieren (s.a. Tabelle B 2-1 im Anhang). Nur mit besonderem Aufwand ist - wie nachstehend erläutert - der Hochwasserschutz in Coburg, Kronach und Bad Kissingen zu erreichen.

Das mögliche Oberzentrum Coburg wird durch die Hochwasser von Itz, Lauter und Sulz gefährdet. An der Itz wurde 1986 der Froschgrundsee bei Schönstädt mit einem Hochwasserrückhalteraum von 6,7 hm^3 fertiggestellt; außerdem wurden flußbauliche Maßnahmen in Coburg selbst durchgeführt. Ohne weitere Maßnahmen an Lauter und Sulz bleiben der nördliche Teil des Stadtgebietes sowie die Gemeinde Lautertal jedoch weiterhin gefährdet.

Eine Analyse potentieller wasserwirtschaftlicher Maßnahmenvarianten [4] führte zu dem Ergebnis, daß ein Hochwasserrückhaltebecken (HRüB) an der Sulz bei Beiersdorf in Verbindung mit einer Überleitung der Lauter zu diesem Becken als effektivste Variante zu betrachten ist.

Für das Mittelzentrum Kronach besteht eine besondere Gefährdung durch Hochwasser von Rodach, Haßlach und Kronach. Durch eine große Anzahl von integrierten Einzelmaßnahmen, die seit 1968 im Stadtgebiet durchgeführt wurden, konnte eine mit den Belangen des Denkmalschutzes abgestimmte Hochwasserfreilegung des historischen Stadtkerns bis zu HQ$_{40}$ erreicht werden. Ein ausreichender Hochwasserschutz bis zu HQ$_{100}$ würde den Bau von Hochwasserrückhaltebecken in den Einzugsgebieten von Haßlach und Kronach voraussetzen.

Die Hochwasserfreilegung der Stadt Bad Kissingen an der Fränkischen Saale ist ein bisher ungelöstes Problem. Die Freihaltung eines Talraumes bei Bad Bocklet für den Bau eines Hochwasserrückhaltebeckens wird nicht weiterverfolgt (Vierte Änderung des Regionalplans der Region Main-Rhön (3)). Ziel der Wasserwirtschaftsverwaltung ist es nunmehr, einen ausreichenden Hochwasserschutz bis zu HQ$_{100}$ durch örtlichen Gewässerausbau zu erzielen, wobei aber die Möglichkeiten des Flußausbaus im Stadtbereich aufgrund städtebaulicher und denkmalpflegerischer Gesichtspunkte sowie des Schutzes der Heilquellen vielfachen Restriktionen unterliegen.

Von der Mündung der Regnitz bis zur Landesgrenze sind Hochwasserschutzmaßnahmen am Main in der Regel nur an einzelnen Streckenabschnitten mit Auffüllungen bzw. Deichbauten durchgeführt worden. Viele Ortschaften sind nicht hochwasserfreigelegt, da aufgrund der lokalen Gegebenheiten ein Schutz sehr aufwendig oder nicht möglich ist (z.B. Marktbreit, Randersacker, Veitshöchheim, Gemünden am Main, Hasloch) [5]. In Würzburg besteht rechtsmainisch nur ein Teilschutz, bereits bei HQ$_{20}$ können Ausuferungen auftreten. Die Fortführung der seit 1972 laufenden Hochwasserfreilegung erfolgt kontinuierlich unter Berücksichtigung des historisch gewachsenen Stadtbildes [5].

Am bayerischen Untermain konnten mit Ausnahme von Kleinostheim, Mainaschaff, Stockstadt am Main und Teilen von Aschaffenburg hochwassergefährdete Gemeinden vor allem aus städtebaulichen Gründen bisher nicht ausreichend geschützt werden. Nach längerer Fließstrecke im Mittelmain (etwa unterhalb von Schweinfurt) sind in der Regel genügend lange Vorwarnzeiten (1-2 Tage) zur rechtzeitigen Vorbereitung auf zu erwartende Hochwasserwellen gegeben. Wesentlich ist hier eine Abstimmung des Warnsystems auf diesen sogenannten passiven Hochwasserschutz [5, 6].

Aufbau und Ablauf der Hochwasserwellen am Oberen Main werden durch die Quellflüsse Roter und Weißer Main sowie durch die Itz und die Rodach geprägt. Auch unterhalb der Regnitzmündung werden Mainhochwasser in der Regel wesentlich durch die Hochwasserwelle des Oberen Mains beeinflußt. Ursache für den vergleichsweise geringeren Einfluß der Regnitz sind durch die Karstregionen im Regnitzgebiet bewirkte Abflußdämpfungen und -verzögerungen. Erst wieder mit der Einmündung der Fränkischen Saale und kleinerer Gewässer aus Rhön und Spessart können sich am Main weitere selbständige Hochwasser aufbauen, die jedoch häufig der Hochwasserwelle aus dem Obermaingebiet vorauslaufen.

Geeignete Sperrenstellen mit ausreichend wirksamen Speicherungsmöglichkeiten sind im Einzugsgebiet des Weißen und des Roten Mains - wie auch im Planungsraum insgesamt - begrenzt. Ein größerer Speicherstandort bei Mainleus befindet sich unterhalb des Zusammenflusses von Rotem und Weißem Main. Untersuchungen hierzu ergaben, daß diese Speicher nicht die erwünschte Fernwirkung im Hochwasserfall auf den Mittelmain haben, so daß aus überörtlicher wasserwirtschaftlicher Sicht und unter den derzeit gegebenen Randbedingungen der Bau nicht empfohlen werden kann.

2.1.3 Hochwasserschutz in Bayreuth

Der bestehende Hochwasserschutz von Bayreuth genügt nicht den heute üblichen Sicherheitsansprüchen [2]. Er basiert auf 1968 abgeschlossenen Gerinneausbauten im Stadtgebiet, wobei das Flußbett des Roten Mains auch teilweise gepflastert und mit Ufermauern versehen wurde. Erste Ausuferungen können ab ca. HQ$_{20}$ auftreten. Zur Gewinnung von Verkehrsflächen im Stadtkern erfolgte eine Überdeckung des Roten Mains auf 180 m Länge. Diese Überdeckung stellt zusammen mit der Schulbrücke eine der wesentlichen Engstellen dar. Zwar hat sich seit Jahrzehnten kein schadenbringendes Hochwasser mehr ereignet, die Frage einer Lösung ist jedoch nach wie vor akut geblieben.

Die Stadt Bayreuth ist bestrebt, das Gerinne des Roten Mains im Stadtbereich naturnäher zu gestalten, zum Beispiel durch Gewinnung von freien, unregelmäßig geformten Fließstrecken und durch den Einbau von Formelementen des naturnahen Wasserbaus (Inseln, Störsteine, Buhnen etc.).

In diesem Zusammenhang könnte auch eine Erhöhung des Ausbauabflusses und somit eine Verbesserung des Hochwasserschutzes durch Maßnahmen vor Ort erreicht werden. Eine Steigerung der Durchflußkapazität auf ca. HQ_{85} ist nach neueren Erkenntnissen [8] durch Gewässerausbaumaßnahmen möglich.

Mit zusätzlicher Auflassung bzw. Hebung der Schulbrücke würde eine wesentliche Engstelle beseitigt und Hochwasser bis zum Bereich knapp über HQ_{100} ohne Ausuferungen abgeleitet werden.

Neben lokalen Maßnahmen zur Verbesserung des Hochwasserschutzes wurden in der Vergangenheit auch Speicherlösungen für den Hochwasserrückhalt untersucht. Varianten waren sowohl ein Dauerstauspeicher am oberen Roten Main, als auch Kombinationen kleinerer, im Einzugsgebiet verteilter Trockenbecken.

Nachdem sich örtliche Maßnahmen in Bayreuth als wirkungsvoll abzeichnen, verbliebe einem Einsatz von Speichern für den Hochwasserschutz allenfalls die Funktion einer ergänzenden Maßnahme.

Die Bewirtschaftungsvarianten zur Niedrigwasseraufhöhung (s.a. Kapitel 6.2 im Fachteil „Abflußbewirtschaftung und Wasserbau") wurden auch mit der Option eines ergänzenden Hochwasserschutzes für Bayreuth berechnet. Eine Übersicht zu potentiellen Speicherstandorten kann Kapitel 6.1.3.3 im Fachteil „Abflußbewirtschaftung und Wasserbau" entnommen werden.

Nach dem gegenwärtigen Kenntnisstand kann festgestellt werden, daß eine flußbauliche Lösung in Bayreuth als die ohne Zweifel wirtschaftlichere und leichter realisierbare Alternative zu erachten ist.

Der Einsatz zusätzlichen Hochwasserschutzraumes wäre ggf. in Zukunft dann neu zu prüfen, wenn geänderte Verhältnisse (z.B. bedingt durch klimatische Veränderungen oder sonstige geänderte Rahmenbedingungen in Bayreuth) dies erfordern. In diesem Zusammenhang sei auch auf die Schlußbemerkung zu Kapitel 2.2.2 verwiesen.

Bild 5   Hochwasser am Main bei Haßfurt, 18.03.1988

2.2 Niedrigwasseraufhöhung

2.2.1 Donauwasserüberleitung

Mit der Fertigstellung des Main-Donau-Kanals und des Brombachspeichersystems sind die Voraussetzungen für die planmäßige Überleitung von Wasser aus dem Donauraum in das Einzugsgebiet des Mains gegeben. Damit ist ein langfristiges Ziel der Landesentwicklung verwirklicht [1]. Die Überleitung zielt darauf ab, die Gewässergüteverhältnisse in Rednitz, Regnitz und oberem Mittelmain zu verbessern und günstigere Voraussetzungen für die Nutzung dieser Gewässer zu schaffen.

Das wesentliche Bewirtschaftungsziel ist die Niedrigwasseraufhöhung im Regnitz/Main-Gebiet. Durch detaillierte Betriebsregeln [9] für das Zusammenspiel der beiden Teilsysteme läßt sich die Abflußerhöhung ohne Nachteile für die Donau unterhalb von Kelheim erzielen.

Zu Beginn der 60er Jahre hatte der deutliche Unterschied der wasserwirtschaftlichen Belastungen im wasserreichen Donaugebiet und im wasserarmen Maingebiet zu dem Vorschlag eines Ausgleichs geführt. Der damals anlaufende Bau des Abschnitts Bamberg-Kelheim der Main-Donau-Verbindung legte es nahe, den Schiffahrtskanal für die Überleitung von Zuschußwasser aus der Donau mit zu nutzen.

Als wasserwirtschaftliche Zielsetzung entwickelte sich der Grundsatz, daß die Überleitung keinesfalls der Grund für Abstriche an den Reinigungsanstrengungen bei den Kläranlagen des Regnitz/Main-Gebiets sein darf, ebensowenig der Anstoß für eine verstärkte Wirtschafts- und Siedlungsentwicklung im Ballungsraum Nürnberg/Fürth/Erlangen bzw. am Main.

Die Abflußverstärkung sollte im wesentlichen eine Stabilisierung und ökologische Aufwertung des stark beanspruchten Gewässerzuges Rednitz-Regnitz-Main bewirken. Ein weiteres Ziel war auch der Ersatz von Verdunstungsverlusten bei den großen Wärmekraftwerken an Regnitz und Main.

Die Teilsysteme Main-Donau-Kanal und Brombachspeichersystem sind unter anderem in der Wasserwirtschaftlichen Rahmenuntersuchung Donau und Main [10] beschrieben. Den Hauptbeitrag zur Niedrigwasseraufhöhung leistet der Schiffahrtskanal. Der Beitrag des Brombachspeichersystems ist zwar geringer, aber für die Sicherheit des wasserwirtschaftlichen Erfolgs von ausschlaggebender Bedeutung. Die Brombachtalsperre speichert die ihr durch einen Stollen zugeleiteten Hochwasserspitzen der Altmühl.

Die Abgabe des Speicherwassers in die Rednitz/Regnitz setzt ein, wenn in Niedrigwasserphasen der Donau ein Abfluß von 140 m^3/s am Bezugspunkt Kelheim unterschritten wird. Mit relativ hoher Zuverlässigkeit schließt das Brombachspeichersystem damit eine Deckungslücke in den Perioden gleichzeitigen Niedrigwasserabflusses im Donau- und im Maingebiet.

Die Größenordnung der Abflußveränderungen in der Regnitz und im Main als Folge der Summenwirkung aus Entnahmen, Verlusten und Zuschußwasserabgabe im Jahresgang veranschaulicht die Abbildung B 2-1. Der Darstellung liegt eine Simulation zugrunde, die für die Wasserwirtschaftliche Rahmenuntersuchung Donau und Main [10] durchgeführt worden ist.

2.2.2 Niedrigwasseraufhöhung am Roten Main

Anlaß für die Überlegungen, im Tal des Roten Mains im Bereich oberhalb des Pegels Schlehenmühle ein Speichersystem (Rotmainspeicher) zu errichten, waren die ungünstigen Vorflutverhältnisse für die Kläranlage der Stadt Bayreuth. Eine Niedrigwasseraufhöhung sollte dazu beitragen, die Gewässergüteverhältnisse in dem hoch belasteten Flußabschnitt unterhalb der Kläranlage zu verbessern, die Wirkung von Stoßbelastungen durch Verdünnung abzuschwächen und bessere Abflußbedingungen bei Niedrigwassersituationen zu erreichen.

Abbildung B 2-2 zeigt anhand der langjährigen Wochenmittelwerte und -minima des Abflusses im Jahresgang deutlich die angespannte Abflußsituation in Bayreuth. Vom Wasserwirtschaftsamt Bayreuth wurde daher ein Konzept für eine Kette von drei Speichern mit einer Anzahl von umgebenden Randspeichern erarbeitet. Zur Bewirtschaftung waren zwei der drei Speicher vorgesehen, die Speicher Schlehenberg (Hauptspeicher) und Eimersmühle (Mittelspeicher). Der Gesamtnutzraum wäre nach diesem Entwurf 15,61 hm^3.

Neben der Niedrigwasseraufhöhung sollte dieses Speichersystem zum Hochwasserschutz, zur Erholungsnutzung sowie zur Verbesserung der Vorflut bei Stoßbelastungen aus der Kläranlage und durch Mischwasserentlastungen im Bereich von Bayreuth dienen. An den Randweihern und der Vorsperre waren ökologische Vorbehaltszonen vorgesehen worden.

Zur Untersuchung der Wirkung der Speicher Schlehenberg und Eimersmühle im Hinblick auf die Niedrigwasseraufhöhung in Bayreuth wurden Langzeitsimulationen durchgeführt. Für die Jahresreihe 1946 bis 1987 wurde unter Vorgabe verschiedener

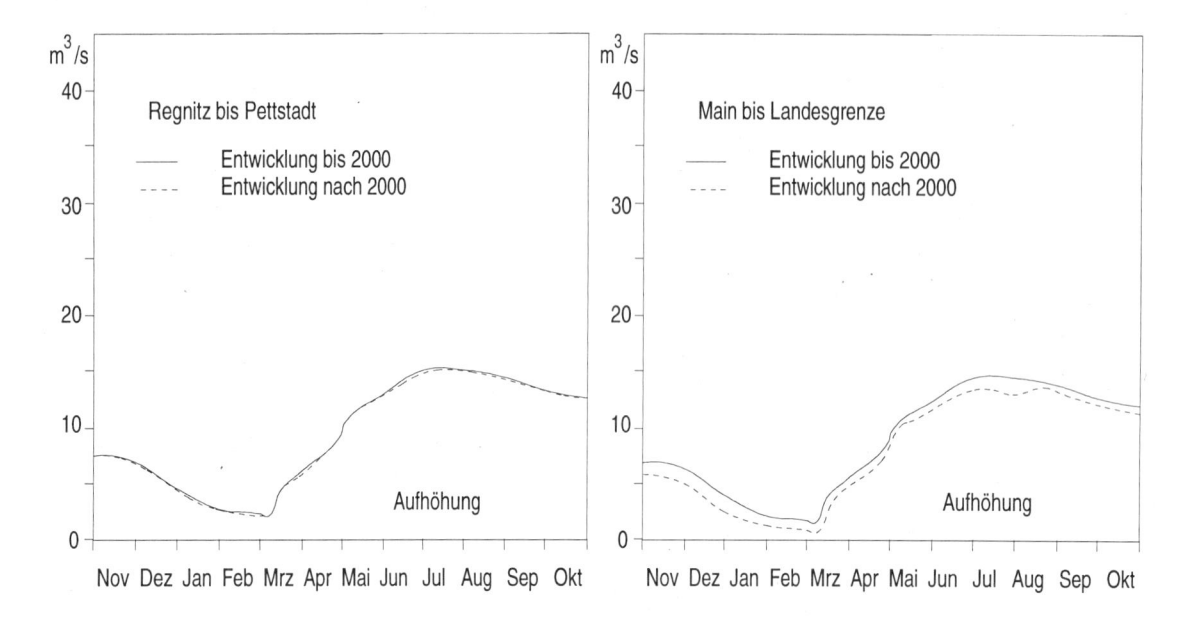

Abb. B 2-1 Zukünftige Abflußänderung an Main und Regnitz in Trockenjahren gegenüber dem Bezugsjahr 1976 durch die Donauwasserüberleitung

Bewirtschaftungsvarianten geprüft, welche Aufhöhungsleistung ein Rotmainspeicher erbringen könnte und inwieweit die Erholungsnutzung und ökologische Aspekte mit der Bewirtschaftung des Nutzraumes im Speicher vereinbar wären.

Aus den Berechnungen ergibt sich, daß mit dem vorgeschlagenen Speichersystem als Aufhöhungsziel für den Roten Main unterhalb der Kläranlage Bayreuth 1,5 bis 1,8 m³/s erreichbar und angemessen wären. Die Bewirtschaftung könnte weitgehend auf den Hauptspeicher begrenzt werden, der Mittelspeicher bliebe der Erholungsnutzung und ökologischen Zielen vorbehalten. Der Hauptspeicher müßte allerdings voll für die Niedrigwasseraufhöhung zur Verfügung stehen, konkurrierende Nutzungen müßten zurückstehen. Eine ausreichende Mindestabflußregelung für unterhalb der Sperrenstelle wäre gewährleistet.

Bei der Bewertung des Talsperrenprojektes ist zu berücksichtigen, daß sich die Voraussetzungen hierfür gegenüber dem Zeitpunkt der Entwurfsvorlage geändert haben. Aus gegenwärtiger Sicht ergibt sich im Hinblick auf die Niedrigwasseraufhöhung, daß nach Umsetzung des zuletzt 1991 geänderten Anhangs 1 der Rahmenabwasser-VwV und der neuen Reinhalteordnung für Bayern von 1992 die Abwasserbelastung sehr weitgehend reduziert werden wird.

In Tabelle B 2-2 sind die Ablaufwerte der Kläranlage Bayreuth für die Bezugssituation 1987 sowie Betriebsabläufe nach Einhaltung der Anforderungen für kommunales Abwasser der Rahmenabwasser-VwV (Prognose 1) und die Anforderungen nach der Bayerischen Reinhalteordnung (Prognose 2) dargestellt.

Auch die Häufigkeit von Regenwasserentlastungen wird sich nach der Sanierung des Kanalnetzes und dem Ausbau der Regenrückhaltebecken nach Arbeitsblatt A 128 der ATV erheblich verringern. Es sollten daher die Verbesserungen infolge der Abwasser- und Mischwasserbehandlung abgewartet werden. Eine Niedrigwasseraufhöhung kann aus heutiger Sicht als nicht mehr so dringend bewertet werden.

Im Hinblick auf die bisher als gravierend angesehenen Hochwasserprobleme der Stadt Bayreuth ergaben neuere Untersuchungen, daß diese Probleme zum größten Teil durch den örtlichen Ausbau besser gelöst werden können (s.a. Kapitel 6.1 im Fachteil „Abflußbewirtschaftung und Wasserbau"). Der Speicher hätte lediglich eine zusätzliche Sicherheit z. B. im Hinblick auf eine mögliche zukünftige Verschärfung der Hochwassersituation aufgrund von klimatischen Änderungen zu gewährleisten.

Weitere Aufhöhungsziele, wie vor allem eine Wasserführung bei Stoßbelastungen der Abwasserbeseitigung, eine Verbesserung der Abflußdynamik, eine Verbesserung des landschaftsästhetischen Charakters der Flußauen durch höhere Wasserführung in Trockenzeiten etc. erscheinen im Rahmen der realisierbaren Abflußaufhöhungen erreichbar.

Aus ökologischer Sicht werden gravierende Einwände gegen das Speicherprojekt geltend gemacht. Im Vordergrund stehen dabei der irreversible Ver-

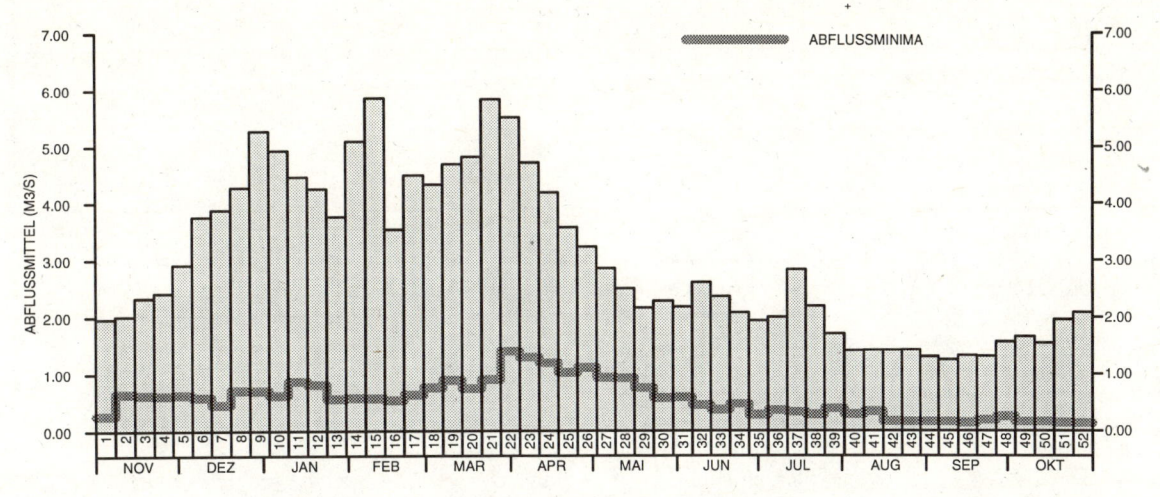

Abb. B 2-2 Pegel Bayreuth: Jahresreihe der Wochenmittelwerte 1946-1987: Langjährige Mittelwerte und Minima der Wochenintervalle

lust des Talraumes und seiner ökologischen Ausstattung im Speicherbereich sowie ökologische Einbußen durch die Unterbrechung des Fließgewässers und damit der Wanderwege für zahlreiche Arten der Fließgewässerfauna. Von dem Speicherprojekt wären auch Vorkommen der in der Roten Liste Bayern als gefährdet und stark gefährdet aufgeführten Arten betroffen.

Diese ökologischen Verluste durch den Verlust des Fließgewässers erscheinen aus heutiger Sicht größer als die Gewinne infolge der Verbesserungen der Abflußverhältnisse unterhalb der Sperre. Sie können nicht ausgeglichen werden; Feuchtbiotope dagegen könnten in vielfältiger Form neu geschaffen werden.

Aufgrund der verschärften Anforderungen an die Abwasserreinigung wird sich der Gütezustand des Roten Mains erheblich verbessern, so daß das Speicherprojekt auch unter Berücksichtigung der übrigen Gesichtspunkte derzeit zurückgestellt werden kann. Sollten sich die Erwartungen jedoch nicht erfüllen und heute nicht vorhersehbare Entwicklungen (Abflußverhältnisse, Rahmenbedingungen in Bayreuth, usw.) eintreten, wäre der Speicher erneut zu diskutieren. Maßnahmen, die den aufgezeigten wasserwirtschaftlichen und naturschutzfachlichen Aspekten zuwiderlaufen, sollen unterbleiben.

2.3 Flußausbau und Gewässerpflege

2.3.1 Pflegepläne

Die laufende Flußinstandhaltung sollte nach heutigen Erkenntnissen eine Wiederannäherung des Gewässers an die natürlichen Lebensverhältnisse im Überschwemmungsgebiet, in der Wasserwechselzone und im Flußbett selbst („Unterwasserlandschaft") anstreben. Als Leitlinie für diese Arbeiten ist das Instrument des Gewässerpflegeplans entwickelt worden. Nach dem Vorbild des Gewässerpflegeplans für die Mainstauhaltung Himmelstadt sollen für den ganzen Main die Grundsätze für die Unterhaltungs- und Umgestaltungsmaßnahmen festgelegt werden. Das gilt prinzipiell auch für andere Gewässer des Planungsgebietes. Vorrang haben dabei die stark genutzten Gewässer; als Lösungsbeispiel hierfür ist der Tierbach zu nennen. Wie im Fachteil „Wasser in Natur und Landschaft" ausführlicher dargelegt ist, wird der Pflegeplan individuell auf das Gewässer ausgerichtet. Er ist dann langfristig zu verwirklichen. Die Erarbeitung der Pläne und die Umsetzung werden Jahrzehnte in Anspruch nehmen.

Die Gewässerpflege an unseren fast durchwegs künstlich veränderten Gewässern muß ein Kompromiß zwischen der vollständigen Renaturierung und dem technisch geprägten Vorfluter in der heutigen und zukünftigen Kulturlandschaft sein.

2.3.2 Kiesgruben

Kies und Sand als wertvolle, nicht ohne weiteres ersetzbare Baustoffe sind im Planungsgebiet nur in den alluvialen Talauffüllungen anzutreffen. Die Ausbeutung dieser Lagerstätten konzentriert sich auf das Maintal, und hier vor allem auf den Ober- und Untermain. Die starke Bautätigkeit seit dem Kriege mit ihrem großen Materialbedarf hat stel-

Tabelle B 2-2: Ablaufwerte der Kläranlage Bayreuth, Bezugssituation 1987 und Prognosen

Parameter	Bezugssituation 1987	Prognose 1	Prognose 2
Abfluß in m³/s	0,30	0,30	0,30
Chemischer Sauerstoffbedarf (CSB) in mg/l	55	30	30
Biochemischer Sauerstoffbedarf (BSB_5) in mg/l	15	7	7
Organischer Stickstoff in mg/l	3	2	2
Ammonium-Stickstoff in mg/l	5	3	2
Nitrat-Stickstoff in mg/l	20	8	4
Gesamt-Phosphor in mg/l	7	1	0,3

lenweise den Anlaß zu einer solchen Dichte von Kiesgruben gegeben, daß die Talböden in Seenlandschaften verwandelt wurden. Das Maß der landschaftsökologischen und wasserwirtschaftlich tragbaren Belastung der Talabschnitte ist vielfach erreicht und in einigen Fällen bereits überschritten. Ungeregelte Folgenutzungen haben die Unzuträglichkeiten noch verschärft.

In einigen Talabschnitten des Mains, insbesondere am Ober- und Untermain, sollte eine Neuordnung der Talräume eingeleitet werden. Dabei sind die Belange des Kiesabbaus, des Naturschutzes, der Wasserwirtschaft, der Landschaftspflege, der Erholungsnutzung und der Fischerei aufeinander abzustimmen und möglichst zu optimieren. Insbesondere soll eine Wiederverfüllung von Kiesgruben mit offengelegtem Grundwasser aus wasserwirtschaftlicher Sicht möglichst unterbleiben. Als Grundlage für eine - auch im Regionalplan abgestützte - Sanierung oder Neuordnung der entsprechenden Talräume sollen fachübergreifende Untersuchungen durchgeführt werden.

2.3.3 Flußbiologie

Wasserbauliche Maßnahmen und Eingriffe in das Abflußgeschehen sind Möglichkeiten, in geschädigten oder ausgewählten Gewässerstrecken bessere Bedingungen für die Flußbiologie zu schaffen.

Wasserüberleitungen und die Zuschußwasserabgabe aus Speichern werden hierfür nur in Ausnahmefällen in Betracht kommen. Die Möglichkeit der Überleitung von Donauwasser über das Main-Donau-Kanal- und Brombachspeichersystem ist ein glücklicher Umstand, der zum Vorteil der Flußökologie auf der ganzen Mainstrecke genutzt werden kann. Die Bereitstellung von Zuschußwasser im eigenen Flußgebiet ist beschränkt und problematisch, weil die Speichermöglichkeiten selten sind und die Errichtung von Wasserspeichern selbst wiederum ökologische Nachteile hat (s.a. Kapitel 2.2.2).

Das Hauptgewicht bei der Verbesserung oder Wiederherstellung von artenreichen, naturraumtypischen Gewässerstrecken wird bei wasserbaulichen Maßnahmen liegen. Darunter sind in erster Linie sogenannte Renaturierungsmaßnahmen zu verstehen, die im Zuge der Gewässerunterhaltung oder bei der Umsetzung von Gewässerpflegeplänen ausgeführt werden. Als beispielgebend ist hier die planmäßige Umgestaltung der Buhnenfelder am Untermain zu nennen, die aus Anlaß des Fahrrinnenausbaus festgelegt wurde.

Im Fachteil „Wasser in Natur und Landschaft" sind die Folgerungen zusammengefaßt, die sich aus einer landschafts- und gewässerökologischen Bestandsaufnahme ziehen lassen. Dazu ist nochmals zu betonen, daß sich die Bestandsbeurteilung des Rahmenplans nur auf eine Auswahl von naturraumtypischen oder aus anderen Gründen repräsentativen Gewässern beschränken mußte. Die Folgerungen sind auf vergleichbare Gewässer zu übertragen und sinngemäß umzusetzen. Besonders wichtig ist der Hinweis, daß Pflege- und Renaturierungsmaßnahmen auch an Kleingewässern nötig sind. Renaturierungsversuche an ausgebauten Gewässern sollten sich auf die Gestalt und Beschaffenheit der Gewässersohle erstrecken.

2.3.4 Erholungsnutzung und Fischerei

Die Erholungsmöglichkeiten an den Gewässern sind im Planungsgebiet beschränkt. Größere Wasserflächen für Bootfahren oder Surfen bietet nur der staugeregelte Main. Hier konzentriert sich deshalb der Erholungsbetrieb. Die durch die

Schiffahrtsstraße gebotenen Möglichkeiten werden von der Schiffahrtsverordnung des Bundes geregelt. Die Badenutzung ist dort, wo es die Wassertemperaturen an sich erlauben, wegen der hohen bakteriellen Belastung der Gewässer nicht empfehlenswert. Nach den im Fachteil „Gewässerschutz / Oberflächengewässer" getroffenen Feststellungen läßt sich dieser Zustand durch entsprechende Maßnahmen an den Kläranlagen kaum verbessern, weil die Belastungen auch aus der Landwirtschaft kommen. Abflußverbesserungen aus Speichern hätten gleichfalls keinen Erfolg.

Die Voraussetzungen für die Fischerei haben sich durch den Flußausbau und den Aufstau des Mains nachhaltig geändert. Durch wasserbauliche Maßnahmen, wie sie in den Gewässerpflegeplänen zur Hebung der ökologischen Wertigkeit der Gewässer vorgesehen sind, lassen sich die Möglichkeiten für die Fischerei verbessern.

Die berufliche Flußfischerei ist im Maingebiet nicht mehr von Bedeutung. An ihrer Stelle hat es die Angelfischerei als Freizeitbeschäftigung in den letzten Jahrzehnten zu einer großen Verbreitung gebracht. Die naturverbundenen Fischer sind ein gewichtiger Anwalt für eine vielseitige Pflege der Gewässer, von der Gewässerreinhaltung bis zur Gewässergestaltung, geworden. Als stets präsente Beobachter vor Ort können sie auch ein wichtiger Partner bei der amtlichen Überwachung der Gewässer sein.

2.4 Wasserkraftausbau

Aus der mittleren Gesamterzeugung von jährlich etwa 840 GWh im Planungsgebiet werden etwa 600 GWh in das öffentliche Versorgungsnetz eingespeist; das bedeutet einen Anteil von ca. 1% der bayerischen Energieversorgung. Das Rückgrat der Laufwasserkraftnutzung ist die Kraftwerkskette der Rhein-Main-Donau AG, die beim Mainausbau für die Schiffahrt entstanden ist. Die 29 RMD-Kraftwerke leisten zusammen mit dem Pumpspeicherwerk Langenprozelten etwa 90% der Stromlieferungen aus Wasserkraft im gesamten Planungsraum.

Alle Wasserkraftwerke am Main mit einer Ausbaugröße von mehr als 900 kW sind in Abbildung B 2-3 verzeichnet. Tabelle B 2-3 enthält eine Übersicht über alle Wasserkraftanlagen im Planungsgebiet, aufgegliedert nach Größenklassen.

Die etwa 500 kleineren und kleinsten Wasserkraftwerke im Planungsgebiet sind nicht nur von energiewirtschaftlicher, sondern auch von standortprägender landeskultureller Bedeutung. Sie bestimmen mit ihren Wehranlagen vielfach die Grundwasser- und Abflußverhältnisse der Tallandschaften und sollten in der Regel erhalten, nötigenfalls entsprechend den heutigen Ansprüchen der Fischbiologie und Gewässerpflege angepaßt werden.

Generell sei auf das Landesentwicklungsprogramm Bayern [1] hingewiesen, wonach *die noch nutzbaren Wasserkräfte in Bayern dort weiter ausgebaut werden sollen, wo dies ökologisch vertretbar ist. Auf die verstärkte Erschließung und Nutzung erneuerbarer Energiequellen, insbesondere auch der Wasserkraft und der Sonnenenergie soll hingewirkt werden* (aus LEP, B XI, 2.4 und 6). Maßnahmen mit überörtlicher Bedeutung, die im Rahmenplan behandelt werden müßten, sind nicht erkennbar.

Das in den Ausleitungsstrecken der Kraftwerke verbleibende Restwasser soll *auf der Grundlage ökonomisch-ökologischer Gesamtbetrachtungen so bemessen werden, daß sich naturnahe Fließgewässerlebensgemeinschaften entwickeln können* (aus LEP B XII, 4.8). Anhand der nachstehenden Begründungen des Landesentwicklungsprogramms Bayern [1] sollen Zielsetzungen für das Restwasser wie auch für die Durchgängigkeit der Fließgewässer erläutert werden:

- *Der vollständige Entzug des Normalabflusses, wie er in früheren Jahrzehnten den Unternehmern von Ausleitungskraftwerken oft zugestanden wurde, ist mit ökologischen und wasserwirtschaftlichen Erkenntnissen grundsätzlich nicht mehr vereinbar. Wo sich Gelegenheit bietet, beispielsweise beim Ablauf von Gestattungsfristen, wird deshalb die Wiederbelebung von Ausleitungsstrecken mit einem entsprechenden Restabfluß gefordert. Restwasserforderungen müssen sich auf ökonomisch-ökologische Gesamtbetrachtungen stützen, die u.a. auch den Beitrag der Wasserkraft als regenerative und emissionsfreie Energiequelle unter Gesichtspunkten der Schonung von fossilen Energiereserven und des Klimaschutzes berücksichtigen* (aus LEP B XII, Begründung zu 4.8).

- *Die Wasserableitungen von bestehenden Klein- und Kleinstanlagen führen nach wasserwirtschaftlicher Einschätzung in der Regel zu keinen ökologisch schwerwiegenden Beeinträchtigungen. Oft sind Triebwerkskanäle älterer Anlagen (frühere Mühlen oder Sägewerke) als wertvolle Bestandteile der Kulturlandschaft an die Stelle der Ausleitungsstrecken („Altbäche") getreten. Bis zu einer Ausbauleistung von etwa 25 kW kann deshalb bei der Neubewilligung bestehender Kleinanlagen im allgemeinen auf Restwasserforderungen verzichtet werden. In Zweifelsfällen ist jedoch unter frühzeitiger Einschaltung der Naturschutzbehörde zu ent-*

Tabelle B 2-3: Wasserkraftwerke im Planungsgebiet, nach Größenklassen

Größe der Anlagen Ausbauleistung	Anzahl der Anlagen		Energiedargebot			
			Ausbauleistung		Jahresarbeit	
kW		%	kW	%	GWh	%
1	2	3	4	5	6	7
0 - < 10	203	39,57	989	0,35	2,563	0,30
10 - < 25	165	32,16	2.504	0,89	8,801	1,04
25 - < 50	51	9,94	1.762	0,63	8,225	0,97
50 - < 100	34	6,63	2.456	0,87	12,668	1,50
100 - < 500	28	5,46	5.960	2,12	32,124	3,81
500 - < 1.000	3	0,59	2.254	0,80	11,600	1,37
1.000 - < 5.000	25	4,87	75.190	26,72	434,000	51,41
5.000 - < 10.000	3	0,59	21.920	7,79	114,200	13,53
ab 10.000	1	0,20	168.400	59,84	220,000	26,07
Summe	513		281.435		844,181	

Quelle: Oberste Baubehörde im Bayer. Staatsministerium des Innern, Aug.1992

scheiden, ob eine vertiefte ökonomisch-ökologische Untersuchung einzuleiten ist (aus LEP B XII, Begründung zu 4.8).

– Die Fließgewässer sind als offene Systeme zu erhalten bzw. zu entwickeln. Die Kraftwerksanlagen sollen keine unüberwindbaren Hindernisse für die wandernde und sich ausbreitende Wasserfauna darstellen. Insbesondere an Stauanlagen sind entsprechende Maßnahmen, wie beispielsweise die Einrichtung flußbegleitender Nebengewässer, die gezielt vom Fluß aus beschickt werden können, vorzusehen.

Durch den Einbau ökologisch wirksamer Fischtreppen oder Fischaufzüge kann den Fischen die Überwindung von Staustufen erleichtert werden (nach LEP B I, Begründung zu 3.5.5).

2.5 Schiffahrt

Der Main ist Schiffahrtsweg seit altersher. Aber erst im technischen Zeitalter, um die Mitte des 19. Jahrhunderts, begann der schrittweise Ausbau des Flusses zur Verbesserung seiner Schiffbarkeit.

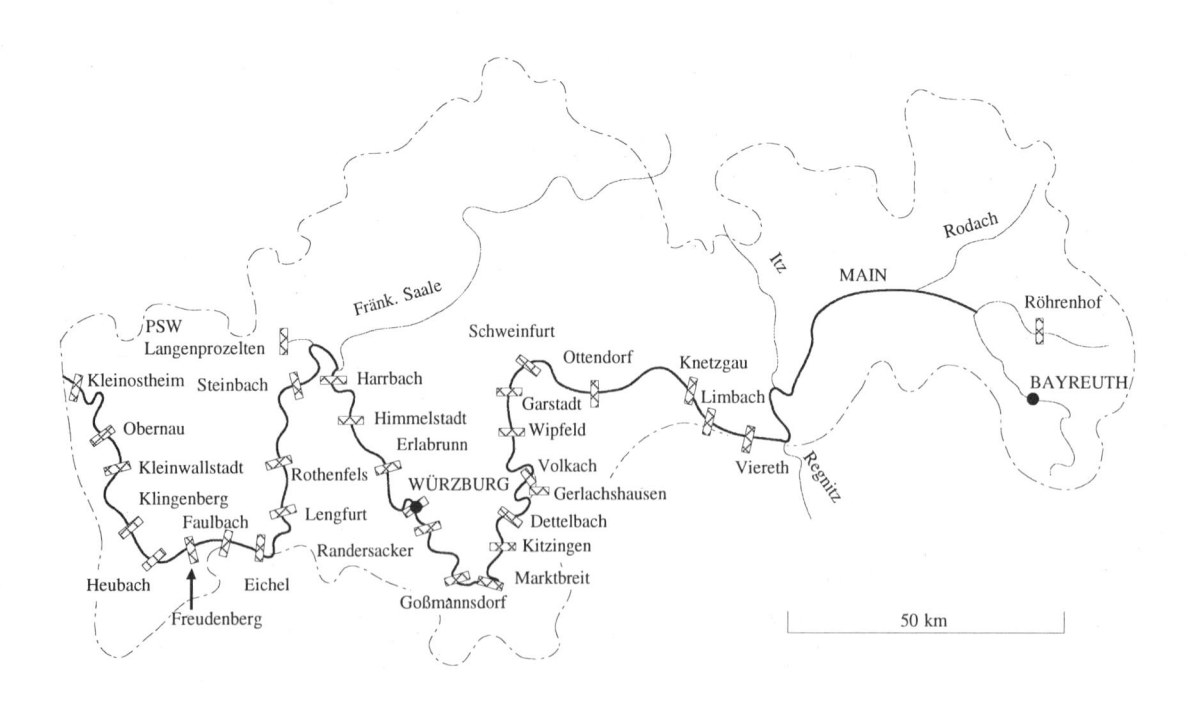

Abb. B 2-3   Bestehende Wasserkraftwerke am Main mit Ausbauleistung über 900 kW

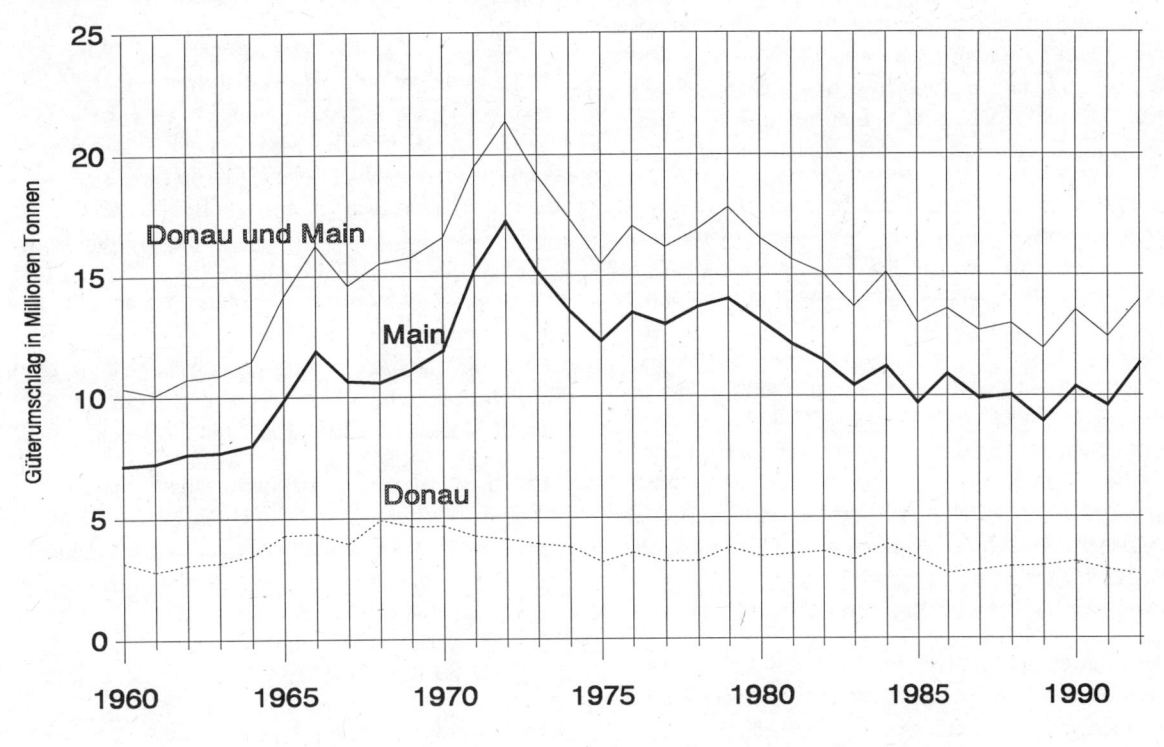

Abb. B 2-4　　Güterumschlag auf den bayerischen Binnenwasserstraßen 1960 bis 1992

Zunächst erbrachte der Einbau von Buhnen und Parallelwerken eine größere Wassertiefe im Stromstrich. In den 20er Jahren dieses Jahrhunderts begann der Ausbau zum staugeregelten Fluß. Im Jahr 1939 war Würzburg erreicht, 1962 Bamberg.

Der staugeregelte Main muß inzwischen dem europäischen Wasserstraßenstandard angepaßt werden, der eine Einteilung in Wasserstraßenklassen und die Festlegung ihrer Typschiffe vorsieht. Der Main gehört der Wasserstraßenklasse V b an, deren Typschiffe das große Rheinschiff (Länge 95 - 110 m, Breite 11,4 m) und der Schubverband (Länge 185 m, Breite 11,4 m) sind.

Auf der rund 300 km langen bayerischen Main-

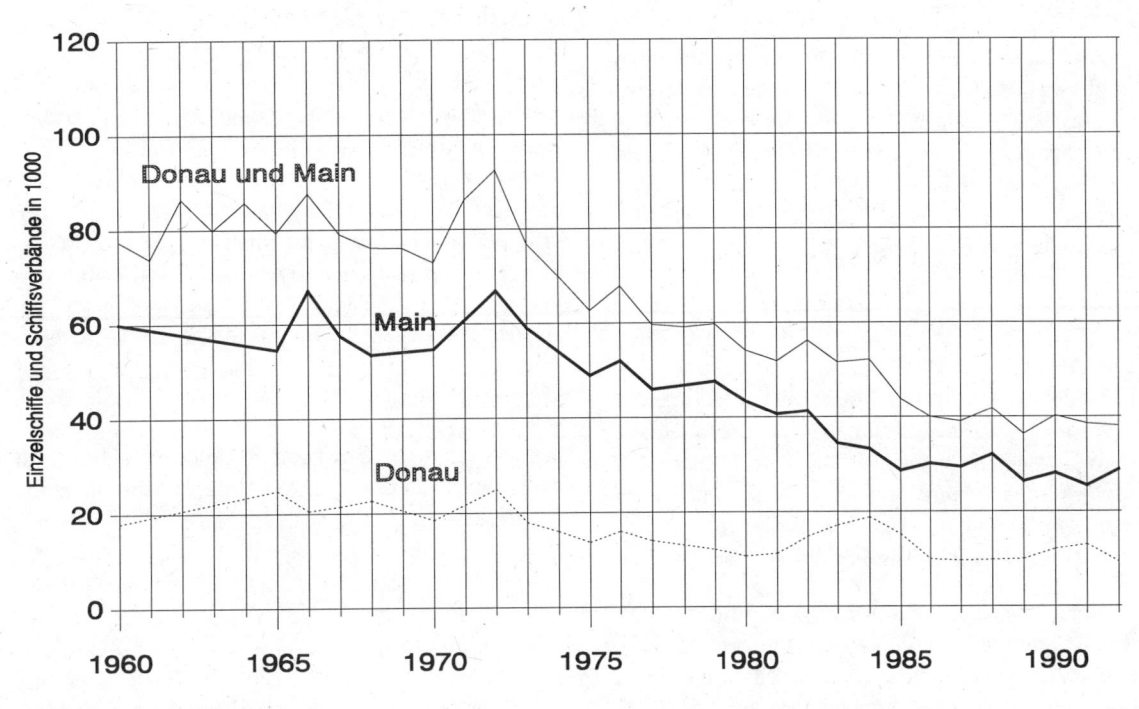

Abb. B 2-5　　Schiffsverkehr auf den bayerischen Binnenwasserstraßen 1960 bis 1992

strecke zwischen Aschaffenburg und Regnitzmündung wird durch 28 Schleusen ein Höhenunterschied von 122 m überwunden. An der bayerischen Mainstrecke liegen 19 Häfen und zahlreiche sonstige Umschlagplätze. Die Staustufen sind durchwegs mit Bootsschleusen ausgestattet.

Das Verkehrsaufkommen der Mainschiffahrt unterlag stets den Einflüssen der Gesamtwirtschaft, konnte aber im Großen und Ganzen in der Nachkriegszeit einen gleichbleibenden Transportanteil von ca. 10 % behaupten.

In jüngster Zeit schien der Güterumschlag an der Mainstrecke nach einem starken Rückgang seit der Mitte der 70er Jahre zu stagnieren. Für die Zukunft ergeben sich aber durch die Fertigstellung einer durchgehenden Schiffahrtsverbindung von der Nordsee zum Schwarzen Meer und durch die politische Öffnung in Osteuropa ganz neue Voraussetzungen für den Gütertransport auf dem Main.

Die Verkehrsprognose für die 4. Fortschreibung des Gesamtverkehrsplans Bayern [11] erwartet eine exponentielle Steigerung des bayerischen Außenhandels. Dem wird sich ein ständig zunehmendes Transportvolumen im Transit überlagern. Der Verkehr nach Österreich wird deutlich stärker wachsen als der die Alpen überquerende Verkehr. Auf der Ost-West-Achse kommen stark wachsende Transporte in die übrigen Donaustaaten hinzu.

Allein diese Entwicklungen sprechen dafür, daß die Binnenschiffahrt als Verkehrsträger stark an Bedeutung gewinnen wird. Umweltpolitische Zielsetzungen werden die Schiffahrt sehr wahrscheinlich durch administrative und steuerliche Maßnahmen noch zusätzlich fördern.

Die Abbildungen B 2-4 und B 2-5 geben einen Überblick über die Entwicklung des Güterumschlags und des Schiffsverkehrs auf den bayerischen Binnenwasserstraßen Donau und Main seit 1960. Der auffallende Rückgang des Schiffsverkehrs, d.h. der Schiffszahlen, ist durch die Verdrängung der kleineren Schiffseinheiten zu erklären.

Die Fahrgastschiffahrt hat auf den bayerischen Wasserstraßen bislang nur geringe Bedeutung. Der Schiffsbestand beträgt im Maingebiet 25 Einheiten (1989); im Vergleich dazu haben dort 293 Güterschiffe ihren Heimatort. Erste Zählungen nach Eröffnung des Main-Donau-Kanals sprechen von einem deutlichen Anstieg der Fahrgastschiffahrt. Einen sehr großen Umfang hat die Sportschiffahrt.

An der bayerischen Mainstrecke dürften rund 40.000 Boote, davon mindestens 7.000 Motorboote, beheimatet sein; zusätzlich wird der Main noch von vielen außerbayerischen Bootsfahrern besucht.

2.6 Stauraumbewirtschaftung am Main

An der staugeregelten Mainstrecke beeinflußt der parallel laufende Betrieb der Schleusen und Kraftwerke den natürlichen Abflußgang. Die unterschiedlichen Betriebsbedürfnisse können zu ungünstigen Abflußverschiebungen führen, die sich vor allem in Niedrigwasserzeiten mitunter nachteilig auf die verschiedenen Nutzungen und auf den Sauerstoffhaushalt des Mains ausgewirkt haben. Eine von Bund, Land und Rhein-Main-Donau AG als Kraftwerksbetreiber besetzte Arbeitsgruppe hat deshalb ein Bewirtschaftungsprinzip aufgestellt, das die Betriebsregeln - vor allem der Kraftwerke - unter die Maßgabe eines „Leitabflusses" stellt.

Unter dem Leitabfluß ist der aktuelle natürliche Abfluß zu verstehen, der durch ein entsprechendes Zusammenspiel zwischen Kraftwerks- und Schleusenbetrieb hinsichtlich des Wasserdurchsatzes möglichst eingehalten werden soll. Den Eingangswert des Abflusses für die bewirtschaftete Mainstrecke liefert der Pegel Trunstadt.

Die Vermeidung unnatürlicher Abflußschwankungen liegt nicht nur im Interesse der Nutzungen, sondern dient - in Verbindung mit ergänzendem Schutz und Gestaltungsmaßnahmen - auch den ökologischen Belangen der schiffbaren Mainstrecke.

2.7 Schlußbemerkungen

Im Planungsraum konnten in den letzten Jahrzehnten zahlreiche **Hochwasserschutzmaßnahmen** abgeschlossen werden. Für eine Reihe von Orten im Maingebiet verbleibt jedoch noch die Aufgabe, den Schutz vor Überschwemmungen zu verbessern. Durch Hochwasserspeicher im Obermaingebiet lassen sich wirksame Verminderungen von großen Hochwasserabflüssen am Mittel- und Untermain nicht erzielen. Vorwarnzeiten ermöglichen einen gewissen passiven Hochwasserschutz. Unter den örtlichen Hochwasserschutzmaßnahmen sind Würzburg und Bayreuth hervorzuheben. Die Fortführung der seit 1972 laufenden Hochwasserfreilegung von Würzburg erfolgt kontinuierlich unter besonderer Berücksichtigung des historisch gewachsenen Stadtbildes.

Ein verbesserter Hochwasserschutz von Bayreuth kann nach neueren Erkenntnissen durch einen Gewässerausbau im Stadtgebiet anstelle eines Hochwasserspeichers erreicht werden. Grundsätzlich ist im gesamten Maingebiet auf einen möglichst weitgehenden Erhalt der natürlichen Retentionsräume sowie auf solche Nutzungen der Überschwemmungsgebiete, die sich an den wasserwirtschaftlichen Funktionen orientieren (insbesondere

Grünlandnutzung, ggf. Umwidmung von Ackerland zu Grünland), hinzuwirken.

Die ungünstigen Vorflutverhältnisse für die Kläranlage der Stadt Bayreuth waren Anlaß für die Untersuchung von Wasserspeichern zur **Niedrigwasseraufhöhung** am Roten Main (Rotmainspeichersystem). Aufgrund der verschärften Anforderungen an die Abwasserreinigung wird sich der Gütezustand des Roten Mains erheblich verbessern, so daß das Speicherprojekt auch unter Berücksichtigung aller übrigen Gesichtspunkte derzeit zurückgestellt werden kann.

Sollten heute nicht vorhersehbare Entwicklungen (Abflußverhältnisse, Rahmenbedingungen in Bayreuth) eintreten, wäre der Speicher erneut zu diskutieren. Maßnahmen im Speicherbereich, die den aufgezeigten wasserwirtschaftlichen und naturschutzfachlichen Aspekten zuwiderlaufen, sollen unterbleiben.

Die intensive Nutzung des Mains und einiger seiner Zuflüsse, insbesondere durch Abwasser- und Abwärmeeinleitungen, haben schon frühzeitig weitschauende Überlegungen zur **Wasserüberleitung** aus dem Donauraum ausgelöst. Mit der Fertigstellung des Main-Donau-Kanals und des davon unabhängigen Brombachspeichersystems sind die Voraussetzungen für die Wasserüberleitung gegeben. Damit ist ein langfristiges Ziel der Landesentwicklung verwirklicht worden. Die Verbindung von Main und Donau ist für die **Schiffahrt** auf dem Main von steigender Bedeutung.

Der Main wurde im Zusammenhang mit der Schiffbarmachung auch zur Nutzung der **Wasserkraft** ausgebaut. Für den Planungsraum gilt die Zielsetzung des Landesentwicklungsprogramms Bayern, wonach die noch nutzbaren Wasserkräfte dort weiter ausgebaut werden sollen, wo dies ökologisch vertretbar ist.

Bild 6   Schiffahrt und Wasserkraftnutzung; Main bei Staustufe Himmelstadt

3 Wasser in Natur und Landschaft

3.1 Allgemeine Betrachtungen

Im Fachteil „Wasser in Natur und Landschaft" sind erstmalig in einem wasserwirtschaftlichen Rahmenplan die Anliegen des Naturschutzes und der Landschaftspflege auf breiter Basis dargestellt und mit den Fachzielen der Wasserwirtschaft verknüpft. Damit sollen die einzelnen Zielsetzungen der Wasserwirtschaft sowie die des Naturschutzes und der Landschaftspflege gegenseitig gefördert und Grundlagen für Problemlösungen aufgezeigt werden.

Die Richtlinien für die Aufstellung von Rahmenplänen aus dem Jahre 1966 wurden 1984 dahingehend geändert [1], daß die Bedeutung des Gewässers als Landschaftsbestandteil und Lebensraum zu berücksichtigen ist. In der Neufassung der Richtlinien wird auch hervorgehoben, daß der Rahmenplan ein Bindeglied zwischen der Raumordnung und Landesplanung einerseits, sowie der wasserwirtschaftlichen Fachplanung andererseits darstellt.

Im Landesentwicklungsprogramm Bayern [2] sind die fachlichen Ziele für „Natur und Landschaft" im Abschnitt B I und die wasserwirtschaftlichen Ziele im Abschnitt B XII enthalten. In den Regionalplänen sind diese Zielsetzungen regional konkretisiert.

Ein wasserwirtschaftlicher Rahmenplan, der über Regionsgrenzen hinweg großräumig die wasserwirtschaftlichen Zusammenhänge darzustellen hat, kann auch nur in diesem Rahmen bzw. Maßstab Zielsetzungen zur Erhaltung und Sicherung von Natur und Landschaft behandeln. Es mußten deshalb neue Wege gesucht werden, um einerseits die Möglichkeiten einer großräumigen Rahmenplanung auszuschöpfen, andererseits aber den häufig sehr differenzierten und ortsbezogenen Problemstellungen des Naturschutzes und der Landschaftspflege gerecht zu werden.

Aus der Karte D1 werden großräumig gesehen schon die unterschiedlichen Gegebenheiten im Planungsraum anhand der unterschiedlichen Naturräume deutlich. Diese Unterschiede spiegeln sich auch in den Gewässern und Auen des Planungsraums wider.

Die Auen mit ihren Fließgewässern stellen in der Natur- und Kulturlandschaft nicht nur Vernetzungselemente für die wassergebundenen Lebensräume dar, sie wirken durch die Verästelungsstruktur der Nebengewässer in die Breite und Tiefe der Landschaft. Die Vielfalt von Lebensräumen und der allgemeine Artenreichtum der Auen macht ihre herausragende Bedeutung für das gesamte Ökosystem deutlich. Die Auen erfüllen eine besonders wichtige Ausbreitungsfunktion für Organismen.

Reich strukturierte Uferzonen der Fließgewässer mit vielfältigem Bewuchs leisten nicht nur einen erheblichen Beitrag zur Standortvielfalt, sondern haben auch maßgeblichen Anteil an dem Prozeß der biologischen Selbstreinigung des Wassers. Breite Auengürtel können als natürliche Hochwasserrückhalteräume wirken.

Zusammengefaßt haben Auen im Naturhaushalt folgende wichtige Funktionen:

– als Lebensraum für zahlreiche, z.T. hochspezialisierte Tier- und Pflanzenarten,
– als Vernetzungselement in der Landschaft (Ausbreitungsachsen),
– zur Hochwasserrückhaltung und zur Abflußregulierung,
– zur Grundwasseranreicherung und als Grundwasserspeicher,
– als Klimafunktion und
– zur Selbstreinigung des Wassers.

Für die Siedlungstätigkeit des Menschen hatten die Gewässer mit ihren Auen stets eine besondere Bedeutung, wie als natürlicher Transportweg auf dem Wasser, für die Versorgung mit Trink- und Brauchwasser, zur Gewinnung von Energie aus Wasserkraft, zur Entsorgung von Abwässern sowie zur Grünlandnutzung und zum Ackerbau auf den besonders fruchtbaren Standorten der Aueböden.

Die Fließgewässer und ihre Auenlandschaften wurden und werden deshalb durch eine Vielzahl von Einwirkungen beeinträchtigt oder sogar gefährdet. Hier sind zu nennen: wasserbauliche Maßnahmen, Eingriffe durch Siedlungen, Industrie und Verkehr, Gefährdungen durch Land- und Forstwirtschaft, Beeinträchtigungen durch Freizeit- und Erholungsnutzungen und durch Luftverschmutzung.

Viele Maßnahmen und Eingriffe des Menschen (z.B. Landgewinnung, Siedlungen, Hochwasserschutzbauten, Wasserkraftanlagen) sind aus den Notwendigkeiten vergangener Zeiten entstanden. Heutige Zielvorstellungen und Maßnahmen müssen sich deshalb i.d.R. an diesen Gegebenheiten orientieren.

Zur Erarbeitung von Zielen für den Erhalt und die Entwicklung der Gewässerlandschaften ist zunächst eine Bestandsaufnahme notwendig, der sich eine Bewertung des Zustands der Auen und der Fließgewässer anschließen muß, um daraus dann Maßnahmen für einzelne Gewässerabschnitte ableiten zu können.

3.2 Erfassung des Zustands der Auen und Fließgewässer

Zur Erhebung des Zustands der Auen und der Fließgewässer wurden eine Reihe von Datengrundlagen für das ca. 12.000 km² große Planungsgebiet ausgewertet. Dazu gehörten vor allem die Biotop- und die Artenschutzkartierungen in Bayern, die bestehenden Schutzgebietskataster (Naturschutzgebiete, Landschaftsschutzgebiete, Wasserschutzgebiete etc.), Luftbilder und Luftbildpläne, diverse Fachpläne und -datenbestände (z.B. Erosionsatlas, Wasserkraftanlagen) und Fachbeiträge (z.B. [3]).

Zur Absicherung und Erweiterung des vorhandenen Datenmaterials wurde ein an der naturräumlichen Repräsentanz orientiertes Gewässernetz (siehe z.B. Karte D22) ausgewählt und gesondert kartiert. Daraus entstand ein Grundlagenkartensatz (M = 1:50.000), der alle Informationen zu Flächennutzungen und zu planungsrelevanten Strukturen in den Auen enthält. Er liegt als Unikat im Bayerischen Landesamt für Umweltschutz vor und war eine wesentliche Grundlage der nachfolgend durchgeführten, formalisierten Bewertung.

Die Zustandserfassung mit anschließender Gütebewertung der Auen, Fließgewässer und Einzugsgebiete erfolgte in den Jahren 1987 bis 1989. Die bis dahin verfügbaren Quellen wurden ausgewertet. Zwischenzeitlich sind einige Quellen fortgeschrieben worden. Aufgrund der aufwendigen Bearbeitung des Fachteils „Wasser in Natur und Landschaft" konnten die aktuellen Daten jedoch nicht nachträglich eingearbeitet werden. So wurde z.B. die alte Biotopkartierung und nicht die Fortführung der Biotopkartierung ausgewertet, die zum Bearbeitungszeitpunkt nur lückenhaft vorgelegen hatte.

Datenmaterial, das zum Bearbeitungszeitpunkt nicht in vergleichbarer Dichte im gesamten Planungsraum vorhanden war mußte ebenfalls unberücksichtigt bleiben. Dies betrifft z.B. die pysiographischen Daten der Wasserwirtschaft, die zwischenzeitlich in großer Breite vorhanden sind. Auf den Karten ist der zugrunde gelegte Datenstand jeweils vermerkt.

Bei der Berücksichtigung von fortgeschriebenen Daten werden sich i.d.R. keine grundsätzlich anderen Aussagen (z.B. bei den Zielen) ergeben. Bei der Ausarbeitung und Durchführung von Einzelmaßnahmen sollte jedoch auf den dann aktuellen Datenstand (z.B. bei der Biotopkartierung) zurückgegriffen werden.

3.3 Landschaftsökologische Bewertung der Auen, Fließgewässer und Einzugsgebiete

3.3.1 Allgemeine Bewertungsgrundlagen

Formale Bewertungsmethoden sind i.d.R. quantifizierende Methoden und dienen dazu, komplexe Sachverhalte schrittweise in bekannte Einzelteile zu zerlegen bzw. modellartig (bei mangelndem Kenntnisstand notgedrungen auch unvollständig) abzubilden. Sie sollen Werturteile standardisieren helfen und damit Planungsentscheidungen nachvollziehbar begründen. Für die landschaftsökologische Gütebewertung von Fließgewässer/Auesystemen und Einzugsgebieten wurde ein methodischer Weg erarbeitet, der bei einem Planungsmaßstab von 1:500.000 eine abschnittsweise Betrachtung und Beurteilung der Auen bzw. der Fließgewässer hinsichtlich der Ausprägung bestimmter bekannter, meist komplexer Merkmale anstrebt.

Diese Merkmale konnten mangels „geeigneter quantitativer Maßeinheiten" nur verbal in einer jeweils fünfstufigen Ausprägungsleiter (Werteskala) aufgegliedert werden. Dabei gilt grundsätzlich, daß die Bewertung als Messung der Abweichungen von einem erwünschten Systemzustand aufzufassen ist. Die fünf Stufen der Merkmalsausprägungen, von sehr gering bis sehr hoch (s.a. Tabellen B 3-1 bis B 3-4 im Anhang), erwiesen sich in der Praxis als ausreichend prägnant, so daß eine Gütezuordnung von Auenabschnitten, deren Abgrenzung vorab nach Homogenitätsgesichtspunkten (möglichst gleichartige Nutzungsbedingungen oder Naturausstattungen in der Aue) vorgenommen wurde, durch mehrere Bewerter im Team unproblematisch möglich war.

Jedes Merkmal erbrachte dabei, je nach Ausprägung, Wertpunkte zwischen 1 und 5. Diese Teilergebnisse (s.a. Karten D6 bis D10 und D12 bis D16, Fachteil „Wasser in Natur und Landschaft") unterlagen darüber hinaus einer Gewichtung als Ausdruck einer wertenden Zielpräferenz im Vergleich einzelner Kriterien. Die Gewichtung verfolgte dabei auch den Zweck, die bei der additiven Bildung eines Abschnitts-Gesamtgütewertes unterstellte Unabhängigkeit der Einzelmerkmale voneinander, die in Natur nicht gegeben ist, möglichst zu korrigieren (s.a. Tabellen B 3-1 bis B 3-4 im Anhang). Diese Vorgehensweise führte letztlich zu einer, von den Gewässergütekarten her bekannten Darstellung, die die landschaftsökologische Gütekartierung der Auen und der Fließgewässer im Maineinzugsgebiet (s.a. Karten D11 bzw. D17 Fachteil „Wasser in Natur und Landschaft" und Karte D22) wiedergibt.

Bild 7 Naturnah umgestaltete Itz im Lkr. Coburg

3.3.2 Bewertungsmodell für Auenbereiche

Die Auenbewertung wurde, aufbauend auf den für den Planungsraum bzw. für die untersuchten Fließgewässer tatsächlich verfügbaren Informationen, mittels nachfolgender fünf ausgewählter Kriterien A bis E mit Indikatorfunktion vorgenommen:

— Kriterium A: Anteil extensiver Landnutzung in der Aue,
— Kriterium B: Vorhandensein auetypischer naturnaher Strukturen,
— Kriterium C: Integration von Abbauflächen in der Landschaft,
— Kriterium D: Funktionsfähigkeit der Aue als Retentionsraum,
— Kriterium E: Pufferfunktion der angrenzenden Bereiche.

Diese Kriterien für die Auenbewertung sind in den Tabellen B 3-1 und B 3-2 im Anhang zusammengestellt. Die zwei Tabellenvarianten erklären sich damit, daß in den großen Auen mit ausgedehnten, wirtschaftlich gut abbaubaren Talfüllungen aus Kies und Sand das Auftreten und die Ausdehnung von Abbauflächen im Kriterium C berücksichtigt wird bzw. daß dieses Kriterium entfällt.

Die Gewichtung der Einzelkriterien erfolgte insbesondere zugunsten der Faktoren A, B und C als Indikatoren der Standort- und Strukturvielfalt in der Aue, wobei aus ökologischer Sicht dem Kriterium B, das heißt dem Reichtum an naturnahen Strukturen als Komplexindikator für einen nicht oder wenig belasteten Naturhaushalt, eine besondere Bedeutung zukommt.

3.3.3 Bewertungsmodell für Fließgewässer

Die Auenbewertung hat vorrangig Indikatoren verwendet, die den Zustand der Aue in der Fläche beurteilen. Sie ist durch die Fließgewässerbewertung mit weiteren Indikatoren zu ergänzen, die vor allem Auskunft geben über den Wasserkörper und den ihn begrenzenden Ufersaum. Dieser zweite Bewertungsschritt ist notwendig, weil Aue und Fließgewässer in einem Ökosystemkomplex zueinander in Wechselwirkung stehen. Die Bewertung der Fließgewässer wurde dabei anhand folgender 5 Einzelkriterien vorgenommen (s.a. Tabellen B 3-3 und B 3-4 im Anhang):

— Kriterium A: Erhaltung des Fließcharakters,
— Kriterium B: Naturbelassenheit des Gewässerlaufs,
— Kriterium C: Pufferwirkung des Ufersaums,
— Kriterium D: Gewässergüteeinstufung,
— Kriterium E: Lebensraumbeurteilung des Gewässers.

Bild 8   Buhnenfelder im Main bei Erlabrunn

Zur Berücksichtigung der stark veränderten Rahmenbedingungen in systematisch staugeregelten Gewässern wurden in der Tabelle B 3-4 im Anhang die Merkmalserfüllungsgrade modifiziert, ohne jedoch den Bewertungskontext in Frage zu stellen.

Die Gewichtung der Einzelkriterien erfolgte zugunsten des Kriteriums C. Diesem Vorgehen liegt der Gedanke zugrunde, daß die Kriterien A und B sowie D und E jeweils zwei eng miteinander korrespondierende Teilaspekte bewerten und somit insgesamt die beurteilten Faktorenkomplexe Fließeigenschaften, Stoffpufferung und Lebensraumqualität des Wasserkörpers gleichgewichtig berücksichtigt wurden.

3.3.4 Bewertung großräumiger Einzugsgebiete

Im Rahmen einer Einzugsgebietsbewertung wurde auch das „Hinterland" einbezogen, um eine - wenn auch grobe - Gesamtbetrachtung der verschiedenen Landschaftsräume zu ermöglichen. Fließgewässer und Hinterland stehen durch Stoffaustauschvorgänge und Wanderungsbeziehungen für Lebewesen miteinander in enger Wechselwirkung. Art und Ausmaß der Austauschbeziehungen hängen überwiegend von folgenden, den Landschaftsraum prägenden Faktoren ab, nämlich von der Geologie, den Bodeneigenschaften, dem Klima (insbesondere von den Niederschlägen) und den Landnutzungsintensitäten (z.B. Landwirtschaft, Siedlungs- und Verkehrsflächen).

Die für den Stoffaustausch relevanten Teilräume des Hinterlandes sind durch Wasserscheiden voneinander getrennt. Deswegen boten sich als geeignete Bewertungseinheiten die oberirdisch abgrenzbaren Einzugsgebiete der Gewässer an.

Ziel der Bewertung ist eine überschlägige Zustandsbeurteilung der Einzugsgebiete aus landschaftsökologischer Sicht mit Schwerpunkt auf den ökologischen Austauschbedingungen. Als geeignete Bewertungskriterien für diese Zustandserfassung und im Hinblick auf die gegebene Datenlage wurden folgende Kriterien ausgewählt:

– Ausmaß der Erosion,
– Intensität der Flächennutzungen sowie
– Vorhandensein nicht genutzter oder gering beeinflußter Landschaftsstrukturen.

Erläuterungen zu den Bewertungskriterien, zur Gewichtung der Einzelkriterien und zur Verknüpfungslogik der Kriterien sind im Fachteil „Wasser in Natur und Landschaft" enthalten.

Die Ergebnisse der drei Teilbewertungen lassen bereits durch getrennte Einzelinterpretation Rückschlüsse auf den Zustand der einzelnen Einzugsgebiete zu. Um jedoch die Bewertung in einem aggregierten Urteil zusammenzufassen, wurde eine Wertsynthese durchgeführt. Letztlich wurden drei ökologische „Zustandsstufen" (I,II,III) unterschieden (s.a. Karte D21).

Das Ergebnis der Einzugsgebietsbewertung spiegelt somit die Einstufung der Einzugsgebiete nach ihrem landschaftsökologischen Zustand, insbesondere nach ihrer Ausstattung mit stabilisierenden Vegetationsstrukturen und Flächennutzungen wider. Dabei ist die jeweilige Zustandsstufe als ein Hinweis auf die Dringlichkeit geeigneter Maßnahmen zu verstehen.

3.3.5 Ergebnisse der landschaftsökologischen Bewertung

Die Ergebnisse der landschaftsökologischen Zustandsbewertungen für die Gewässerlandschaft im Planungsraum werden wie folgt zusammengefaßt:

- Die landschaftsökologische Zustandsbewertung der für die einzelnen Naturräume repräsentativ ausgewählten Fließgewässer und ihrer Auen zeigt einen unterschiedlichen, jedoch landschaftstypischen Beeinflussungsgrad der Gewässer durch den Menschen. Naturnah erhaltene Fließgewässer wurden nur noch abschnittsweise vorgefunden.
- In den Mittelgebirgslagen sind, vorwiegend bei einem hohem Waldanteil und weniger intensiver Landbewirtschaftung, die qualitativ hochwertigsten Fließgewässer und Auenbereiche feststellbar. Hervorzuheben sind dabei besonders die Gewässer im Spessart, in der Rhön, im Frankenwald und im Fichtelgebirge, wobei allerdings auch dort anthropogene Einflüsse (Gewässerversauerung) wirksam sind.
- Der Gesamtzustand einzelner Fließgewässer und Auen im Planungsgebiet ist mit zunehmender Intensität der landwirtschaftlichen Nutzung im unmittelbaren Umfeld i.d.R. ungünstiger zu bewerten. Dies betrifft das Vorhandensein und den Erhaltungszustand der terrestrischen, gewässerbegleitenden Lebensräume, wie z.B. Ufersäume und Feuchtgebiete in den Auen. Besonders die Gewässer der Mainfränkischen Platten sind, vor allem soweit sie landwirtschaftliche Intensivgebiete durchfließen, oft einschließlich ihrer Auen in ihren ökologischen Funktionen beeinträchtigt.
- Verstädterte Talabschnitte, wie z.B. in Bayreuth am Roten Main oder in Coburg an der Itz stellen landschaftlich oft stark beeinträchtigte Teilabschnitte dar, in denen besonders die fehlende Naturnähe der Auen und die meist gestörte Durchgängigkeit der Biotopfunktion des Fließgewässers, z.B. durch Überdeckung oder Überbauung hervorzuheben sind. Derartige „Barrieren" bedürfen bei der Fließgewässerrenaturierung der besonderen Aufmerksamkeit.
- Der Main als Hauptgewässer des Planungsraumes ist nur im Obermaingebiet bis Bamberg als Fließgewässer - allerdings mit einzelnen Flußstauen - noch erhalten. Mit dem Ausbau zur Wasserstraße zwischen Bamberg und der Landesgrenze für die Großschiffahrt in der Zeit von 1921 bis 1962 ist der Fließgewässercharakter des Mains grundlegend und nachhaltig verändert worden. In der Mainaue einschließlich der Talhänge und an einzelnen Uferabschnitten und Buhnenbereichen sind jedoch auch heute noch naturnahe bzw. schützenswerte Lebensräume in unterschiedlicher Dichte vorhanden.

3.4 Zielvorstellungen und Maßnahmen

Auf der Grundlage der Bestandsaufnahme und der landschaftsökologischen Bewertung sind Zielvorstellungen und Maßnahmen für die Gewässerlandschaft entwickelt worden, die sich

- in Entwicklungsleitlinien und Rahmenziele für Auen- und Gewässertypen (s.a. Fachteil „Wasser in Natur und Landschaft"),
- in Empfehlungen zu den Flächennutzungen und zur Lebensraumvernetzung in den Einzugsgebieten sowie
- in ein detailliertes Ziel- und Maßnahmenkonzept für einzelne Auen- und Fließgewässerabschnitte

untergliedern.

Als Leitlinien für die künftige Entwicklung von Natur und Landschaft der Fließgewässer und Auen sind folgende allgemeine Ziele von Bedeutung:

- Erhaltung und nachhaltige Sicherung naturnaher Fließgewässerabschnitte und Auenbereiche;
- Förderung und Entwicklung von Bereichen, deren abiotische und biotische Ausstattung zwar Beeinträchtigungen aufweist, bei denen die Wiederherstellung naturnaher Verhältnisse jedoch besonders erfolgversprechend ist sowie
- Um- und Neugestaltung von stark beeinträchtigten, naturfernen Gewässerabschnitten und Auenbereichen durch Maßnahmen, die eine Entwicklung in Richtung naturnäherer Verhältnisse ermöglichen (Renaturierung).

Da die Darstellung von Einzelmaßnahmen nur an den ausgewählten Gewässern vorgenommen werden konnte, wurden die im Maingebiet auftretenden

Gewässer und Auen anhand ihres landschaftökologischen Gesamtzustands typisiert. Für diese Gewässer- und Auentypen (s.a. Fachteil „Wasser in Natur und Landschaft") konnte eine allgemeine, wenn auch gröbere Ziel- und Maßnahmenkonzeption entwickelt werden. Aus den o.g. generellen Zielen lassen sich folgende Unterziele festlegen und den typisierten Gewässern und Auen zuordnen:

- Arten- und Biotopschutz, d.h. Schutz und Pflege des standorttypischen Arteninventars (Flora, Fauna) in geeigneten Auen- und Fließgewässerlebensräumen;
- Nutzungsextensivierung, d.h. Reduzierung landnutzungsbedingter, den Naturhaushalt beeinträchtigender Nebenwirkungen (z.B. Stoffeinträge, Entwässerung, Flächenverbrauch) in den Einzugsgebieten und Auenstandorten sowie Fließgewässerabschnitten im Hinblick auf eine nachhaltige Sicherung der Naturgüter, insbesondere von Oberflächen- und Grundwasser sowie Böden;
- Renaturierung/Revitalisierung, d.h. Wiederherstellung naturnaher Standortbedingungen in stark gestörten, naturfernen Abschnitten der Gewässer und Auen, um beeinträchtigende Funktionen des Naturhaushalts möglichst dauerhaft zu verbessern und
- Konfliktvermeidung durch Nutzungsentflechtung, d.h. Ordnung und Lenkung konkurrierender Nutzungsansprüche in den Auen und an den Gewässern.

In einigen Talabschnitten des Mains, insbesondere am Ober- und Untermain haben intensiver Kies- und Sandabbau und ungeordnete Folgenutzungen ein wasserwirtschaflich und landschaftlich nicht mehr vertretbares Maß erreicht. Eine Neuordnung dieser Talräume ist erforderlich. Dabei sind die Belange des Kiesabbaus, des Naturschutzes, der Wasserwirtschaft, der Landschaftspflege, der Erholungsnutzung und der Fischerei aufeinander abzustimmen und möglichst zu optimieren. Als Grundlage für eine - auch im Regionalplan abgestützte - Sanierung oder Neuordnung der entsprechenden Talräume sollen fachübergreifende Untersuchungen durchgeführt werden.

In den Einzugsgebieten der Mainzuflüsse kommt es vor allem darauf an, die diffusen Gewässerbelastungen zu vermindern und die Rückhaltefähigkeit in der Fläche, besonders auch im besiedelten Bereich, zu erhöhen. Desweiteren ist es notwendig, die Vernetzungs- und Austauschbeziehungen zwischen den Gewässern bzw. Auen und den Einzugsgebieten zu erhalten und zu verbessern.

Das Ziel- und Maßnahmenkonzept für einzelne Fließgewässerabschnitte des Planungsraums ist in Abschnitt 3.4.2 noch gesondert aufgeführt.

3.4.1 Gewässerpflege zur Umsetzung von Maßnahmen

Zur Förderung ihrer ökologischen und zur Erhaltung ihrer wasserwirtschaftlichen Funktionen bedürfen die Gewässer mit ihren Überschwemmungsgebieten der Pflege. Für die Umsetzung von Maßnahmen der Gewässerpflege ist in erster Linie die wasserwirtschaftliche Fachplanung in Form von Gewässerpflegeplänen geeignet [4, 5].

Auch die in den Naturschutzgesetzen enthaltenen Ziele und Grundsätze zum Ausbau und zur Unterhaltung der Gewässer sind bei der Gewässerpflege zu berücksichtigen. Darüber hinaus sollen an schutzwürdigen Gewässern und Auebereichen, soweit kein eigenständiger naturschutzfachlicher Pflege- und Entwicklungsplan aufgestellt wird, die Erfordernisse des Naturschutzes und der Landschaftspflege beachtet werden.

Die Gewässerpflege als Bestandteil der Gewässerunterhaltung befaßt sich vor allem mit der Förderung der biologischen Wirksamkeit des Gewässers und der Pflege der Vegetation in den Uferbereichen. Grundlage für die Gewässerpflege sind in der Regel die bereits genannten Gewässerpflegepläne, die von der Wasserwirtschaftsverwaltung bzw. durch den Unterhaltungpflichtigen erarbeitet werden.

Die Pläne zeigen auf, wie unter gleichzeitiger Berücksichtigung wasserwirschaftlicher Vorgaben und ökologischer Zielsetzungen Gewässerbett und Uferstreifen zu erhalten, zu entwickeln oder zu gestalten sind und geben Hinweise für die Landnutzung in den Überschwemmungsgebieten.

Der Plan ist fachübergreifend zu erarbeiten und enthält auch Vorgaben zur Durchführung der Unterhaltungsarbeiten. Er schafft die Voraussetzung dafür, daß bei den bisher, vor allem oft ausschließlich auf den Abfluß und die Sicherung des Gewässerbettes ausgerichteten Unterhaltungsarbeiten, verstärkt ökologische Belange berücksichtigt werden können.

Die dafür erforderlichen Flächen im Gewässerumgriff werden im Gewässerpflegeplan ausgewiesen. Die Umsetzung der Pflegeziele leistet damit einen wesentlichen Beitrag zum Schutz der Auen und Gewässer und ergänzt damit die sonstigen Bemühungen des Gewässerschutzes.

Bild 9   Naturnaher Wasserbau - Sohlrampe in der Kahl bei Mömbris

Eine Verpflichtung zur Gewässerpflege ergibt sich aus dem gesetzlichen Auftrag, bei der Unterhaltung der Gewässer die Belange des Naturhaushaltes sowie das Bild und den Erholungswert der Gewässerlandschaft zu berücksichtigen (§ 28 WHG, § 8 WaStrG). Die Gewässerpflege, als Bestandteil der Gewässerunterhaltung, umfaßt dabei (s.a. Art. 42, BayWG):

– Sicherung und Wiederherstellung der vielfältigen Funktionen der Gewässer,
– Erhalt und Förderung der biologischen Wirksamkeit der Gewässer,
– Gestaltung und Pflege von Ufern und Uferstreifen sowie
– Förderung der Sozialfunktionen der Gewässer.

Im Rahmen der Gewässerpflege wäre am oberen Main die auf großen Strecken vorhandene starre Uferlinie aufzulockern. Dabei sollten auch ufernahe Kiesabbauflächen einbezogen und landschaftsökologisch neu gestaltet werden.

Als Vorbild für die Gewässerpflegeplanung am Main ist der Gewässerpflegeplan für die Stauhaltung Himmelstadt im Hinblick auf den Fahrrinnenausbau erarbeitet worden. Die dabei gewonnenen Erfahrungen fließen in die Bearbeitung von Pflegeplänen für weitere Staustufen ein.

Die Mehrzahl der in den Karten D23 bis D25 aufgeführten Maßnahmen (z.B. Erwerb von Uferstreifen) zeigt besonders deutlich die in vielen Bereichen nahezu deckungsgleichen Zielvorstellungen und die gemeinsamen Bedürfnisse von Naturschutz, Landschaftspflege und Wasserwirtschaft.

Gegenseitiges Verständnis und die Abstimmung aller Maßnahmen an den Gewässern bis in ihre Einzugsgebiete hinein ist deshalb notwendig und heute auch selbstverständlich.

3.4.2 Maßnahmenkonzept für Auen- und Fließgewässerabschnitte

Die im folgenden vorgeschlagenen Einzelmaßnahmen sind aus den oben genannten Leitlinien und Zielen entwickelt worden. Sie sind - bezogen auf einzelne Gewässer- bzw. Auenabschnitte - in den Karten D23 bis D25 dargestellt. Zur Umsetzung der Maßnahmen sind vor allem die o.a. Gewässerpflegepläne geeignet.

Die über den Rahmen dieser Pläne hinausgehenden Maßnahmen des Naturschutzes und der Landschaftspflege sind als Empfehlungen für Planungen und Umsetzungen dieser Fachbereiche anzusehen.

Bei einer Reihe der vorgeschlagenen Maßnahmen, aber auch bei den Zielvorstellungen, ist zu beachten, daß viele vorhandene Randbedingungen (z.B. Wasserkraft, Siedlungen, Schiffahrt, Hochwasserschutzbauten etc.) in weiten Bereichen nicht grundlegend geändert werden können.

Die Umsetzung der Ziele und Maßnahmen ist außerdem als langfristige Aufgabe anzusehen, deren Verwirklichung viele Jahre, wenn nicht Jahrzehnte in Anspruch nehmen wird und die teilweise über den Planungszeitraum dieses Rahmenplans hinausgehen werden.

Als den Einzelmaßnahmen übergeordnete Ziele für die Gewässerlandschaften sind nochmals hervorzuheben:

- Erhalt und Bestandssicherung noch vorhandener naturnaher Fließgewässerabschnitte und Auenbereiche zur Bewahrung des Arteninventars für die Wiederausbreitung;
- Rückführung der Nutzungsintensitäten in den Auen, vor allem durch räumlich differenzierte, landwirtschaftliche Extensivierungsmaßnahmen, zur Schonung der Naturgüter Boden und Wasser;
- Durchführung systematischer Renaturierungsmaßnahmen an den Fließgewässern mit dem Ziel, die einzelnen Gewässer als jeweils zusammenhängende Ökosysteme wiederherzustellen. Dazu sind vorrangig die ökologischen Funktionen in gestörten Teilbereichen sowie an Barrierestellen durch geeignete Maßnahmen weitestgehend wieder zu gewährleisten;
- Ordnung konkurrierender Nutzungen an den Gewässern durch Verlagerung oder Umlenkung von störenden Nutzungen aus ökologisch empfindlichen Teilräumen.

Maßnahmen zur Erhaltung und Sicherung von Natur und Landschaft (Karte D23)

- Es wird empfohlen, bestehende naturnahe Lebensräume und Landschaftsstrukturen in den Auen und an den Fließgewässern verstärkt nach dem Naturschutzrecht unter Schutz zu stellen, ggf. durch die öffentliche Hand anzukaufen.
  Beispiele für Vorschläge zur Unterschutzstellung an den untersuchten Gewässern:
  • Naturschutzgebiete:
    im Maintal Einzelflächen (z.B. bei Michelau, Staffelstein, Viereth, Augsfeld, Untereuerheim und Bürgstadt), Leitenbach, Fränkische Saale, Brend, Ölschnitz (z. Weißen Main);
  • Landschaftsschutzgebiete:
    Unterlauf von Milz und Wern, Fränkische Saale oberhalb der Streueinmündung, Nassach, Oberlauf der Itz, Rodach unterhalb Kronach, Maintal bei Himmelstadt, Weißer Main zwischen Bad Berneck und Kauerndorf.

- Naturnahe Bereiche, in denen sich nach naturschutzfachlicher Einzelprüfung Naturdenkmäler oder Landschaftsbestandteile ausweisen bzw. durch Flächenkauf sichern lassen, sind z.B. schwerpunktmäßig:
  • Kahl, Sinn, Schondra, Elsava, Hafenlohr, Mud, Brend, Lauer, Fränkische Saale, Wern (Unterlauf), Wässernacht, Volkach, Baunach, Itz, Weismain, Roter Main, Rodach, Wilde Rodach;
  • Main (von Rodach- bis Nassachmündung), Abschnitte im Maindreieck und Mainviereck.

- Zur Erhaltung und Verbesserung extensiver landwirtschaftlicher Nutzungsformen in Überschwemmungsgebieten und grundwasserbeeinflußten Talauen sollen die Naturschutzförderprogramme und die Förderprogramme der Landwirtschaft vorrangig eingesetzt werden.
  Schwerpunktbereiche zur Erhaltung extensiver Nutzungsformen sind z.B.:
  • Wiesentäler an Aschaff (Oberlauf), Elsava, Lohr, Sinn (Ober- und Unterlauf), Brend, Wern (Unterlauf), Wässernacht, Nassach, Lauter, Itz, Steinach, Wilde Rodach, Haßlach, Untere Steinach;
  • Main (von Rodach- bis Nassachmündung) mit Mischnutzung von Acker- und (Extensiv-) Grünland.

- In Naturschutzgebieten sollen bestehende Beeinträchtigungen durch gezielte Pflege- und Entwicklungsmaßnahmen möglichst aufgehoben werden. In naturschutzfachlichen Pflegeplänen sollen für besonders wertvolle Bereiche Konfliktlösungen ausgearbeitet werden.
  Die vordringlich erforderliche Ausarbeitung von naturschutzfachlichen Pflegeplänen wird empfohlen für:
  • Sandgrasheiden am Elgersheimer Hof;
  • Astheimer Düringwasen.

- Neben den Einzelvorhaben der Unterschutzstellung sollen zur Erhaltung der fließgewässertypischen Flora und Fauna repräsentativ ausgewählte, möglichst naturnah erhaltene Gewässer und ihre Auen mit abgestuften Schutz-, Pflege- und Entwicklungskonzepten vorrangig für Arten- und Biotopschutzaufgaben weiterentwickelt werden.
  Vorbehaltlich weitergehender Untersuchungen sind aus der Anzahl der untersuchten Gewässer insbesondere zu nennen (nicht in Karte D23 markiert):
  • I. Priorität:
    Weißer Main, Steinach, Ölschnitz (z. Weißen Main), Roter Main, Rodach (Oberlauf), Volkach, Tierbach, Schondra, Sinn, Streu, Hafenlohr, Elsava, Mud, Lauterbach, Itz (Oberlauf), Weismain;
  • II. Priorität:
    Oberer Main (von Kulmbach bis Bamberg), Fränk. Saale, Brend, Baunach;
  • lokale Bedeutung:
    Haßlach (Oberlauf), Itz (Unterlauf), Nassach, Lohr, Kahl.

Maßnahmen zur Förderung und Entwicklung von Natur und Landschaft (Karte D24)

– Die landwirtschaftliche Nutzung der Überschwemmungsgebiete und grundwasserbeeinflußten Talauen soll, insbesondere durch den Einsatz geeigneter Förderprogramme extensiviert werden. Die Grünlandwirtschaft ist einer ordnungsgemäßen Landbewirtschaftung in Überschwemmungsgebieten entsprechend zu erhalten oder wiederherzustellen. Der Kiesabbau ist in eine ausgewogene, landschaftsökologisch verträgliche Talraumnutzung einzubeziehen.

Die Extensivierung der Auenutzung ist an den untersuchten Gewässern schwerpunktmäßig zu fördern an:
- Elsava, Mud (Mittel- und Unterlauf), Karbach (Ober- und Mittellauf), Sinn (Mittel- und Unterlauf), Streu, Lauer, Fränkische Saale (Ober- und Unterlauf), Milz, Pleichach, Tierbach (Ober- u. Mittellauf), Wern (Ober- und Mittellauf), Schwarzach, Volkach, Rodach (z. Itz), Einzelabschnitte an Baunach und Itz, Ölschnitz (Ober- und Mittellauf), Lauter, Haßlach, Leitenbach, Rodach ab Kronach, Weißer Main ab Bad Berneck, Roter Main unterhalb Bayreuth;
- Main zwischen Kulmbach und Lichtenfels, zwischen Haßfurt und Wipfeld, zwischen Neustadt und Tiefenstein und zwischen Wertheim und Klingenberg.

– Die Fließgewässer sollen gegenüber intensiv genutzten Bereichen mit breiten Uferrandstreifen abgepuffert werden, um nachteilige, nutzungsbedingte Einwirkungen auf gewässerbegleitende Lebensräume und auf den Wasserkörper weitgehend zu vermeiden. Die Uferrandstreifen sind zugleich zur Schaffung neuer naturnaher Lebensräume heranzuziehen. Um Nährstoffe verstärkt zurückzuhalten muß gewährleistet sein, daß die Randstreifen von Oberflächenabflüssen breitflächig durchströmt werden.

Schwerpunkte von Bereichen zur Schaffung von Uferrandstreifen an den untersuchten Gewässern sind z.B.:
- Tierbach (Ober- und Mittellauf), Breitbach, Volkach, Unkenbach, Pleichach (Ober- u. Mittellauf), Wern (Ober- u. Mittellauf), Fränkische Saale (Oberlauf), Leitenbach, Haßlach, Rodach unterhalb Kronach;
- Main zwischen Kulmbach und Staffelstein, von der Itzmündung bis Knetzgau und von Klingenberg bis Kahl.

– Landschaftliche Strukturelemente und Teillebensräume in den Auen, wie z.B. Aubäche und Altwässer, sollen in ihren ökologischen Funktionen erhalten und ggf. durch Maßnahmen der Revitalisierung und Pufferung gestärkt werden.

Gewässerabschnitte zur Revitalisierung (i.d.R. kleinflächige, punktuell notwendige Maßnahmen) sind im Planungsraum beispielsweise:
- verschiedene Abschnitte am gesamten Main;
- Itz bei Coburg und am Unterlauf, Aalbach, Aschaff.

– Die Gehölzsäume an den Gewässern sollen ergänzt und ausgeweitet werden; ferner sollen standortfremde Forstflächen in auetypische Laubholzbestände umgewandelt werden.

Schwerpunktbereiche an den untersuchten Gewässern sind beispielhaft:
- Gehölzsäume sollten dringlich ergänzt und ausgeweitet werden an: Kahl (ab Michelbach), Elsava (Ober- und Mittellauf), Karbach, Aalbach, Fränkische Saale (Trimberg bis Hammelburg), Unkenbach, Streu (Mittellauf), Haßlach, Rodach (z. Itz, Unterlauf), Itz, Main von Staffelstein bis Itzmündung;
- Umwandlung standortfremder Forstflächen vor allem an: Sinn (Oberlauf), Baunach (Oberlauf), Untere Steinach (bis Stadtsteinach), Weißer Main (Oberlauf bis Bad Berneck), Hafenlohr.

Maßnahmen zur Um- und Neugestaltung von Natur und Landschaft (Karte D25)

– Fließgewässerabschnitte und Auen, die an standorttypischen Biotopstrukturen - insbesondere an Lebensräumen für eine wasser- bzw. feuchteabhängige Flora und Fauna - verarmt sind, sollen durch Renaturierungs- und Neuschaffungsmaßnahmen mit entsprechenden Biotopstrukturen wiederangereichert werden. Das gilt besonders auch für Talabschnitte mit massiertem Kiesabbau; ältere Abgrenzungen von Rohstoffvorrangflächen sollten überprüft und gegebenenfalls angepaßt werden.

An den untersuchten Gewässern sind folgende Abschnitte besonders hervorzuheben:
- Karbach (Ober- und Mittellauf), Tierbach (Ober- u. Mittellauf), Wern (Oberlauf bis Arnstein), Volkach (unterhalb Gerolzhofen bis Mündung), Pleichach, Itz (Teile im Mittel- und Unterlauf), Haßlach (Mittel- und Unterlauf), Rodach (Unterlauf);
- Main zwischen Haßfurt und Schonungen, zwischen Mainleus und Bamberg sowie kleinere Abschnitte bis zur Kahlmündung.

– In den Einzugsgebieten, insbesondere in den Auen, soll das natürliche Rückhaltevermögen hinsichtlich des Oberflächenwasserabflusses gestärkt und bei Beeinträchtigungen wieder verbessert werden. Die Versickerungsfähigkeit der Böden ist möglichst weitgehend zu erhalten. Vor allem bei örtlichen Planungen und Baumaßnahmen ist die Verbesserung des Wasserrückhalts anzustreben.

Maßnahmen zur Steigerung des Rückhaltevermögens sind beispielhaft an den folgenden Gewässerabschnitten zu empfehlen:
- Tierbach (Ober- und Mittellauf), Pleichach (Ober- und Mittellauf), Wern (Mittellauf bis Arnstein), Unkenbach, Fränkische Saale (von Milzmündung bis zum Kellersbach), Itz, Weismain (Unterlauf), Roter Main, Weißer Main (zwischen Ölschnitz- und Trebgastmündung);
- Main zwischen Kulmbach und Bamberg.

– In geeigneten Bereichen sollen Gehölzsäume neu geschaffen werden.
Schwerpunktbereiche sind beispielhaft:
- Tierbach (Ober- u. Mittellauf), Pleichach (Ober- u. Mittellauf), Wern (Mittellauf bis Arnstein), Karbach (Oberlauf), Volkach (Mittellauf), Nassach (Oberlauf), Fränkische Saale (Oberlauf, teilweise), Schondra (Oberlauf).

– Geeignete Naßabbauflächen von Kies und Sand sollten vorrangig für Naturschutzzwecke bereitgestellt und entwickelt werden (Abschnitte am Main).

3.5 Schlußbemerkungen

Vielfältige Einflüsse und Ursachen haben die Gewässer und Auen (in der Vergangenheit bis heute) oft tiefgreifend umgestaltet und verändert. Früher wurden Eingriffe in die Gewässer beim Kulturbau, bei der Flurbereinigung und bei anderen Maßnahmen aus einer streng auf den technischen Zweck ausgerichteten Denkweise heraus vorgenommen.

Bei einer ganzheitlichen Betrachtung steht heute das Bemühen im Vordergrund, die Gewässerlandschaften mit ihren vielfältigen Lebensräumen zu erhalten oder wieder in einen naturnäheren Zustand zurückzuführen.

Im Fachteil „Wasser in Natur und Landschaft" werden deshalb erstmals in einem Rahmenplan Fachaussagen des Naturschutzes und der Landschaftspflege mit den Fachzielen der Wasserwirtschaft auf breiter Basis verknüpft.

Ausgehend von einer landschaftsökologischen Bestandsaufnahme wird eine Bewertung für das ausgewählte Gewässernetz vorgenommen.

Die dazu entwickelten Bewertungsmodelle sind an die Zielsetzungen, aber auch an die Großräumigkeit eines wasserwirtschaftlichen Rahmenplans angepaßt.

Die Bewertung erfolgt abschnittsweise für die Auen und Fließgewässer jeweils getrennt nach einer Reihe von Kriterien. Mit einer, wenn auch groben Einzugsgebietsbewertung wird auch das „Hinterland" berücksichtigt.

Aus der Zustandserfassung und der Bewertung sind allgemeine Zielvorstellungen und Leitlinien entwickelt worden und am ausgewählten Gewässernetz werden dazu generelle Maßnahmen vorgeschlagen, die vor allem in den Karten D23 bis D25 dargestellt sind.

Ein wasserwirtschaftlicher Rahmenplan kann in einem Planungsraum der gegebenen Größenordnung nur den „Rahmen" für die Sicherung und Entwicklung des Wassers in Natur und Landschaft aufzeigen. Es muß der Fachplanung vorbehalten bleiben, die generellen Zielsetzungen schwerpunktmäßig aufzugreifen.

Soweit wasserwirtschaftliche Maßnahmen von überörtlicher Bedeutung im Rahmenplan näher untersucht werden (z.B. Trinkwassertalsperre im Hafenlohrtal, Speicher im Oberen Maingebiet), sind die Belange des Naturschutzes und der Landschaftspflege in den speziellen Fachteilen mitbehandelt.

Zusammenfassend muß betont werden, daß die Möglichkeiten der Umsetzung der im Fachteil „Wasser in Natur und Landschaft" aufgezeigten generellen Leitlinien entlang der Gewässer bis hin zur Umgestaltung und Neuordnung von Talräumen nur unter Berücksichtigung der speziellen Randbedingungen des Einzelfalls gesehen werden können.

Abgesehen von den rechtlichen und finanziellen Möglichkeiten können verschiedene Randbedingungen (z.B. Wasserkraft, Schiffahrt, Hochwasserschutzanlagen von Siedlungen usw.) auch nicht grundlegend verändert werden. Die aufgeführten Ziele und Maßnahmen sind als langfristige Zielvorstellungen zu sehen, deren Verwirklichung nur schrittweise zu erreichen sein wird.

4 Gewässerschutz

4.1 Allgemeine Grundlagen

Aufgabe der Gewässerschutzplanung ist es, den Belastungszustand der Gewässer im Hinblick auf geltende Schutzziele zu erfassen und darzustellen, widerstreitende Nutzungen und Anforderungen an Grund- und Oberflächengewässer zu koordinieren und dort, wo hohe Belastungen auftreten oder Nutzungen gefährdet sind, die Quellen der Beeinträchtigungen zu ermitteln und Vorschläge zu ihrer Beseitigung zu entwickeln. Dabei gilt der Grundsatz des § 1a des Wasserhaushaltsgesetzes, der lautet:

Die Gewässer sind als Bestandteil des Naturhaushaltes so zu bewirtschaften, daß sie dem Wohl der Allgemeinheit und mit ihm auch dem Nutzen des Einzelnen dienen und daß jede vermeidbare Beeinträchtigung unterbleibt.

Diese global gefaßte Zielsetzung wird im Hinblick auf die Gewässergüte im Bayerischen Landesentwicklungsprogramm, Fortschreibung 1993 (Stand des Entwurfes 01.07.1993) konkretisiert. Dort sind die allgemeingültigen Gewässerschutzziele auf der Grundlage der Güteklassifikation nach dem Saprobienindex formuliert. Dieser Index teilt die Gewässergüteverhältnisse nach der Organismenbesiedlung in vier Klassen und drei Zwischenstufen ein, deren verbale Bezeichnungen aus der Legende der Karte E 1.2 zu ersehen sind. Das Landesentwicklungsprogramm enthält folgende Zielvorgaben:

– *Weitgehend unbelastete Gewässer mit Güteklasse I und I-II sollen geschützt werden. Das gilt besonders für ökologisch bedeutsame Gewässer, die als natürliche Lebensräume für bedrohte Tiere und Pflanzen erhaltenswert sind. Maßgeblich für die Reinhalteanforderungen soll der jeweils empfindlichste Teil der Gewässersysteme sein.*
– *Saniert werden sollen grundsätzlich Gewässer, die die Güteklasse II unterschreiten.*

Um diese Ziele zu erreichen, besteht für den Gewässerschutz ein ausgedehntes rechtliches und administratives Instrumentarium, das zahlreiche Richtlinien, Gesetze und Verordnungen auf EG-, Bundes- und Länderebene umfaßt. In Bayern sind hierbei neben dem Landesentwicklungsprogramm vor allem die Wasser- und die Naturschutzgesetze zu nennen.

Die Rahmenbedingungen für die Einleiterkontrolle sind im Wasserhaushaltsgesetz des Bundes festgelegt und in Verwaltungsvorschriften präzisiert. In den letzten Jahren sind die Anforderungen an die Abwasserreinigung beträchtlich erweitert und verschärft worden.

Es ist nicht zuletzt Aufgabe der Gewässerschutzplanung, auf regionaler Basis im Vergleich zwischen den emissions- und den immissionsorientierten Zielsetzungen zu prüfen, inwieweit mit den geltenden gesetzlichen Regelungen der Einleitungsbedingungen die Gewässerschutzziele erreicht werden, oder ob weitergehende Anforderungen zu erwägen sind.

4.2 Beschaffenheit der Gewässer im Planungsraum

Als Grundlage für den Vergleich des Gewässerzustandes mit den Zielen des Landesentwicklungsprogrammes zeigt Karte E 1.2 die Gewässergütekarte des Planungsraumes vom Dezember 1989. Danach bewegt sich die überwiegende Mehrzahl der Gewässerstrecken im Bereich der Güteklassen II und II-III, d. h. mäßig bis kritisch belastet, nur wenige Abschnitte sind noch als stark verschmutzt zu bezeichnen. Während am Main selbst die Güteklasse III bis auf kleine Restabschnitte verschwunden ist, sind in abflußschwachen Nebenflüssen und -bächen noch häufiger nach III eingestufte Strecken anzutreffen.

Die Güteklasse II-III, zeigen noch größere Teile des Gewässernetzes, vor allem an der Itz, am Roten Main, am Obermain und am oberen Mittelmain. Im übrigen ist vielfach ein schneller Wechsel zwischen den Güteklassen II und II-III zu beobachten. Dies zeigt, daß die Selbstreinigung der Bäche und Flüsse ausreicht, um nach Einleitungen gereinigten Abwassers die Restverschmutzung relativ schnell abzubauen.

Gewässer mit der Güteklasse I oder I-II sind nur in einigen Quellbächen und den Oberläufen von Gewässern in überwiegend forstlich genutzten Gebieten anzutreffen. Größere Verbreitung finden diese Gewässergüteklassen nur noch im Frankenwald, dessen schmale, extensiv genutzte Wiesentäler noch vielfach einen naturnahen Zustand mit weitgehend unbelasteten Bächen aufweisen.

4.2.1 Sauerstoffhaushalt

Ein für die Beurteilung der Gewässergüte besonders wichtiger Parameter ist der Sauerstoffgehalt. Er ist maßgebend für die Lebensbedingungen der aeroben Fauna im Gewässer: Unterschreitet der Sauerstoffgehalt Werte von etwa 3 mg/l im Gewässer, wird der Sauerstoffmangel für die Lebensgemeinschaften existenzbedrohend. Kein Parameter zeigt daher eine engere Beziehung zur Güteklasse nach dem Saprobienindex. Er ist gleichzeitig eine durch den Abbau organischer Abwasserinhaltsstoffe und die Eutrophierung komplex beeinflußte Größe. Eutrophierte, d. h. mit Nährstoffen überdüngte Gewässer, zeigen im Sommerhalbjahr einerseits häufig Übersättigungen, andererseits jedoch auch hohe Defizite, wenn die z. B. bei Algenblüten gebildete Pflanzenbiomasse wieder bakteriell abgebaut wird. Statistisch betrachtet zeigen eutrophierte Gewässer daher hohe Streuungen der Sauerstoffkonzentrationen.

Karte E 1.4 zeigt für die 24 Gewässergütemeßstellen der technischen Gewässeraufsicht im Planungsraum die 10, 50 und 95 Perzentile der Sauerstoffgehalte für den Meßzeitraum 1985 bis 1987.

Das 10 Perzentil wurde als Maß für hohe Defizite, das 50 Perzentil für das mittlere Verhalten und das 95 Perzentil für hohe Gehalte oder Übersättigungen gewählt. Zusätzlich ist als Vergleichsmaßstab jeweils durch eine graue Säule der Wert für 100 Prozent Sättigung gekennzeichnet. Die Karte ergibt für die Gewässer des Planungsraumes ein relativ uneinheitliches Bild:

- Bei den Meßstellen am schiffbaren Main und der unteren Regnitz treten die höheren Differenzen zwischen den 95 und den 10 Perzentilen auf, wobei die 95 Perzentile durchweg eine z. T. erhebliche Übersättigung aufweisen. In diesem Teil des Mains wird die Algenentwicklung durch die Stauregelung, hohe Nährstoffgehalte und überdurchschnittlich hohe Wassertemperaturen im Sommer gefördert.

- Am Obermain und an einigen Nebenflüssen fehlen die Übersättigungen, und die 10 Perzentilwerte liegen deutlich höher, obwohl auch hier hohe Nährstoffkonzentrationen und zumindest bei Hallstadt recht beträchtliche Algenentwicklungen gemessen wurden: Die Eutrophierung bewirkt bei den frei fließenden Gewässern weniger starke Sauerstoffdefizite.

- An den Meßstellen unterhalb von starken Einleitern, wie in Heinersreuth unterhalb von Bayreuth oder in Pettstadt an der noch relativ hochbelasteten Regnitz dominiert der Einfluß der Primärbelastung, wie an den fehlenden Übersättigungen und den vergleichsweise niedrigen 10 Perzentil-Werten zu erkennen ist.

Biochemischer Sauerstoffverbrauch

Der BSB_5 als Globalparameter für die Restverschmutzung durch geklärtes Abwasser und für die im Gewässer gebildete abbaubare Biomasse ist der für den bakteriellen Abbau dieser Belastungen in fünf Tagen verbrauchte Sauerstoff in mg/l.

Karte E 1.5 zeigt hierzu an den 24 Hauptmeßstellen die Belastungen. Zur Beurteilung der allgemeinen Gewässergütesituation ist der 50 Perzentil-Wert heranzuziehen. Danach zeigen viele Gütemeßstellen an den Haupt und Nebengewässern im Planungsraum nur noch mäßige Belastungen. Ausnahmen sind die Bereiche der Meßstellen Untermerzbach, Heinersreuth und Pettstadt, am Main Garstadt und Rothwind.

Die 10 Perzentil-Werte kennzeichnen die Güteverhältnisse bei verminderter Abwasserbelastung, geringer Algenentwicklung, guten Abbauleistungen oder hoher Wasserführung. Ungünstige Situationen herrschen dort, wo hohe 10 Perzentile und geringe Unterschiede zu den 50 Perzentilen zusammentreffen, wie am Roten Main, an der Itz und am Obermain bei Rothwind.

Die 95 Perzentile beschreiben die Belastungen im ungünstigsten Fall, d. h. bei hoher Abwasserbelastung in Niedrigwasserperioden, geringer Abbauleistung z. B. infolge niedriger Wassertemperaturen, hoher Sekundärbelastung im Gefolge starker Algenentwicklungen etc. Hierzu zählen auch Stoßbelastungen durch Mischwassereinleitungen bei Regenereignissen, die Resuspension organisch belasteter Sedimente bei anlaufenden Hochwasserwellen oder unzureichenden Betriebszuständen von Abwasserreinigungsanlagen. Die höchsten Werte treten auch hierbei wieder an der Regnitz sowie an der Itz und am Roten Main auf.

Die Darstellungen der BSB_5-Belastungen lassen erkennen, daß im Bereich der Abwasserreinigung in einigen Flußgebieten noch weitere Maßnahmen erforderlich sind. Im Bereich der Spitzenbelastungen lassen die Sanierungen der Kanalnetze und die Verminderung der Entlastungshäufigkeiten von Mischwasser noch spürbare Verbesserungen erwarten. Reduzierungen von Belastungsspitzen sind auch durch Verbesserungen in Betrieb und Wartung der Kläranlagen zu erzielen.

Gewässereutrophierung

Ein besonders für das Maingebiet bedeutender Einflußfaktor auf den Sauerstoffhaushalt ist die Eutrophierung. Der biogene Sauerstoffeintrag in das Wasser ist eine Folge der Photosynthese von Algen und höheren Wasserpflanzen. Gewässer, die eine starke Photosyntheseaktivität aufweisen, zeigen einen ausgeprägten Tagesgang der Sauerstoffkonzentrationen, da der phytogene Sauerstoffeintrag an den Lichttag gebunden ist. Sauerstoffübersättigungen sind nur durch die Photosynthese möglich. Die Tagesamplituden des Sauerstoffgehaltes können am Main mehr als 3 mg/l erreichen und zeigen einen engen Zusammenhang zur Chlorophyll-a-Konzentration. Dabei werden in den Tagesspitzen erhebliche Übersättigungen erreicht.

Begrenzend für die Algenentwicklung im Main wirken u. a. die Sedimentation, die Lichtextinktion durch mineralische Schwebstoffe und die Dezimierung durch das Zooplankton. Eine Nährstofflimitierung wurde bisher nur für das Silikat beobachtet, dagegen waren algenverfügbarer Phosphor und Stickstoff noch bei jeder Algenblüte in reichlichem Maße vorhanden. Entsprechend dem Strahlungs- und Temperaturverlauf im Jahreszyklus treten mehr oder weniger regelmäßig im Frühjahr und in abgeschwächter Form auch im Herbst verstärkt Massenentwicklungen von Kieselalgen auf. Seltener stellt sich im Sommer ein weiteres Maximum ein, wobei dann aber in größerem Umfang auch Grünalgen beteiligt sein können.

Nach dem Ende von Algenblüten sinkt der Sauerstoffgehalt regelmäßig ab und konnte dabei noch vor wenigen Jahren Werte unter 4 mg/l erreichen. Inzwischen haben sich die Verhältnisse zwar verbessert, Phasen mit hoher Beanspruchung des Sauerstoffhaushaltes treten jedoch nach wie vor im Herbst, nach dem Ende der Algenentwicklungen und damit des phytogenen Sauerstoffeintrages auf. Infolge des Abbaues der abgestorbenen und verdrifteten Biomasse benthischer Algen, sessiler Wasserpflanzen, der Bodenfauna im Gewässernetz sowie des Laubes ufernaher Auengehölze werden dann verhältnismäßig hohe Sauerstoffdefizite erreicht.

Außer auf den Sauerstoffhaushalt wirken sich erhöhte Algenkonzentrationen auch auf den pH-Wert aus. Im Main wurden im Verlauf von stärkeren Algenblüten nicht selten pH-Werte von über 9,0 gemessen. Hohe pH-Werte können jedoch sehr negative Folgen besonders für die Fischwelt haben: Sie verschieben das Dissoziationsgleichgewicht zwischen Ammonium und Ammoniak zum letzteren hin, d. h. bei erhöhten Ammoniumkonzentrationen steigt der Gehalt an freiem Ammoniak. Ammoniak jedoch ist ein starkes Fischgift.

4.2.2 Anorganische Salze

Die anorganische Salzbelastung der Gewässer besteht in erster Linie aus gelösten Chloriden, Sulfaten und Hydrogenkarbonaten. Die Calcium- und Magnesiumsalze, vor allem in Form von Sulfaten und Karbonaten, bestimmen die Härte des Wassers. Harte Wässer, d. h. Wässer mit einem hohen Karbonatgehalt, wie sie in Grundwässern kalkreicher Formationen wie im Muschelkalk oder Malm (s. a. Fachteil „Gewässerschutz / Grundwasser") auftreten, weisen eine gute Pufferung auf, d. h. sie reagieren unempfindlich auf Säuren- oder Basenzufuhr. Kalkarme Wässer, z. B. Wässer aus kristallinen Regionen, sind dagegen schlecht gepuffert und neigen zur Versauerung: Eine Zufuhr von Säuren, z. B. durch sauren Regen, führt unmittelbar zu einem Abfall des pH-Wertes.

Die aquatischen Lebensgemeinschaften sind gegenüber den Salzbelastungen in relativ weiten Grenzen unempfindlich. Erst bei höheren Konzentrationen setzt eine Verschiebung zu halophilen Formen ein. Diese Bereiche werden im Planungsraum nicht erreicht.

Chloride wie Sulfate können sowohl anthropogenen als auch geogenen Ursprungs sein. Chloride werden den Gewässern im Planungsraum vor allem durch punktförmige Einleitungen zugeführt. Eine erhöhte geogene Chloridzufuhr erfolgt lediglich durch die Grundwässer des mittleren Muschelkalkes sowie des unteren Keupers, die beide Konzentrationen bis über 200 mg/l aufweisen können (s. a. Fachteil „Gewässerschutz/Grundwasser"). Bei den Sulfaten ist der geogene Eintrag stärker ausgeprägt: Grundwässer aus dem mittleren Muschelkalk erreichen Sulfatkonzentrationen bis zu 1500 mg/l, Gipskeuperwässer bis zu 1600 mg/l.

Unter den Quellen der Sulfatbelastung sind die Einträge aus der Luft ebenfalls bedeutsam. Das Sulfat in der Atmosphäre stammt zum größten Teil aus der Verbrennung fossiler Brennstoffe. Die bedeutendsten SO_2-Quellen sind die Industrie, ferner der Hausbrand und der Verkehr. Das Sulfat wird über weite Strecken transportiert, sodaß sich am Eintragsort in der Regel die Einflüsse von Nah- und Ferntransport überlagern.

Karte E 1.6 zeigt die Sulfatbelastung des Niederschlages im Planungsraum anhand der Daten des BayLfU-Niederschlagsmeßnetzes. Die Meßstellen liegen annähernd an den Knoten eines über Bayern aufgespannten 64-km-Gitters. Sechs dieser Stationen fallen in den Planungsraum, wie aus der Karte zu entnehmen ist. Dargestellt sind die Jahreseinträge von Sulfat, Nitrat und Ammonium in Kilogramm pro Hektar im Zeitraum von 1983 bis 1992.

Die höchsten Sulfatwerte treten in den östlichen Randbereichen, vertreten durch die Stationen Steinbach und Fichtelberg auf, während die zentralen Gebiete um Arnstein und Breitengüßbach die niedrigsten Werte aufweisen. Die hohe Belastung im Ostteil des Planungsraumes ist durch einen beträchtlichen grenzüberschreitenden Schadstofftransport in das Gebiet Nordostbayerns zu erklären (BayLfU 1985) [54]: In einem mehrjährigen Meßprogramm wurde festgestellt, daß der Schwefeldioxideintrag etwa zwischen Tirschenreuth und Hof bei Ostwindwetterlagen 30 bis 190 t/h erreichen kann. Die Werte schwanken je nach Witterung sehr stark.

Die jährlichen Sulfateinträge im Planungsraum schwanken zwar erheblich, ausgeprägte Tendenzen sind jedoch nicht festzustellen. Lediglich in Arnstein zeigt sich ein leichter Anstieg. Ein nennenswerter Rückgang der Sulfateinträge ist bisher nicht festzustellen.

Gewässerversauerung

Auslösender Faktor für die Versauerung der Grund- und Oberflächengewässer ist der flächenhafte Säure- und Schadstoffeintrag über den Luftweg. Die Auswirkungen des sauren Regens sind regional sehr unterschiedlich und hängen neben der räumlichen Verteilung des atmogenen Eintrages vor allem von den geologischen und pedologischen Gegebenheiten ab. Dabei erweisen sich die harten bis sehr harten Grund- und Sickerwässer in den Gesteinen und Böden der Trias und des Jura erheblich besser gepuffert als die sehr weichen Wässer in den Gebieten mit silikatreichen Gesteinen im Untergrund. Bereits im natürlichen, unbeeinflußten Zustand können in kleineren Gewässern mit geringerer Pufferung deutlich niedrigere pH-Werte auftreten, als in vergleichbaren Gewässern mit Einzugsgebieten in karbonatreichen Regionen. Im Planungsraum ist die Gewässerversauerung daher vor allem im Spessart im Westen und im Thüringer Wald, im Frankenwald und im Fichtelgebirge am Ostrand ausgeprägt.

Auf die Grund- und Trinkwasserqualität und die Trinkwasserversorgung wirkt sich die Versauerung in zweifacher Hinsicht aus: Sie hat zum einen korrosionschemische und aufbereitungstechnische Folgen, zum anderen bewirkt sie eine erhöhte Auswaschung von Aluminium-, Eisen- und Manganionen aus dem Boden. Auch die Cadmium- und Fluoridkonzentrationen können in versauerten Grundwässern ansteigen. Karte E 1.14 zeigt die Metallkonzentrationen in den Hauptgrundwasserleitern des Planungsraumes. Danach ist in den kristallinen Gebieten der Gehalt des Aluminiums als Versauerungsindikator in der Regel besonders hoch (s.a. Fachteil „Gewässerschutz/Oberflächengewässer" Kapitel 2.5.1.4).

Nach der Trinkwasserverordnung liegt der Grenzwert für Aluminium bei 0,2 mg/l. Bereits bei 0,05 mg/l ist jedoch mit Korrosionsproblemen bei den Trinkwasserversorgungsanlagen zu rechnen. Eine Verbesserung der Situation durch die Abnahme der Säureeinträge aus der Atmosphäre war bis 1988 noch nicht zu erkennen. Etwa 30 % der Anlagen wiesen Al-Konzentrationen von mehr als 0,05 mg/l auf, bei zehn Prozent der Fassungen wurden Überschreitungen des Grenzwertes der TVO festgestellt. Der Grad der Versauerung war im Fichtelgebirge am höchsten. Im Spessart lagen die pH-Werte im Mittel etwas höher, als im Fichtelgebirge, die Minima blieben noch über pH 5. Dementsprechend blieben die Al-Konzentrationen durchweg unter dem Grenzwert der Trinkwasserverordnung. Lediglich 5 Fassungen wiesen Konzentrationen im Bereich zwischen 0,05 und 0,2 mg/l auf.

In Oberflächengewässern wirkt sich die Gewässerversauerung in stärkerem Maße in der Regel nur in den Quellbächen und in den ersten Fließkilometern der Oberläufe aus. Bereits nach kurzem Lauf werden die H$^+$Ionen-Konzentrationen durch flächenhafte Einträge z. B. aus landwirtschaftlichen Nutzflächen oder durch punktförmige Einleitungen vermindert und der pH-Wert damit angehoben.

Wie bei der Grundwasserversauerung treten auch in den Oberflächengewässern erhöhte Aluminiumkonzentrationen auf. Die pH-Werte in Gewässern, die zur Versauerung neigen, weisen einen ausgeprägten Jahresgang auf, wobei die niedrigsten Werte zur Zeit der Schneeschmelze im Frühjahr gemessen werden. Versauerungsschübe treten auch im Sommer im Verlauf von Starkregenereignissen auf, wenn sich Schadstoffe über eine längere niederschlagsfreie Zeit durch trockene Deposition akkumulieren konnten.

Einen nachhaltigen Einfluß hat die Versauerung auf die Gewässerbiozönosen. Versauerte Gewässer weisen einen signifikanten Rückgang an Artenvielfalt und Besiedlungsdichte sowie Verschiebungen des Artenspektrums zu säureunempfindlicheren Formen auf. Für den Natur- und Artenschutz ist die Gewässerversauerung ein ernstes Problem, da hiervon auch naturnahe und flußmorphologisch sowie abflußdynamisch unbeeinflußte Gewässer betroffen werden, die als Rückzugsgebiete für bedrohte Arten erhaltenswert sind. Für die Flußperlmuschel z. B., die als säureempfindlich anzusprechen ist und die erst bei pH-Werten über 6 gedeihen kann, scheiden versauerte Bäche in den kristallinen Grundgebirgsregionen zur Wiederbesiedlung aus. Auch Edel- und Steinkrebse, die nur in einem pH-Bereich zwischen 5,7 und 8,6 in größeren Individuenzahlen vorkommen, sind in stärker versauerten Bächen nicht lebensfähig.

Eine entscheidende Verminderung der Gewässerversauerung ist nur durch eine weitere Einschränkung der Protoneneinträge mit der trockenen und der feuchten Deposition aus der Atmosphäre zu erreichen. In den Hauptemissionsgebieten der neuen Bundesländer wird die Umstrukturierung von Industrie und Gewerbe und die damit verbundene Einführung der in der übrigen Bundesrepublik gültigen Emissionsnormen eine spürbare Entlastung bewirken. Doch auch in den Industriegebieten der Tschechischen Republik muß längerfristig eine Verringerung der SO_2-Emissionen erwartet werden.

Eine Verringerung des atmogenen Säureeintrages wird sich voraussichtlich unmittelbar in einem Rückgang der durch Oberflächenabschwemmungen und durch Schmelzwässer bewirkten Versauerung zeigen. Die Abnahme der durch den Grundwasserzustrom bedingten Versauerung dagegen kann einen längeren Zeitraum beanspruchen. Aus Gründen des Artenschutzes sollten daher für die erforderliche Übergangszeit Maßnahmen zur Erhöhung der Pufferkapazität an ausgewählten Bachläufen nicht grundsätzlich ausgeschlossen werden. Verfahrenstechnik und Wirkung sind an geeigneten Beispielen zu untersuchen.

4.2.3 Nährstoffe

Als Nährstoffe werden Verbindungen bezeichnet, deren Verfügbarkeit das Wachstum der Pflanzen an ihrem jeweiligen Standort bestimmt. Dazu gehören vor allem Phosphor- und Stickstoffverbindungen, ferner Kalium und Calcium. In Gewässern mit einem hohen Kieselalgenanteil im Phytoplankton zählt auch die Kieselsäure zu dieser Gruppe. Planerisch von besonderer Bedeutung sind der Phosphor und der Stickstoff, da sie mit Abwassereinleitungen und mit diffusen Einträgen von Düngemitteln aus landwirtschaftlichen Nutzflächen in die Gewässer gelangen und dort maßgeblich zur Eutrophierung beitragen. Der vorliegende Abschnitt beschränkt sich daher auf diese beiden Stoffe.

Im Planungsraum erhält die Nährstoffproblematik durch die geologischen, hydrologischen und klimatischen Verhältnisse besondere Bedeutung. Darüber hinaus ist der Anteil der Sonderkulturen an der Landwirtschaftsfläche in diesem Gebiet überdurchschnittlich groß, wobei die Weinbaugebiete Unterfrankens besonders zu erwähnen sind.

4.2.3.1 Phosphor

Wegen seiner relativ geringen Verbreitung in der Erdkruste und seiner Neigung, sich adsorptiv fest an Bodenpartikel oder Schwebstoffteilchen zu binden, andererseits aber wegen seiner Schlüsselfunktion im pflanzlichen Stoffwechsel spielt der Phosphor sehr häufig die Rolle des limitierenden Faktors für das Pflanzenwachstum in natürlichen Seen und Flüssen. Pflanzenverfügbar ist vor allem der gelöste Phosphor in der Form des Orthophosphates.

Zur Begrenzung der Gewässereutrophierung müssen die Nährstoff-, besonders aber die Phosphorkonzentrationen, angegeben werden, die in einem Gewässer einzuhalten sind, wenn im Hinblick auf das Algenwachstum vorgegebene Gewässergüteziele erreicht werden sollen.

Für den stauregelten Abschnitt des Mains geben KOPF et al. (1988) [21] für eine Begrenzung des Chlorophyll-a-Gehaltes auf ca. 100 µg/l einen Phosphorgehalt (Gesamt-P) von 0,20 mg/l an. Dieser Wert wurde speziell für die Regnitz und den Main ermittelt und berücksichtigt die unterschiedlichen Einflüsse auf den Phosphorgehalt und die Algenbiomassenentwicklung. Der genannte Chlorophyllgehalt ist für den Main als vertretbar im Hinblick auf die Gewässernutzungen anzusehen.

Herkunft des Phosphors in den Gewässern

Punktförmige Quellen

Zu den punktförmigen Phosphor-Quellen zählen vor allem die kommunalen und die industriellen Abwassereinleitungen. Der spezifische P-Anfall im Abwasser pro Einwohner und Tag ist in starkem Maße abhängig von dem Umfang, in dem P-haltige Waschmittel im Haushalt eingesetzt wurden. Daher zählten die Wasch- und Reinigungsmittel zu den bedeutendsten Quellen der P-Belastung unserer Binnengewässer und Meere. Die daraus erwachsenen Eutrophierungsprobleme führten daraufhin zum Erlaß des „Gesetzes über die Umweltverträglichkeit von Wasch- und Reinigungsmitteln" vom September 1975 [43], und der Phosphathöchstmengenverordnung vom 4. 6. 1980 [45] (s. a. Fachteil „Gewässerschutz/Oberflächengewässer", Anhang 3), durch die der Phosphat-Gehalt in der Waschlauge in Abhängigkeit von der Wasserhärte und der Waschmittelart begrenzt wird.

In vollbiologischen Kläranlagen werden ca. 30 bis 40 % des P-Anfalles im Rohwasser zurückgehalten und in den Klärschlamm überführt. Nach Anhang 1 der Rahmenabwasser-VwV für kommunales Abwasser [40] werden ab einer Kläranlagengröße von 20.000 Einwohnerwerten Ablaufkonzentrationen von je nach Größenordnung 1 bis 2 mg/l gefordert (s. a. Fachteil „Gewässerschutz/Oberflächengewässer", Anhang 3). Diese Werte können nur durch eine gezielte P-Elimination erreicht werden.

Flächenhafte Einträge

Neben den punktförmigen Einleitungen spielen auch die flächenhaften Einträge eine bedeutende Rolle bei der Gewässereutrophierung. Die Abschätzung dieser Anteile ist erheblich schwieriger, da es sich überwiegend um Einträge handelt, die von der Flächennutzung herrühren und durch Auswaschung und Abschwemmung oder auf dem Weg über das Grundwasser in die Gewässer gelangen. Dabei sind in der Regel weder die in der Fläche vorhandenen Reserven noch die mobilisierten Anteile und ihre Wege in die Bäche und Flüsse ausreichend genau

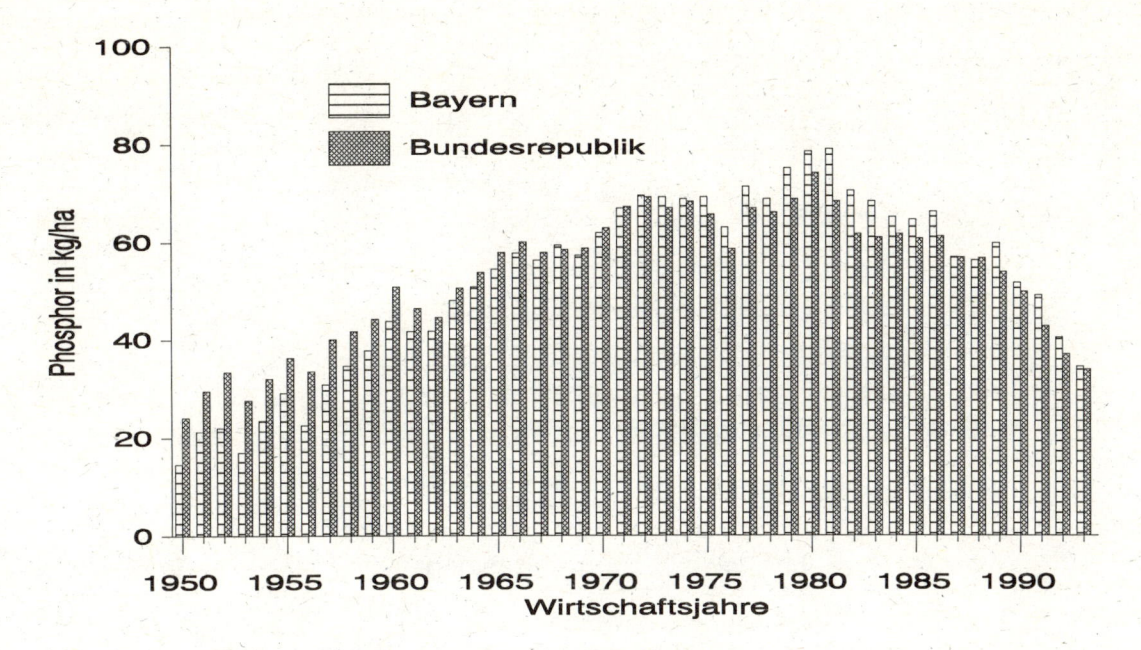

Abb. B 4-1   Einsatz mineralischen Düngerphosphors auf Landwirtschaftsflächen von 1950 bis 1993 in der Bundesrepublik (alte Länder) und in Bayern

bekannt. Während der Stickstoff vorwiegend über das Sicker- und Grundwasser den Gewässern zufließt, wird der Phosphor vor allem durch den Oberflächenabfluß mobilisiert und transportiert.

Die P-Gehalte im Grundwasser sind in ihrer regionalen Verteilung großen Schwankungen unterworfen. Gegenüber den erosiv in die Gewässer eingetragenen P-Mengen ist der mit dem Grundwasser zugeführte Anteil jedoch in der Regel so gering, daß er vernachlässigt werden kann. Von besonderer Bedeutung sind dagegen die Bodenabschwemmungen von Ackerflächen.

Abbildung B 4-1 gibt einen Überblick über die Entwicklung des Verbrauchs mineralischen Phosphors in der Bundesrepublik und in Bayern in den Wirtschaftsjahren 1950 bis 1993 (HÖSEL 1994) [53]. Danach ist der mit Handelsdünger ausgebrachte Phosphor pro Hektar Landwirtschaftsfläche zunächst bis zum Beginn der siebziger Jahre von 20 kg auf etwa 70 - 80 kg kontinuierlich angestiegen, ging aber seit dem Jahre 1980 relativ stetig zurück und erreichte im Jahre 1993 mit ca. 35 kg wieder einen Wert, wie etwa 1958. Zwischen Bayern und dem Bundesgebiet zeigen sich nur geringfügige Unterschiede.

Um die Auswirkungen der P-Düngung beurteilen zu können, müssen neben den mineralischen P-Mengen auch die Phosphorausbringung mit Wirtschaftsdünger und Klärschlamm sowie die P-Abfuhr mit den Ernten berücksichtigt werden. Aus dem Gesamtphosphor minus der P-Abfuhr mit der Ernte ergibt sich der Überhang, der im günstigsten Fall gegen Null gehen sollte, sofern der Boden ausreichend mit P versorgt ist.

Diese Daten beruhen auf Auswertungen der Bayerischen Schlagkartei der BayLBA (RUPPERT & FISCHER 1990) [2]. Diese Kartei wird seit ca. 1978 aufgrund von freiwilligen Meldungen einer großen Anzahl von Betrieben aus ganz Bayern geführt. Sie umfaßt allerdings nur Ackerflächen, jedoch kein Grünland und keine Sonderkulturen. Bei allen Angaben die aus der Bayerischen Schlagkartei abgeleitet wurden, ist zu berücksichtigen, daß die in der Schlagkartei erfaßten Betriebe hinsichtlich der guten landwirtschaftlichen Praxis als überdurchschnittlich einzustufen sind.

Die Schlagkartei bildet die Grundlage für alle nachfolgenden Aussagen zum Dünger- und Pflanzenschutzmitteleinsatz im Planungsraum. In den Teileinzugsgebieten sind jeweils 0,5 bis 1 % der Ackerflächen erfaßt, im Gesamtgebiet ergibt das eine Fläche von 6207 ha. Von dieser Stichprobe wird statistisch hochgerechnet auf das Verhalten der Landwirte im Gesamtgebiet.

Für Bayern zeigt eine Auswertung der P-Düngung auf Abbildung B 4-2, daß zwar parallel zur Ab-

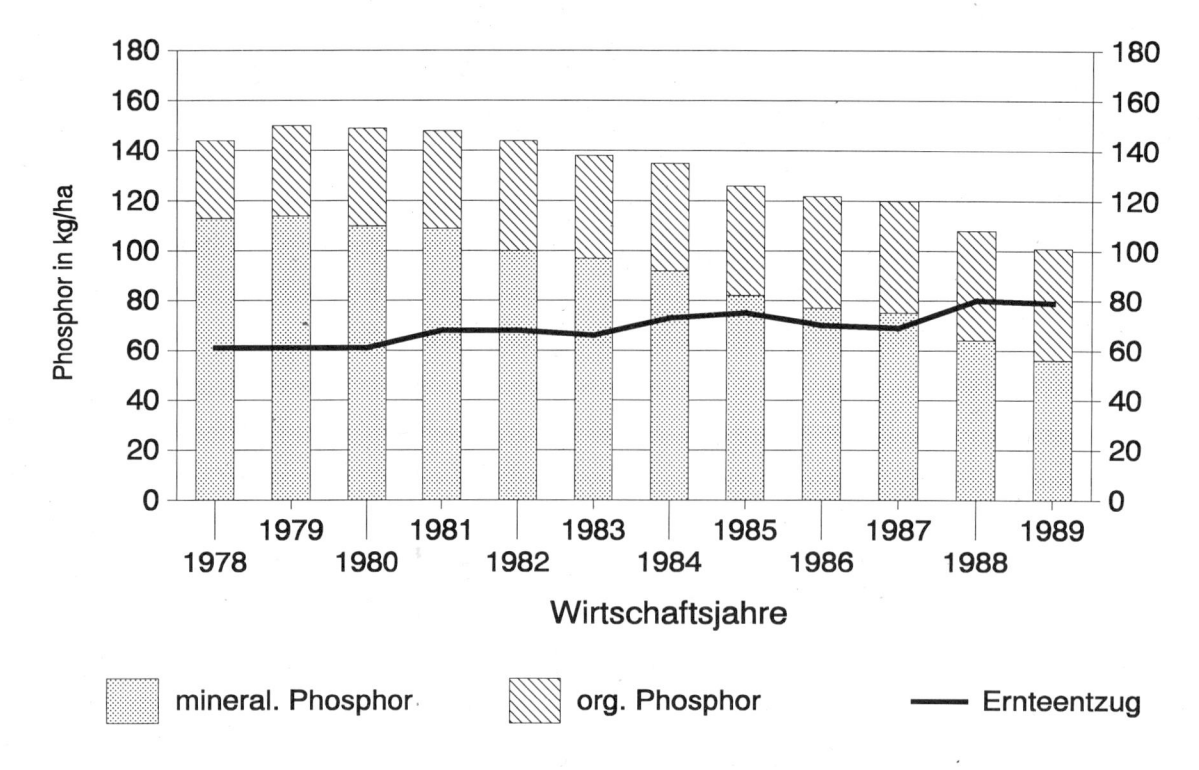

Abb. B 4-2   Phosphordüngereinsatz auf Ackerflächen in Bayern von 1978 bis 1989

nahme des mineralischen Phosphors der mit dem Wirtschaftsdünger ausgebrachte Phosphor etwas zugenommen, bei gleichzeitig zunehmendem Ertrag sich der P-Überhang jedoch von ca 80 - 90 kg/(ha•a) auf ca 20 kg/(ha•a) erheblich abgemindert hat. Die Unterschiede in den Angaben zum Handelsdünger-P zwischen Abbildung B 4-1 und Abbildung B 4-2 beruhen darauf, daß im ersten Fall die Werte auf die Landwirtschaftsfläche, d. h. Akker- und Grünland bezogen wurden, im zweiten Fall jedoch auf die Ackerflächen allein.

Für den Planungsraum sind die ausgebrachten P-Mengen sowie die P-Abfuhr mit den Ernten und die P-Überhänge für den Zeitraum 1985 bis 1989 auf Karte E 1.7 dargestellt. Danach zeigen sich für das Obermaingebiet, das Sinn-Saale-Gebiet und das Gebiet des Bayerischen Untermain deutliche Abnahmen im Einsatz von mineralischem Düngerphosphat. Weniger ausgeprägt ist dieser Rückgang im Regnitz- und im Mittelmaingebiet. Die P-Ausbringung mit organischem Dünger ist dagegen in allen fünf Teilgebieten annähernd gleich geblieben. In der Summe sind dennoch in allen Bereichen z. T. erhebliche Abnahmen der ausgebrachten P-Mengen festzustellen.

Demgegenüber sind die P-Abfuhr mit den Ernten im betrachteten Zeitraum nahezu konstant geblieben. Infolgedessen hat der Überhang als Differenz zwischen der ausgebrachten und der mit der Ernte entzogenen Menge in allen Teilgebieten abgenommen. Besonders auffallend ist dieser Rückgang im Sinn-Saale-Gebiet und im unteren Mainbereich. In den übrigen Gebieten verbleiben nach diesen Erhebungen noch Überhangmengen von 5 bis 10 kg pro Hektar und Jahr. Es sind daher dort noch weitere Einschränkungen des P-Einsatzes möglich, insbesondere bei Berücksichtigung der in der Regel guten P-Versorgung der Böden.

Belastungszustand der Gewässer im Planungsraum

An den Hauptmeßstellen werden im Meßprogramm Chemie Orthophosphat und Gesamtphosphor gemessen. Am Beispiel der bereits längerfristig beobachteten Meßstellen Hausen an der Regnitz und Kahl am Main sind auf Abbildung B 4-3 die Entwicklungstendenzen der Phosphorgehalte in den letzten Jahrzehnten dargestellt worden. Wie die Abbildungen zeigen, folgen die Konzentrationen in Regnitz und Main im Wesentlichen den Änderungen des P-Anfalles durch den Waschmitteleinsatz.

In den sechziger und siebziger Jahren zeigt sich zunächst ein deutlicher Anstieg der Jahresmittel der Konzentrationen von Werten unter 0,5 mg/l bis auf annähernd 1 mg/l. In den achtziger Jahren kehrt sich die Tendenz allmählich um: Nunmehr fallen die Gehalte wieder aufgrund der ergriffenen Maßnahmen, wie z. B. des Waschmittelgesetzes, und erreichen um 1990 erneut Werte deutlich unter 0,5 mg/l. Diese Entwicklung läßt sich im gesamten Planungsraum feststellen.

Meßstelle Hausen, Regnitz 1969-1990

Meßstelle Kahl am Main, 1958-1990

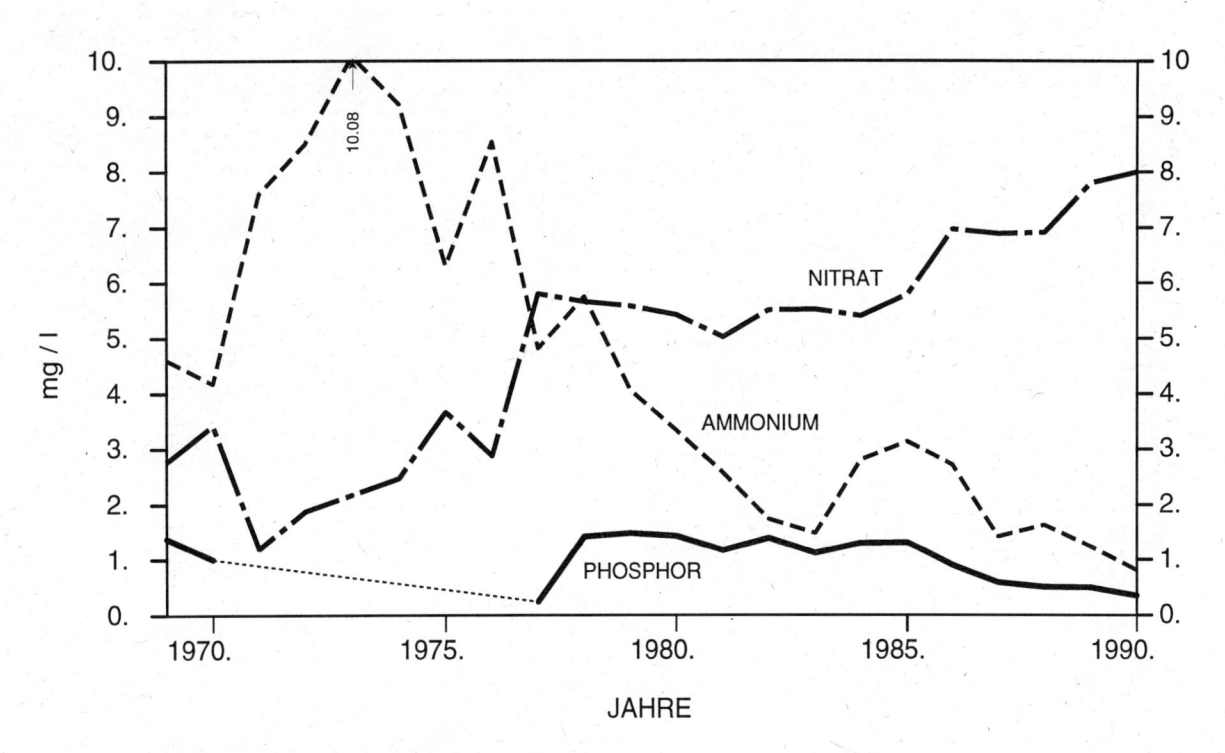

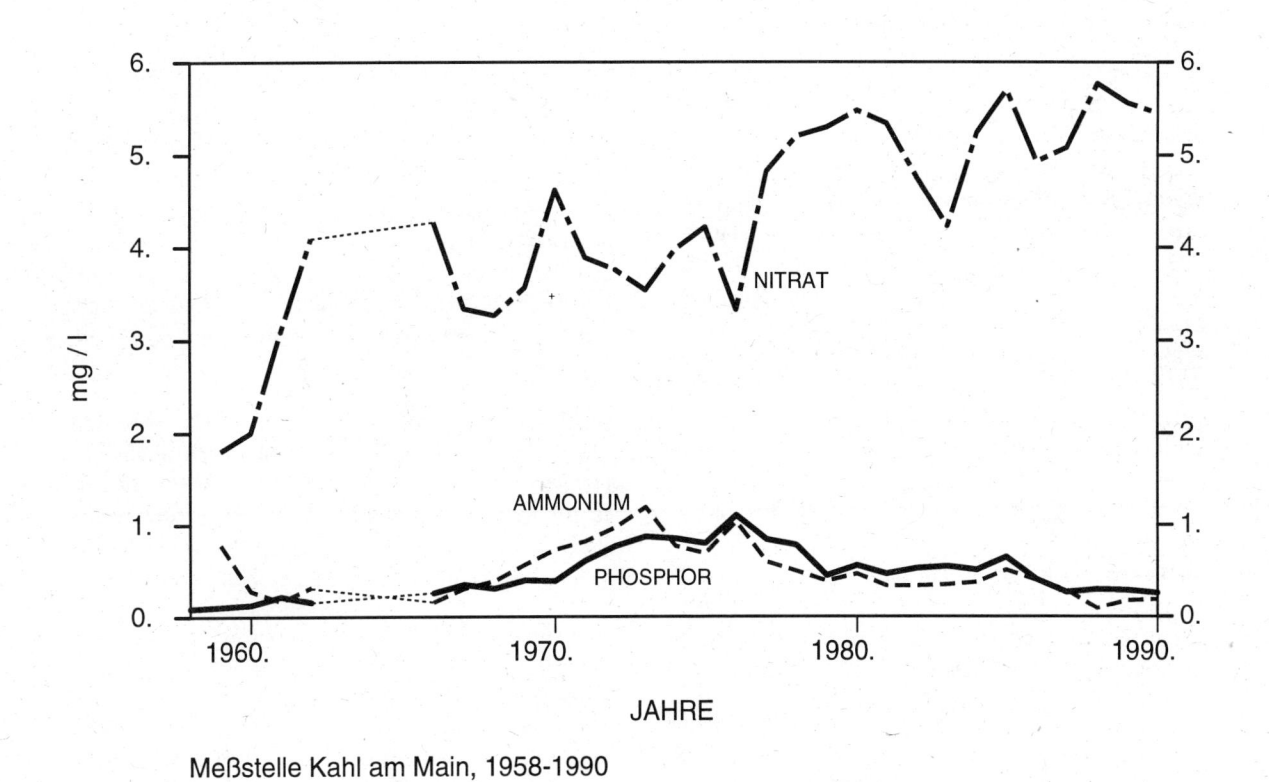

Abb. B 4-3   Langfristige Entwicklungen der Konzentrationen von Gesamtphosphor, Ammonium- und Nitratstickstoff in Regnitz und Main

Die P-Belastungen im Planungsgebiet im Zeitraum 1985-1987 zeigt Karte E 1.8. Dargestellt sind die 50 und 95 Perzentile jeweils für das Ortho-Phosphat und den Gesamtphosphor. Die höchsten Gesamt-P-Konzentrationen treten am Roten Main und an der Itz, bedingt durch die Einleitungen der Kläranlagen Bayreuth bzw. Coburg auf. Die dargestellten Verhältnisse entsprechen jedoch nicht mehr ganz der aktuellen Belastungssituation, da sich nach Erneuerung und Erweiterung einiger Kläranlagen zwischenzeitlich Verbesserungen der Gütesituation, z. B. an der Itz, eingestellt haben. Entlang des Mains zeigen die P-Konzentrationen ein sehr ausgeglichenes Bild mit leicht abnehmender Tendenz. Abgesehen von Rotem Main, Itz, Regnitz und Kahl liegen die Konzentrationen in den Nebenflüssen niedriger als im Main selbst. Überall liegen schon die 50 Perzentile der Ortho-P-Gehalte erheblich über dem Wert von 0,2 mg/l, der als Qualitätsziel im Hinblick auf die Eutrophierung genannt wurde.

4.2.3.2 Stickstoff

Stickstoff tritt in Oberflächengewässern als organisch gebundenes N, als Ammonium, als Nitrit und als Nitrat auf, je nach Bindungsform allerdings in sehr unterschiedlichen Konzentrationen. Ökotoxikologisch bedeutsam sind vor allem der Ammoniak und das Nitrit. Ammoniak steht mit dem Ammonium in einem pH- und temperaturabhängigen Lösungsgleichgewicht. Beide Verbindungen liegen in der Regel in unseren Gewässern in geringen Konzentrationen vor.

Die Bedeutung des Stickstoffes und seiner Verbindungen für Gewässerschutz und Gewässernutzungen liegt in seiner Eigenschaft als Pflanzennährstoff, in der Fischgiftigkeit von Ammoniak und Nitrit sowie in der Humantoxizität von Nitrit und Nitrat. Wegen ihrer toxischen Wirkungen gelten Ammoniak und Nitrit als gefährliche Stoffe. In der EG-Richtlinie (78/659/EWG) [3] werden als Grenzwerte für Fischgewässer 0,021 mg/l für Ammoniak-Stickstoff und 3,0 µg/l (Salmonidengewässer) bzw. 9,0 µg/l (Cyprinidengewässer) für Nitrit-Stickstoff genannt.

Nach der Trinkwasserverordnung vom 05.12.1990 [4] beträgt der Richtwert für Nitrat im Trinkwasser 25 mg/l, der Grenzwert 50 mg/l. Das entspricht etwa 5,6 mg/l bzw. 11,3 mg/l Nitratstickstoff.

Ein bedeutendes Problem für die Wasserversorgung stellen die hohen Nitratbelastung des Grundwassers dar. Vor allem durch die Stickstoffdüngung auf Landwirtschaftsflächen sind vielerorts die Nitratkonzentrationen erheblich angestiegen, so daß der Grenzwert der Trinkwasserverordnung von 50 mg/l NO_3 bereits überschritten wird.

Herkunft des Stickstoffes in den Gewässern

Punktförmige Stickstoffquellen sind in erster Linie die Einleitungen aus kommunalen Kläranlagen. Pro Einwohner fallen täglich ca. 12 g N an. Die Ablaufkonzentrationen sind vom Reinigungsverfahren der Kläranlagen abhängig. In Fachteil „Gewässerschutz/Oberflächengewässer", Kapitel 3 wird erläutert, welche Werte je nach Kläranlagengröße nach Anhang 1 der Rahmenabwasserverwaltungsvorschrift [40] bei kommunalen Kläranlagen eingehalten werden müssen. Diese weitgehenden Anforderungen setzen bei den größeren Anlagen Einrichtungen zur Nitrifikation und Denitrifikation voraus. Damit wird der ohnehin im Vergleich zu den flächenhaften Quellen geringere kläranlagenbürtige Anteil der Gewässerbelastung durch Stickstoff weiter abnehmen.

Unter den flächenhaften Quellen ist an erster Stelle der Einsatz von Wirtschafts- und Mineraldünger in der Landwirtschaft zu nennen, ferner der Eintrag durch trockene und feuchte Deposition auf dem Luftweg.

Der Niederschlag enthält nur geringe Phosphoranteile, aber vergleichsweise hohe Stickstoffmengen. Quellen des Nitrats im Niederschlag sind vor allem der Straßenverkehr und Rückstände aus Verbrennungsprozessen jeglicher Art; Ammonium und Ammoniak stammen dagegen in erster Linie aus der Landwirtschaft.

Tabelle B 4-1 zeigt am Beispiel der Belastungsgebiete Würzburg und Aschaffenburg, wie sich die Stickstoffemissionen in die Atmosphäre aus Verkehr, Industrie und Hausbrand verteilen (BayLfU 1985, 1986) [5, 6]. Nach diesen Beispielen können die Relationen der verschiedenen Emissionen zueinander sehr unterschiedlich sein. Der Hausbrand bleibt zwar stets von untergeordneter Bedeutung, der Verkehr ist dagegen in Gebieten mit geringerem Industriebesatz der dominante Emittent.

Karte E 1.6 zeigt Messungen der im Planungsraum gelegenen Stationen des Niederschlagsmeßnetzes. Dargestellt sind die Jahreseintragsmengen für die Jahre 1983 bis 1992 von Ammonium- und Nitratstickstoff. Die Berechnung der Jahreseinträge erfolgte überschlägig durch Multiplikation der Jahresniederschlagshöhen an den Meßstationen mit den mittleren Konzentrationen der Stoffe in den Auffanggefäßen. Die Beprobung erfolgte 14-tägig in den Monaten April bis November.

Die Nitratwerte liegen im gesamten Raum um 6 bis 10 kg/(ha•a). Die Werte schwanken wenig, zeigen jedoch bei einigen Stationen eine leicht steigende Tendenz. Die Ammoniumwerte dagegen schwanken sehr stark und erreichen bedeutend höhere Flächenbelastungen mit zunächst deutlich

Tabelle B 4-1: Stickstoffemissionen der Belastungsgebiete Würzburg und Aschaffenburg

Quellen	Würzburg		Aschaffenburg	
	t N/a	%	t N/a	%
Verkehr	599	69	2.040	37
Industrie	204	24	3.285	60
Hausbrand	59	7	166	3
Summe	**862**	**100**	**5.491**	**100**

ansteigender Tendenz: Im Jahr 1989 wurden an einigen Meßstellen 20 kg/ha überschritten. Die regionale Verteilung der Belastungen ist uneinheitlich, die Einträge zeigen sich stark von der örtlichen Emissionssituation und der Niederschlagstätigkeit beeinflußt.

Durch Oberflächenabschwemmung erreicht im Gegensatz zum Phosphor nur ein geringer Teil des flächig ausgebrachten Stickstoffes die Gewässer. Umso größer ist dagegen die Gefahr der Auswaschung von Nitrat in das Grundwasser. Im Unterschied zum Phosphat ist Nitrat gut löslich und im Boden beweglich.

Im landwirtschaftlichen Bereich sind als Stickstoffquellen der Wirtschaftsdünger aus der Viehhaltung und die Düngung mit mineralischem Stickstoff zu unterscheiden. Zum mineralischen Düngerstickstoff zeigt Abbildung B 4-4 **für Bayern und das Bundesgebiet** die langfristige Verbrauchsentwicklung (HÖSEL 1994) [53]. Danach ist der Einsatz mineralischen Stickstoffs von 1950 bis 1980 in Bayern von ca. 15 auf 115 kg/ha gestiegen. Bis 1989 blieb dieser Wert im Mittel erhalten. Seither ist jedoch ein merklicher Rückgang zu erkennen und 1993 wurde mit ca. 80 kg/(ha•a) wieder der Wert von 1970 erreicht. Gegenüber dem Bundesdurchschnitt ist der Rückgang in Bayern stärker ausgeprägt.

Für die Jahre 1978 bis 1989 zeigt Abbildung B 4-5 eine Gegenüberstellung der Stickstoffausbringung und der N-Abfuhr mit den Ernten **in Bayern**. Daraus ergibt sich, daß die Aufwandsmengen bis 1987 deutlich gestiegen sind. Da gleichzeitig die N-Abfuhr mit den Ernten von ca. 140 auf 175 kg/(ha•a) zugenommen haben, ergibt sich bayernweit ein Stickstoffüberhang von ca. 75 kg/(ha•a). In diesem Wert ist neben den unvermeidbaren Verdunstungs- und Auswaschungsverlusten auch die nicht tolerierbare Überhangdüngung, nicht jedoch die zusätzlichen Einträge auf dem Luftweg enthalten. Berücksichtigt man, daß die Werte der Abbildung B 4-5 auf Auswertungen der Bayerischen Schlagkartei beruhen, also etwas zu günstig liegen dürften, so ist für den o. a. Überhang brutto, d. h. einschließlich des atmosphärischen Eintrages, ein Wert von ca. 100 kg/(ha•a) zu veranschlagen.

Für den Planungsraum zeigt Karte E 1.10 die Entwicklung der Jahre 1985 bis 1989. Wie schon beim Phosphor ist zu beachten, daß die Werte der Abbildung B 4-4 auf die Landwirtschaftsflächen, die auf der Karte E 1.10 dagegen auf die Ackerflächen bezogen sind. Daraus ist zu ersehen, daß erwartungsgemäß im Durchschnitt auf Ackerflächen erheblich intensiver mit mineralischem Stickstoff gedüngt wird als auf Grünland. Die Karte zeigt wieder das Verhältnis von mineralischem zu organischem Dünger sowie die Entwicklung der Überhangmengen in den letzten Jahren.

Die Überschüsse bewegen sich auch hier im Mittel um ca. 75 kg/(ha•a). Für das Obermain- und Regnitzgebiet ergaben sich etwas höhere, für das Sinn-Saale- und das Untermaingebiet dagegen etwas niedrigere Werte. Wie die Durchschnittswerte für Bayern dürften auch diese Angaben etwas zu günstig liegen, sie werden hier jedoch beibehalten, da mit der Abnahme des Mineraldüngereinsatzes seit 1989 (s.a. Abbildung B 4-4) auch der Überhang im Mittel zurückgegangen sein dürfte. Trotz der bereits eingetretenen Abnahmen sind diese Überdüngungsbeträge noch zu hoch.

Auch aus unbelasteten Gebieten wird eine gewisse Menge Stickstoff ausgetragen. Nach verschiedenen Literaturangaben betragen die Konzentrationen im Sickerwasser unter unbeeinflußten Waldgebieten zwischen 1 und 20 mg/l. Höhere Werte können unter Auwäldern angetroffen werden.

Belastungszustand der Gewässer im Planungsraum

Im Meßprogramm Chemie der Technischen Gewässeraufsicht werden nur Ammonium und Nitrat gemessen. Auf der Abbildung B 4-3 sind die längerfristigen Entwicklungstendenzen der Stickstoffkonzentrationen an den Hauptmeßstellen Hausen an der Regnitz und Kahl am Main dargestellt. Am Main zeigt sich für das Ammonium ein ähnlicher Verlauf, wie für den Phosphor. Die abnehmende Tendenz seit Mitte der siebziger Jahre ist vor allem auf die zunehmende Nitrifikationsleistung der Kläranlagen zurückzuführen. Die Regnitz war lange Zeit übermäßig durch die Ammoniumeinlei-

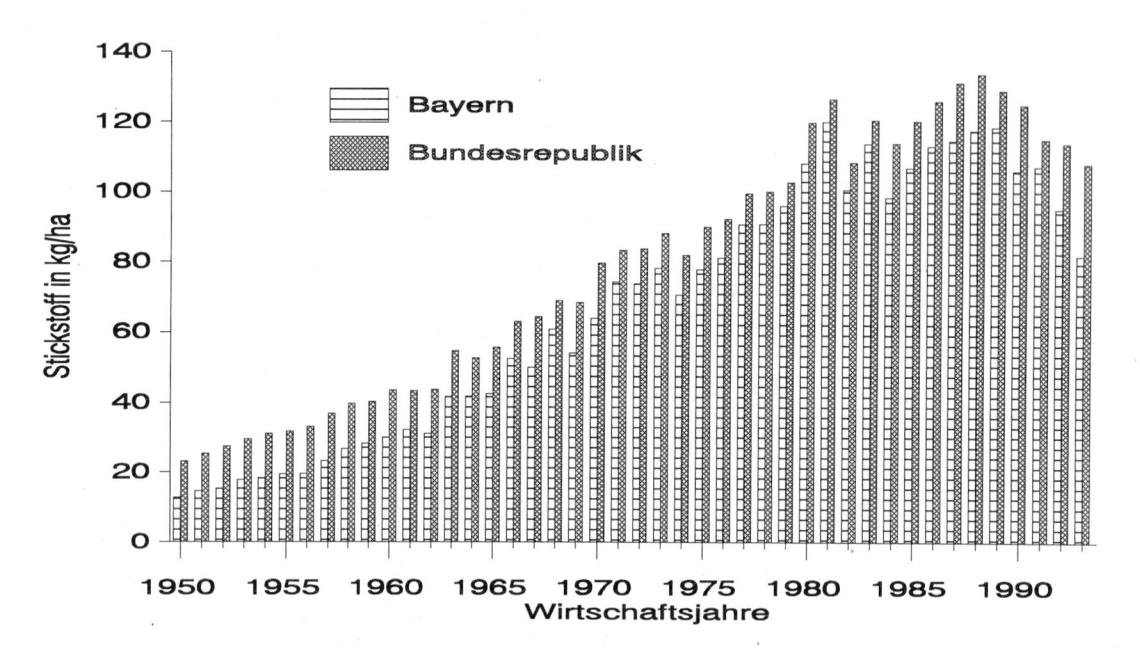

Abb. B 4-4   Einsatz mineralischen Düngerstickstoffes auf Landwirtschaftsflächen von 1950 bis 1993 in der Bundesrepublik (alte Länder) und in Bayern

tungen der Kläranlagen Nürnberg belastet, doch auch hier haben sich die Konzentrationen durch eine Verringerung des Ammoniumanfalles und den Ausbau der Kläranlagen deutlich verringert.

Eine zum Ammonium gegenläufige Entwicklung zeigt das Nitrat. Besonders deutlich ist dies an der Meßstelle Hausen erkennbar. Entsprechend der Abnahme des Ammoniums hat der Nitratstickstoff bis zum Jahre 1990 um ca. 6 mg/l auf etwa 8 mg/l zugenommen. Da ein großer Teil des Nitrats durch die Nitrifikation in der Kläranlage Nürnberg entsteht, wird die Einführung der Denitrifikation allein in dieser Anlage bereits zu einer merklichen Entlastung der Regnitz führen.

Für die Jahre 1985 bis 1987 sind die Stickstoffkonzentrationen in den Gewässern des Planungsraumes aus der Karte E 1.11 zu ersehen. Dargestellt sind, wie beim Phosphor, die 50 und die 95 Perzentile. Beim Ammonium treten die höchsten Gehalte an den Hauptmeßstellen Untermerzbach an der Itz und Pettstadt an der Regnitz auf. Sie sind bedingt durch die Kläranlagen Coburg bzw. Nürnberg. Die erhöhten Werte der Regnitz sind im Main noch über Viereth hinaus bis Schweinfurt und Garstadt zu erkennen. Diese Verhältnisse entsprechen allerdings nicht mehr ganz den Gegebenheiten, da die durch Nürnberg eingeleiteten Ammoniumfrachten weiter abgenommen haben. Erhöhte Gehalte weisen au-

ßerdem noch der Rote Main und die Kahl auf, wohingegen an allen übrigen Meßstellen im Planungsraum nur geringe bis sehr geringe Konzentrationen auftreten. Die 95 Perzentile kennzeichnen die Verhältnisse bei hohen Belastungen einerseits und niedrigen Nitrifikationsleistungen in Kläranlagen und Vorflutern andererseits. Sie treten vor allem in kühleren Jahreszeiten auf.

Die Nitratkonzentrationen zeigen ein relativ ausgeglichenes Bild: Die 50 und die 95 Perzentile unterscheiden sich vergleichsweise wenig. Entlang des Mains von Bamberg bis zur Landesgrenze liegen die 50 Perzentile bei 5 bis 6 mg/l N, die 95 Perzentile um 7 mg/l N. Diese Werte entsprechen 25 bzw. 31 mg/l NO_3, sie bleiben damit deutlich unter dem Grenzwert der Trinkwasserverordnung von 50 mg/l NO_3.

4.2.3.3 Verringerung der Nährstoffeinträge aus landwirtschaftlichen Quellen in die Gewässer

Die hohe Belastung der Binnengewässer sowie der Nord- und Ostsee mit Nährstoffen und die hohen Nitratkonzentrationen im Grundwasser erfordern europaweit eine Verringerung der Nährstoffeinträge aus landwirtschaftlichen Quellen. Die Schwerpunk-

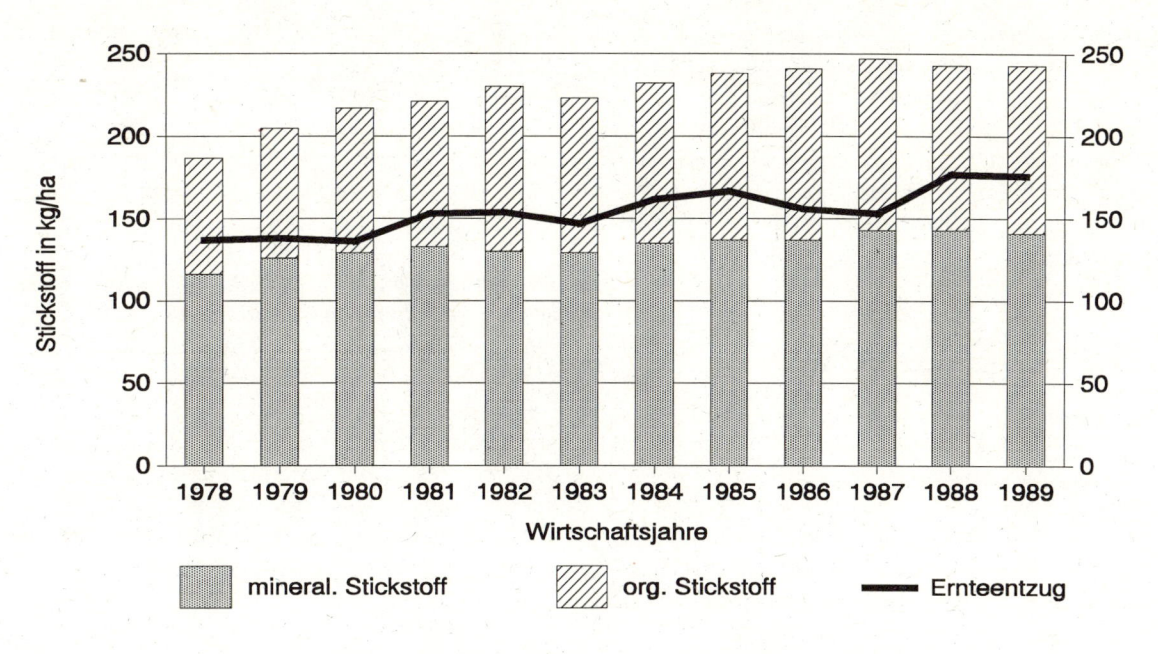

Abb. B 4-5   Stickstoffdüngereinsatz auf Ackerflächen in Bayern von 1978 bis 1989

te der Bemühungen müssen hinsichtlich des Phosphors bei einer Verminderung der Einträge durch Bodenerosion und Abschwemmung, hinsichtlich des Stickstoffs bei einer Verminderung der Auswaschungen in das Grundwasser liegen. Dabei werden folgende Ansätze verfolgt:

- Begrenzung der Düngung entsprechend dem Pflanzenbedarf und den Standortbedingungen; umweltschonender Umgang mit Wirtschaftsdüngern.
- Extensivierung der Produktion oder Herausnahme von Flächen aus der landwirtschaftlichen Nutzung bei gleichzeitigem Nährstoffentzug, Freihaltung von Gewässerrandstreifen.
- Verminderung von Erosion und Abschwemmung.
- Forschung und Beratung.

Eine Begrenzung der ausgebrachten Düngermengen läßt sich durch eine möglichst weitgehende Anpassung der Düngung an den Pflanzenbedarf, an den Nährstoffvorrat im Boden, an die Standortverhältnisse etc. erreichen. Zur Stickstoffdüngung wurde von der Bayerischen Landesanstalt für Bodenkultur und Pflanzenbau eine fachliche Leitlinie herausgegeben (BayLBP 1990, derzeit in Überarbeitung) [8], die wichtige Hinweise für eine sparsame Düngepraxis beinhaltet.

Zur Begrenzung der Gewässerschutzprobleme durch Wirtschaftsdünger wird auch die EG-Richtlinie des Rates zum Schutz der Gewässer vor Verunreinigungen aus landwirtschaftlichen Quellen (91/676/EWG) [9] beitragen, in der unter anderem Höchstgrenzen für Vieheinheiten pro Hektar angestrebt werden.

4.2.4 Anorganische und organische Schadstoffe

Unter den anorganischen und den organischen Schadstoffen wird die umfangreiche Gruppe der Umweltchemikalien zusammengefaßt. Diese Stoffe treten in der Umwelt in Konzentrationen auf, die zu Schäden an tierischen und pflanzlichen Organismen führen können. Zu den anorganischen Schadstoffen gehören vor allem viele Schwermetalle und ihre Verbindungen. Die organischen Schadstoffe dagegen umfassen eine Vielzahl synthetisch erzeugter Substanzen. Neben den chemischen Produkten gehören dazu auch die bei der Herstellung anfallenden Neben-, Zwischen- und Abfallprodukte sowie die beim biologischen und abiotischen Abbau anfallenden Metaboliten. Die Zahl dieser Stoffe ist unabsehbar groß, und sie nimmt weiterhin ständig zu: In der Europäischen Gemeinschaft werden mehr als 100 000 chemische Substanzen in Gewerbe, Industrie, Landwirtschaft und Haushalt verwendet und in die Umwelt freigesetzt. Selbst wenn nur ein begrenzter Anteil dieser Stoffe für die Umwelt eine Gefährdung darstellt, so dürfte deren Zahl immer noch beträchtlich sein. Diese Stoffvielfalt stellt den Gewässerschutz vor erhebliche Probleme.

Im Rahmenplan Main können die Umweltchemikalien nur in einem begrenzten Umfang behandelt werden. Als zweckmäßig erwies sich eine Zweiteilung in einen Abschnitt über anorganische und einen über organische Schadstoffe. Im ersten Teil werden stellvertretend für die Vielzahl dieser Stoffe nur die wichtigsten toxischen Schwermetalle betrachtet, der zweite Teil beschränkt sich auf die Gruppen der leichtflüchtigen Halogenkohlenwasserstoffe, der Komplexbildner NTA und EDTA, der polychlorierten Biphenyle und der Pflanzenbehandlungsmittel.

4.2.4.1 Anorganische Schadstoffe

Schwermetalle

Die Bedeutung der Schwermetalle für den Gewässerschutz liegt in den vielfältigen Schadwirkungen, die viele von ihnen auf die Gewässerbiologie und über das Trinkwasser auf die übrigen Lebensgemeinschaften bis zum Menschen ausüben können. Sie sind persistent, d. h. sie werden weder biologisch noch abiotisch abgebaut, und viele von ihnen sind in hohem Maße bioakkumulierbar. Einige sind hochgradig toxisch sowohl für Wasserorganismen als auch für Säugetiere, und es besteht zum Teil der Verdacht auf krebserzeugende Wirkungen.

Im Mainplan werden als wichtigste Vertreter dieser Gruppe sowohl hinsichtlich ihrer Schadwirkungen als auch hinsichtlich ihrer Verbreitung folgende Schwermetalle betrachtet:

- Cadmium
- Quecksilber
- Blei
- Chrom
- Kupfer
- Nickel
- Zink

Herkunft

Punktförmige Schwermetallbelastungen aus industriellen und gewerblichen Quellen können zwar immer noch erheblich sein, in den letzten zehn Jahren haben sie insgesamt jedoch deutlich abgenommen und ein Ende dieses Trends ist nach der Verschärfung der Anforderungen und nach der Aufnahme der hier betrachteten Metalle als abgabepflichtige Parameter in das Abwasserabgabengesetz noch nicht erreicht. Im häuslichen Abwasser sind Schwermetalle ebenfalls enthalten, sie stammen aus menschlichen Ausscheidungen der mit dem Trinkwasser und den Nahrungsmitteln aufgenommenen Mengen, aus Wasch- und Reinigungsmitteln und sonstigen flüssigen Abfällen. Eine weitere Quelle von Schwermetallen im Mischwasser sind die Einträge von Zink- und Kupferdächern mit dem abfließenden Regenwasser.

Die flächenhaften Quellen sind vielfältig. Auf natürlichem Wege erfolgt die Mobilisierung der Metalle durch Verwitterung metallhaltiger Gesteine und Mineralien oder durch vulkanische Exhalationen. In gelöster Form gelangen sie über das Grundwasser in die Vorfluter. Neben der natürlichen Grundbelastung treten anthropogen bedingt zusätzliche Metallkontaminationen des Grundwassers auf, die z. B. durch Altlasten, Deponien, Leckagen etc. verursacht sein können. Örtlich können hierdurch erhebliche Gewässerbelastungen entstehen.

Bedeutende Mengen von Schwermetallen werden auch durch Verbrennungsprozesse, wie Verfeuerung fossiler Brennstoffe, Verbrennungsmotoren, Müllverbrennung, Waldbrände etc., in die Atmosphäre freigesetzt. Auch von den industriell und gewerblich verwendeten Mengen wird ein Teil in die Atmosphäre emittiert. Auf dem Luftwege werden die Metalle ubiquitär verbreitet, wie z. B. die hohen Bleigehalte im arktischen Eis in der Zeit vor der Begrenzung der Bleizusätze in den Treibstoffen zeigte.

Auch der zur Düngung ausgebrachte Klärschlamm ist eine potentielle Quelle von flächenhaften Schwermetallbelastungen, da infolge ihrer hohen Adsorptionsneigung die Schwermetalle im Klärschlamm angereichert werden können. Um einer Schädigung der Böden oder einer Beeinträchtigung der Nahrungsmittel vorzubeugen, wurden die Metallgehalte im Klärschlamm in der Klärschlammverordnung [11] (s. a. Fachteil „Gewässerschutz/Oberflächengewässer", Anhang 3) begrenzt. Die Entwicklung der Metallbelastung der Klärschlämme im Planungsraum wird in Kapitel 4.3 beschrieben.

Da die Schwermetalle von hoher Bedeutung für viele Gewässernutzungen und für die Lebensbedingungen der aquatischen Biozönosen sind, wurden in zahlreichen Verordnungen, Richtlinien und Empfehlungen Grenzwerte, Wirkungswerte und Orientierungswerte angegeben. An erster Stelle seien hier zunächst die Regelungen für die Trinkwassernutzung genannt. Im EG-Bereich sind hierzu die Richtlinien über die Qualität von Wasser für den menschlichen Gebrauch (80/778/EWG) [12] und für Rohwasser zur Trinkwasserversorgung (75/440/EWG) [13] erlassen worden (s. a. Fachteil „Gewässerschutz/Oberflächengewässer", Anhang 3). Im nationalen Rahmen ist vor allem die Trinkwasserverordnung nach dem Lebensmittel- und Bedarfsgegenständegesetz [4] zu nennen. Weiterhin seien noch die Richtwerte der Internationalen Arbeitsgemeinschaft der Wasserwerke am Rhein (IAWR) erwähnt [14]. Eine vergleichende Übersicht über die verschiedenen Werte zeigt Tabelle B 4-2.

Tabelle B 4-2: Rechtsgrundlagen und Zielvorgaben für Metallgehalte im Trinkwasser in µg/l (unfiltrierte Probe)

Metall	TVO [1] (1990)	EG-Trinkwasser [2] (Nr. 80/778)		EG-Rohwasser [3] (Nr. 75/440)		IAWR [4] (1986)	
		RZ	ZHK	A1	A2	A	B
Cd	5	-	5	5	5	1	5
Cr	50	-	50	50	50	30	50
Cu	-	100	-	50	-	30	50
Hg	1	-	1	1	1	0,5	50
Ni	50	-	50	-	-	30	1
Pb	40	-	50	50	50	30	50
Zn	-	100	-	3.000	5.000	500	50
Al	200	-	-	-	-	-	1.000

[1] Höchstwerte
[2] RZ = Richtzahl; ZHK = zulässige Höchstkonzentration
[3] A1: Imperativer Wert für **einfache** physikalische Aufbereitung und Entkeimung.
   A2: Imperativer Wert für normale physikalische und chemische Aufbereitung und Entkeimung.
[4] A = natürliche Gewinnungs- und Aufbereitungsverfahren
   B = gegenwärtig bekannte und bewährte chemisch-physikalische Verfahren

Tabelle B 4-3: Vorschlag für Qualitätsziele zum aquatischen Ökosystem- und Artenschutz: Konzentrationsangaben beziehen sich auf gelöste Phase

Schutzziele		Wasserhärte	mg/l	µg/l							
			$CaCO_3$	Cd	Cr	Cu	Fe	Hg	Ni	Pb	Zn
Artenschutz		äußerst weich	< 10	0,01	0,1	0,1	5	0,005	0,2	0,1	1
		weich	100	0,02	0,5	0,3	10	0,01	0,5	0,4	2
		hart u. sehr hart	>300	0,05	1	0,5	20	0,03	2	1	4
Öko-systemschutz	Salmonidengewässer	äußerst weich	< 10	0,02	0,5	0,2	10	0,02	1	0,4	2
		weich	100	0,1	2	1	50	0,05	5	1	5
		hart u. sehr hart	>300	1	8	3	100	0,2	10	5	30
	Cyprinidengewässer	äußerst weich	< 10	0,4	5	1	100	0,1	5	4	20
		weich	100	2	15	5	300	0,5	15	10	60
		hart u. sehr hart	>300	10	30	15	500	1	30	20	150

Bei der fischereilichen Nutzung ist die Schadstoffhöchstmengenverordnung nach den Lebensmittel- und Bedarfsgegenständegesetz heranzuziehen, die für Quecksilber einen Grenzwert von 0,5 mg/kg Fischfleisch vorschreibt.

Für Gewässersedimente als Baggergut kann bei landwirtschaftlicher Verwertung die bereits erwähnte Klärschlammverordnung [11] herangezogen werden. Darüber hinaus wurde im Auftrag des DVWK und auf Veranlassung der LAWA eine Studie über die Umlagerung von Sedimenten in Wasserstraßen erstellt (DVWK 1992) [49]. Die dort erarbeiteten Werte können ebenfalls zur Bewertung der Sedimentbeschaffenheit herangezogen werden. Weiterhin ist hier noch der Altlasten-Leitfaden des Bayerischen Staatsministeriums für Landesentwicklung und Umweltfragen und des

Bayerischen Staatsministerium des Innern zu nennen [50].

Für den Bereich des aquatischen Ökosystemschutzes können die von WACHS (1989) [15] vorgeschlagenen Orientierungswerte herangezogen werden. Neben den Cypriniden- und Salmonidengewässern wird hierbei eine dritte Rubrik für den Artenschutz eingeführt, die für Gewässerbiozönosen mit besonders hohen Ansprüchen an die Gewässerqualität gilt. Die in Tabelle B 4-3 aufgelisteten Werte gehen hinsichtlich der Metalle Kupfer und Zink deutlich über die Anforderungen der EG-Fischgewässer-Richtlinie hinaus [3].

Schwermetallbelastung der Gewässer im Planungsraum

Über den Schwermetalleintrag durch feuchte und trockene Deposition im Planungsraum liegen nur Informationen vom Luftüberwachungsnetz des Bayer. Landesamtes für Umweltschutz vor. Dort wird vorrangig die Immissionssituation in den Ballungsräumen überwacht. Auf Abbildung B 4-6 sind für einige Meßstationen im Maineinzugsgebiet die Jahresmittelwerte der Blei- und Cadmiumniederschläge pro Quadratmeter und Tag für die Jahresreihe 1982 bis 1989 dargestellt. Beim Bleiniederschlag weisen die Stationen Kahl, Aschaffenburg und Schweinfurt deutlich höhere Werte auf als die Stationen Erlangen und Würzburg. Insgesamt ist eine mäßige Abnahme im Verlauf der acht Jahre festzustellen: Offenbar wurde die Verringerung der Bleigehalte im Treibstoff durch eine höhere Verkehrsdichte teilweise ausgeglichen. Die Werte dürften allerdings in den folgenden Jahren noch spürbar zurückgehen. Die Cadmiumgehalte liegen um eine bis zwei Zehnerpotenzen unter den Bleigehalten. Auch hier treten die höchsten Werte in Kahl und Schweinfurt auf und die niedrigsten in Würzburg. Im Gegensatz zum Blei ist jedoch beim Cadmium eine erhebliche Abnahme festzustellen: Der Rückgang beläuft sich auf 60 bis 75 %.

Die Schwermetallgehalte im Grundwasser können anthropogen oder geogen bedingt sein. Zur planerischen Beurteilung möglicher Auswirkungen auf die Trinkwassernutzung sowie zur Abschätzung der Herkunft von diffusen Metalleinträgen in die Oberflächengewässer ist eine Abgrenzung der natürlichen Grundgehalte von anthropogenen Aufstockungen erforderlich. Vom Bayerischen Geologischen Landesamt wurde daher eine grundlegende Bestandsaufnahme der Schwermetallbelastung der Grundwässer im Planungsraum durchgeführt (DAFFNER et al. 1989) [16], (HABEREDER et al. 1990) [17]. Dabei wurden ca. 600 Grundwasserproben analysiert, von denen ca. 400 als anthropogen unbeeinflußt anzusehen waren. In jeder Probe wurden mehr als 70 Parameter untersucht, davon 28 Metalle. Die Mehrzahl der Proben wurde aus Trinkwasserbrunnen entnommen, nur in relativ wenigen Fällen waren Quellen einbezogen worden. Die Ergebnisse geben daher gleichzeitig einen Überblick über die Metallkontamination des Trinkwassers im Planungsraum.

Für einige Metalle sind in der Karte E 1.14 mit der Darstellung der Geologie des Planungsraumes für die einzelnen Formationen die 50 Perzentile der Grundwasserkonzentrationen gezeigt. Die höchsten Summengehalte, bezogen auf die sieben Metalle, treten danach im Buntsandstein mit mehr als 15 µg/l und im metamorphen Paläozoikum mit ca. 10 µg/l auf, gefolgt vom Muschelkalk und Sandsteinkeuper, die jeweils unter 8 µg/l liegen. Die niedrigsten Gehalte weisen die Grundwässer des Kristallin, des Dogger und des Malm auf.

Vom Muschelkalk über den Unteren Keuper und Gipskeuper bis zum Sandsteinkeuper nehmen in den Grundwässern die Arsengehalte auffallend stark von 19 auf 50 % zu, gleichzeitig gehen die Nickelgehalte von 38 auf 3 % zurück. Auch die Malmwässer weisen einen hohen Arsengehalt auf. Das Kobalt erreicht besonders im nichtmetamorphen Paläozoikum und im Dogger mit ca. 25 % vergleichsweise hohe Werte, Chrom tritt verstärkt in Dogger- und Gipskeuperwässern auf. Kupfer kommt im Kristallin und im Malm in höheren Konzentrationen vor.

Auffallend sind die hohen Aluminiumgehalte in den besonders karbonatarmen Gesteinen des Buntsandsteins und des metamorphen und des nichtmetamorphen Paläozoikums. In diesen Fällen bestimmt das Aluminium mit Anteilen zwischen 68 und 77 % die Höhe der Summengehalte. Hier zeigt sich die Eigenschaft des Aluminium als Leitmetall zur Erkennung von Versauerungen.

Schwermetallbelastung der Oberflächengewässer

Im Fachteil „Gewässerschutz/Oberflächengewässer" ist die Metallbelastung des Mains dargestellt, die im Rahmen eines Untersuchungsprogrammes der BayLWF (WACHS 1988) [18] erhoben wurde. Bei diesen Untersuchungen wurden neben den gelösten Fraktionen im Mainwasser vor allem die Belastungen der oberflächennahen Sedimente und der Sedimente bis 15 cm Tiefe untersucht. Die Konzentrationen im Freiwasser zeigen ein ausgeglichenes Bild ohne erkennbare Tendenzen im Längsprofil des Mains. Kupfer erreicht mit 3 bis 7 µg/l die höchsten Werte, gefolgt von Nickel mit 3 bis 5 µg/l. Chrom- und Bleikonzentrationen bewegen sich um 1 µg/l. Die Cadmium- und Quecksilberwerte liegen mit 0,2 bis 0,3 bzw. 0,05 µ/l erheblich niedriger.

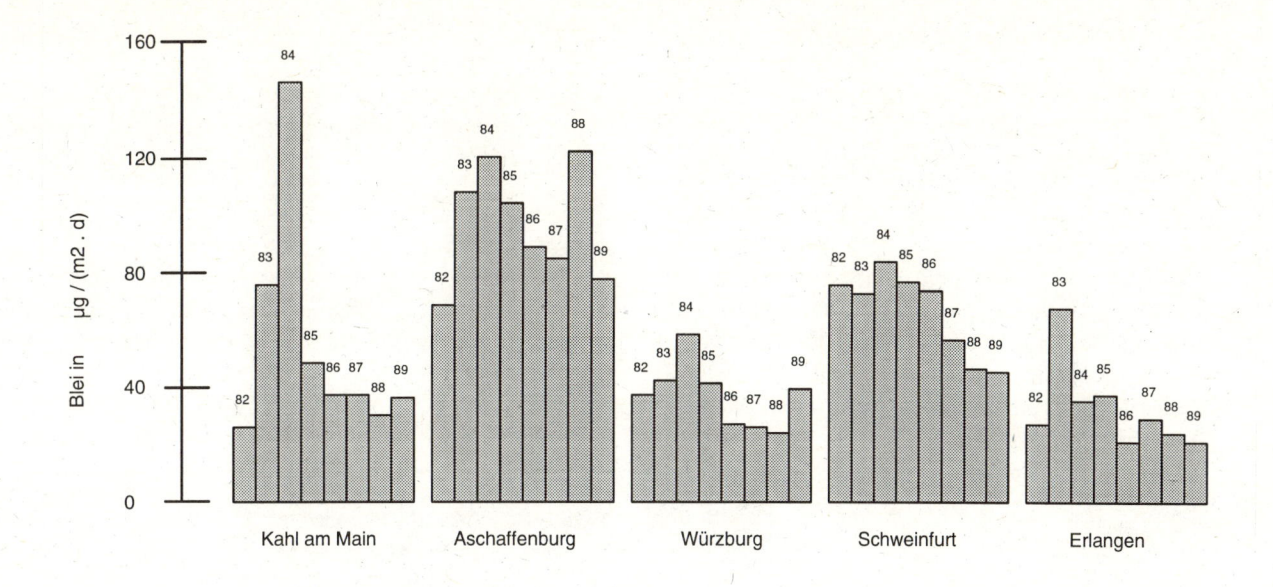

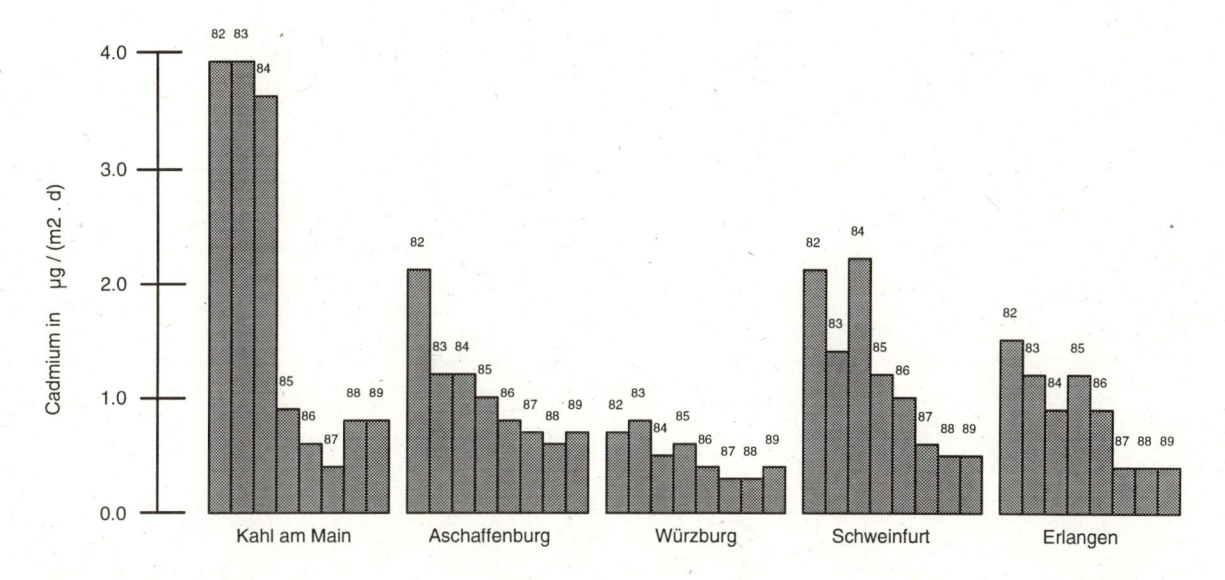

Abb. B 4-6   Blei und Cadmium im Staubniederschlag, Jahresmittel 1982 - 1989

Die gemessenen Konzentrationen bleiben bei allen Metallen unter den Qualitätszielen der Tabelle B 4-3 für die betreffende Fischregion und Gesamthärte. Neben den dargestellten Untersuchungsergebnissen wurden auch die Meßdaten der technischen Gewässeraufsicht ausgewertet.

Dabei zeigte sich, daß im gesamten Planungsraum die 95-Perzentilwerte der Metallkonzentrationen unter den zwingenden Werten der EG-Rohwasserrichtlinie bei Anwendung sowohl „einfacher" als auch „normaler" chemisch-physikalischer Aufbereitung bleiben. Ebenso werden die Grenzwerte der Trinkwasserverordnung von den 95 Perzentilen eingehalten.

Die Sedimente sind besonders im oberen Teil der Untersuchungsstrecke bis etwa zur Mündung der Fränkischen Saale die tieferen Schlammschichten etwas höher belastet als die oberflächennahen Feinsedimente. Im unteren Abschnitt gleichen sich die Verhältnisse dagegen einander an. Die höchsten Konzentrationen weist das Kupfer auf, das jedoch im Längsprofil auch am stärksten zurückgeht. Es folgen Blei und Chrom und an letzter Stelle Nikkel.

Schwermetallgehalte im Fischfleisch

Im Rahmen der Lebensmittelüberwachung werden regelmäßig Fische aus bayerischen Gewässern auf ihre Gehalte an einigen Schadstoffen untersucht, wozu auch einige Schwermetalle gehören. Die Analysen beziehen sich auf die Muskulatur der Tiere, die Ergebnisse werden als mg/kg Frischmasse (FM) angegeben. Die untersuchten Fische stammen überwiegend aus dem Main und seinen wichtigsten Nebenflüssen. Die räumliche Verteilung der Fangstellen ist variabel und sehr ungleichmäßig, ebenso die zeitliche Verteilungen der Fänge. Entsprechend der Zielsetzung der Untersuchungen werden vor allem Speisefische unterschiedlichen Alters analysiert. Zur Auswertung der Daten wurden größere Gewässerbereiche zusammengefaßt, um ausreichend große Stichproben zu erhalten. Der ausgewertete Untersuchungszeitraum erstreckt sich über die Jahre 1983 bis 1989.

Auf der Karte E 1.19 sind die Meßergebnisse als 50 Perzentile dargestellt. Die Fangbereiche sind durch graue Bänder entlang der Flüsse gekennzeichnet, die Abschnittsgrenzen durch rote Balken markiert. Die mittlere Metallbelastung im Fischfleisch zeigt hinsichtlich der Summenwerte im Planungsraum ein relativ ausgeglichenes Bild. Auffallend niedrig ist der Summenwert in der Regnitz trotz der hohen Industriedichte des Mittelfränkischen Wirtschaftsraumes. Auch die Itz und der Rote Main weisen relativ geringe Summenwerte auf.

Größere Unterschiede ergeben sich jedoch bei den prozentualen Anteilen der einzelnen Metalle. Kupfer zeigt in allen Teilbereichen die höchsten Anteile. Allen Teilgebieten gemeinsam ist weiterhin eine relativ hohe Quecksilberbelastung, die Werte zwischen 18 und 34 % erreicht. Die Quecksilberkonzentrationen z. B. im Mainwasser bewegen sich jedoch in Bereichen unter 1 µg/l, und weisen damit die geringsten Werte aller betrachteten Metalle auf. Ursache für die vergleichsweise hohen Gehalte im Fischfleisch ist der extrem hohe Anreicherungsfaktor, der mit 10.000 etwa 40-fach höher liegt, als bei den übrigen Metallen. Cadmium, dessen Konzentrationen im Wasser in der gleichen Größenordnung liegen, wie die des Quecksilbers, ist im Fischfleisch dagegen kaum nachweisbar. Chrom und Blei bleiben zusammen in der Regel unter 10 %, lediglich im Roten Main und in der Regnitz werden beim Blei 8 % erreicht. Da in beiden Fällen jedoch die Summenkonzentrationen gering sind, gilt dies auch für die Bleibelastungen.

Als Grundlage für die Bewertung von Schwermetallgehalten im Fischfleisch wurden von WACHS [15] die in Tabelle B 4-4 enthaltenen Höchstmengen als Orientierungswerte vorgeschlagen. Diese Werte werden von den 50 Perzentilen sowie den hier nicht dargestellten 90 Perzentilen in keinem Fall überschritten.

Die wichtigsten Maßnahmen zur Reduzierung der Metallbelastungen der Gewässer bilden die in den Anhängen der Rahmenabwasser-VwV gestellten Mindestanforderungen. Danach ist die Abwasserfracht gefährlicher Stoffe so gering zu halten, wie dies nach dem Stand der Technik möglich ist. Die Umsetzung dieser Forderungen wird zu einer spürbaren Verringerung der Metallbelastungen führen. Im Rahmen dieser bundesrechtlichen Anforderungen werden auch die EG-Bestimmungen, die im Rahmen der EG-Gewässerschutzrichtlinie (76/464/EWG) [19] (s.a. Fachteil „Gewässerschutz / Oberflächengewässer", Anhang 3) erlassen wurden, berücksichtigt.

Zur Überwachung der Schwermetallemittenten dient die Indirekteinleiterverordnung, Grundlage für den Vollzug sind u.a. die Abwassersatzungen der Kanalnetzbetreiber. Wesentliches Kontrollinstrument ist darüber hinaus die staatliche Einleiter- und Indirekteinleiterüberwachung.

Als wirkungsvollster Beitrag zum Umweltschutz ist jedoch die Vermeidung durch alternative Produktionstechniken oder durch Rückgewinnung der eingesetzten Metalle herauszustellen, da sie neben der Vermeidung von Umweltbelastungen auch zur Schonung der Rohstoffressourcen beiträgt.

Auch im Abwasserabgabengesetz sind einige Schwermetalle als abgabepflichtige Parameter ausgewiesen. Die jeweils festgelegten Schadeinheiten und die Schwellenwerte, bei deren Überschreitung die Abgabepflicht beginnt, sind aus Anhang 3 zu ersehen.

Neben diesen einleitungsbezogenen Regelungen sind für einige Metalle auch immissionsseitige Anforderungen zu berücksichtigen: Nach dem „Aktionsprogramm Rhein" und den Vereinbarungen der Nordseeschutzkonferenz von Paris und London (s.a. Fachteil „Gewässerschutz / Oberflächengewässer", Anhang 3) sollen für Cadmium, Quecksilber und Blei zwischen den Jahren 1985 und 1995 die Belastungen des Rheins und der Nordsee um 70 % oder mehr reduziert werden. Für das Stichjahr 1985 kann die Jahresfracht an der Meßstelle Kahl am Main aus den vorliegenden Daten der Wasserwirtschaftsverwaltung auf 440 kg Cadmium, 580 kg Quecksilber und 3100 kg Blei geschätzt werden. Mit der Umsetzung der verschärften Anforderungen werden sich diese Jahresfrachten wesentlich reduzieren (s.a. Fachteil „Gewässerschutz / Oberflächengewässer", Kapitel 3).

4.2.4.2 Organische Schadstoffe

Aus der Vielzahl der organischen Schadstoffe wurden für die Darstellung im Rahmenplan Main folgende Gruppen ausgewählt:

— Halogenkohlenwasserstoffe
  • Leichtflüchtige Chlorkohlenwasserstoffe
  • polychlorierte Biphenyle
— Pflanzenbehandlungsmittel
— Komplexbildner NTA und EDTA

Die Auswahl erfolgt nach der Bedeutung der Stoffe für den Gewässerschutz sowie nach der Verfüg-

Tabelle B 4-4: Vorschlag für Höchstmengen an Schwermetallen im Fischfleisch und zugeordnete Konzentrationen im Wasser (WACHS 1989, 1993) [15,55]

Metall	Fischfleisch (Muskulatur)	Anreicherungs-faktoren	Wasser (gelöste Phase)	Wasser (gesamt)
-	mg/kg FM	-	µg/l	µg/l
Cd	0,1	200	0,5	1,0
Cr	1,5	500	3	7,5
Cu	2,0	200	10	18
Hg	0,5	10.000	0,05	0,12
Ni	1,5	200	7	13
Pb	0,5	200	3	8
Zn	15	600	30	54

barkeit von Daten und Informationen über das Auftreten dieser Substanzen in den Gewässern des Planungsraumes.

4.2.4.2.1 Halogenkohlenwasserstoffe

Die Halogenkohlenwasserstoffe bilden eine sehr umfangreiche Gruppe von Umweltchemikalien, von denen viele zu den besonders gefährlichen Substanzen zu rechnen sind. So sind ca. 65% der in der Liste I der EG-Gewässerschutzrichtlinie (76/464/EWG) [19] zusammengestellten gefährlichen Stoffe halogenorganische Verbindungen. Im Hinblick auf den Gewässerschutz sind es vor allem die Chlorkohlenwasserstoffe (CKW), die mit über 1.000 Verbindungen zu nutzungsspezifischen und ökotoxikologischen Problemen führen können. Sie werden in die leichtflüchtigen und die schwerflüchtigen Chlorkohlenwasserstoffe (LCKW bzw. SCKW) unterteilt. Zu den ersteren gehören viele der in großem Umfang im industriellen und gewerblichen Bereich eingesetzten Lösungsmittel. Die SCKW dagegen sind höhermolekulare, aromatische Kohlenwasserstoffe, zu denen neben einigen Pflanzenbehandlungsmitteln auch die polychlorierten Biphenyle gehören.

Leichtflüchtige Chlorkohlenwasserstoffe

Zur beispielhaften Darstellung der Belastung des Mains mit leichtflüchtigen Chlorkohlenwasserstoffen wurden folgende Stoffe ausgewählt:

— Trichlormethan (Chloroform)
— Tetrachlorethen (PER)
— Trichlorethen (TRI)
— 1,1,1-Trichlorethan

Alle vier Substanzen werden bis auf das Chloroform industriell und gewerblich in großen Mengen als Lösungsmittel verwendet. Für den Gewässerschutz sind sie wegen ihrer hohen Mobilität, ihrer weiten Verbreitung in der Umwelt, ihrer Persistenz im Wasser und wegen ihrer gesundheitsschädlichen Eigenschaften zu Problemstoffen geworden. Der Umgang mit diesen Stoffen wird durch ihre hohe Mobilität erschwert: Sie können in kurzer Zeit Holz, Kunststoffe, Asphalt und sogar wasserdichten Beton durchdringen.

Obwohl nur ein sehr geringer Anteil der jährlichen Produktion in das System Boden - Sickerwasser - Grundwasser freigesetzt wird, kommt diesen Mengen eine besondere Bedeutung zu. Der Eintrag erfolgt in der Regel durch unsachgemäßen Umgang, durch Transportunfälle, durch Leckagen, durch undichte Kanäle etc. Da die LCKW im Untergrund mobiler als Wasser sind, breiten sie sich relativ schnell unter der Bildung von Fahnen aus. Ein Austrag aus dem System erfolgt mit der Bodenluft, durch den Abbau, mit austretendem Grundwasser in Quellen, Grundwasserblänken etc. sowie durch Grundwasserentnahmen. LCKW werden wegen ihrer geringen Absorptionsneigung bei der Wassergewinnung aus Uferfiltrat durch die Untergrundpassage kaum zurückgehalten.

Von den untersuchten Trinkwasserversorgungsanlagen der Regierungsbezirke Ober-, Mittel- und Unterfranken wiesen 18 Anlagen eine Summenkonzentration von > 1 µg/l auf. Bei insgesamt 11 Anlagen wurde darüber hinaus der ab 01.01.1992 gültige Grenzwert von 10 µg/l überschritten.

Außerdem sind in Bayern bisher 470 LCKW-Schadensfälle mit Konzentrationen im Grundwasser von > 25 µg/l erfaßt worden (Stand 1. April 1991).

Davon entfielen auf Oberfranken 46, auf Mittelfranken 96 und auf Unterfranken 71 Fälle. Bei weiteren 148 Schadensfällen lagen die Konzentrationen unter 25 µg/l oder konnten bisher noch nicht ermittelt werden.

Zusätzlich wurden 364 Fälle von Boden- oder Bodenluftverunreinigung bekannt, bei denen keine Grundwasserbelastung nachgewiesen werden konnte. Damit beläuft sich die Gesamtzahl der bisher bekannten Verunreinigungsfälle auf 982. Es ist jedoch anzunehmen, daß diese Zahl durch neue Schadensfälle oder durch Aufklärung bisher verborgener Altlasten noch zunehmen wird.

Überschlägig kann angenommen werden, daß ca. 1 - 2 % der verwendeten Lösungsmittel in das Abwasser gelangen. Von großem Einfluß ist die Entgasung aus dem Rohabwasser im Kanalnetz auf dem Weg vom Indirekteinleiter zur Kläranlage. Mehr als 90 % der eingeleiteten Menge können bereits ausgestrippt werden, bevor das Klärwerk erreicht wird. Daher überschreiten die Konzentrationen im Zulauf der Anlagen selten 100 µg/l. Die Lösungsmittel werden stark diskontinuierlich in die Kanalisation abgegeben. Die Abnahme der Konzentrationen beruht generell auf einem gasförmigen Entweichen in die Luft. Ein biologischer Abbau findet kaum oder nicht statt. Nach Untersuchungen der BayLWF beträgt die Elimination von Kläranlagen bei TRI ca. 60-90 %, bei PER 70-99% und bei 1,1,1-Trichlorethan und Chloroform etwa 50-90 %. BRÜGGEMANN et al. (1988) [20] haben ermittelt, daß die Gesamtfreisetzung, d. h. der Anteil der eingesetzten Stoffmenge, der den Main über den Kläranlagenablauf erreicht, beim PER ca. 0,6 % beträgt und bei TRI zwischen 0,05 und 0,2 % liegt.

In Oberflächengewässern entgasen die Stoffe schnell mit Halbwertszeiten von 3 bis 5 Tagen. Zur Beschreibung der LCKW-Belastung des Mains wurden vom Forschungszentrum für Umwelt und Gesundheit im Zeitraum zwischen Juni 1989 und Juni 1991 vier Meßaktionen durchgeführt, bei denen entlang des Mains an zahlreichen Staustufen und den wichtigsten Kläranlagen Proben genommen wurden. Die Analysen führte die BayLWF durch. Von diesen Aktionen wurden zur Darstellung der gegenwärtigen Belastungssituation die Ergebnisse vom November 1989 ausgewählt. Die Abbildung B 4-7 zeigt hierzu die Konzentrationen und Frachten entlang des Mains zwischen Bamberg und Aschaffenburg. Die Meßaktionen fanden bei leicht erhöhten Wasserführungen statt. Die Konzentrationsverläufe sind bis auf den Bereich unmittelbar oberhalb von Aschaffenburg relativ gleichförmig. Sie bleiben unter 0,1 µg/l, lediglich beim PER werden 0,15 µg/l erreicht. Der hohe Chloroformwert von 0,78 µg/l beim Flußkilometer 93 ist auf einen bei der Aktion nicht erfaßten Direkteinleiter zurückzuführen. Die Kläranlagen sind infolge der sehr geringen Ablaufmengen im Konzentrationsverlauf des Mains kaum zu erkennen. Die Summenwerte der Frachten bleiben bis auf die Messung bei km 93 unter 4 kg pro Tag. Auch hier ist das Belastungsbild relativ ausgeglichen und die Kläranlagen zeigen keinen Einfluß.

Die vier Stoffe sind in vielen Richtlinien und Vorschriften zur Trinkwasserqualität aufgeführt. Die Angaben schwanken allerdings beträchtlich, z. T. über zwei Zehnerpotenzen. Nach der Trinkwasserverordnung der Bundesrepublik wurde ab 1. 1. 1992 der Grenzwert von 25 µg/l auf 10 µg/l gesenkt. Der Bund-Länder-Arbeitskreis Qualitätsziele (BLAK QZ) hat in Anlehnung an die EG-Richtlinie (80/778/EWG) [12] zur Trinkwasserqualität als Zielvorgabe für alle vier Stoffe 1 µg/l vorgeschlagen. Die vorgeschlagenen Werte sollen in den kommenden Jahren hinsichtlich ihrer praktischen Anwendbarkeit erprobt werden. Gegenwärtig bleiben die Summenkonzentrationen der vier betrachteten LCKW im Main deutlich unter 1 µg/l und erfüllen damit den Grenzwert der Trinkwasserverordnung.

Obwohl Möglichkeiten zur Substitution der Lösungsmittel vorhanden sind, konnten sich diese bisher nicht durchsetzen, da sie hinsichtlich der Handhabungssicherheit, der Vielseitigkeit der Anwendbarkeit, des Abwasser- oder Abfallanfalles etc. mit Nachteilen verbunden sind. Um dennoch die Emissionen so weit als möglich zu verringern, wurden zahlreiche Maßnahmen und Initiativen ergriffen. Einige Beispiele seien hier aufgeführt:

– Verminderung des LCKW-Anfalles im industriellen und gewerblichen Abwasser durch Mindestanforderungen nach § 7a, WHG. Darin wird eine Vermeidung oder Behandlung nach dem Stand der Technik verlangt. Die Stoffe werden dort zumeist nicht einzeln, sondern als Summe oder als AOX begrenzt.
– Auch im Abwasserabgabengesetz werden, wie bereits eingangs erwähnt, über den Abgabeparameter AOX unter anderen halogenorganischen Verbindungen die LCKW erfaßt.
– Im Rahmen des Abfallgesetzes wurde die Verordnung über die Entsorgung gebrauchter Lösemittel vom 23. Oktober 1989 erlassen: Nach einem Vermischungsverbot der verschiedenen Lösemittel werden darin die Vertreiber dieser Mittel verpflichtet, vom Abnehmer die gebrauchten Stoffe zurückzunehmen. Auf diese Weise wird eine unsachgemäße Entsorgung verhindert.
– Die Industrie selbst hat ebenfalls Initiativen ergriffen, um die Umweltbelastung mit Lösungsmitteln zu begrenzen. So verzichtet die Waschmittelindustrie auf den Einsatz von

LCKW in ihren Produkten. Die Hersteller von LCKW haben aufgrund der Rücknahmeverordnung ein dreistufiges Konzept vorgelegt, das die Herstellung, Lagerung und Verteilung der Stoffe, Informationen für die Verwender der Mittel und Unterstützung der Regenerierbetriebe umfaßt.
- Speziell für chemische Reinigungen wurde vom Ad-hoc-Arbeitskreis (LAWA/BMI/ATV/DVGW) eine Informationsschrift über die Freisetzung von Lösemittel-Wasser-Gemischen bei der Chemischreinigung erstellt.

Mit diesen Bemühungen ist es bereits gelungen, die Vermarktungsmengen der Lösungsmittel annähernd zu halbieren, wobei die Abnahme großenteils auf die Verringerung der Verluste zurückzuführen sein dürfte.

Zur frühzeitigen Erkennung von Grundwasserkontaminationen könnte bei Betrieben mit umfangreicher Anwendung von LCKW eine Eigenüberwachung durch spezielle Meßprogramme beitragen (AMANN et al. 1987) [22]. Auf diese Weise können Schäden erfaßt und beseitigt werden, bevor sie unkontrollierbar geworden sind. Im Hinblick auf das neu geschaffene Umwelthaftungsrecht dürften diese Maßnahmen von erheblicher Bedeutung sein. Durch eine regelmäßige Überwachung der Anlagen, in denen LCKW eingesetzt werden, kann das Risiko von Verlusten erheblich eingeschränkt werden.

Polychlorierte Biphenyle

Die Polychlorierten Biphenyle (PCB) bilden eine umfangreiche Gruppe der chlororganischen aromatischen Verbindungen und zählen aufgrund ihrer hohen Persistenz und Bioakkumulation zu den wassergefährdenden Substanzen. Im Katalog wassergefährdender Stoffe sind sie in die Wassergefährdungsklasse 3 (stark wassergefährdend) eingestuft. Ihre Säugetiertoxizität ist zwar gering, sie weisen jedoch eine sehr hohe aquatische Toxizität auf. Die PCB sind in der Liste 1 im Anhang der EG-Richtlinie (76/464/EWG) [19] über den Schutz der Gewässer vor gefährlichen Stoffen aufgeführt.

Aufgrund ihrer Molekülstruktur können theoretisch 209 Isomere und Homologe entstehen. Technische Gemische enthalten verschiedene PCB-Komponenten. Die PCB werden nach dem Grad der Chlorierung in Mono- bis Dekachlorbiphenyle unterschieden. Eine systematische Numerierung aller 209 PCB entsprechend ihrer chemischen Struktur wurde von BALLSCHMITER & ZELL (1980) [23] angegeben. Die am häufigsten genannten Komponenten tragen die Nummern 28, 52, 101, 138, 153 und 180.

Die Mobilität der PCB ist aufgrund ihrer Flüchtigkeit hoch. Da der biologische Abbau nur langsam abläuft, die Stoffe jedoch in großen Mengen hergestellt und weit verbreitet wurden, sind sie heute trotz eines seit 1989 gültigen Herstellungs- und Anwendungsverbotes noch in allen Umweltmedien anzutreffen, wenn auch mit abnehmender Tendenz. Sie wurden im Niederschlag, im Boden, in Oberflächengewässern und in biologischem Material gefunden.

Die in der Umwelt anzutreffenden PCB stammen großenteils aus diffusen Quellen, die als Altlasten auf den Einsatz in der Zeit vor 1978 zurückgehen. Andererseits sind auch die in geschlossenen Systemen noch vorhandenen Mengen eine latente Gefahr, da aus Leckagen oder bei unsachgemäßer Entsorgung diese Stoffe weiterhin in die Umwelt gelangen können.

Die hohe Adsorptionsneigung der PCB bewirkt, daß sie zwar im Oberboden in z. T. hohen Konzentrationen nachgewiesen werden, dagegen im Grund- und Trinkwasser praktisch nicht vorkommen. Im Oberflächenwasser sind sie jedoch wieder in deutlich meßbaren Konzentrationen vorhanden, wenn auch überwiegend an Schwebstoffe gebunden. Im Untermain wurden im Untersuchungszeitraum 1980-1982 im Mittel ca. 70 ng/l gemessen, in der Regnitz bei Hausen lagen die Werte in gleicher Größenordnung.

Bis zu erneuten Untersuchungen in den Jahren 1987-1989 hatte sich der Mittelwert mit 25 ng/l auf ca. ein Drittel verringert. Bei einer Meßaktion des Forschungszentrums für Umwelt und Gesundheit im Juni 1989 entlang des Mains von Bamberg bis Aschaffenburg blieben die Konzentrationen aller untersuchten PCB (101, 138, 153 und 180) unter der Nachweisgrenze.

Über die Belastung der Sedimente und des Aufwuchses liegen aus jüngerer Zeit nur wenige Meßwerte aus dem Maingebiet vor. Bei einem mittleren Anreicherungsfaktor von ca. 8.000 (BRAUN et al. 1990) [24] ist jedoch noch mit erheblichen Konzentrationen zu rechnen, was durch eine Sedimentmessung an der Wern mit ca. 100 µg/kg Trockensubstanz bestätigt wird.

Untersuchungen der BayLWF an Fischen aus der Regnitz und dem Main zeigten in der Leber PCB-Konzentrationen von 0,8 bis 1,7 mg/kg Trockensubstanz, im Muskelfleisch immer noch 0,1 bis 0,3 mg/kg TS. Um ein Bild der räumlichen Verteilung der PCB-Belastungen in Fischen im Maingebiet zu erhalten, wurden, wie bei den Metallen, die Untersuchungsergebnisse des Landesuntersuchungsamtes Nordbayern aus dem Zeitraum 1983 bis 1989 ausgewertet und dargestellt. Für die Untersuchungen wurden die Formen mit den Nummern 52, 101, 138, 153 und 180 ausgewählt. Untersucht wurde ausschließlich Muskelgewebe.

Karte E 1.23 zeigt die 50 Perzentile der Meßwerte. Die Summe der sechs Komponenten ist im Obermaingebiet mit ca. 15 µg/l am niedrigsten, gefolgt vom Sinn/Saale-Gebiet mit etwa 25 µg/kg. Entlang der Achse Regnitz - Main bis Saalemündung - Main bis Landesgrenze nimmt der Summenwert zunächst von 60 auf 77 µg/kg zu, um dann auf 55 µg/kg wieder abzunehmen.

In der EG-Trinkwasserrichtlinie (80/778/EWG) [12] ist für organische Halogenverbindungen als Genzwert 1 µg/l festgelegt. In der Trinkwasserverordnung vom Dezember 1990 werden als Grenzwerte für PCB 0,1 µg/l je Einzelsubstanz und 0,5 µg/l für die Summe der Isomere und Homologen vorgeschrieben. Diese Konzentrationen werden weder in den Niederschlagsmessungen noch in den Oberflächengewässern erreicht. Für die Trinkwasseraufbereitung stellen die PCB im übrigen kein Problem dar, da sie infolge ihrer hohen Adsorptionsneigung leicht aus dem Wasser zu entfernen sind.

Nach der Verordnung über Höchstmengen an Schadstoffen in Lebensmitteln (Schadstoffhöchstmengenverordnung) [52] dürfen im Fischfleisch von den Isomeren mit den Nummern 28, 52, 101 und 180 maximal 0,2 mg/kg, von den Isomeren mit den Nummern 138 und 153 maximal 0,3 mg/kg enthalten sein. Die Angaben beziehen sich auf das Frischgewicht der eßbaren Teile der Fische. Ein Vergleich mit der Karte E 1.23 zeigt, daß die 50 Perzentile diese Grenzwerte durchweg einhalten. Da laufend mit einem weiteren Rückgang der PCB-Konzentrationen zu rechnen ist, dürfte dies heute auch für die 90 Perzentile gelten.

Wie aufgrund ihrer weiten Verbreitung zu erwarten, sind PCB auch im Klärschlamm enthalten. Zum Schutz der Böden darf Klärschlamm zur Düngung von landwirtschaftlich, forstwirtschaftlich oder gärtnerisch genutzten Flächen nur verwendet werden, wenn die Maximalgehalte der sechs eingangs genannten Komponenten 0,2 mg/kg Trockensubstanz je Einzelverbindung nicht überschreiten.

Nach dem Verbot der Anwendung ist darauf zu achten, daß die noch im Gebrauch befindlichen Mengen schadlos beseitigt werden. Dabei ist zu berücksichtigen, daß die PCB häufig mineralischen Ölen beigemischt wurden, so daß auch die Altölentsorgung in diesem Rahmen mit zu betrachten ist. Auf der Grundlage des Abfall- und des Bundesimmissionsschutzgesetzes wurde in der Bundesrepublik im Oktober 1987 die Altölverordnung erlassen, die gleichzeitig bereits bestehende europäische Regelungen in nationales Recht umsetzt. Sie fordert die getrennte Sammlung, Beförderung und Entsorgung von Altölen und synthetischen Ölen auf PCB-Basis und untersagt insbesondere die Wiederaufbereitung von PCB-haltigen Ölen ab einem bestimmten Mischungsanteil.

4.2.4.2.2 Pflanzenbehandlungsmittel

Die Pflanzenbehandlungsmittel lassen sich unterteilen in die Pflanzenschutzmittel, die Wachstumsregler und die Pflanzenstärkungsmittel. Für den Gewässerschutz von besonderer Bedeutung sind hierbei die Pflanzenschutzmittel, die sich untergliedern in die Herbizide (Unkrautvernichtungsmittel), die Fungizide und Bakterizide (Schutzmittel gegen Pilze, Bakterien und Viren) und die Insektizide (Insektenvertilgungsmittel). Die übrigen Gruppen, wie Akarizide, Rodentizide etc. sind für die Gewässer allgemein von geringerer Bedeutung.

Im konventionellen Landbau gehören Pflanzenbehandlungsmittel zu den unverzichtbaren Hilfsmitteln des Pflanzenbaues. Sie dienen der Erhaltung der Nutzpflanzen, sichern hohe Erträge und tragen zur Arbeitserleichterung in der Landwirtschaft bei. Ohne die Anwendung dieser Mittel wäre die landwirtschaftliche Produktion erheblich geringer.

Andererseits kann aber die Anwendung der Pflanzenschutzmittel durch selektive Vernichtung bestimmter Glieder des Ökosystems den Naturhaushalt stören. Die Belastung des Grundwassers und der Oberflächengewässer mit Wirkstoffen von Pflanzenschutzmitteln ist gegenwärtig besonders zu berücksichtigen.

Das Umweltverhalten der Pflanzenbehandlungsmittel ist von den Eigenschaften der darin enthaltenen Wirkstoffe abhängig, z.B. von Adsorptionsneigung, Wasserlöslichkeit, biologischer Abbaubarkeit etc. Die Gefahr einer Auswaschung in das Grundwasser wächst mit der Mobilität der Stoffe.

Die Verteilung der Stoffe in der Umwelt sowie die Transportmechanismen sind in Abhängigkeit vom chemischen Aufbau und den Eigenschaften sehr verschieden:

- Pflanzenschutzmittel werden auch auf dem Luftweg verbreitet. Durch Verdunstung und Windverdriftung gelangen sie in die Atmosphäre, werden dort z. T. über große Entfernungen transportiert und über trockene oder feuchte Deposition wieder auf die Erde zurückgeführt.

LCKW-Konzentrationen

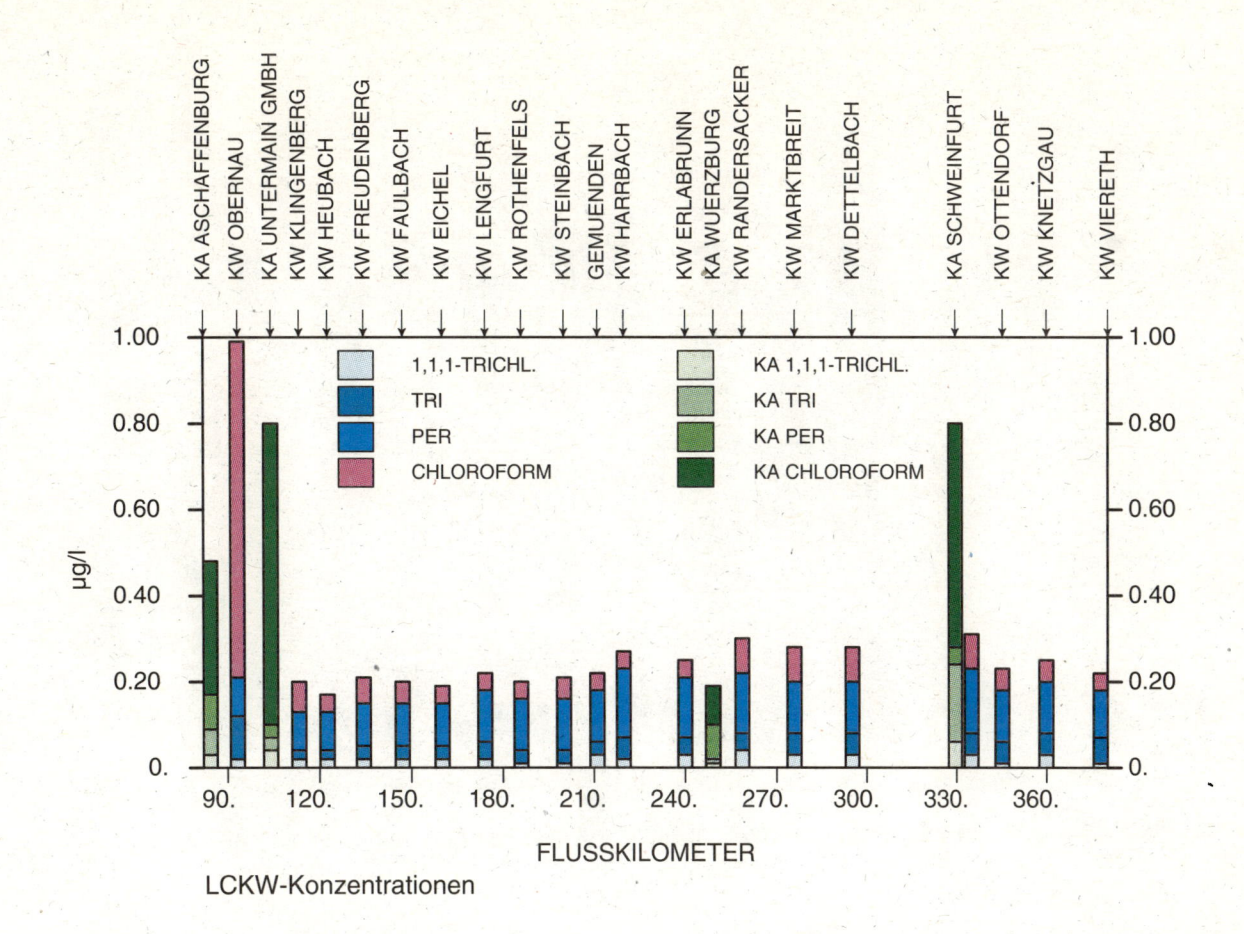

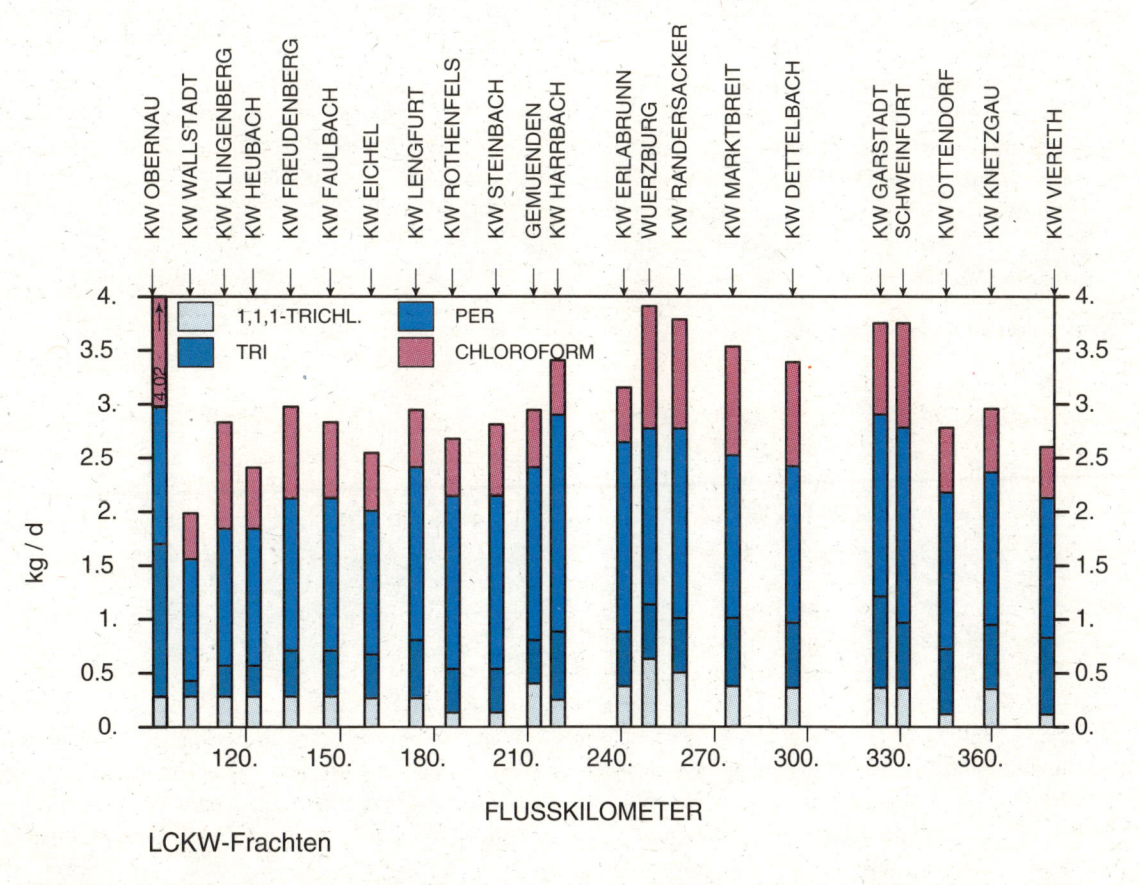

LCKW-Frachten

Abb. B 4-7 LCKW-Konzentrationen und -Frachten im Main, Meßaktion November 1989

105

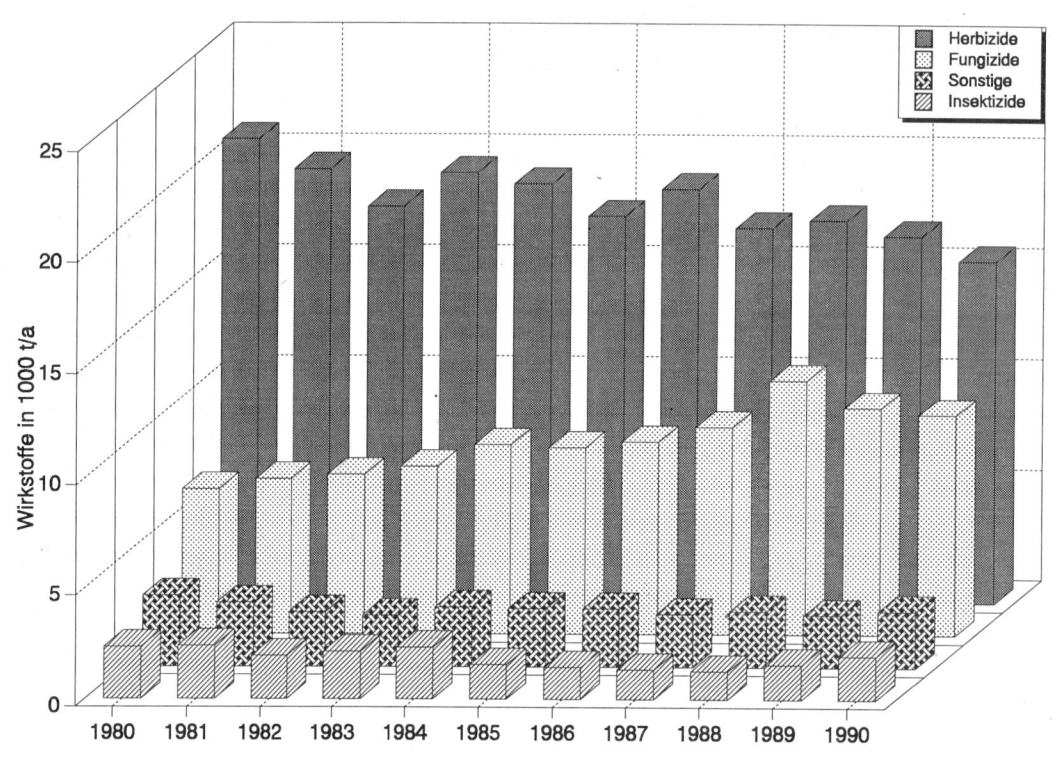

Abb. B 4-8   Einsatz von Pflanzenschutzmitteln in der Bundesrepublik 1980 bis 1990 [25]

- Die Festlegung von Wirkstoffen im Boden ist bei erhöhter Adsorptionsneigung umso ausgeprägter, je höher der Gehalt an organischer Substanz und an Tonmineralien ist.
- Im Grundwasser findet in der Regel nur ein geringer mikrobieller Abbau statt. Die Transport- und Ausbreitungsgeschwindigkeiten sind unter anderem vom Durchlässigkeitsbeiwert des Grundwasserleiters, vom Grundwasserspiegelgefälle und von der Adsorptionsneigung des Stoffes abhängig.

Einsatz von Pflanzenschutzmitteln

Die Entwicklung des Pflanzenschutzmitteleinsatzes in der Bundesrepublik zwischen 1980 und 1990 ist aus Abbildung B 4-8 zu ersehen. Die Daten sind den Jahresberichten des Industrieverbandes Pflanzenschutz bzw. Industrieverband Agrar e.V (IPS,IVA 1990,1991) [25] entnommen. Danach weisen die Herbizide die höchsten Einsatzmengen auf, wenn auch ihr Anteil von ca. 65 % im Jahr 1980 auf 55 % zurückgegangen ist. Es zeigt sich weiterhin, daß die Summe der Einsatzmengen sich zwar im Beobachtungszeitraum kaum verändert hat, daß jedoch zwischen den einzelnen Pflanzenschutzmittelarten Verschiebungen eingetreten sind. So hat sich der Verbrauch von Fungiziden fast verdoppelt, während der von Herbiziden deutlich zurückgegangen ist. Die Insektizide zeigen ebenfalls eine abnehmende Tendenz, doch sind Aussagen hierzu mit Unsicherheiten behaftet, da ihr Einsatz stark vom Umfang gelegentlich auftretender Massenentwicklungen von Pflanzenschädlingen abhängig ist.

Für den Planungsraum ist auf Karte E 1.26 die Entwicklung der Einsatzmengen von Pflanzenschutzmitteln in den Teilgebieten, untergliedert in Herbizide und Fungizide, dargestellt. Die Daten wurden von der BayLBA auf der Basis der bayerischen Schlagkartei ermittelt.

Allgemein zeigt sich, entsprechend den Tendenzen nach Abbildung B 4-8 für die Bundesrepublik, bei den Fungiziden eine deutliche Zunahme. Besonders im Gebiet von Regnitz, Ober- und Untermain hat sich der Einsatz zwischen 1985 und 1989 um den Faktor 3 bis 4 erhöht. In den übrigen beiden Gebieten ist die Zunahme zwar geringer, die Ausgangswerte 1985 liegen jedoch bereits deutlich höher. Bezogen auf das Jahr 1989 weist das Untermaingebiet die höchsten Einsatzmengen auf, gefolgt vom Obermain- und Regnitzgebiet.

Bei den Herbiziden sind die Entwicklungen uneinheitlich: Einer Abnahme im Mittelmaingebiet steht eine Zunahme im Ober- und Untermain gegenüber. Die Abnahme im Mittelmaingebiet ist bemerkenswert, sie entspricht etwa einer Halbierung. Im Regnitz- und Sinn/Saale-Gebiet blieben die Einsatzmengen tendenziell gleich.

Pflanzenschutzmittel im Niederschlag

Die ausgebrachten Pflanzenschutzmittel gelangen durch Verdampfung und Windverdriftung in die Atmosphäre. Wie Untersuchungen an den Niederschlagsmeßstellen des Planungsraumes im Sommer 1988 ergaben, liegen die Konzentrationssummen im Bereich einiger hundert Nanogramm pro Liter mit einem Maximum von 660 bei Breitengüßbach und einem Minimum von 270 bei Steinbach. Drei Summenwerte erreichen oder überschreiten den Grenzwert der TVO von 500 ng/l. Die in Waldregionen aufgestellten Sammler weisen etwas geringere Werte auf. Die anteilige Zusammensetzung der Summenwerte spiegelt nur zum Teil die Flächennutzung der Umgebung und der in Richtung der vorherrschenden Windrichtungen gelegenen Bereiche.

Pflanzenschutzmittel im Trinkwasser

In Bayern läuft seit 1984 ein Programm zur Untersuchung der PSM-Belastung des Trinkwassers. Insgesamt sind von den 4.240 Anlagen in Bayern mit einer Fördermenge über 1.000 m^3/a bis zum 1.10.1991 etwa 3.000 oder 71 % erfaßt worden. Davon waren 2.015 ohne PSM-Nachweis. In 676 Anlagen wurden PSM nachgewiesen, jedoch lagen die Konzentrationen unter den Grenzwerten der TVO. Dagegen fanden sich in 307 Fassungen Konzentrationen mit Werten über 0,1 µg/l für einzelne Wirkstoffe oder über 0,5 µg/l als Summenwert.

Bezogen auf die Fördermenge der Wasserversorgung insgesamt ergaben die Untersuchungen, daß bei 858.1 Mio m^3/a keine PSM nachgewiesen werden konnten, während 70,9 Mio m^3/a - das sind 7,6 % der erfaßten Menge - Konzentrationen über der Nachweisgrenze enthielten. Verglichen mit früheren Untersuchungen ist bayernweit keine Zunahme erkennbar, wenn auch in einzelnen Regierungsbezirken deutlichere Unterschiede zu verzeichnen sind. Von den Anlagenbetreibern wurde in 230 Fällen die in der TVO [4] vorgesehene Ausnahmeregelung beantragt, diese wurde in 113 Fällen erteilt.

Für den Planungsraum zeigt Karte E 1.31 eine Übersicht der Untersuchungsbefunde in den Regierungsbezirken Ober-, Mittel- und Unterfranken bezogen auf Anlagen. Zusätzlich sind durch Flächenfarben die Landkreise nach dem Anteil der Anlagen mit Grenzwertverletzungen klassifiziert. Danach bietet Unterfranken zwar ein vergleichsweise günstiges Bild, doch relativiert sich dieses Ergebnis bei Betrachtung der Fördermengen.

Die Untersuchungen ergaben außerdem, daß die großen Anlagen seltener kontaminiertes Wasser fördern als kleine Anlagen. Zum Teil liegt dies an den oft geringeren Flurabständen der im allgemeinen verbrauchernäheren Entnahmegebiete. Es ist zu befürchten, daß sich diese Tendenz bei den hier nicht erfaßten Kleinanlagen und Hausbrunnen noch verstärkt fortsetzt.

Pflanzenschutzmittel im Oberflächenwasser

Zur Beschreibung der PSM-Belastung der Oberflächengewässer standen Analysen von einigen Insektiziden und Herbiziden zur Verfügung. Mehrjährige Datenreihen liegen vom Main bei Kleinwallstadt und von der unteren Wern vor. Die Daten von Kleinwallstadt geben einen Überblick über die Belastung des gesamten Maineinzugsgebietes, während die Werte der Wern die Einträge eines landwirtschaftlich intensiv genutzten Teilgebietes zeigen.

Abbildung B 4-9 zeigt die zehn Wirkstoffe mit den höchsten Konzentrationen in Main und Wern. Durchgehend an allen Meßstationen wurden Atrazin, Isoproturon, Simazin und Lindan gefunden, wobei die ersten beiden in besonders hohen Konzentrationen auftraten. Bei Atrazin fällt auf, daß die innerjährlichen Schwankungen auffallend gering sind. Die übrigen Wirkstoffe zeigen einen ausgeprägten Jahresgang. Erwartungsgemäß ist die Wern in der Hauptanwendungszeit für Pflanzenschutzmittel deutlich höher belastet als der Main.

Vergleicht man die zehn am häufigsten ausgebrachten Wirkstoffe mit den in den Vorflutern gefundenen, so ergeben sich aufgrund der stoffspezifischen Mobilität deutliche Unterschiede. Das gilt z. B. für das im Boden sehr mobile Bentazon und das 2,4 - D.

Im Main wie in der Wern können sowohl die Trinkwassergrenzwerte für Einzelstoffe als auch der Summengrenzwert überschritten werden, so daß eine Trinkwassernutzung zumindest gegenwärtig in Frage gestellt ist. Besonders in den Hauptausbringungszeiten für Pflanzenschutzmittel werden in Bachläufen in Ackergebieten, aber auch in größeren Flüssen und im Main selbst Spitzenkonzentrationen angetroffen, die ökotoxikologisch bedenklich erscheinen.

Die Belastungssituation wird sich jedoch in Zukunft verbessern, wenn die Abbaubarkeit der PSM weiter zunimmt bzw. leicht mobilisierbare Stoffe vom Markt verschwinden. Bereits das Atrazinverbot dürfte in naher Zukunft zu einer deutlichen Abnahme der Belastung führen.

Verringerung der Pflanzenschutzmittelbelastungen

Die Grundlagen des Trinkwasser- und Gewässerschutzes nach dem Wasserhaushaltsgesetz und dem Lebensmittel- und Bedarfsgegenständegesetz bilden

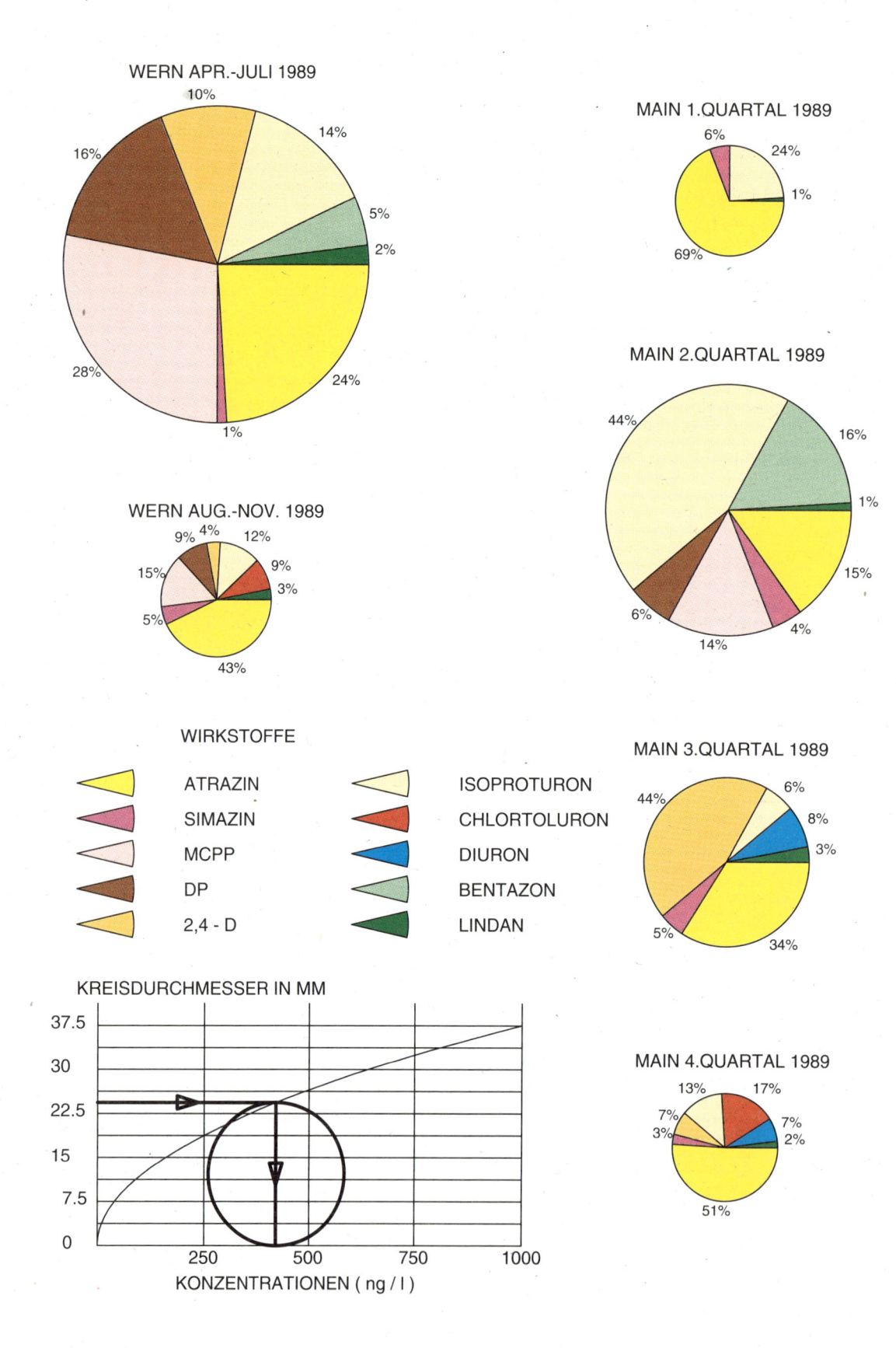

Abb. B 4-9 PSM-Wirkstoffe im Main bei Kleinwallstadt und in der Wern

Bild 10   Maintal bei Grafenrheinfeld

das Vorsorge- und das Besorgnisprinzip. Auf dieser Grundlage hat die Länderarbeitsgemeinschaft Wasser den Grundwasserschutz für unteilbar erklärt. Das heißt, daß infolge des Besorgnisprinzipes nicht nur in Trinkwasserschutzgebieten besondere Anstrengungen zur Vermeidung von Belastungen erforderlich sind, sondern alle bedeutsamen Grundwasservorkommen gleichermaßen von potentiellen Verunreinigungen zu schützen sind.

Eine Begrenzung der Grundwassergefährdung kann auf folgenden Wegen erreicht werden:

- Über die Stoffzulassung können die Eigenschaften der Wirkstoffe so beeinflußt werden, daß Beeinträchtigungen der Umwelt so gering als möglich gehalten werden.
- Durch eine umweltgerechte Anwendung können die Aufwandmengen und die Umweltbelastung minimiert werden.
- Durch eine umfassende Stoffkontrolle kann die Umweltbelastung verfolgt und erforderlichenfalls beeinflußt werden.

Ein wirksamer Ansatzpunkt zu einem sicheren Grund- und Trinkwasserschutz ist die Verweigerung der Zulassung für Stoffe, die nach dem Pflanzenschutzgesetz schädliche Auswirkungen auf das Grundwasser haben können.

Eine erhebliche Verringerung der Umwelt- und Gewässerbelastung durch Pflanzenschutzmittel ist von einer umweltschonenden Anwendungspraxis zu erwarten. Sie muß zunächst auf eine Minimierung der Ausbringungsmengen abzielen. Das Pflanzenschutzgesetz fordert hierzu die Anwendung der „guten fachlichen Praxis", zu der u. a. die Methoden des integrierten Pflanzenbaues gehören.

Diese Prinzipien müssen auch für nichtlandwirtschaftliche PSM-Anwendungen z. B. auf Golfplätzen, an Straßenrändern, auf Gleisanlagen oder auf Truppenübungsplätzen gelten. Dabei ist zu beachten, daß die nicht landwirtschaftliche Anwendung von PSM verboten ist und Ausnahmen einer Genehmigung bedürfen.

In Bayern wurden vom Staatsministerium des Innern und vom Staatsministerium für Ernährung Landwirtschaft und Forsten bereits eine Reihe von Maßnahmen ergriffen, um die Möglichkeiten der PSM-Kontamination des Grundwassers und Oberflächenwassers zu verringern:

- In Bayern werden auf freiwilliger Basis ca. 14.000 Pflanzenschutzgeräte jährlich auf ihre Funktionstüchtigkeit überprüft. Dabei werden die Meß- und Dosiereinrichtungen kontrolliert

und eingestellt. Es handelt sich um eine Gemeinschaftsaktion bäuerlicher Selbsthilfeeinrichtungen, des Landmaschinenhandels und der staatlichen Beratung.
- Die Beratung der Landwirte wurde verstärkt. Zusätzlich wurde ein neues Beratungsprogramm „Umweltgerechter Pflanzenbau" vorwiegend zur Verminderung der Stickstoff- und PSM-Einträge in belasteten Wassereinzugsgebieten eingeführt.
- Das EG-Programm „Extensivierung der Landwirtschaft" soll in Trinkwassereinzugsgebieten bevorzugt gefördert werden, auf den stillgelegten Flächen müssen allerdings weiterhin regelmäßig die Nährstoffe mit der nachwachsenden Pflanzenbiomasse entzogen werden.
- Soweit möglich wird die Gebietskulisse des Kulturlandschaftsprogrammes auf Wasserschutzgebiete ausgedehnt.
- Die Wasserwirtschafts-, Landwirtschafts- und Gesundheitsbehörden beraten und unterstützen die Wasserversorgungsunternehmen bei der Aufstellung und Durchführung konkreter Sanierungspläne zur Bekämpfung der Ursachen von PSM-Befunden im Grundwasser.
- Die Wasserversorgungsunternehmen werden angehalten, selbst Untersuchungen auf PSM durchzuführen oder durchführen zu lassen.
- Unter Einbeziehung des staatlichen Grundwasserbeschaffenheits-Meßnetzes wird das Grundwasser landesweit auf Belastungen mit PSM überwacht. Die Ergebnisse werden zentral gesammelt und ausgewertet.

4.2.4.2.3 Komplexbildner NTA und EDTA

NTA und EDTA werden als Komplexbildner im industriellen Bereich eingesetzt. NTA und EDTA gelten beide in den Konzentrationen, die in Oberflächengewässern normalerweise zu erwarten sind, als ökotoxikologisch unbedenklich. In biologischem Material werden sie nicht angereichert.

Das NTA (Nitrilotriacetat) wird u. a. in Industriereinigern verwendet. Die komplexierenden Eigenschaften sind vom pH-Wert abhängig, bei manchen Metallen ist NTA nur in einem schmalen pH-Wertbereich optimal wirksam. NTA ist aerob sowie anaerob biologisch gut abbaubar, die Reinigungsleistung von Kläranlagen für NTA erreicht daher nach Adaptation bei 15 °C mehr als 80 %. Für die Trinkwasserversorgung aus Uferfiltrat stellt NTA bei mäßigen Vorfluterkonzentrationen kein Problem dar, da es bei der Untergrundpassage nahezu vollständig eliminiert wird. Die Jahresproduktion wurde für 1988 mit ca. 8.000 t angegeben.

EDTA (Ethylendiamintetraacetat) wird vor allem in der metallverarbeitenden und chemischen Industrie sowie der Papier-, Textil- und Photoindustrie eingesetzt. Im Gegensatz zum NTA wird es wesentlich schwerer abgebaut. Für den Main als staugeregelten und eutrophierten Fluß ist diese Eigenschaft von besonderer Bedeutung.

Zur Beschreibung der Belastungsverhältnisse standen einige Meßaktionen des Forschungszentrums für Umwelt und Gesundheit (TRAPP et. al. 1991) [26] aus dem Zeitraum von Februar 1988 und Juni 1991 zur Verfügung, in denen Längsprofile der Konzentrationen im Main und in den größeren kommunalen Einleitern bestimmt wurden (s.a. Fachteil „Gewässerschutz/Oberflächengewässer"). Dabei zeigten sich zwischen den Aktionen auffallende Unterschiede im Belastungsbild sowohl hinsichtlich der Konzentrationen und der Frachten als auch im Hinblick auf die Mengenverhältnisse der beiden Stoffe zueinander. Die Konzentrationen des EDTA schwankten um Faktoren zwischen 10 und mehr, die Gehalte des NTA dagegen lediglich zwischen 2 und 4. Das Verhältnis von EDTA zu NTA lag zwischen 5 und 20.

Die Summenkonzentrationen im Main gingen von ca. 40 µg/l an der Regnitzmündung zunächst auf 28 µg/l zurück, um dann bis Kleinostheim auf annähernd 50 µg/l anzusteigen. NTA blieb dagegen über weite Strecken relativ konstant unter 5 µg/l mit geringfügig höheren Werten bei der Regnitzmündung und im Aschaffenburger Raum. Der Frachtverlauf zeigte ein sehr ähnliches Bild mit Werten zwischen ca. 300 kg/d und 650 kg/d.

Insgesamt zeigen die Meßaktionen, daß das NTA im Main in mäßigen Konzentrationen auftritt, und daß dieser Stoff auch im Hinblick auf seine relativ gute Abbaubarkeit keine besonderen Probleme aufwirft. Das weniger leicht abbaubare EDTA dagegen sollte angesichts der hohen Frachten und Konzentrationen genauer beobachtet werden.

Bisher existieren keine Immissionsgrenzwerte für die Komplexbildner. In einer umfassenden „Studie über die aquatische Umweltverträglichkeit von NTA" (Gesellschaft Deutscher Chemiker 1984) [27] sind jedoch einige Vorgaben enthalten: Obwohl NTA insgesamt als ökologisch unbedenklich bewertet wird, kommt die Studie unter anderem zu folgenden Ergebnissen:

- Der Gesamtverbrauch in der Bundesrepublik Deutschland soll 25.000 t/a nicht überschreiten, um verbleibenden Restrisiken Rechnung zu tragen. Umgerechnet bedeutet das eine Begrenzung auf einen Anteil von ca. 3,4 % in den Waschmitteln.

- Das 99 Perzentil der Konzentrationen in Oberflächengewässern soll 0,2 mg/l nicht überschreiten. Dieser Wert wird im Main nicht annähernd erreicht.
- Ein Überwachungsprogramm soll darüber hinaus die weitere Entwicklung der Gewässerbelastungen mit diesen Stoffen kontrollieren.
- Außerdem wurden Forschungsprogramme angeregt, um die Einflüsse auf marine Ökosysteme und die Langzeitwirkungen auf Gewässerbiozönosen zu untersuchen. Dazu wurde ein Sonderforschungsbereich gegründet, zu dem auch die o. a. Freilanduntersuchungen der BayLWF gehörten.

Aufgrund der verbliebenen Bedenken wird NTA heute nur in untergeordneten Mengen in Waschmitteln eingesetzt. Wie oben angegeben, erreicht die Gesamtmenge, die zur Zeit in der Bundesrepublik verwendet wird, nur ein Drittel der vorgeschlagenen Grenze.

Wegen seiner geringen biologischen Abbaubarkeit erreicht EDTA in den Gewässern des Planungsraumes weit höhere Konzentrationen als das NTA. Infolge seiner geringen Adsorptionsneigung wird es weder durch Uferfiltration noch durch normale Trinkwasseraufbereitungsverfahren zurückgehalten. Von den AWWR (1987) [28] wurden daher für EDTA Zielwerte von 25 µg/l vorgegeben. Demgegenüber empfiehlt das Umweltbundesamt einen gewässerökologisch begründeten Leitwert von 10 µg/l. Beide Werte werden am Main zum Teil erheblich überschritten. Das EDTA ist daher aus der Sicht des Gewässerschutzes als bedenklich anzusehen und sollte durch biologisch abbaubare Ersatzstoffe abgelöst werden. Als erster Schritt hierzu soll die EDTA-Belastung der Gewässer im Zeitraum von 1991 bis 1996 halbiert werden. (Bundesministerium für Umwelt, Naturschutz und Reaktorsicherheit im Gemeinsamen Ministerialamtsblatt vom 31.7.1991).

4.2.5 Bakteriologisch-hygienische Belastung der Gewässer im Planungsraum

Im Hinblick auf den wachsenden Bedarf der Bevölkerung an Erholungs- und Bademöglichkeiten ist die hygienisch-bakteriologische Belastung der Gewässer ein Problem. Hauptquellen der pathogenen Keime in den Fließgewässern und Seen sind neben den kommunalen Abwassereinleitungen und Regenentlastungen die Abwässer aus landwirtschaftlichen Quellen, die Abschwemmung von organischen Düngemitteln sowie bei kleineren stehenden Gewässern die Ausscheidungen von Wasservögeln und in Badegewässern nicht zuletzt die Einträge durch die Badenden selbst. Im schiffbaren Teil des Mains sind darüber hinaus noch die häuslichen Abwässer der Fracht- und Fahrgastschiffe zu nennen.

Beim Grundwasser ist die Verkeimung vor allem im Hinblick auf die Trinkwassernutzung zu sehen. Mit den Sickerwässern von Landwirtschaftsflächen mit Jauche- oder Gülledüngung, von Weideflächen, von Klärgruben oder sonstigen Kontaminationsherden gelangen die Krankheitserreger in das Grundwasser. Der Schutz des Trinkwassers vor pathogenen Keimen war der ursprüngliche Anlaß für die Entwicklung und Einführung des Wasserschutzgebietskonzeptes mit gestaffelten Schutzzonen entsprechend den Fließzeiten des Grundwassers bis zum Erreichen der Entnahmebrunnen. Dieses Konzept hat sich bewährt, so daß sich eine Desinfektion des geförderten Wassers in der Regel erübrigt. Bei der Trinkwasserversorgung aus Oberflächengewässern oder Uferfiltrat wird gegebenenfalls durch Chlorung desinfiziert. Das Problem der Gewässerverkeimung ist daher weniger im Zusammenhang mit der Wasserversorgung als mit der Bade- und Wassersportnutzung von Bedeutung.

Als Bewertungsgrundlage für die Eignung zur Badenutzung dient die „Richtlinie des Rates vom 8. Dezember 1975 über die Qualität der Badegewässer" (76/160/EWG) [29] (s. a. Fachteil „Gewässerschutz/Oberflächengewässer", Anhang 3). Danach sind für sogenannte Badegewässer mit größerem Badebetrieb die in Tabelle B 4-5 angeführten Anforderungen zu erreichen.

Bei den Grenzwerten gelten die Forderungen als erfüllt, wenn sie von 95 % der Proben eingehalten werden. Auch in der EG-Rohwasserrichtlinie werden Qualitätsanforderungen an die bakterielle Belastung der zur Trinkwasserversorgung genutzten Gewässer gestellt [13]. Diese Werte zeigt Tabelle B 4-6.

Neben den bisher betrachteten humanpathologischen Aspekten der Gewässerverkeimung sind als weitere Faktoren die ökologischen, insbesondere fischbiologischen Auswirkungen zu erwähnen. Fische haben eine Darmbakterienflora, die sich an die Gewässerverhältnisse ihres Lebensraumes anpaßt. Eine artfremde Bakterienflora, die durch anthropogene Colibakterien und Krankheitserreger in ein Gewässer eingebracht wird, kann insbesondere bei empfindlicheren Fischen (Salmoniden) zu erhöhter Anfälligkeit gegenüber Krankheiten führen. Daher ist eine Keimreduzierung auch aus ökologischen Gründen wünschenswert.

Zur Untersuchung der hygienischen Belastung der Gewässer im Maingebiet im Sinne einer Zustandsbeschreibung wurde von der BayLWF ein geson-

Bild 11   Kläranlage Bad Kissingen

dertes Meßprogramm durchgeführt (BAUMANN et al. 1988) [30]. Zusätzlich wurden Daten des Landesuntersuchungsamtes in Nordbayern und von der Regierung von Unterfranken zur Verfügung gestellt. Die hygienische Situation am Main und den Unterläufen einiger Nebenflüsse wurde durch die Parameter Koloniezahl, Gesamtcoliforme, Fäkalcoliforme und fäkale Streptokokken beschrieben. Die Messungen fanden zwischen dem August 1987 und dem August 1988 statt.

Eine Übersicht zur Bewertung der Verkeimung im Hinblick auf die Badeeignung nach den Kriterien der EG-Baderichtlinie zeigt Karte E 1.32. Danach ist der Main an vielen Stellen in hygienischer Hinsicht als erheblich belastet einzustufen, wobei nach der Badewasserrichtlinie die Richtwerte stets, die Grenzwerte häufig überschritten wurden. Ohne Beanstandung blieb keine Messung. Dabei führten die Einleitungen der größeren Städte zu keinen signifikanten Verschlechterungen.

Infolge der großen Anzahl von Einleitungen aus Kläranlagen und Regenentlastungen sowie belasteter Zuflüsse reicht die Selbstreinigungskraft des Flusses auf den Zwischenstrecken nicht aus, um die hohen Keimzahlen entscheidend zu vermindern. Offenbar wird ein großer Teil der bakteriologischen Belastungen durch die stark verunreinigten Zuflüsse verursacht. Es ist davon auszugehen, daß in hohem Maße eine flächenhafte Verkeimung durch landwirtschaftliche Einflüsse zur Gesamtbelastung beiträgt.

Maßnahmen zur Keimreduzierung erfordern einen erheblichen Aufwand. Abwasserreinigungsanlagen sind im allgemeinen nicht zu einer nennenswerten Reduktion pathogener Keime in der Lage. Selbst Anlagen mit Verfahren der weitergehenden Reinigung, wie Phosphatfällung oder Schönungsteich, weisen im Ablauf noch hohe Keimzahlen auf. Lediglich die Sandfiltration und die Flockungsfiltration erreichen eine gewisse Eliminationsleistung.

Befriedigende Erfolge sind erst durch die Abwasserdesinfektionsverfahren und hierbei vor allem durch die UV-Bestrahlung zu erzielen. Bei einem vertretbaren Kostenaufwand sind damit Reduktionen bei der Koloniezahl von 3,5 bis 4, bei den Gesamt- und Fäkalcoliformen von 4 Zehnerpotenzen zu erzielen. Die UV-Behandlung entspricht jedoch derzeit noch nicht dem Stand der Technik in der Abwasserreinigung.

Die Verkeimung durch flächenhafte Einleitungen aus landwirtschaftlichen Quellen ist schwierig zu quantifizieren und zu beeinflussen. Generell wirken alle Maßnahmen gegen Erosion und Abschwemmung, die bereits zur Reduzierung der Nährstoff- und PSM-Belastungen genannt wurden, auch einer Verkeimung durch Gülleabschwemmungen entgegen. Die wichtigsten davon sind:

Tabelle B 4-5: Hygienische Anforderungen nach der EG-Badewasserrichtlinie [29]

Parameter	Richtwert (Keime / 100 ml)	Grenzwert
Gesamtcoliforme	500	10.000
Fäkalcoliforme	100	2.000
Fäkalstreptokokken	100	--
Salmonellen	--	0

Tabelle B 4-6: Qualitätsanforderungen der EG-Rohwasserrichtlinie [13]

Parameter	A1 Richtwert	A2 Richtwert	A3 Richtwert	Bemerkung
Gesamtcoliforme	50	5.000	50.000	Für Grenzwerte keine Angaben
Fäkalcoliforme	20	2.000	20.000	
Fäkalstreptokokken	20	1.000	10.000	

- Keine Ausbringung von abschwemmbarem organischem Dünger vor oder während Niederschlägen oder auf gefrorenem Boden.
- Einarbeitung unmittelbar nach der Ausbringung.
- Einhaltung ausreichender Abstände zu Gewässerufern bei der Ausbringung.
- Herausnahme der Uferrandstreifen aus der landwirtschaftlichen Nutzung, Erhöhung der Filterwirkung gegen Einschwemmungen aus dem Hinterland durch naturnahe Vegetation.
- Erosionsschutzmaßnahmen in gefährdeten Gebieten.

Trotz der Schwierigkeiten, die einer großräumigen Verbesserung der gewässerhygienischen Verhältnisse entgegenstehen, sollte langfristig eine Entlastung angestrebt werden. Dabei sind die Erfolgsaussichten bei einer Beschränkung auf kleinere Fließgewässer mit überschaubarer Belastungsstruktur im Einzugsgebiet sowie auf stehende Gewässer größer als bei komplex beeinflußten und belasteten Flüssen wie dem Main oder der Regnitz. Eine abschließende Beurteilung ist allerdings zur Zeit noch nicht möglich, da sowohl hinsichtlich der Verkeimungsquellen und der natürlichen Eliminationsraten in den Gewässern als auch hinsichtlich der Effizienz der Maßnahmen zur Keimreduzierung insbesondere im Hinblick auf die flächenhaften Einträge noch ein erheblicher Forschungsbedarf besteht.

4.2.6 Radioaktive Substanzen

Im Rahmenplan Main wurden erstmals die radioaktiven Substanzen als eigene Stoffgruppe aufgenommen. Die Gründe hierfür waren:

- Die Zahl der Verwender radioaktiver Stoffe in der Medizin, der Forschung sowie im gewerblichen und industriellen Bereich hat im Laufe der Jahre zugenommen, ebenso das verwendete Aktivitätsinventar. Ein großer Teil der dabei anfallenden Emissionen wird dabei mit dem Abwasser in die Fließgewässer eingeleitet. Weitere Kontaminationen entstehen durch die Radioaktivitätseinleitungen der Kernkraftwerke. In ihrer Summe werden diese Einleitungen damit planungsrelevant.

- Beim Reaktorunfall in Tschernobyl gegen Ende April 1986 wurden erhebliche Mengen radioaktiver Substanzen in die Atmosphäre freigesetzt und über große Teile Europas verbreitet. Trotz einer Entfernung von mehr als 1400 km war die Flächenbelegung in Bayern durch nassen und trockenen Fallout noch beträchtlich. Die im Gefolge des Störfalles erweiterten Meßstellennetze und die seither erhobenen Daten erlauben nunmehr eine zusammenfassende Darstellung der Kontamination der Gewässer mit radioaktiven Stoffen im Maingebiet und ihrer Entwicklung.

Die Bundesrepublik Deutschland ist nach Artikel 35 des am 25. März 1957 geschlossenen und am 1. 1. 1958 in Kraft getretenen Vertrags zur Gründung der Europäischen Atomgemeinschaft (EURATOM) verpflichtet, *„die notwendigen Einrichtungen zur ständigen Überwachung des Gehalts der Luft, des Wassers und des Bodens an Radioaktivität sowie zur Überwachung der Einhaltung der Strahlenschutz-Grundnormen zu schaffen"*. Die mit dem Euratomvertrag eingegangenen Verpflichtungen machten den Aufbau eines amtlichen Meßstellennetzes erforderlich. Neben den Regelungen der EG und der Bundesrepublik regeln innerhalb des Gebiets des Freistaats Bayern zusätzliche Bekanntmachungen der befaßten Staatsministerien den Vollzug der einzelnen Aufgaben durch die jeweils zuständigen Stellen.

Gegenstand der Überwachung sind die Gehalte radioaktiver Stoffe natürlichen und künstlichen Ursprungs in den verschiedenen Umweltmedien; dabei können diese Quellen ionisierender Strahlung sowohl regional großräumig verteilt sein als auch infolge von natürlichen Gegebenheiten, von Tätigkeiten des Menschen oder von außergewöhnlichen Ereignissen örtlich konzentriert vorliegen. Zu o.g. Zweck werden alle Medien der sog. radiologischen Expositionspfade erfaßt, bei denen die Möglichkeit besteht, daß die enthaltenen radioaktiven Stoffe durch Inkorporation, Kontamination oder durch äußere Bestrahlung zu einer bedeutsamen Strahlenexposition des gesamten menschlichen Körpers oder einzelner seiner Organe beitragen können.

Im Fachteil „Gewässerschutz/Oberflächengewässer" werden die Meßprogramme erläutert, die Ergebnisse werden regelmäßig in den Veröffentlichungen des Bayerischen Staatsministeriums für Landesentwicklung und Umweltfragen und des Landesamtes für Umweltschutz dargestellt. Im Planungsraum relevant sind die Tritiumkontaminationen des Mainwassers durch das Kernkraftwerk Grafenrheinfeld (KKG) und die Entwicklung der Umweltradioaktivität nach dem Unfall in Tschernobyl.

Die Kontamination der Fische wurde im Gefolge des Reaktorunfalles intensiv verfolgt, weil durch den Fischverzehr eine Kontamination des Menschen erfolgen kann. Das Cäsium 137 ist dabei für den Expositionspfad Fischverzehr von besonderer Bedeutung, da es sich chemisch gleich verhält wie das für den Zellaufbau wichtige Kalium und daher leicht in die Zellen eingebaut wird. Die für den Planungsraum verfügbaren Daten wurden für die drei Regierungsbezirke ausgewertet, die Ergebnisse sind auf Abbildung B 4-10 dargestellt. Bei den Angaben ist zu berücksichtigen, daß die Belastungen artspezifisch erhebliche Unterschiede aufweisen mit höheren Werten bei den Raubfischen als den Endgliedern der aquatischen Nahrungskette.

Die höchsten Kontaminationen traten 1986 in Oberfranken auf. Mit einem Mittelwert von 45 Bq/kg blieben die Aktivitäten allerdings erheblich hinter dem in Oberbayern gefundenen Durchschnitt von ca. 280 Bq/kg zurück. Bei den Aktivitätsangaben ist zu berücksichtigen, daß es sich ausschließlich um Fische aus Fließgewässern handelte. Fische aus Teichanlagen wiesen z. T. deutlich höhere Werte auf.

Im Zusammenhang mit dem Störfall in Tschernobyl wurden in der „Verordnung (EWG) über die Einfuhrbedingungen für landwirtschaftliche Erzeugnisse mit Ursprung in Drittländern nach dem Unfall im Kernkraftwerk in Tschernobyl" (737/90) [31] Grenzwerte für die maximal zulässige Belastung von Nahrungsmitteln und Trinkwasser festgelegt. Vergleicht man den dort angegebenen Wert von 600 Bq/kg für Nahrungsmittel mit den Aktivitäten im Fischfleisch auf Abbildung B 4-18, so liegt selbst die höchste mittlere Belastung im Obermaingebiet 1986 noch etwa um eine Zehnerpotenz niedriger. Der dort gemessene Maximalwert mit 81 Bq/kg bleibt ebenfalls weit unterhalb dieses Grenzwertes.

Im Klärschlamm war die Belastung durch den Störfall zunächst besonders groß. Der in städtischen Gebieten gefallene kontaminierte Niederschlag selbst sowie die Abschwemmungen radioaktiver Staubniederschläge führten zu einer starken Aktivität im Mischwasser und infolge der hohen Adsorptionsneigung der Radionuklide an Schwebstoffe zu einer beträchtlichen Anreicherung radioaktiver Stoffe im Klärschlamm. Im Hinblick auf die landwirtschaftliche Verwertung der Klärschlämme wurde daher dem Belastungspfad Abwasser - Klärschlamm besondere Aufmerksamkeit gewidmet. Karte E 1.33 gibt einen räumlichen Überblick über die Auswirkungen des Reaktorunglücks anhand der zeitlichen Entwicklung der Cäsium 137-Aktivität. Danach ist die Belastung im östlichen und mittleren Teil des Maingebietes höher gewesen als im Westen. Ein Streifen besonders hoher Kontamination durchzieht den Planungsraum von Süden nach Norden etwa zwischen Schweinfurt im Osten und Forchheim im Westen. Wie schon bei den anderen Medien ist auch hier bei allen Kläranlagen ein fast exponentieller Abfall der Aktivitäten im Klärschlamm von Halbjahr zu Halbjahr zu verzeichnen.

Bei der Beurteilung radioaktiver Kontaminationen der Umwelt steht die Wirkung der Organ- und gewebespezifischen sowie der effektiven Strahlung auf den Menschen im Mittelpunkt der Betrachtungen. Ein Maß für diese Wirkungen sind die organ- und gewebespezifischen sowie die effektiven Äquivalentdosen. Sie errechnen sich aus den Beiträgen aller Einzelnuklide, die zur internen und externen Strahlenexposition des Menschen führen.

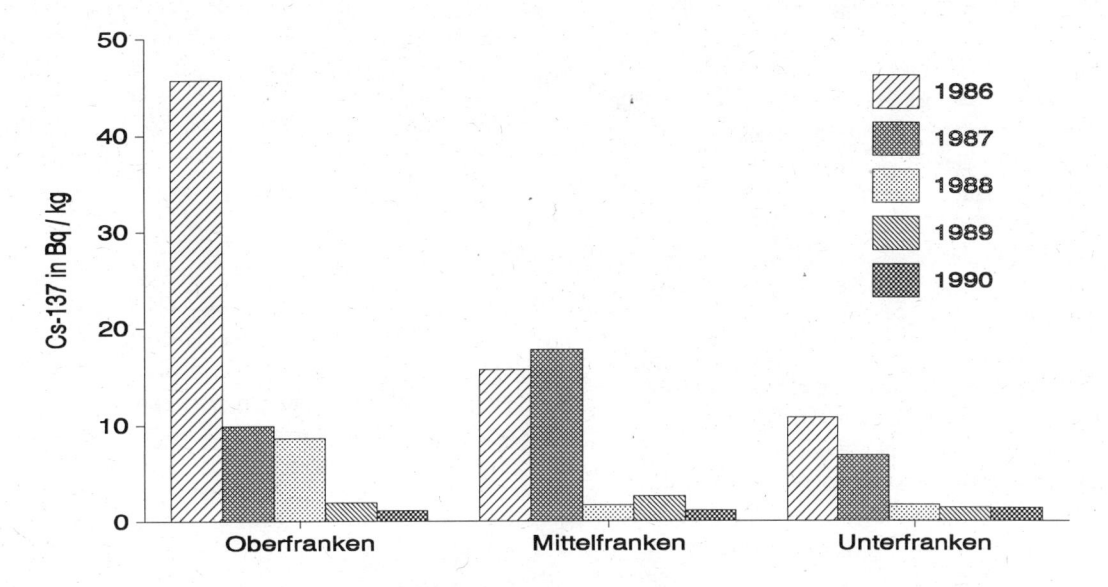

Abb. B 4-10   Cs-137 - Aktivität in Fischfleisch (Fließgewässer).

Für das im Planungsraum gelegene Kernkraftwerk Grafenrheinfeld enthält Tabelle 1.34 die in der Umgebung des Kernkraftwerks unter sehr konservativen Annahmen errechneten Beiträge der hier in Frage kommenden Expositionspfade zur effektiven Dosis als Folge der radioaktiven Ableitungen im Jahre 1992 in den Main (Strahlenhygienischer Jahresbericht 1992 zur Umgebungsüberwachung kerntechnischer Anlagen in Bayern).

Die einzelnen Teilkörperdosen sind den jeweiligen effektiven Dosen nahezu gleich, da die organ- und gewebespezifischen Dosisfaktoren des Radionuklids Tritium, das diese Strahlenexpositionen nahezu vollständig verursacht, nicht verschieden sind. Damit zeigt sich, daß die über alle Pfade aufsummierten Jahresdosen deutlich unter 1% der für den Betrieb einer kerntechnischen Anlage nach §45 StrSchV geltenden Grenzwerte (300 µSv/a für die effektive Dosis, 900 bzw. 1800 µSv/a für die einzelnen Organe und Gewebe) liegen. Somit kann festgestellt werden:

– Die radiologische Situation des betrachteten Gebiets aufgrund des Vorkommens natürlich radioaktiver Stoffe ist im Mittel nicht außergewöhnlich; Aktivitätskonzentrationen und Gammadosisleistungen liegen nur in Teilgebieten im oberen Teil des in der Bundesrepublik Deutschland beobachteten Schwankungsbereichs.

– Die gesetzlich geregelten bzw. behördlich festgelegten höchstzulässigen Abgaben radioaktiver Stoffe mit Wasser - und dies gilt ebenfalls für die Abgabe in die Luft - wurden bei bestimmungsgemäßem Betrieb der kerntechnischen Anlagen und bei ordnungsgemäßer Verwendung der radioaktiven Stoffe eingehalten; die durch diesen Umgang mit radioaktiven Stoffen bedingte mittlere Strahlenbelastung der Bevölkerung des Maingebiets führt damit zu keiner signifikanten Erhöhung der natürlichen Strahlenexposition.

4.2.7 Ökologische und nutzungsorientierte Bewertung der Gewässer im Planungsraum

In den vorangehenden Abschnitten dieses Kapitels wurde eine Übersicht über die Belastung der Gewässer des Planungsraumes getrennt nach den wichtigsten Stoffgruppen gegeben und Trends der Entwicklung insbesondere aufgrund von gesetzlichen Vorgaben aufgezeigt. In diesem Abschnitt stehen die Gewässernutzungen und die ökologischen Anforderungen im Mittelpunkt: Es werden Zielvorstellungen genannt und die gegenwärtige Qualität der Gewässer des Planungsraumes mit den daraus resultierenden physikalisch-chemischen Anforderungen verglichen. Grundlage von Zielaussagen zur Gewässergüte sind insgesondere das Landesentwicklungsprogramm und die Wasser- und Naturschutzgesetze.

Neben den Anforderungen aus der Sicht des Ökosystem- und Artenschutzes sind vor allem folgende Nutzungen von Bedeutung:

– Rohwasser für die Trinkwasserversorgung
– Fischerei
– Freizeit- und Erholungsnutzung
– Sedimentbeschaffenheit

Als langfristige Orientierung für den Gewässerschutz im Planungsraum ist anzustreben:

- Gewässer, die zukünftig zur Trinkwasserversorgung herangezogen werden können, sollen hinsichtlich der Wasserqualität prinzipiell zur Trinkwasseraufbereitung geeignet sein und somit mindestens den Grenzwerten für die Katgorie A2, d. h. „normale Trinkwasseraufbereitung", der EG-Rohwasserrichtlinie entsprechen (75/440/EWG) [13].
- In allen Gewässern sollen die Fische uneingeschränkt die lebensmittelrechtlichen Voraussetzungen für den Verzehr erfüllen.
- Alle Gewässer sollen grundsätzlich die ästhetischen Voraussetzungen für eine Erholungsnutzung am Gewässer erfüllen. Soweit die Gewässer entsprechende Wassersportarten zulassen, sollen aufgrund der hygienischen Verhältnisse bei gelegentlichem Wasserkontakt keine nachteiligen gesundheitlichen Folgen auftreten können.
- Soweit als möglich sollen die stehenden Gewässer in hygienischer Hinsicht den Anforderungen als Badegewässer entsprechen.
- Gewässersedimente sollen als Baggergut grundsätzlich den Anforderungen der Klärschlammverordnung entsprechen und damit landwirtschaftlich verwertbar sein [11].

Daneben gilt in gewässerökologischer Hinsicht:

- In Nebenflüssen des Mains, die derzeit nicht entsprechend den potentiellen Fischregionen eingestuft sind, sollen hinsichtlich der Gewässergüte mögliche Verbesserungen unter diesem Aspekt bemessen und durchgeführt werden. Als potentielle Fischregionen gelten hierbei Regionen, die sich aufgrund der natürlich vorgegebenen Standortfaktoren ergeben.
- In Gewässereinzugsgebieten oder in Gewässertypen, in denen bedrohte Arten vorkommen oder nachweislich vorkamen und dort wieder heimisch werden können, soll eine den Anforderungen dieser Arten entsprechende Wasserqualität erhalten oder wiederhergestellt werden.

Ökologische Anforderungen

Eine Konkretisierung dieser ökologisch orientierten Ziele durch stoffbezogene Grenz-, Richt- oder Orientierungswerte ist nur zum Teil möglich. Wesentliche Grundlagen sind vom Bund-Länderarbeitskreis Qualitätsziele als Zielvorgaben erarbeitet worden. Diese Zielvorgaben werden jedoch erst noch im Rahmen einer Erprobungsphase auf ihre praktische Anwendbarkeit überprüft. Für die wichtigsten Schwermetalle wurden von WACHS (1990) [32] ökologisch orientierte Richtwerte abgeleitet; sie sind in Tabelle 1.20 in Fachteil „Gewässerschutz/Oberflächengewässer" zusammengestellt.

Zur Sicherung der Lebensgrundlagen für Fische der Forellen- und Äschenregion sind hinsichtlich der Wasserbeschaffenheit folgende Bedingungen anzustreben:

- Gewässergüteklasse I bis I-II
- pH-Wert über 5,5
- Schwermetallkonzentrationen nach Tabelle 1.20 in Fachteil „Gewässerschutz/Oberflächengewässer"
- NOEC-Konzentrationen (**N**o **O**bserved **E**ffect **C**oncentrations) für organische Schadstoffe
- Keine Stoßbelastungen durch Abschwemmungen von Düngerstoffen und Pflanzenschutzmitteln.

Neben den allgemeinen ökologischen Rahmenbedingungen für die Gewässerökosysteme ist dem Arten- und Biotopschutz besondere Aufmerksamkeit zu widmen. Derzeit werden für alle Landkreise in Bayern umfassende Bestandsaufnahmen der bedrohten Pflanzen- und Tierarten erarbeitet. In vielen Bereichen sind diese Arbeiten, in die auch die Fließ- und Stillgewässer einbezogen sind, bereits abgeschlossen. Im Rahmen dieser Programme werden zugleich integrierte Schutz- und Sanierungskonzepte erstellt, die systematisch die Wiederherstellung der ursprünglichen Artenvielfalt auch in den Gewässern zum Ziel haben. Aus rahmenplanerischer Sicht ist dabei zu betonen, daß über die Betrachtung von Einzelgewässern hinaus die Gewässertypen und -formen auch in einem regionalen, naturräumlichen Zusammenhang zu sehen sind. Über die Erhaltung von Restbeständen bedrohter Arten hinaus sollen damit die Grundlagen für eine verbreitete Revitalisierung der Gewässer mit einem reichen Arteninventar geschaffen werden.

Nutzungseignung als Rohwasser für die Trinkwasseraufbereitung

Die Trinkwasserversorgung in Bayern beruht zum weitaus überwiegenden Teil auf qualitativ sehr gutem Grundwasser. Auch im Planungsraum entfallen mehr als 80 % der Gewinnung auf Grund- und Quellwasser. Ein erheblicher Anteil davon ist jedoch mehr oder weniger von Oberflächenwasser beeinflußt, sei es als Uferfiltrat oder als angereichertes Grundwasser. Besonders erwähnenswert sind in diesem Zusammenhang die leistungsfähigen Wassergewinnungsanlagen im Regnitz- und Maintal, z. B. die Städte Fürth, Erlangen, Bamberg, Schweinfurt, Kitzingen, Würzburg und Aschaffenburg sowie die Rhön-Maintal-Gruppe, die Fernwasserversorgung Franken - FWF und die Fernwasserversorgung Mittelmain - FWM. Insgesamt werden aus diesen Fassungen rd. 35 - 40 Mio. m³ Trinkwasser gewonnen. Gegenwärtig können Fördermengen in diesem Umfang nicht aus anderen Quellen ersetzt werden. Eine Vielzahl von Wasserversorgungsunternehmen in Nordbayern nutzt Erschließungen mit Uferfiltratanteil und die Stadtwerke Würzburg und der Zweckverband zur Versorgung der Rhön-Maintal-Gruppe reichern Grundwasser direkt mit Wasser aus dem Main an. Um die langfristige Nutzung dieser Wassergewinnungsanlagen zu gewährleisten, muß die Qualität der oberirdischen Gewässer, insbesondere aber des Mains erhalten und ggf. verbessert werden.

Nach Untersuchungen der Regierung von Unterfranken (1991, 1992) [33] besteht dort z.T. eine enge Beziehung zwischen dem Mainwasser und den Grundwasservorkommen. Im geförderten Grundwasser konnten in merklichem Umfang Spuren von pflanzlichen (Algen), vereinzelt sogar tierischen (Zooplankton) Organismen, die zweifelsfrei aus Oberflächengewässern stammen, nachgewiesen werden. Damit ergeben sich enge Zusammenhänge zwischen Gewässerbeschaffenheit und Rohwasserqualität.

Als Grundlage zur Beurteilung der Wasserqualität für die Trinkwasserversorgung ist zunächst die EG-Rohwasserrichtlinie (75/440/EWG) [13] heranzuziehen. Wie bereits erwähnt, sind dabei die Grenzwerte der Kategorie A2 zu verwenden. Da der Umfang der in der Richtlinie enthaltenen Parameter begrenzt ist, können daneben auch die Grenzwerte der Trinkwasserverordnung herangezogen werden, insbesondere, wenn die betreffenden Stoffe nur eine geringe Abbaubarkeit und geringe Adsorptionsneigung bei der Bodenpassage zur Uferfiltratgewinnung aufweisen. Sowohl die Bestimmungen der EG-Richtlinie als auch der Trinkwasserverordnung [4] sind in den Tabellen 2.2-11 und 2.2-12 im Anhang zu Fachteil „Wasserversorgung und Wasserbilanz" zusammengestellt.

Vergleicht man diese Anforderungen mit den Belastungszuständen bei den einzelnen Stoffgruppen, wie er in den vorhergehenden Kapiteln dargestellt wurde, so zeigt sich, daß abgesehen von den hygienisch-bakteriologischen Parametern die aufgeführten Qualitätsziele entsprechend der EG-Rohwasserrichtlinie im Planungsraum im wesentlichen eingehalten werden. Beeinträchtigungen gehen bei einigen Stoffen und Stoffgruppen noch von Stoßbelastungen aus. Zu ihrer Vermeidung sind je nach Ursachen unterschiedliche Maßnahmen zu ergreifen. Im Bereich der flächenhaften Quellen sind Stoßbelastungen vor allem mit Niederschlagsereignissen verbunden. Alle Maßnahmen, die auf eine Verringerung der Erosionsdisposition, der Stoffeinträge durch Abschwemmungen von landwirtschaftlichen Nutzflächen oder der Häufigkeiten von Mischwasserentlastungen abzielen, werden demnach in dieser Hinsicht zu Verbesserungen führen.

Fischereiliche Nutzung

Im Gegensatz zu den fischbiologischen Gewässerschutzanforderungen mit Bezug zu ökologischen Zielsetzungen und dem Fisch als Bioindikator steht bei den Höchstmengen-Anforderungen die Gesundheit des Menschen, der den Fisch verzehrt, im Mittelpunkt. Als Bewertungsgrundlage für die Belastung des Fischfleisches dient zunächst die Schadstoffhöchstmengenverordnung nach dem Lebensmittel- und Bedarfsgegenständegesetz (s. a. Fachteil „Gewässerschutz/Oberflächengewässer", Anhang 3). Sie enthält von den hier interessierenden Stoffgruppen nur Angaben zu PCB und für Quecksilber.

Neben der Bewertung des besonders stark zur Bioakkumulation neigenden Quecksilbers in dieser Verordnung hat das Bundesgesundheitsamt auch für die Metalle Cadmium und Blei Empfehlungen herausgegeben. Vorschläge für weitere Metalle wurden von WACHS (1989) [15] erarbeitet.

Aufgrund der PCB-Verordnung vom Juli 1989 [34] werden die verbliebenen Quellen für potentielle Gewässerbelastungen weiter verringert werden. Da auch die flächenhaften Einträge allmählich abklingen müssen, sind in Zukunft von diesen Stoffen keine Beeinträchtigungen der fischereilichen Gewässernutzung mehr zu erwarten.

Ein ähnlich günstiges Bild ergibt sich bei den Metallen: Auch hierbei werden die Höchstmengen im Planungsraum durchgehend unterschritten.

Freizeit- und Erholungsnutzung

Bei dieser Gewässernutzung sind verschiedene Formen und Qualitätsziele zu unterscheiden:

- Erholungsnutzung am Wasser, wie Wandern, Angeln, Lagern etc. Die Gewässer und ihre Uferzonen sollen nach den landschaftsökologischen Zielsetzungen dieses Plans, wie sie im Fachteil „Wasser in Natur und Landschaft" dargestellt sind, als naturnahe Landschaftsbestandteile in einer vielfältig durch anthropogene Einflüsse geprägten Kulturlandschaft erhalten oder ausgestaltet werden. Legt man die ästhetischen Ziele der Badegewässerrichtlinie (76/160/EWG) [29] zugrunde, ist der Zustand der Gewässer im Planungsraum als gut zu bezeichnen. Im Hinblick auf die Gewässergestaltung sind in Zukunft weitere Verbesserung durch das Instrument der Gewässerpflegepläne und durch das Uferstreifenprogramm etc. zu erwarten.
- Wassersport als Freizeittätigkeit auf den größeren Flüssen, wie z. B. Bootfahren mit und ohne

Motor. Diese Nutzungen betreffen im wesentlichen die größeren Gewässer wie Main und Regnitz. Bei diesen Sportarten ist mit gelegentlichem Kontakt mit Wasser zu rechnen.
- Baden und Wassersportarten im Wasser, wie Surfen etc. Die Voraussetzungen für diese Nutzungen sind in der bereits genannten EG-Badegewässerrichtlinie [29] festgelegt. Neben die im Zusammenhang mit anderen Nutzungen erwähnten Qualitätsziele für chemische und physikalische Parameter treten in diesem Falle erhöhte Anforderungen an die hygienische Wasserbeschaffenheit. Diese Bedingungen können an belasteten Fließgewässern nicht erreicht werden. Ein wesentlicher Grund dafür liegt in den Verkeimungsquellen.

Zur quantitativen Bestimmung der Quellen der Verkeimung und zur Entwicklung von sinnvollen Maßnahmen zu ihrer wirksamen Reduzierung sind noch weitere Untersuchungen erforderlich.

Sedimentbeschaffenheit

Die Belastung von Fließgewässersedimenten mit Stoffen, die zu Adsorption an Schwebstoffen oder zur Ausflockung neigen und damit im Sediment angereichert werden können, ist in zweifacher Hinsicht relevant:

- Zum einen wird davon die Unterbringung der Sedimente als Baggergut berührt, da die anzustrebende landwirtschaftliche Verwertung nur bei Einhaltung der in der Klärschlammverordnung (s. a. Fachteil „Gewässerschutz/Oberflächengewässer", Anhang 3) festgelegten Grenzwerte für Schwermetalle, PCB und Dioxine/Furane möglich ist. Baggergut kann im Planungsraum nur am schiffbaren Main in größerem Umfang anfallen. Doch selbst dort finden sich Sedimente im Flußbett, abgesehen von Stillwasserzonen oder den Bereichen unmittelbar vor den Staustufen, nur in geringen Mengen. Die Baggergutproblematik gewinnt jedoch größere Bedeutung im Hinblick auf die Räumung der teilweise in erheblichem Maße verlandeten Buhnenfelder.
- Zum Zweiten ist die Schadstoffbelastung der Sedimente ein Indikator auch für die Belastung der Gewässer und kann daher zur Bewertung der Wasserqualität herangezogen werden. Dabei ist zu beachten, daß die Schadstoffgehalte des Wassers immer nur Momentaufnahmen der Belastung darstellen, wohingegen die Sedimentgehalte den mittleren Zustand über einen längeren Zeitraum widerspiegeln. Als Beurteilungskriterien speziell für die Schwermetallbelastungen können die von WACHS (1991) [35] vorgeschlagenen Belastungsklassen herangezogen werden.

Als Qualitätsziele der Sedimentbeschaffenheit sollen die Grenzwerte der Klärschlammverordnung [11] in allen Fließgewässern des Planungsraumes eingehalten werden. Darüber hinaus ist jedoch anzustreben, ähnlich den Forderungen des Landesentwicklungsprogrammes für die Gewässergüteklassen nach dem Saprobienindex überall die Güteklasse II, mindestens jedoch die Güteklasse II-III zu erreichen oder einzuhalten. Dieses vor allem ökologisch orientierte Ziel bedingt höhere Anforderungen, als die Einhaltung der Klärschlammverordnung.

Wie ein Vergleich der derzeitige Belastungssituation der Mainsedimente mit diesen Qualitätszielen auf der Grundlage des verfügbaren Datenmaterials zeigt, werden die Grenzwerte der Klärschlammverordnung sowohl im Main als auch in der Regnitz annähernd überall eingehalten. Vielfach liegen die Sedimentkonzentrationen sogar um eine Zehnerpotenz niedriger. Lediglich vereinzelte Cadmiumwerte lagen im Untermain etwas darüber. Die Belastungklasse II nach WACHS ist dagegen bisher noch nirgends, die Klasse II-III nur abschnittsweise erreicht. In der Regnitz bei Hausen ergibt sich für manche Metalle sogar die Klasse III-IV. Die vom DVWK [36] veröffentlichten Orientierungswerte dagegen werden selbst bei den Sedimentproben bis 15 cm Tiefe großenteils eingehalten. Lediglich das Kupfer liegt noch deutlich darüber. Auch bei den organischen Substanzen wurden z. T. noch erhöhte Belastungen gemessen.

Bei diesen Bewertungen ist zu berücksichtigen, daß die Daten überwiegend aus den Jahren 1986 bis 1989 stammen und damit nicht mehr ganz den aktuellen Zustand widerspiegeln dürften. Es ist daher zunächst abzuwarten, wie sich diese Belastungsverhältnisse weiter entwickeln, insbesondere aber, welche Verbesserungen sich durch die Einführung des Standes der Technik in der Abwasserreinigung für Schwermetalle durch die Abwasserverwaltungsvorschriften ergeben werden. Auch die Einbeziehung der wichtigsten Schwermetalle als Abgabeparameter in das Abwasserabgabengesetz dürfte inzwischen noch zu weiteren Belastungsreduktionen geführt haben und noch führen. Damit besteht die berechtigte Aussicht, daß mindestens die Belastungsklasse II-III im Planungsraum weitgehend erreicht wird.

4.2.8 Grundwasserschutz

Der flächenhafte Schutz des Grundwassers ist Voraussetzung für eine gesicherte Trinkwasserversorgung. In den letzten Jahrzehnten hat sich besonders die Qualität des oberflächennahen Grundwassers vielerorts verschlechtert. Trotz erheblicher Bemühungen sind durchgreifende Verbesserungen noch nicht erkennbar. Grundlegende Ziele für einen fortschrittlichen Gewässerschutz wurden von der Länderarbeitsgemeinschaft Wasser (LAWA) in Februar 1991 aufgestellt. Dieses unter dem Namen „LAWA 2000" bekannte Papier enthält für den Grundwasserschutz in quantitativer und qualitativer Hinsicht folgende Kernsätze:

Grundwasser darf nur entnommen werden, wenn das Gewässer in seiner Bedeutung für die vorhandene Tier- und Pflanzenwelt nicht nachteilig beeinträchtigt wird, soweit nicht überwiegende Belange des Wohls der Allgemeinheit oder im Einklang mit ihm auch der Nutzen einzelner etwas anderes erfordern. Grundwasser ist sparsam zu verwenden. Der Einsatz wassersparender Techniken ist zu unterstützen. Die Grundwasserneubildung ist zu fördern. So ist auch die natürliche Versickerung des Niederschlages zu erhalten oder wieder herzustellen.

Das Grundwasser ist flächendeckend vor nachteiligen Veränderungen zu schützen. Dies ist durch vorsorgende, dem Besorgnisgrundsatz genügende und an der Quelle von Gefährdungen ansetzende Maßnahmen zu verwirklichen. Dies gilt insbesondere für den anlagenbezogenen Gewässerschutz im Bereich von Industrie und Gewerbe sowie die Verwendung von Pflanzenbehandlungs- und Schädlingsbekämpfungsmitteln. Wassergewinnungsgebiete und andere empfindliche Gebiete sind auszuweisen und unterliegen besonderen Schutzanforderungen.

Die Beschaffenheit des Grundwassers ist systematisch flächendeckend zu überwachen und zu bewerten. Die Untersuchung auf Pflanzenschutzmittelwirkstoffe in landwirtschaftlich genutzten Gebieten ist zu verstärken. Wenn im Grundwasser überhöhte Gehalte von Nährstoffen und Pflanzenbehandlungsmitteln festgestellt werden, ist für eine Reduzierung des Einsatzes dieser Stoffe Sorge zu tragen.

Dem Ziel einer Beschränkung des Einsatzes von Pflanzenschutzmitteln auf das unbedingt notwendige Maß dient das System des integrierten Pflanzenschutzes. Der integrierte Pflanzenschutz ist seinerseits Teil des integrierten Pflanzenbaues, der eine ökonomisch und ökologisch ausgewogene Pflanzenproduktion zum Ziel hat. Der integrierte Pflanzenschutz ist ein System zur Regulierung der Schadorganismen, das entsprechend der jeweiligen Umwelt und Populationsdynamik der Schaderreger alle verfügbaren Verfahren in möglichst gut abgestimmter Weise anwendet und die Populationen der Schadorganismen unter der wirtschaftlichen Schadensschwelle hält (FAO).

Eine Minimierung der Stickstoffbelastung des Grundwassers kann durch folgende Grundsätze erreicht werden:

- Begrenzung der Stickstoffdüngung auf den Pflanzenbedarf.
- Ausbringung des Stickstoffes entsprechend dem Wachstum der Pflanzen in mehreren Gaben.
- Anpassung des Pflanzenbaues an die pedologischen Gegebenheiten, d.h. keine Intensivkulturen auf durchlässigen Böden mit geringem Flurabstand des Grundwassers etc.
- Zwischenfruchtbau zur Vermeidung von Schwarzbracheperioden und damit zur Vermeidung von Stickstoffauswaschungen.
- Vermeidung von Grünlandumbruch, da dieser zu Freisetzungen und Auswaschungen von erheblichen, im Wurzelbereich festgelegten Stickstoffmengen führt.

Ein wichtiges Instrument des Grundwasserschutzes im Hinblick auf die Trinkwasserversorgung stellt die Ausweisung von Wasserschutzgebieten dar. Rechtliche Grundlage hierfür ist §19 WHG, wonach

- Wasserschutzgebiete zum Wohl der Allgemeinheit festgelegt werden können,
- bestimmte Handlungen, die eine Beeinträchtigung des Grundwassers in diesen Gebieten bewirken können, zu verbieten oder zu beschränken sind und
- Eigentümer und Nutzungsberechtigte von Grundstücken zur Duldung von bestimmten Maßnahmen verpflichtet werden können.

Treten in Wasserfassungen Überschreitungen des Grenzwertes der TrinkwV von 50 mg/l Nitrat auf, sind in der Regel Eingriffe in die landwirtschaftliche Nutzungsstruktur unumgänglich, wie z. B.:

- Extensivierung durch Umwandlung von Acker in Grünland,
- Flächenstillegungen,
- Umbruchverbote,
- Aufforstung, soweit dadurch keine Nitratauswaschung bewirkt wird.

Nutzungsbeschränkungen dieser Art sind zu entschädigen oder auszugleichen. Hierzu wurden von der BayLBA versucht, ertragsbeeinflussende Auflagen zu quantifizieren und Ausgleichsbeträge zu schätzen (RINTELEN 1990) [51]. Eine Neubearbeitung wurde angekündigt.

Aufgrund der erhöhten Gefährdung der Grundwasserqualität vor allem durch die landwirtschaftliche Stickstoffdüngung und den Einsatz von Pflanzenbehandlungsmitteln wurden in vielen Fällen Neufestsetzungen der Wasserschutzgebiete sowie Verschärfungen der Verbote und Beschränkungen erforderlich. Um im Rahmen von Sanierungsplänen die für Nährstoffbilanzen und Schadstoffkontaminationen relevanten Flächennutzungen erfassen zu können, müssen die Grenzen des Einzugsgebietes einer Wasserfassung (d.h. die Schutzzone III B) bekannt sein.

Das Bayerische Landesamt für Wasserwirtschaft hat hierzu eine Leitlinie als Hilfsmittel für die Wasserversorgungsunternehmen entwickelt (s.a. Anhang 3 zum Fachteil „Gewässerschutz/Oberflächengewässer").

Nicht alle Wassergewinnungsgebiete haben bereits durch Verordnung festgesetzte Schutzgebiete. Für einen wirkungsvollen Grundwasserschutz ist zu fordern, daß in diesen Fällen die Schutzgebiete in dem erforderlichen Umfang zügig ausgewiesen werden. Unter Berücksichtigung der Versorgungssicherheit und gegebenenfalls zur Durchführung von Sanierungsplanungen sollten dabei auch die Schutzzonen III B erfaßt werden. Die Einbeziehung der gesamten Einzugsgebiete der Wasserfassungen korrespondiert nicht zuletzt mit der Forderung der Länderarbeitsgemeinschaft Wasser nach einem flächendeckenden Grundwasserschutz.

Ein weiteres Problemfeld sind die Schadensfälle durch industrielle und gewerbliche Betriebe. Gemäß dem Vorsorgeprinzip sind Anlagen, in denen wassergefährdende Stoffe verwendet werden, so zu planen, zu bauen und zu betreiben, daß eine Freisetzung der Stoffe vermieden werden kann. Hierzu sind technische Schutzvorkehrungen und betriebliche Sicherheitsmaßnahmen vorgeschrieben, deren Einhaltung überwacht wird. Bei der Sanierung von Grundwasserschadensfällen gilt das Verursacherprinzip, d.h. soweit feststellbar, haftet der Verursacher für die entstehenden Kosten.

Auch Untergrundverunreinigungen durch Altlasten stellen häufig eine erhebliche Gefährdung des Grundwassers und seiner Nutzungen dar. Die altlastverdächtigen Flächen im Planungsraum wurden daher in einem aufwendigen Untersuchungsprogramm erfaßt und bewertet. Mit der Einstufung in Sanierungsprioritäten wurde die Grundlage für eine langfristige Kosten- und Maßnahmenplanung geschaffen, die schrittweise umgesetzt wird. Durch die Sicherheitsauflagen und Kontrollen bei Transport und Lagerung wassergefährdender Stoffe muß die Enstehung neuer Grundwasserschadensfälle in Zukunft weitgehend ausgeschlossen werden.

4.3 Abwasser aus Kommunen und Industrie

4.3.1 Allgemeines

Überall, wo Menschen leben und arbeiten, entsteht Abwasser in vielfältiger Form. Ausdruck der menschlichen Zivilisation und Forderung einer neuzeitlichen Hygiene ist es, die Abwässer umfassend zu sammeln und auf dem kürzestmöglichen Weg aus den Siedlungsgebieten abzuleiten. Hinzu kommt in jüngerer Zeit das Prinzip der Abwasserverminderung und -vermeidung. Es ist von folgenden Gegebenheiten auszugehen:

- Die Gewässerbelastung durch Abwasserinhaltsstoffe hat sich in den vorangegangenen Jahrzehnten erheblich geändert. Dies gilt gleichermaßen für häusliche, gewerbliche und industrielle Abwässer wie für Regenabflüsse aus Siedlungen. In den meisten Bereichen ist eine Verbesserung der Situation eingetreten, was z.B. durch die Gewässergütekartierung erkennbar wird.
- Im Bereich der kommunalen Abwasserbehandlung haben die eingeführten Verwaltungsvorschriften nach §7a Wasserhaushaltsgesetz sowie weitere gesetzliche Vorgaben in vielen Fällen zu einer Verschärfung der Auflagen geführt, wodurch im Jahresvergleich eine fortlaufende Verringerung der Einleitungsfrachten zu beobachten ist.
- Die Methoden zur Zurückhaltung komplexer und gefährlicher Stoffe werden immer vielfältiger. Sie reichen von den Verfahren der Abwasserreinigung, bei denen ggf. die bestehenden Anlagen durch zusätzliche Behandlungsstufen ergänzt werden müssen, über die innerbetriebliche Reinigung bis zu Vermeidungsmaßnahmen, die bei gefährlichen Schadstoffen besonders wichtig sind.
- Die bedeutende Verringerung von Einleitungsfrachten aus kommunalen und industriellen Kläranlagen hat zur Folge, daß andere Bereiche von Einleitungen, z.B. durch Ableitung aus Mischwasserkanalisationen bei Regenereignissen, in stärkerem Maße an Bedeutung gewinnen.
- Die neuen Richtlinien der Regenwasserbehandlung im Mischsystem gehen davon aus, daß über Regenentlastungen nicht mehr Schadstoffe in Gewässer gelangen dürfen als durch die Abläufe von Kläranlagen.
- Viele Stoffe und Stoffgruppen können bereits in geringen Konzentrationen eine erhebliche Gefährdung für die Gewässer darstellen.
- Die sich überlagernde Auswirkung kontinuierlicher und stoßweiser Abwassereinleitungen erfordert die Berücksichtigung der Wechselwirkungen von Entwässerungssystem, Regenwasserbehandlung und Abwasserreinigung.

Zur Ermittlung der Leistung der Verfahren der Regenwasserbehandlung und der kommunalen und industriellen Abwasserreinigung werden einerseits Summenparameter für die organischen Stoffe und Feststoffe herangezogen (Abfiltrierbare Stoffe,

BSB$_5$, CSB), zum anderen Einzelstoffparameter (z.B. NH$_4$-N, Metalle) verwendet. Von besonderer Bedeutung zur Charakterisierung der Abwasserbelastung sind:

Biochemischer Sauerstoffbedarf (BSB$_5$)

Er stellt das Maß für die leichter abbaubaren, organischen Inhaltsstoffe des Abwassers dar. Als solcher hat er eine zentrale Bedeutung für den Gewässerschutz, denn er ist auch heute noch ein wesentlicher Maßstab der Gewässerbelastung und gleichzeitig die wichtigste Größe für die Kläranlagenbemessung.

Chemischer Sauerstoffbedarf (CSB)

Der Summenparameter CSB erfaßt neben den leicht abbaubaren auch die schwer abbaubaren und die resistenten organischen Abwasserinhaltsstoffe im kommunalen Abwasser. Diese Stoffe erlangen eine immer größere Bedeutung, da:

- Die zunehmende Verwendung chemischer Produkte in Gewerbe und Industrie sich auf die Abwasserzusammmensetzung auswirkt.
- Mit der steigenden Reinigungsleistung der biologischen Kläranlagen der Anteil der abbauresistenten Stoffe im Ablauf relativ größer wird.

Stickstoffverbindungen

Der Stickstoff ist als Bestandteil der Eiweißverbindungen ein wichtiger Inhaltsstoff vor allem der kommunalen Abwässer. Der Gesamtstickstoff als Summe des in gebundener Form vorliegenden Stickstoffs setzt sich aus den reduzierten und den oxidierten Stickstoffverbindungen zusammen. Die erstgenannte Gruppe, die als Kjeldahl-Stickstoff bezeichnet wird, beinhaltet den organisch gebundenen Stickstoff (N$_{org}$) und den Ammonium-Stickstoff (NH$_4$-N), letztere den Nitrit- (NO$_2$-N) und den Nitrat-Stickstoff (NO$_3$-N).

Phosphor

Das Phosphat, insbesondere das Orthophosphat, nimmt im Gewässer aufgrund seiner Wirkung als Pflanzennährstoff eine bedeutende Stellung ein.

Metalle

Metalle gelangen über Industrie, Gewerbe und Haushalt, aber auch über atmosphärischen Eintrag und Oberflächenabschwemmung (u.a. Straßenverkehr) in die Kläranlagen. Je nach Metall und Bindungsform werden die Metalle zu 30-90% in den Klärschlamm verlagert. Die übrigen Anteile gelangen i.d.R. als Metallhydroxide über den Kläranlagenablauf in die Gewässer.

4.3.2 Regenwassernutzung, Abwasserreduzierung und Regenwasserbehandlung

Entwässerungsplanungen zielen in der Regel darauf ab,

- das Abwasser- und Regenwasser so schnell wie möglich aus dem Bereich von Siedlungen abzuleiten und
- die Gewässer als natürliche Vorflut zu nutzen, sowie
- verschmutztes Abwasser einer Behandlungsanlage zuzuführen.

Durch die Befestigung von Oberflächen und gleichzeitiger Ableitung des Regenwassers in die Kanalisationen verringert sich einerseits die Grundwasserneubildung, andererseits spülen die Regenabflüsse die Oberflächen von Verschmutzungen frei und tragen diese je nach Wahl des Entwässerungssystems direkt oder vorbehandelt in die Gewässer ein. Diese Problematik kann durch eine Reduzierung der Regenabflüsse vermindert werden.

Eine Möglichkeit ist die Nutzung von Regenwasser als Brauchwasser, welcher allerdings in verschiedener Hinsicht Grenzen gesetzt sind. Zum einen kann von der technisch realisierbaren Größe von Regenwasserspeichern im Haushaltsbereich und zur Gartenbewässerung kein wesentlicher Beitrag zur Reduzierung des Abflusses erwartet werden, da in aller Regel das gespeicherte Volumen so gering ist, daß die Abflußspitzen, welche für eine Bemessung von Entwässerungssystemen herangezogen werden müssen, nicht beeinflußt werden. Einer Vergrößerung dieser Speicher sind aus hygienischen Gründen und auch aus Gründen der Wirtschaftlichkeit Grenzen gesetzt.

Ein Beitrag zur Verminderung des Regenabflusses ist die Nicht-Versiegelung beziehungsweise die Entsiegelung bereits befestigter Flächen. Eine nachträgliche Entsiegelung von bereits befestigten Flächen ist ein langwieriger und sehr kostenintensiver Prozeß.

Während bei Neubaugebieten bis etwa zur Hälfte des üblicherweise schnell zum Abfluß gelangenden Regenwassers versickert oder zumindest zurückgehalten werden kann, ist es in dichter besiedelten Gebieten kaum möglich, mehr als 5 bis 10% bereits befestigter Flächen von den bestehenden Entwässerungssystemen abzukoppeln. Weitere Möglichkeiten zur Verringerung des Stoffeintrags in die Gewässer bietet die Regenwasserbehandlung.

Hierzu zählen die Maßnahmen, welche durch mechanische, mechanisch-biologische oder biologisch-chemische Verfahren Verschmutzung von Regen- und Mischwasser vor Einleitung in die Gewässer reduzieren sowie Maßnahmen, welche durch ihre

Speicherwirkung einen vermehrten Anteil verschmutzten Regen- oder Mischwassers einer Abwasserbehandlungsanlage zuführen. Im wesentlichen sind hierbei Regenrückhaltebecken und Regenüberlaufbecken zu nennen.

Die Bemessung von Regenüberlaufbecken erfolgt nach dem ATV-Arbeitsblatt A 128 „Richtlinien zur Bemessung und Gestaltung von Regenentlastungen bei Mischwasserkanälen" [37]. Dieses ergab in seiner langjährigen Anwendung bei Mischsystemen erforderliche Speichergrößen im Mittel von 17,5 m^3/ha_{red}. Dieses Arbeitsblatt wurde vor kurzem durch eine Neufassung abgelöst, deren erste Anwendungen vergleichbare mittlere Speichervolumen in der Größenordnung von 20 - 25 m^3/ha_{red} ergeben. Das neue Arbeitsblatt verfolgt das Ziel, eine bestmögliche Reduzierung der Gesamtemissionen aus Regenentlastungen und Kläranlagen im Rahmen der wasserwirtschaftlichen Erfordernisse zu erreichen. Aus wirtschaftlichen Gründen wird dabei angestrebt, die in der Kläranlage behandelte Regenwassermenge möglichst klein zu halten.

Zur Ermittlung von Stand und Entwicklung der Regenwasserbehandlung im Planungsraum wurden verschiedene Berechnungen angestellt, die zu folgenden Ergebnissen führten:

- eine Erhöhung der Beckenvolumens über 20 m^3/ha_{red} bringt mengenmäßig keine entscheidenden weiteren Reduzierungen bezüglich der in die Gewässer gelangenden CSB-, P- und N-Frachten;
- Wassersparmaßnahmen und Entsiegelungsmaßnahmen, die in einer Größenordnung von 5 - 10 % der Abwassermengen vorstellbar sind, bewirken eine hohe Reduzierung der über Regenabläufe ins Gewässer gelangenden Stoffe;
- Reduzierungen aus Regenentlastungen von P (50 %) und N (40 %) sind prinzipiell unter den getroffenen Annahmen erreichbar.

4.3.3 Stand und Entwicklung kommunaler Kläranlagen

Die Besiedlung des Planungsraumes erfolgte vorwiegend in den Flußtälern, insbesondere im Maintal. Bereits frühzeitig bestand der Zwang zum Bau von Kanalisationsanlagen, da abgesehen vom engeren Talbereich, die Verwitterungsböden des Maingebiets überwiegend wenig durchlässig sind und deshalb ungünstige Voraussetzungen für die Versickerung sowohl des Regens als auch des Abwassers vorliegen. Gegenüber dem Bundesdurchschnitt war deshalb im Planungsraum (v.a. im Talbereich) bereits frühzeitig ein höherer Anschlußgrad an die Kanalisation erkennbar. Dies gilt jedoch nicht für die Betrachtung des Gesamtplanungsraumes unter Einbeziehung des Hinterlandes, in dem erst bis 1987 mit dem Bundesdurchschnitt gleichgezogen wurde. Die Einleitung in die relativ schwachen Vorfluter des Maingebietes und die Konzentration der Siedlungsgebiete in den Talbereichen führte zu Problemen bei Hygiene und Gewässergüte, denen man schon frühzeitig durch den Bau von Kläranlagen begegnete. Im Jahre 1987 befanden sich im Planungsraum 1,7 Mio Einwohner, von denen 90 % an kommunale Kläranlagen angeschlossen waren. Die überwiegende Zahl der Einwohner (83 %) war an Mischkanalisationssysteme angeschlossen (Orte und Lage der Kläranlagen s. a. Karte E 1.37 und E 1.40).

Die bayerischen Gemeinden haben gemeinsam mit dem Staat in die öffentliche Abwasserentsorgung von 1950 bis 1992 ca. 21,3 Mrd. DM investiert. Standen anfangs der Bau von Kanalisationen und Kläranlagen mit mechanischer Reinigungsstufe im Vordergrund, so wurde die biologische Reinigung in dezentralen und zentralen Kläranlagen in den 70er und 80er Jahren vorangetrieben. Anlaß für den Ausbau der biologischen Stufen boten das Wasserhaushaltsgesetz von 1976 (WHG, 1976) mit den daran knüpfenden Mindestanforderungen für BSB_5 und CSB sowie das Abwasserabgabengesetz von 1976 (AbWAG 1976) [56] das Abgaben für die abgeleitete CSB-Fracht vorsah. Die Mindestanforderungen für kommunales Abwasser wurden 1989 verschärft (beruhend auf der fünften Novelle zum Wasserhaushaltsgesetz (WHG 1986)) [38] und in der Rahmenabwasser-Verwaltungsvorschrift [40] (früher die 1. AbwasserVwV) neben organischen Stoffen Anforderungen an Nährstoffe - Phosphor und Stickstoff - gestellt.

Neben einer Verschärfung der Werte für BSB_5 und CSB in den verschiedenen Größenklassen wurde die Nitrifikation für Kläranlagen größer 5000 EW durch Einführung eines Ammonium-Grenzwertes (einzuhalten im Sommerhalbjahr) und die Notwendigkeit von Maßnahmen zur Phosphor-Verminderung in Kläranlagen größer 20.000 EW ergänzt (1989).

Die Rahmenabwasser-VwV wurde zuletzt 1991 nochmals verschärft durch Einführung eines Parameters Gesamtstickstoff für Kläranlagen ab 5.000 EW, was eine gezielte Denitrifikation in diesen Größenklassen in den Sommermonaten notwendig macht. Dies bringt zusätzlich als Nebeneffekt eine Verbesserung der Kläranlagenabläufe hinsichtlich der abgeleiteten organischen Fracht.

Die Richtlinie des Rates über die Behandlung von kommunalem Abwasser (91/271/EWG) [41] wurde in Bayern inzwischen durch die Bayer. Reinhalteordnung für kommunales Abwasser (ROkAbw 1992) [42] umgesetzt.

Randbedingungen und Prognosebetrachtungen

Zur Abschätzung der zukünftig zu erwartenden Belastung und Qualität der Gewässer im Planungsraum wurden Prognoseuntersuchungen durchgeführt und die Ergebnisse einer bekannten, d. h. durch Messungen belegten, Bezugssituation gegenübergestellt. Dabei war zu untersuchen:

- wie sich die Erfüllung der derzeit geltenden rechtlichen Auflagen auswirken wird,
- welchen Einfluß die prognostizierten Bevölkerungs- und Wirtschaftsentwicklungen haben werden und
- ob und ggf. in wie weit nach durchgehender Einhaltung aller geltenden Bestimmungen noch weitere Verbesserungen erforderlich sind, um angestrebte Gewässernutzungen zu ermöglichen.

Eine wichtige Randbedingung ist hierbei die Abwassermengenentwicklung. Hierbei wird allerdings nur eine geringe Zunahme des häuslichen Abwasseranfalles erwartet, da parallel zur Bevölkerungszunahme mit vermehrten Wassereinsparungen zu rechnen ist.

Zwar nimmt die Regenwasserbehandlung in den Kläranlagen zu, dem stehen jedoch andererseits deutliche Rückgänge bei der Fremdwasserableitung und Wassereinsparungen der Industrie gegenüber. Insgesamt wird sich daher keine wesentliche Änderung des gesamten Abwasseranfalles ergeben (s.a. Karte E 1.46).

Als Vergleichsgrundlage und Ausgangssituation für die Planung wurde das Jahr 1987 gewählt. Für die Prognosebetrachtungen wurden zwei Planungshorizonte definiert, um ähnlich den historischen Trendbetrachtungen bei der Abwasserreinigung auch hier die Entwicklung der Anforderungen und die damit zu erreichenden Auswirkungen verfolgen zu können.

Der erste Prognosezustand bezieht sich auf die Erfüllung der Forderungen der Rahmenabwasser-VwV von 1989. Diese führte zu einem umfassenden Investitionsschub im Abwasserbereich. Die begonnenen und z. T. bereits abgeschlossenen Vorhaben führten in wenigen Jahren zu den dargelegten Ergebnissen und sind als Zwischenschritt auf dem Weg zur Erfüllung der Rahmenabwasser-VwV von 1991 mit ihren z. T. erheblich schärferen Anforderungen vor allem hinsichtlich der Nährstoffe zu verstehen.

Dem zweiten Prognosezustand liegt die Erfüllung der ROkAbw [42] als langfristiges Ziel zugrunde. Daneben wurden bezüglich der Nährstoffe noch weitere Varianten betrachtet, die als weitergehende Anforderungen im Einzelfall, etwa bei Großkläranlagen an schwachen Vorflutern, denkbar sind. Die Prognosefälle lassen sich im einzelnen folgendermaßen charakterisieren:

Prognose 1

Dieser Prognose liegt die Erfüllung der Forderung der Rahmenabwasser-VwV (1989) im Planungsraum unter folgenden Annahmen zugrunde:

- Optimale Betriebsweise mit Nitrifikation in Kläranlagen größer 5000 EW; hierbei Erfüllung der Reinigungsstufe 1 (s.a. Anhang 4 zu Fachteil „Gewässerschutz/Oberflächengewässer") bei Kläranlagen größer 100.000 EW,
- Weitgehender Anschluß der Orte an biologische Reinigungsanlagen,
- Verstärkte Behandlung von verschmutztem Wasser bei Regenereignissen in den Kläranlagen (Reduzierung der Regenentlastungen um ca. 1/3),
- Maßnahmen zur P-Reduzierung an Kläranlagen größer 20.000 EW mittels biologischer oder chemischer Verfahren (gemäß Rahmenabwasser-VwV 1989 bzw. 1991).

Diese Vorgaben sind z.T. bereits verwirklicht.

Prognose 2

Dieser Prognose liegen die Anforderungen der Rahmenabwasser-VwV von 1991 zugrunde, wobei bei Phosphor und Stickstoff weitere Gesichtspunkte berücksichtigt wurden, so daß für diese Parameter jeweils in einen Fall a und b unterschieden wird.

Für den Fall 2a gilt:

- bezüglich P gelten Ablaufwerte von 2 mg/l P für Kläranlagen kleiner 20.000 EW sowie von 1 mg/l P für Kläranlagen größer 20.000 EW,
- bezüglich N gelten die Anforderungen der Rahmenabwasser-VwV (1991).

Für den Fall 2b gilt:

- bezüglich P gelten die Anforderungen des Falles 2a und zusätzlich ist eine Flockungsfiltration bei Anlagen größer 100.000 EW vorgesehen,
- bezüglich N gelten die Anforderungen der ROkAbw (1992) [42].

Die Regelungen ROkAbw (1992) bezüglich Phosphor sind in Kapitel 4.3.3.2 als zusätzlicher Prognosefall behandelt.

4.3.3.1 Anschluß an kommunale Kläranlagen

Für das Bezugsjahr 1987, die zurückliegenden Jahre und die Prognosefälle sind in Karte E 1.41 den Planungsabschnitten lebenden Einwohner nach ihren Anschluß an die verschiedene Reinigungssysteme aufgeführt. Die Anteile der Anschlüsse an Behelfsanlagen und Abwasserteiche entsprechen dabei in etwa der Verteilung in Bayern; hoch ist deren Anteil im Bereich der Fränkischen Saale.

Der Anschluß an biologische Reinigungsanlagen im Planungsraum ist insgesamt mit annähernd 90 % als sehr befriedigend anzusehen; Anlagen mit weitergehender Abwasserreinigung fehlten 1987, abgesehen von der Phosphatfällung in der Kläranlage Schweinfurt, noch weitgehend, wobei jedoch durch die 1986 begonnene Fällung in den Kläranlagen der Stadt Nürnberg über den Zulauf der Regnitz Einfluß auf die Wasserqualität genommen wurde.

In Prognose 1 werden erhöhte Anforderungen bezüglich Stickstoff für Kläranlagen mit Anschlußgrößen über 100.000 EW angenommen. In Prognose 2 wird die Erfüllung der Mindestanforderung gemäß der Rahmenabwasser-VwV 1991 zu Anhang 1 des WHG zugrundegelegt, was insbesondere eine Nachrüstung biologisch-technischer Anlagen mit Fällungseinrichtungen sowie der Auslegung zur Denitrifikation zur Folge hat.

Für die Prognosefälle wird die weitgehende Auflassung der Behelfsanlagen und der Anschluß der Einwohner an biologische Reinigungsanlagen ebenso wie der Anschluß der jetzt in Gewässer ableitenden Hauskläranlagen an Kläranlagen zugrunde gelegt.

4.3.3.2 Abläufe und Frachten aus kommunalen Kläranlagen

Abwassermengen

Die personenbezogene Abwassermenge in der Bundesrepublik nahm von 1965 bis 1983 von ca. 110 auf 148 l/(E•d) zu, sank bis 1987 auf 144 l/(E•d) und blieb seitdem annähernd konstant. Die Entwicklung im Planungsraum muß in Hinblick auf den prognostizierten Trinkwasserbedarf gesehen werden.

Die Summe des in der Kläranlage behandelten Abwassers und des über Regenentlastung oder Hauskläranlagen entsorgten Abwassers nimmt bis 1987 stetig zu, wobei jedoch eine mengenmäßige Verschiebung hin zu den Kläranlagen stattfindet. Während der Anstieg in den Kläranlagen zwischen 1965 und 1975 auf den Ausbau der Kanalisation und die Erhöhung des Anschlußgrades zurückzuführen ist, ist von 1983 bis 1987 der Anstieg der in den Kläranlagen behandelten Abwassermenge im wesentlichen auf die Zunahme der Mitbehandlung von Regenwasser sowie auf die Erhöhung des Anschlußgrades zurückzuführen.

Organische Stofffrachten (BSB_5 und CSB)

Die einwohnerspezifische Belastung des Schmutzwassers mit organischen Stoffen, gemessen als die Summenparameter CSB und BSB_5, erfuhr seit 1965 keine gravierenden Änderungen. Trotz zunehmender Zulauffrachten in den Kläranlagen, bedingt durch:

- steigenden Anschlußgrad von Haushalten und Gewerbe,
- zunehmenden industriellen Anteil an der Einleitungsfracht,
- zunehmende Regenwasserbehandlung in den Kläranlagen,

nahmen die Ablauffrachten des CSB wie des BSB_5 im Planungsraum insgesamt um mehr als die Hälfte ab (s. a. Karte E 1.48). Die Entwicklung zeigte zunächst (in den Jahren 1965 bis 1975) eine Verschiebung der Frachten aus häuslichen Abläufen und Regeneinleitungen hin zu den Kläranlagen, die jedoch nur zur Hälfte mit einer mechanischen Reinigungsstufe ausgerüstet waren, was lediglich eine Rückhaltung der organischen Stoffe von 20-30% bewirkte.

Die Ausrüstung der Anlagen mit biologischen Stufen in den 70er und 80er Jahren erbrachte durch deutlich höhere Reinigungsleistungen den massiven Rückgang der in die Gewässer abgeleiteten CSB und BSB_5-Frachten. Bei Einhaltung der Prognose 1 ist im Planungsraum gegenüber 1987 eine Reduzierung des CSB um ca. 35% und des BSB_5 um ca. 45% möglich. Unter der Annahme der Verwirklichung aller Maßnahmen nach derzeit gültigen Anforderungen (Prognose 2) ist eine Verbesserung der Kläranlagenablaufwerte um weitere 20% beim CSB denkbar.

Phosphor

Das im Abwasser enthaltene Phosphat setzt sich aus menschlichen Ausscheidungen, aus Nahrungsmittelresten und P aus Wasch- und Reinigungsmittel zusammen. Der zunehmende Verbrauch an Wasch- und Reinigungsmitteln führte bis 1975 zu einem Anstieg an P im häuslichen Abwasser bis zu ca. 61% der einwohnerspezifischen P-Belastung.

Um der Belastung der Gewässer mit P entgegenzuwirken und die Eutrophierung zu begrenzen, wurde eine Verminderung des P-Gehaltes in Wasch- und Reinigungsmitteln im Waschmittelgesetz von 1975 (WRMG 1975, i.d.F.d.Bek.v. 1987) [43] festgelegt, präzisiert in der Phosphathöchstmengenverordnung (PHöchstMengV, 1980) [44]. Eine Reduzierung des P-Gehaltes in Waschmitteln um ca. 50% in 2 Stufen (1981 und 1984) war darin vorgesehen.

Tatsächlich wurde die angestrebte Reduzierung für 1984 bereits 1981 erreicht und durch die Einführung phosphatfreier Waschmittel war eine weitere Verminderung in den folgenden Jahren festzustellen.

Die Entwicklung der abwasserbürtigen P-Einträge in die Gewässer in Bayern spiegelt die Entwicklung in den alten Bundesländern wider. Brachte dieser Eintragspfad 1978 ca. 15.000 t/a P (entsprechend ca. 9 mg/l P im Ablauf), so waren es 1987 8.000 t/a P (entsprechend ca. 5 mg/l P im Ablauf), zurückzuführen auf die Waschmittel-P-Reduzierung, aber auch auf die weitergehende Abwasserreinigung durch P-Fällung: 1987 wurden in Bayern bereits ca. 10% der angeschlossenen EW einer P-Fällung unterworfen (an insgesamt 50 Kläranlagen, 17 weitere waren im Bau). Im Planungsraum war dies lediglich die Kläranlage Schweinfurt, so daß sich hier im Mittel noch ein etwas höherer P-Gehalt (im Vergleich zu Gesamt-Bayern) in den Kläranlagenabläufen von 5,8 mg/l P ergab. Auf den Main bezogen hatten jedoch die Fällungsstufen in Nürnberg zu diesem Zeitpunkt bereits deutliche Auswirkungen. Die zum Schutz von Nord- und Ostsee beschlossenen Maßnahmen des Bundes führen seit 1987 zu einer weiteren Verminderung der P-Einträge in die Gewässer.

In Karte E 1.49 ist die zeitliche Entwicklung der Phophorfrachten im Planungsraum (ohne Regnitz) dargestellt. Phosphorfrachten aus industriellen Quellen sind hierbei in den Kläranlagenfrachten berücksichtigt. Trotz der Zunahme der Zulauffrachten in den Kläranlagen ist von 1965 bis 75 bereits ein leichter Rückgang der ins Gewässer gelangenden abwasserbürtigen Frachten zu erkennen, da eine P-Rückhaltung von 30-40% in den zunehmend erstellten biologischen Reinigungsstufen erfolgte. Bis 1987 erfolgte dann durch die Reduzierung von P in Waschmitteln, den hohen Anschlußgrad an biologische Reinigungsstufen sowie die verstärkte Regenwasserbehandlung in Kläranlagen eine Halbierung der Fracht im Vergleich zu 1975.

Die in Prognose 1 zugrunde gelegte Einhaltung der Mindestanforderungen der Rahmenabwasser-VwV (1989) [40], d.h. die Einhaltung der derzeit gültigen gesetzlichen Regelungen, der weitgehende Anschluß von Hauskläranlagen an kommunale Kläranlagen sowie eine weitergehende Regenwasserbehandlung wird eine Reduzierung des abwasserbürtigen Phosphats um ca. 60% gegenüber 1985 zur Folge haben. Die bayerische Reinhalteordnung kommunales Abwasser (ROkAbw von 1992) [42] bringt bei einigen Kläranlagen eine Änderung der Vorschriften gegenüber der Rahmenabwasser-VwV durch Ausweitung auf den Bereich 10.000 - 20.000 EW. In der Summe bringt dies Ablauffrachten im Planungsraum von 635 t/a (im Vergleich zu 677 t/a bei Zugrundelegung der Rahmenabwasser-VwV), d.h. gegenüber 1985 eine Verminderung um 63%. Die Vorgabe der Bundesregierung (50% P-Reduzierung von 1985 bis 1995) werden im Bereich Abwasser somit erheblich übertroffen.

Für den Prognosefall 2a wurden folgende Annahmen getroffen (s.a. Kapitel 4.3.3):

– Ablaufwerte von 2 mg/l P für Kläranlagen kleiner 20.000 EW Anschlußgröße
– Einhaltung von 1 mg/l P bei Kläranlagen ab 20.000 EW.

Ablaufwerte von 1 bis 2 mg/l sind mittels Methoden der biologischen P-Entfernung in einigen Anlagen erreicht worden; eine ergänzende Fällung kann dabei zeitweise notwendig sein (ATV 1989) [45]. Unter den oben getroffenen Annahmen ist eine weitere ca. 10%ige Reduktion (bezogen auf 1985) des abwasserbürtigen Phosphats vorstellbar. Biologische P-Eliminationsstufen, die im Bereich 10.000 - 100.000 EW zur Einhaltung der Mindestanforderungen z.Zt. ausreichen, müßten dann jedoch zumindest zeitweise zur Fällung übergehen. Im Prognosefall 2b ist im Unterschied zum Fall 2a bei Kläranlagen größer 100.000 EW ein Flockungsfiltration vorgesehen. Die Differenz von 85 t/a P (zum Prognosefall ohne Flockungsfiltration) für den gesamten Planungsraum zeigt, daß der Einsatz dieser Technologie im Regelfall für die Gewässer keine weitere bedeutende Entlastung bringt. Es erscheint sinnvoller, im Stadium der Einhaltung der ROkAbw zunächst Maßnahmen bei diffusen Eintragsquellen zu ergreifen, die die abwasserbürtigen P-Quellen mengenmäßig dann bereits übersteigen werden.

Stickstoff

Der Stickstoff ist als Bestandteil der Eiweißverbindungen ein wichtiger Inhaltsstoff vor allem der kommunalen Abwässer. Neben dem bakteriellen Abbau der Kohlenstoffverbindungen stellt die Umsetzung reduzierter Stickstoffverbindungen einen erheblichen Belastungsfaktor für den Sauerstoffhaushalt der Gewässer dar. Die Hauptanteile der abwasserbürtigen Stickstofffrachten stammen aus dem häuslichen Abwasser. Der Stickstoffgehalt des Regenwassers ist sowohl beim Trenn- als auch beim Mischsystem vergleichsweise gering.

Der Stickstoffgehalt der Industrieabwässer ist sehr stark produktionsabhängig; hohe Anteile finden sich vor allem bei Abwässern der Lebensmittelindustrie. Nach Ergebnissen der Studie über Wirkungen von Nährstoffen (HAMM 1991) [46] wird der Anteil der direkt einleitenden Industrie am Eintrag in die Gewässer 1987 mit ca. 10% veranschlagt, der Anteil von Kläranlagen, Regenentlastungen und direkt wie indirekt einleitender Indu-

Tabelle B 4-7: Abwasserbürtige Stickstoffjahresfrachten (Planungsraum) [1]

Jahr	Zeitraum	NH_4	NO_3	$N_{org.}$	ΣN	Stickstofffracht
		kg/d	kg/d	kg/d	kg/d	t N/a
1965	Sommer	6.839	458	1.998	9.295	
	Winter	6.839	458	1.998	9.295	
	Jahresmittel	6.839	458	1.998	9.295	3.392
1975	Sommer	11.940	3.252	3.795	18.987	
	Winter	11.940	3.252	3.795	18.987	
	Jahresmittel	11.940	3.252	3.795	18.987	6.930
1985	Sommer	8.643	10.531	2.876	22.050	
	Winter	8.643	10.531	2.876	22.050	
	Jahresmittel	9.643	10.531	2.876	22.050	8.048
1987	Sommer	7.778	13.222	2.672	23.672	
	Winter	7.778	13.222	2.672	23.672	
	Jahresmittel	7.778	13.222	2.672	23.672	8.640
Prog 1	Sommer	4.487	8.353	1.953	14.653	
	Winter	7.729	11.592	2.317	21.638	
	Jahresmittel	6.108	9.972	2.085	18.165	6.630
Prog 2a	Sommer	3.090	6.957	1.654	11.701	
	Winter	7.729	11.592	2.317	21.638	
	Jahresmittel	5.409	9.274	1.986	16.669	6.084
Prog 2b	Sommer	3.370	6.125	1.749	11.244	
	Winter	7.729	11.592	2.317	21.638	
	Jahresmittel	5.550	8.858	2.033	16.441	6.000

[1] ohne Regenentlastungen und Hauskläranlagen

strie und Gewerbe beträgt ca. 40%. Die Studie kommt zu dem Schluß, daß von 1987 bis 1995 eine Verringerung der Gesamtstickstoffeinträge in die Oberflächengewässer von 23 %, im Bereich der kommunalen und industriellen Kläranlagen von 32 % realistisch ist. Für die verschiedenen Stickstoffverbindungen (sowie Gesamtstickstoff) sind die berechneten Frachten (in kg/d im Sommerhalbjahr) für die Planungsabschnitte in Karte E 1.50 dargestellt.

Betrachtet man die Summe der abwasserbürtigen Ablauffrachten, so ist nach Prognose 2a und 2b eine Frachtreduzierung im Sommerhalbjahr um ca. 50 % erzielbar. Betrachtet man statt des Frachtverlaufes im Sommerhalbjahr die Gesamtjahresfracht, ergibt sich ein anderes Bild.

Tabelle B 4-7 geht von der (eher pessimistischen) Annahme aus, daß im gesamten Winterhalbjahr keine Stickstoffentfernung über die Denitrifikation erfolgt. Bis 1987 traf dies für Sommer- wie Winterhalbjahr zu, wobei 1987 jedoch Verschiebungen von NH_4 zu NO_3 wegen bereits zahlreicher nitrifizierender Anlagen stattfanden. Ausgehend vom Stichjahr 1985 ergeben sich bei Prognose 1, 2a und 2b resp. 18 %, 24 % und 25% Reduzierung der abwasserbürtigen Stickstofffracht.

Obwohl die Reduzierung tatsächlich höher liegen dürfte, da auch im Winterhalbjahr zeitweise mit einer Denitrifikation in der Anlage zu rechnen ist, zeigt sich, daß es selbst bei Ausschöpfung aller technischen Möglichkeiten im Kläranlagenbereich zum Erreichen der in der Nordseeschutzkonferenz festgelegte Ziele (50 % N-Verminderung) verstärkter Anstrengungen im Bereich der nicht abwasserbürtigen Stickstoffquellen bedarf.

Metalle

Metalle gelangen über Industrie, Gewerbe und häusliches Abwasser, aber auch über atmosphärischen Eintrag und Oberflächenabschwemmungen (u.a. Straßenverkehr) in die Kläranlagen. Je nach Metall und Bindungsform werden die Metalle zu 30 bis 90 % in den Klärschlamm verlagert. Die anderen Anteile gelangen im wesentlichen als Metallhydroxide in die Gewässer. Für den Planungsraum sowie das gesamte Maineinzugsgebiet wurden die abwasserbürtigen Metalleinleitungen in und aus Kläranlagen ermittelt.

Die Zulauf- wie Ablauffrachten von Quecksilber und Cadmium liegen um den Faktor 100 bis 1000 unter den Frachten der übrigen Metalle. Entscheidenden Anteil an der Gesamtfracht aller Metalle

Tabelle B 4-8: Herkunft der Schwermetallfrachten in kommunalen Kläranlagen im Planungsraum (1987 und Prognose) [1]

Metall		Cd	Pb	Cr	Cu	Hg	Ni	Zn
Grundfracht im Zulauf der KA [2]	kg/a	235	4415	2943	11773	235	2060	76527
	%	62,5	41,6	46,4	47,3	59,6	36,6	85,1
Fracht aus Metallbetrieben (1987)	kg/a	141	6193	3396	13138	159	3568	13358
	%	37,5	58,4	53,6	52,7	40,4	63,4	14,9
Σ Grundfracht + Metallbetriebe (1987)	kg/a	376	10608	6339	24911	394	5628	89885
	%	100	100	100	100	100	100	100
Fracht aus Metallbetrieben (Prognose) [3]	kg/a	141	3249	3253	3250	159	3249	12994
	%	0	48	4	75	0	9	3
Σ Grundfracht + Metallbetriebe (Prog.-Zulauf) [4]	kg/a	376	7664	6196	15023	394	5309	89521
	%	0	28	2	40	0	6	0,4

1) Bezogen auf Planungshorizont 2020
2) gleichbleibend für 1987 und Prognose
3) Abnahme bezogen auf die Fracht aus metallverarbeitenden Betrieben (im Vergleich zu 1987)
4) Abnahme der Gesamtzulauffracht der Kläranlagen 1987 zu Prognose

haben Gewerbe und Industrie, wobei bei allen Metallen (außer Zink) die metallverarbeitende Industrie 50 bis 80 % des Anteils stellt. Nahezu vernachlässigbar sind die Zuläufe zur Kläranlage über Grundwasser (Fremdwasser) sowie die Einleitungen in die Gewässer aus Hauskläranlagen. Die Metallfrachten aus direkt einleitenden Betrieben sind ebenfalls - im Vergleich zu gewerblichem Abwasser zur Kläranlage - gering.

In Tabelle B 4-8 sind die Einleitungen in die Kläranlagen nach der Herkunft Metallverarbeitung sowie der „Grundfracht" (Regenwasserzulauf zur Kläranlage, Fremdwasser, häusliches Abwasser, sonstiges gewerbliches Abwasser) unterschieden. Unter der Annahme, daß diese Grundfracht im Prognosefall gleich bleibt und die metallverarbeitenden Betriebe die gültigen Mindestanforderungen der Abwasser-Verwaltungsvorschriften (insbesondere die 40. Abwasser-VwV) [47] einhalten, ergeben sich die im Prognosefall dargestellten Reduzierungen.

Wie die Tabelle zeigt, sind bei Cadmium und Quecksilber keine weiteren Reduzierungen zu erwarten, bei Chrom, Nickel und Zink nur in geringem Umfang, während bei Blei und Kupfer noch ein deutlicher Rückgang der Zulauffrachten zu erwarten ist.

Die Verminderung insbesondere von Cadmium und Quecksilber fand bereits in den Jahren vor 1987 statt. Nur geringe Abnahmen sind bei den Metall-einträgen von Kupferdächern zu erwarten, da deren Verbreitung noch weiter zunimmt.

4.3.4 Abwasser aus Industrie und Gewerbe

Die organische Schmutzfracht (CSB) des industriellen und gewerblichen Abwassers ist etwa so groß wie diejenige des häuslichen Abwassers. In den Talräumen von Main und Regnitz ist der Grundsatz, das Industriewasser möglichst gemeinsam mit dem häuslichen Abwasser zu behandeln, weitgehend verwirklicht.

Zu den Ausnahmen gehören mit den Papier- und Zellstoffwerken, dem Bereich Metallverarbeitung und Nahrungsmittelbetrieben größere Abwasserproduzenten nach Menge und Verschmutzung. So stellen z.B. die CSB-Frachten der Zellstoffwerke außerordentliche Belastungen dar.

Das gewerbliche Abwasser floß zum größten Teil den kommunalen Kläranlagen zu. Lediglich ca. 15% der Abwassermenge gelangen über direkteinleitende Betriebe ins Gewässer (Abwassermengen s.a. Karte E 1.46).

Tabelle B 4-9 gibt einen Überblick über die abwasserrelevanten Betriebe im Planungsraum, aufgeschlüsselt nach Industriegruppe und Planungsraumabschnitten. Stark vertreten sind die Bereiche Metall und Chemie/Kunststoffe, wobei sich der Haupt-

Tabelle B 4-9: Anzahl der Betriebe nach Industriegruppen und Planungsraumabschnitten

INDUSTRIE-GRUPPE [1]	Hauptabschnitte				
	A1	A2	A3	A4	Insgesamt
1	151	28	8	29	216
2	545	561	214	489	1809
3	243	58	29	83	413
4	633	772	304	513	2222
5	179	118	20	100	417
6	303	159	63	296	821
7	214	229	42	104	589
Insgesamt	**2268**	**1925**	**680**	**1614**	**6487**

[1] 1 = Steine/Erden/Glas/Keramik 2 = Metalle
3 = Elektrotechnik/Feinmechanik 4 = Chemie und Kunststoffe
5 = Zellstoff/Papier 6 = Textil/Leder
7 = Nahrungsmittel

abschnitt 3 durch einen wesentlich geringeren Gewerbe- und Industriebestand von den übrigen Hauptabschnitten abhebt. Es finden sich keine chemischen Betriebe und Kunststoffbetriebe unter den Direkteinleitern, trotz ihres hohen Anteils an den Unternehmen im Planungsraum.

Schlüsselt man die Betriebe nach relevanten Inhaltsstoffen in ihrem Abwasser auf, so ergibt sich wiederum ein deutlicher Überhang der metallverarbeitenden Betriebe, wobei zu diesem Bereich auch ein Großteil der hinsichtlich leichtflüchtige Halogenkohlenwasserstoffe (z.B. Oberflächenreinigung, Metallentfettung) relevanter Betriebe zu rechnen ist.

Ein Vergleich der Jahre 1984 und 1987 zeigt die Tendenz zum verstärkten Anschluß der Betriebe an kommunale Kläranlagen: Die Zahl direkteinleitender Betriebe ging allein in diesem Zeitraum um 23 % zurück. Tabelle B 4-10 zeigt die Jahresemissionen der Direkteinleiter im Planungsraum (im Mittel der Jahre 1983 bis 1987). Aufgeführt sind die Parameter organischer Stoffe (CSB und BSB_5), Kohlenwasserstoffe, AOX und Nährstoffe.

Die Tabelle B 4-10 zeigt, daß sowohl bei den organischen Stoffen wie beim AOX die entscheidenden Einleitungsfrachten aus dem Raum Stockstadt/Aschaffenburg stammen. Ursächlich hierfür war die Papier- und Zellstoffindustrie.

Die Verschärfung der Verwaltungsvorschriften für diesen Bereich haben zu Beginn der 90er Jahre zu Verfahrensumstellungen und Verzicht auf die Chlorbleiche geführt, was letztlich bereits jetzt zu einer nahezu vollständigen Vermeidung von AOX-Emissionen im Bereich „Main bis Landesgrenze" führt.

Trotz der Wachstumssteigerung der Industrieproduktion in den 80er Jahren war (z.B. bei der Zellstoffindustrie) ein Rückgang der Abwassermenge durch intensive Bemühungen um Abwassereinsparungen und ein Rückgang der Ableitungsfrachten infolge der Festlegung von Mindestanforderungen für die verschiedenen Branchen erkennbar.

Trotz der erwarteten Produktionszunahme wird, wegen der weiter erkennbaren Tendenz zu abwasserarmen Verfahren sowie zur Minderung des Einsatzes wassergefährdender Stoffe, nicht mit einer Zunahme der Emissionen aus Industrie und Gewerbe gerechnet.

4.3.5 Kosten der Abwasserreinigung

Die bayerischen Gemeinden haben gemeinsam mit dem Staat in die öffentliche Abwasserentsorgung von 1950 bis 1992 ca. 21,3 Mrd. DM investiert. Für Bayern sind mit dem Schwerpunkt weitergehende Abwasserreinigungen in den kommenden Jahren Investitionen von rund 6 Mrd. DM vorgesehen. Während im Planungsraum in den Talbereichen 1987 der Bau biologischer Stufen weitgehend abgeschlossen ist, sind Investitionen vor allem im Hinterland im Bereich Kläranlagen- und Kanalbau vordringlich. Über eine Phosphatfällung verfügte 1987 lediglich die Stadt Schweinfurt. Auf der Preisbasis für das Jahr 1987 wurde versucht, die jährlichen Aufwendungen für 1965, 1975, 1987 und die Prognosefälle zu ermitteln. Die Aufwendungen sind in Betriebskosten, kalkulatorische Kosten und kapitalisierte Investitionskosten aufgeschlüsselt.

Die Ergebnisse zeigen, daß im Planungsraum im Vergleich zu früheren Jahren 1987 bereits erhebli-

Tabelle B 4-10: Jahresfrachten der Direkteinleiter; Mittelwerte der Jahre 1983-1987

Gebiet	CSB	BSB$_5$	KWST	NH$_4$(N)	NO$_3$(N)	Ges-P	AOX
	t/a	t/a	kg/a	kg/a	kg/a	kg/a	kg/a
Roter u. Weißer Main	9	1,5	166	430	666	nn	nn
Obermain	41	24	21	547	1357	335	2
Oberer Mittelmain	281	81	7193	8281	16523	1887	383
Main b. Fränk. Saale	179	65	540	9526	1381	22	55
Main b. Mömling	67	20	2681	110	1196	54	165
Main b. Landesgrenze	4424	1596	1597	15167	19488	1095	2500
Rodach	9	nn	118	994	1006	18	13
Fränk. Saale	61	24	1979	604	3154	401	198
Σ	5071	1811,5	14295	35659	44771	3812	3316

nn: keine Daten vorhanden

che Investitionen getätigt waren. Der Anstieg in den Prognosefällen ist im wesentlichen auf Kanalbaumaßnahmen und Maßnahmen zur weitergehenden Abwassereinigung zurückzuführen. Die laufenden Kosten, die 1987 je Einwohner und Jahr ca. 155 DM im Mittel betrugen, werden (bezogen auf den Einwohner) im Prognosefall 1 etwas zurückgehen, da die Kosten durch den höheren Anschlußgrad an bestehende Kläranlagen auf eine größere Einwohnerzahl verteilt werden.

Im Prognosefall 2 steigen die Kosten je Einwohner und Jahr auf ca. 158 DM bedingt durch die nötigen höheren Investitionen im Bereich der weitergehenden Abwassereinigung. Günstiger als in den übrigen Planungsabschnitten ist jetzt und künftig die Preissituation im Hauptabschnitt 2. Der Grund ist, daß hier, geprägt vom Talraum des Mains, größere Klärwerke überwiegen, die insgesamt kostengünstiger die Abwasserreinigung durchführen können. Eine Umrechnung der Kosten auf den Trinkwasserverbrauch (ca. 140 l/(E•d)) ergibt dann bezogen auf den Einwohner etwa das Dreifache der Kosten (d.h. ca. 4,60 - 4,70 DM je m^3 Trinkwasser).

Die gesamten nötigen Investitionen zur Erfüllung gesetzlicher Anforderungen für Kanalisation und Abwasserreinigung werden im Planungsraum in den folgenden Jahren ca. 130-160 Mio DM pro Jahr betragen.

4.4 Auswirkungen von Gewässerschutzmaßnahmen

4.4.1 Allgemeines

Nach der stoff- und nutzungsbezogenen Beschreibung der Güteverhältnisse im Planungsraum und der Belastungsstruktur sollen im vorliegenden Kapitel Beziehungen zwischen der Vorflutbelastung und der resultierenden Gewässergüte hergestellt und die Auswirkungen von emissionsseitigen Belastungsänderungen untersucht werden. Als Vergleichsgrundlage wird die bereits beschriebene Belastungssituation für das Jahr 1987 herangezogen. Hinsichtlich der Belastung durch punktförmige Einleitungen ist dieser Zustand aus der Kläranlagenüberwachung bekannt.

Die Prognosesituationen sind durch die Restbelastungen nach Erfüllung der Verwaltungsvorschriften zum Wasserhaushaltsgesetz nach dem Stand von 1986 (Prognose 1) und der allgemeinen Rahmenabwasser-VwV in der letzten Fassung vom 25. November 1992 (Prognose 2) bestimmt.

Die flächenhaften Einträge werden für die fünf Teilgebiete Obermain, Regnitz, Mittelmain, Fränkischer Saale und Untermain bis zur Landesgrenze aus den Differenzen zwischen den Vorflutfrachten und den aus Punktquellen eingeleiteten Frachten bestimmt. Es wurden dazu die Vorflutfrachten der Jahre 1985 bis 1987 aus Meßdaten getrennt für Sommer und Winter (bezogen auf das hydrologische Jahr) ermittelt und daraus repräsentative Werte für das langjährige MQ abgeschätzt.

Bei den Prognosefällen werden hinsichtlich der Flächenbelastungen zwei Varianten unterschieden: Im ersten Fall bleiben die Einträge unverändert, d. h. es werden keine Verminderungen der Belastungen aus der Flächennutzung veranschlagt. Frachtreduktionen in den Gewässern sind allein durch die steigenden Reinigungsleistungen der Kläranlagen bedingt. Im zweiten Fall werden sowohl beim Phosphor als auch beim Stickstoff die flächenhaften Einträge vermindert.

Tabelle B 4-11: Stillegung von Ackerflächen in den Regierungsbezirken

Regierungsbezirke	Landwirtschaftsfläche	Ackerfläche	stillgelegte*) Ackerflächen		stillzulegende**) Ackerflächen	
	ha	ha	ha	%	ha	%
Oberfranken	337192	224467	6868	3.1	14642	6.5
Mittelfranken	351739	246631	4582	1.9	15176	6.2
Unterfranken	356902	295369	11708	4.0	24030	9.8
Σ	1045833	766467	23158	3.0	53848	7.0

*) im Jahr 1991 stillgelegte Ackerflächen nach dem Flächenstillegungsprogramm in Bayern (BaySTMELF 1989)
**) nach der EG-Agrarreform stillzulegende Flächen (BML 1992)

Dabei wird für den Phosphor angenommen, daß der auf die landwirtschaftliche Düngung zurückzuführende Anteil der Gewässerbelastung durch erosionsmindernde Maßnahmen im weitesten Sinne (von der Bodenbearbeitung bis zum Uferstreifenprogramm) auf die Hälfte reduziert werden kann.

Beim Stickstoff wird angenommen, daß der Eintrag aus der landwirtschaftlichen Düngung in die Gewässer proportional der Überhangdüngung ist. Für die Prognoselastfälle wird eine Reduktion der Überhangdüngung im Planungsraum von derzeit 70 bis 100 kg/(ha•a) auf 40 kg/(ha•a) für erreichbar gehalten. Nähere Erläuterungen hierzu enthält der Fachteil „Gewässerschutz/ Oberflächengewässer".

Bei der Ermittlung der flächenhaften Einträge wurde versucht, die Auswirkungen des Flächenstillegungsprogrammes von 1985 bis 1991 und der Zwangsstillegungen im Rahmen der Agrarreform zu berücksichtigen. Tabelle B 4-11 enthält hierzu Schätzungen der BayLBA für die fränkischen Regierungsbezirke. Es ergeben sich Stillegungen von ca. 3 bzw. 7 % der Acherflächen. Zusätzlich wurden noch drei prognostische Varianten mit 10, 15 und 29 % untersucht.

Bei den Berechnungen der Jahresfrachten ist zu berücksichtigen, daß es sich hierbei um Näherungsrechnungen mit vielen Annahmen und Unsicherheiten handelt, so daß die Angaben hierzu nur als Schätzungen zu werten sind.

Zur Darstellung der Auswirkungen von Belastungsänderungen dienen im folgenden:

− Vergleiche von Jahresfrachten für den Planungsraum und Teileinzugsgebiete,
− Konzentrationsaufstockungen der Vorfluter durch kommunale Einleiter und
− Lastfalluntersuchungen mittels Gewässergütesimulation.

4.4.2 Auswertung der Jahresfrachten

Nach der 3. Internationalen Nordseeschutzkonferenz von 1990 [48] (s.a. Fachteil „Gewässerschutz/Oberflächengewässer", Anhang 3) sollen die Nährstoff-Frachten der Nordseezuflüsse und ihrer Nebengewässer bis zum Jahre 1995 gegenüber dem Bezugsjahr 1987 halbiert werden. Es stellt sich die Frage, inwieweit dieses Ziel mit den geltenden Verwaltungsvorschriften und zusätzlichen Maßnahmen zur Reduzierung der flächenhaften Einträge erreicht werden kann.

Phosphor

Tabelle B 4-12 zeigt die Ergebnisse der Frachtberechnungen für den Phosphor. Die Angaben beziehen sich auf den Gesamt-Phosphor, d. h. auf die Summe aus gelöster und partikulärer Fraktion. Die Tabelle zeigt neben dem Bezugsfall 1987 die Prognosefälle 1 und 2, jeweils mit und ohne zusätzliche Maßnahmen zur Verminderung der Flächeneinträge. In jedem Fall sind für die Teilgebiete neben den jährlichen P-Frachten die prozentualen Anteile, die auf die punktförmigen Quellen entfallen, angegeben. Dabei wurde unterschieden zwischen den Einträgen insgesamt, d. h. einschließlich Mischwassereinleitungen und den Kläranlagen zufließenden Regenwassermengen, und den Einleitungsfrachten bei Trockenwetter.

Im Vergleich der fünf Teileinzugsgebiete untereinander ergeben sich für den Bezugsfall 1987 erhebliche Unterschiede in den Jahresfrachten. Den höchsten Wert weist mit 1230 t/a P das Regnitzgebiet auf. Der mit 91 % ebenfalls sehr hohe abwasserbürtige Anteil läßt erkennen, daß diese hohen Frachten besonders durch die Großkläranlagen des Fränkischen Wirtschaftsraumes bedingt waren. Daher wirkt sich in diesem Gebiet die Verbesserung der Reinigungsleistung der Kläranlagen in den Prognosefällen besonders stark aus.

Die geringsten Frachten ergaben sich für das Gebiet A3 der Fränkischen Saale und der Sinn. Gleichzeitig wird dort mit 50 % der niedrigste Wert für den kläranlagenbürtigen Anteil erreicht. Die Ursache hierfür liegt in der überwiegend landwirtschaftlichen Gebietsstruktur und dem Fehlen bedeutender Siedlungsschwerpunkte. Die übrigen Teilgebiete bewegen sich zwischen diesen beiden Extremen mit Kläranlagenanteilen insgesamt um 83 % und bei Trockenwetter um 63 %.

In den Prognosefällen 1 und 2 gehen die P-Frachten im Gesamtgebiet auf 64 bzw. auf 42 % des Wertes im Bezugsfall zurück. Nach Erfüllung aller derzeit geltenden Anforderungen an die Abwasserreinigung (Prognosefall 2) wird damit im Hinblick auf die P-Elimination das Ziel einer Halbierung der P-Frachten allein durch klärtechnische Maßnahmen voll erfüllt.

Zusätzliche Maßnahmen zur Verringerung der P-Einträge aus der Fläche würden nochmals eine Abnahme der P-Frachten von insgesamt ca. 200 t/a P bewirken. Im Prognosefall 2a würde die Jahresfracht aus dem Bayerischen Maingebiet damit auf ein Drittel des Bezugswertes sinken.

Stickstoff

Die Ergebnisse der Frachtberechnungen für den Gesamt-Stickstoff sind in Tabelle B 4-13 dargestellt. Wie aus den Tabellen zu ersehen ist, liegen die Stickstoff-Frachten im Bezugsfall 1987 etwa um den Faktor 11 höher als die P-Frachten. Auffallend sind wiederum die hohen Einträge aus dem Regnitzgebiet, die durch die Kläranlageneinleitungen im oberen Regnitzgebiet verursacht werden. Während sich die durch Kläranlagen eingeleiteten Anteile in den übrigen Teilgebieten um 30 bis 45 % bewegen, erreichen sie im Regnitzgebiet 67 %.

Der flächenhafte Eintrag ist im Obermaingebiet (A1) und im Gebiet der Fränkischen Saale und der Sinn (A3) mit 68 bzw. 67 % am höchsten. Die Gesamtfracht aus dem Maineinzugsgebiet bis zur Hessischen Landesgrenze beläuft sich auf ca. 34000 t/a N, der auf kommunale Kläranlagen und Direkteinleiter entfallende Anteil liegt bei ca. 48%.

Die Spalten für die Prognosefälle P1 und P2 zeigen die Restfrachten nach Ausbau der Kläranlagen. Für das gesamte Maingebiet bis zur Grenze nach Hessen ergeben sich Frachtreduktionen gegenüber dem Bezugsfall von lediglich 3800 bzw. 5200 t/a N oder 11 bzw. 14 %. Eine Halbierung der Fracht ist demnach durch die klärtechnischen Maßnahmen allein nicht zu erreichen.

Eine Verringerung der flächenhaften Einträge ermäßigt die Frachten an der Landesgrenze um jeweils weitere 6400 t/a N. In den Prognosefällen P1a und P2a würde der Frachtrückgang damit auf 31 bzw. 34 % ansteigen. Tabelle B 4-14 zeigt die Frachtreduktionen, die durch die in Kapitel 4.4.1 erläuterten Flächenstillegungen zu erzielen sind. So günstig sich diese Maßnahmen bei örtlichen Problemstellungen im Bereich des Grundwasserschutzes auswirken können, für wirksame Verminderungen der Stickstoff-Frachten aus größeren Teileinzugsgebieten sind sie nicht ausreichend. Im übrigen sind die angegebenen Frachtverminderungen bei den vorübergehend stillgelegten Flächen auch nur dann in Ansatz zu bringen, wenn weiterhin regelmäßig die Nährstoffe mit der nachwachsenden Pflanzenbiomasse entzogen werden und damit eine Abnahme des zur Auswaschung verfügbaren Anteils erreicht wird.

Zusammenfassend ist festzustellen, daß das Ziel einer wirksamen Reduktion der Nährstoff-Frachten im Main unterschiedlich zu bewerten ist:

- Beim Phosphor können gegenüber dem Bezugsfall Frachtverminderungen bis über 50 %, bei zusätzlicher Verringerung der Belastungen aus der Fläche bis zu zwei Drittel erreicht werden.
- Beim Stickstoff kann die Einhaltung der Verwaltungsvorschriften allein nur eine Entlastung bis zu maximal einem Viertel der Frachten bewirken. Hier besonders ist eine Reduktion der Einträge aus der Fläche erforderlich, denn nur im Zusammenwirken beider Maßnahmenansätze sind wirksame Erfolge zu erreichen.

4.4.3 Konzentrationserhöhungen von Abwasserinhaltsstoffen in Vorflutern durch die Kläranlagen im Planungsraum

Im Anhang 1 zur Rahmenabwasser-VwV sind die Anforderungen an die Reinigungsleistung von Kläranlagen nach Größenklassen der Anlagen gestaffelt. Auf die als Vorfluter genutzten Gewässer wird nicht Bezug genommen. Diese emissionsorientierten Regelungen können immissionsseitig durch weitergehende Anforderungen ergänzt werden, für den Fall, daß Gewässernutzungen wie die Trinkwasserversorgung, die Badenutzung oder ökologisch bedingte Anforderungen nicht gewährleistet werden können.

Diese weitergehenden Anforderungen werden entweder gewässerspezifisch nach den jeweiligen Gegebenheiten im Einzuggebiet oder im Einflußbereich der Einleitung festgelegt, z. B. im Rahmen von Planungen (Bewirtschaftungsplanung, Rahmenplanung) wobei die Belastungen den Nutzungen oder ökologischen Anforderungen gegenübergestellt werden. Es können jedoch auch allgemeingültige

Tabelle B 4-12: Phosphorjahresfrachten für Bezugs- und Prognosefälle

Teileinzugs-gebiete	Bezugsfall 1987			Prognose P1			Prognose P2			Prognose P1a			Prognose P2a		
	P-Fracht	A	B	P-Fracht	A	B	P-Fracht	A	B	P-Fracht	A	B	P-Fracht	A	B
	t/a	%	%	t/a	%	%	t/a	%	%	t/a	%	%	t/a	%	%
Obermain	575	81	62	336	65	43	248	56	28	290	75	50	202	69	34
Regnitz	1230	91	69	696	84	54	402	73	35	649	90	58	355	82	40
Mittelmain	365	89	68	191	79	53	123	67	37	174	87	59	106	78	43
Sinn / Saale	260	50	37	228	43	32	187	30	19	173	57	42	132	43	27
Untermain	705	80	59	540	74	50	351	59	31	479	83	57	290	72	38
Gesamtgebiet	3135	78	59	1991	69	46	1311	57	30	1765	78	53	1085	69	36

Tabelle B 4-13: Stickstoffjahresfrachten für Bezugs- und Prognosefälle

Teileinzugs-gebiete	Bezugsfall 1987			Prognose P1			Prognose P2			Prognose P1a			Prognose P2a		
	N-Fracht	A	B	N-Fracht	A	B	N-Fracht	A	B	N-Fracht	A	B	N-Fracht	A	B
	t/a	%	%	t/a	%	%	t/a	%	%	t/a	%	%	t/a	%	%
Obermain	8950	32	24	8130	25	17	7975	23	16	5325	38	27	5165	36	25
Regnitz	11700	67	49	9920	62	41	9355	59	39	8470	72	48	7905	70	46
Mittelmain	5105	43	32	4710	39	26	4585	37	25	4075	45	30	3950	43	29
Sinn / Saale	3515	33	26	3205	27	19	3155	26	19	2315	37	27	2265	36	26
Untermain	4775	45	38	4300	42	32	4170	40	31	3450	52	40	3320	50	39
Gesamtgebiet	34045	48	36	30265	42	29	29240	40	27	23635	53	37	22605	51	35

A: Kläranlagenanteil insgesamt (einschließlich Mischwasserentlastungen)
B: Kläranlagenanteil, nur Trockenwetterablauf
P1, P2: Prognosefälle ohne Reduktion der flächenhaften Einträge
P1a, P2a: Prognosefälle mit Reduktion der flächenhaften Einträge

Tabelle B 4-14: Einfluß der Stillegung von Ackerflächen auf die Stickstoffjahresfrachten des Maingebietes am Pegel Kahl a. Main

Stillegung von Ackerflächen in %	Stickstoff-Frachten in t/a			
	Prognose 1 a		Prognose 2 a	
	t/a	% von 1987	t/a	% von 1987
0	23.635	69,0	22.605	66,4
3 [1]	23.458	68,9	22.428	65,9
7 [2]	23.166	68,0	22.136	65,0
10 [3]	22.960	67,4	21.930	64,4
15 [4]	22.707	66,7	21.677	63,7
20 [5]	22.261	65,4	21.231	62,4

Erläuterungen:
[1] Flächenstillegung nach BayStMELF (1989)
[2] Zwangsstillegungen nach EG-Agrarreform
[3] Schätzung zusätzlicher Stillegungen nach GATT-Verhandlungsergebnis (BML 1992)
[4] prognostische Schätzung : Erhöhung um 50 %
[5] prognostische Schätzung : Erhöhung um 100 %

Tabelle B 4-15: Anzahl der Kläranlagen 1987 geordnet nach den Vorflutverhältnissen: Abfluß der Vorfluter (MNQ) + Trockenwetterabfluß der Kläranlagen (QTW)

MNQ+QTW l/s	Anzahl der KA: A1-A4				Anzahl der KA: nach Größenklassen			
	A1	A2	A3	A4	KA <1000	KA 1000-5000	KA >5000	Σ A1-4
<2	13	15	6	2	33	3	0	36
2-4	18	16	3	8	31	14	0	45
3-8	25	28	10	12	57	17	1	75
8-16	22	31	12	5	43	25	1	69
16-32	14	20	13	12	24	28	7	59
32-64	16	10	7	7	11	23	7	41
64-128	17	8	9	4	11	15	12	38
128-256	19	3	11	3	10	11	15	36
256-512	11	2	8	3	2	9	13	24
512-1024	9	5	6	3	2	10	11	23
1024-2048	8	0	3	0	2	3	6	11
2048-4096	4	1	17	0	10	8	4	22
4096-8192	6	0	0	0	1	0	5	6
8192-16300	1	0	0	0	0	1	0	1
16300-32700	0	1	0	0	0	0	1	1
>32700	0	26	0	17	4	11	28	43
Σ	183	166	105	76	241	178	111	530

A1 - A4 : Hauptabschnitte

Definitionen für Belastungskapazitäten von Gewässern oder Gewässertypen getroffen werden, die eine Mindestgüte sicherstellen sollen. Kriterien für diese Belastungskapazitäten können sein:

- Das Mischungsverhältnis zwischen Vorflutwasserführung einer bestimmten Wiederkehr und dem Kläranlagenablauf. Dieses Mischungsverhältnis kann auch als Abflußaufstockung durch die Anlage aufgefaßt werden.
- Konzentrationserhöhungen von Abwasserinhaltsstoffen im Vorfluter durch die Einleitung. Dabei bleiben die Vorbelastungen zunächst unberücksichtigt.

In diesem Sinne werden im folgenden die durch die Einleitung bewirkten Aufstockungen der Abflüsse sowie der Konzentrationen von BSB_5, CSB und NH_4-N in den Vorflutern für alle Kläranlagen im Planungsraum untersucht. Dabei bleiben die Vorbelastungen unberücksichtigt, da sie in der Regel ohnehin unbekannt sind. Die Aufstockungen dienen hierbei lediglich als Maßstab der Belastung, nicht jedoch zu deren Bewertung im Hinblick auf Gewässergüteanforderungen oder Gewässernutzungen.

Mischungsverhältnisse

Einen Überblick über die Vorflutverhältnisse aller Kläranlagen im Planungsraum gibt Tabelle B 4-15. Darin sind die Anlagen insgesamt 16 Vorflutbereichen von 2 l/s bis 32,7 m³/s zugeordnet. Als Vorflut-Abfluß gilt das MNQ einschließlich des Trockenwetter-Ablaufes der Kläranlage. Die Anlagen sind zum einen sortiert nach den vier Hauptabschnitten des Planungsraumes, zum anderen nach den Größenklassen kleiner 1000 EW, 1000-5000 EW und größer 5000 EW. Kritisch sind hierbei besonders die Anlagen, die an Vorflutern mit sehr niedrigen Abflüssen liegen. Als Grenze für diesen kritischen Bereich wurden hier 16 l/s (MNQ + QTW) angesetzt.

Abbildung B 4-11 zeigt die Mischungsverhältnisse der Abflüsse der Kläranlagen zu den Wasserführungen der Vorfluter unterhalb der Einleitung. Die Mischungsverhältnisse wurden in fünf Gruppen eingeteilt. Sie reichen von einem Verdünnungsverhältnis kleiner 1:7,5 als dem ungünstigsten Bereich bis zu Verhältnissen größer 1:60, wie sie hauptsächlich an den großen Flüssen des Planungsraumes auftreten.

Auf Abbildung B 4-11 sind die Mischungsverhältnisse den drei Größenklassen der Kläranlagen zugeordnet. Auf die drei Gruppen entfallen dabei 241, 178 und 111 Anlagen. Wie die Abbildung zeigt, ist die Verteilung der Mischungsklassen in den Kläranlagengruppen sehr ähnlich.

Es fällt auf, daß durchgehend die Anlagen mit Mischungsverhältnissen kleiner 1:7,5 am häufigsten mit im Mittel fast 40 % vertreten sind. Hier zeigt sich, daß gerade die schwachen Vorfluter mit geringer Wasserführung bereits von kleineren Anlagen hoch beansprucht werden können.

Ebenfalls in Abbildung B 4-11 sind die Klassen der Mischungsverhältnisse in den Hauptabschnitten dargestellt. Während die Abschnitte A1 und A2 sehr ähnliche Verteilungen aufweisen, sind die Verhältnisse im Abschnitt A3 demgegenüber etwas günstiger, im Abschnitt A4 etwas ungünstiger. In A4 erreicht die Anzahl der Kläranlagen mit Mischungsverhältnissen kleiner 1:15 nahezu 65 %.

Konzentrationsaufhöhungen

Die Mischungsverhältnisse allein sagen noch wenig über die Auswirkungen der Einleitungen auf die Güteverhältnisse aus. Dies ist eher möglich über die Betrachtung der Konzentrationsaufhöhungen, die durch die eingeleiteten Stoffe im Vorfluter bewirkt werden. Zur Darstellung der Verteilung der Konzentrationsaufhöhungen wurden für jeden Stoff fünf Klassen gebildet.

Beim BSB_5 umfassen die ersten drei Klassen den Konzentrationsbereich bis 2,5 mg/l. Berücksichtigt man eine gewisse Vorbelastung, so dürften die übrigen beiden Klassen mit Werten größer 2,5 mg/l Aufhöhung den Bereich mäßiger Belastung in den Vorflutern in der Regel überschreiten. Beim CSB liegen die Verhältnisse ähnlich, beim Ammonium dagegen bildet bereits die dritte Klasse den Übergang zu kritischer Belastung.

Auf Abbildung B 4-12 sind die Prozentanteile der Anlagen in den einzelnen Klassen für die Jahre 1975 und 1987 sowie für den Prognosefall 2 wiedergegeben. Die Zahl der Anlagen beläuft sich 1975 auf 458, 1987 und im Prognosefall auf 530.

Bei allen drei Parametern ist zunächst zwischen 1975 und 1987 eine generelle Abnahme der hohen Aufstockungen zu erkennen, gleichzeitig nimmt jedoch der Anteil der Anlagen mit den niedrigsten Aufstockungen leicht ab, was u. a. auf die zunehmende Belastung der Anlagen durch steigende Anschlußgrade zurückgeführt werden könnte.

Eine alle Klassen betreffende Verbesserung zeigt erst der Prognosefall. Dennoch ist festzustellen, daß immer noch ein gewisser Prozentsatz der Anlagen auf die Klassen 4 und 5 entfällt und damit unterhalb dieser Einleitungen kritisch belastete Zustände in den Gewässern zu erwarten sind. Dies gilt besonders für das Ammonium, bei dem der Anteil der Anlagen in diesen beiden Klassen 35 % überschreitet.

Die Karten E 1.56 und E 1.57 zeigen für das Ammonium die Häufigkeiten und die Verteilungen der Aufstockungen im Planungsraum für das Jahr 1987 und den Prognosezustand. Ähnlich wie bei den Mischungsverhältnissen liegen die Anlagen mit den niedrigsten Aufstockungen in beiden Karten an den starken Vorflutern, an denen damit kaum Beeinträchtigungen der Gewässergüte durch diese Anlagen zu erwarten sind.

Die hohen Aufstockungen dagegen sind in erster Linie an den kleineren Bächen anzutreffen. Zwar ist dort auch die Selbstreinigungsleistung meist hoch, doch ist zu berücksichtigen, daß gerade diese kleineren Gewässer für den Arten- und Biotopschutz im aquatischen und amphibischen Bereich zunehmende Bedeutung gewinnen und daß daher deren Güteverhältnissen erhöhte Aufmerksamkeit zu widmen ist.

Auf Abbildung B 4-13 sind für die drei Parameter die mittleren Aufhöhungen und zusätzlich für den BSB_5 Einleitungsfrachten nach Größenklassen der Anlagen getrennt in ihrer zeitlichen Entwicklung dargestellt. Zunächst zeigt sich an dieser Darstellung generell der starke Rückgang der Einleitungsfrachten zwischen 1975 und dem Prognosefall bei allen Größenklassen. Auffallend ist aber auch die von den Größenklasse 1 nach 3 abnehmende Aufstockung trotz zunehmender Einleitungsfracht.

Dies bestätigt, daß die kleinsten Anlagen überwiegend an den schwächsten Vorflutern liegen und im übrigen mit zunehmender Einleitungsfracht im Mittel auch der Abfluß in den Vorflutern zunimmt. Im Prognosefall wird die Verteilung der Aufhöhungen allerdings uneinheitlicher.

Zusammenfassend ist festzustellen, daß der Rückgang der Konzentrationsaufhöhungen bei BSB_5, CSB und Ammonium im Zeitraum zwischen 1965 und 1987 eng korrespondiert mit der durchgreifenden Verbesserung der Gewässergüte im Planungsraum während dieser Zeit. Bis zum Prognosezustand wird sich nochmals eine erhebliche Verbesserung einstellen.

Am stärksten werden davon die kleinen Gewässer profitieren. Dennoch werden gerade bei den kleineren Gewässern noch in beachtlichem Umfang Konzentrationsaufstockungen bleiben, die zu kritischen Gewässergütezuständen (Gewässergüteklasse II - III) führen können.

In diesen Fällen sind weitergehende Anforderungen an die Abwasserreinigung zu stellen oder sonstige Lösungen wie z. B. Auflassung von kleinen Anlagen und Anschluß an zentrale Kläranlagen zu suchen um eine Verbesserung der Gewässergüte insbesondere im Sinne des Arten- und Biotopschutzes zu erreichen.

4.4.4 Gewässergütesimulationen

Die Berechnungsstrecke für die Gewässergütesimulationen umfaßt eine Länge von 387 km. Davon entfallen 6,5 km auf den Unterlauf der Pegnitz, 60,5 km auf die Regnitz vom Ursprung - dem Zusammenfluß von Pegnitz und Rednitz - bis zur Mündung in den Main und schließlich 320 km auf den Main von der Regnitz bis zur Landesgrenze nach Hessen.

Die Gesamtstrecke wurde in drei gesonderten Teilen bearbeitet: Der erste Teilabschnitt umfaßt die Pegnitz-Regnitz mit 67,5 km („Regnitz"), der zweite den Main bis zur Mündung der Wern mit 166 km („Main1") und der dritte den übrigen Main bis zur Landesgrenze mit 154 km („Main2").

Die Simulationen für den schiffbaren Main von der Regnitzmündung bis zur hessischen Landesgrenze erstreckten sich jeweils über die Dauer einer Woche, um die Auswirkungen von Tages- und Wochenperioden in den Ablaufwerten der Einleiter auf den Vorfluter darstellen zu können.

Da die Regnitz als wichtigster Nebenfluß besonderen Einfluß auf die Wasserqualität des Mains ausübt und seit Betriebsbeginn der Überleitung eine bedeutende Abflußaufstockung bewirkt, wurden auch für sie Vergleichssimulationen für die Zustände mit und ohne Überleitung durchgeführt.

Als Vergleichsgrundlagen für die Auswirkungen der verschiedenen Planungsvarianten auf die Gewässergüte des Mains wurden zwei Bezugssituationen ausgewählt:

- **Frühjahrslastfall:** Als Datum wurde der erste Mai gewählt, d. h. der Beginn des Sommerhalbjahres im hydrologischen Jahr. Die Klimasituation entspricht einer Schönwetterperiode, die Abflüsse von Main und Nebenflüssen entsprechen annähernd den mittleren Niedrigwasserwerten des Monats Mai. Es wird angenommen, daß die Überleitung von Donauwasser in das Regnitz-Maingebiet über den Main-Donaukanal bereits in Betrieb ist und der Abfluß in der Regnitz bei Hüttendorf im Sommerhalbjahr 27 m^3/s also kaum noch unterschreitet.

- **Sommerlastfall:** Der Stichtag für diesen Fall ist der 18. Juli, also der 200. Tag im Jahr. Auch hier wird eine Schönwetterperiode mit hochsommerlichen Luft- und Wassertemperaturen zugrunde gelegt. Als Abflüsse wurden die langjährigen MNQ-Werte für den Monat Juli gewählt.

Die durchgeführten Simulationen und die Lastfälle sind in Tabelle B 4-16 zusammengestellt. Die dort

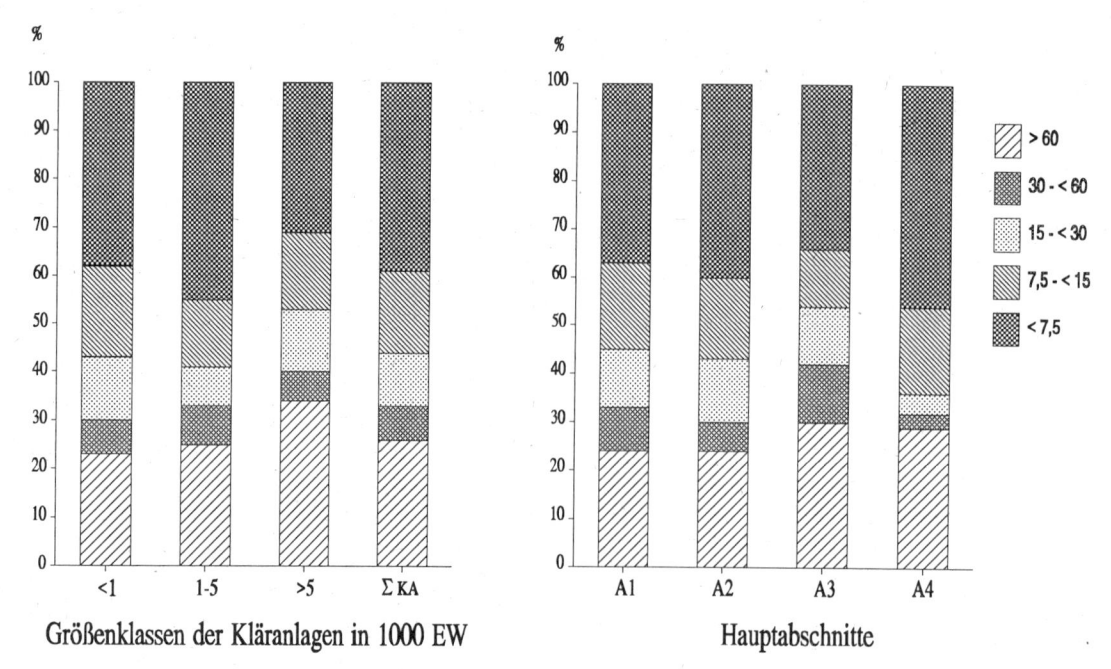

Abb. B 4-11   Mischungsverhältnisse der KA-Abläufe zu den Vorfluter-Abflüssen nach KA-Größenklassen und Hauptabschnitte geordnet

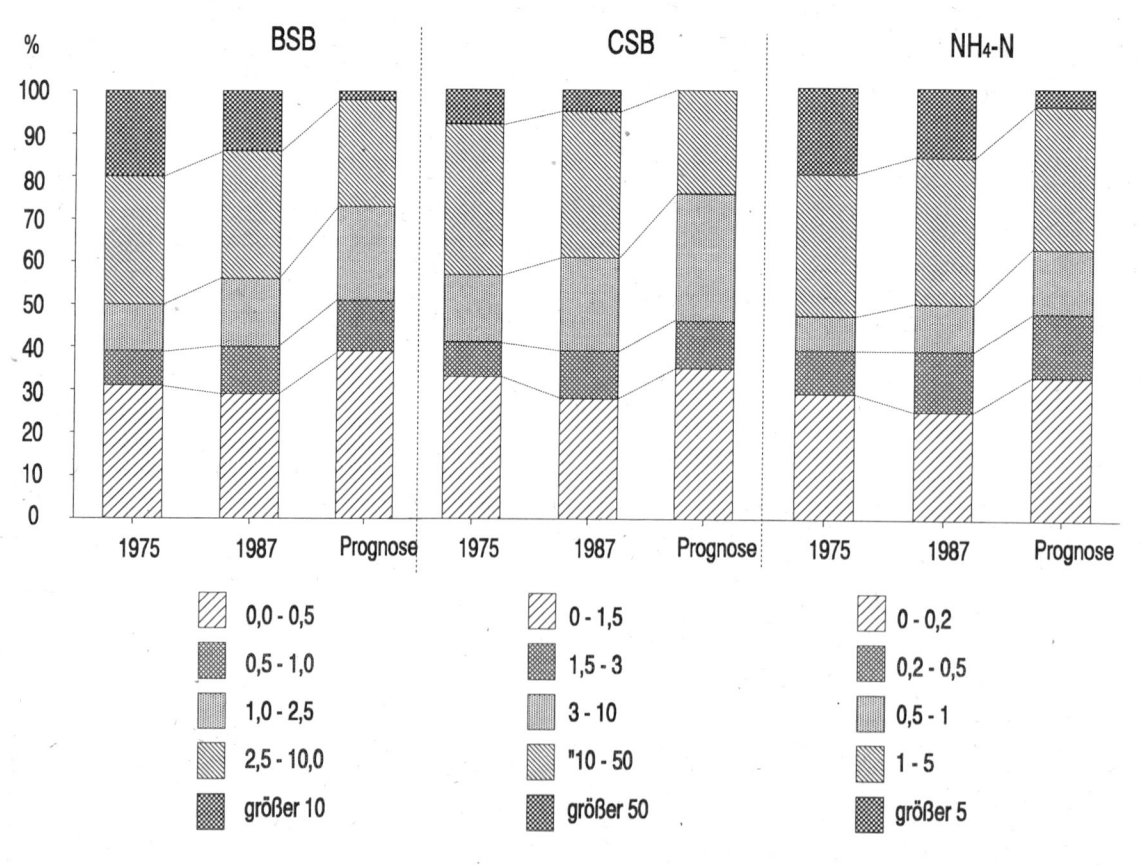

Abb. B 4-12   Prozentanteil der KA verschiedener Aufhöhungsklassen von BSB, CSB und NH_4-N in mg/l

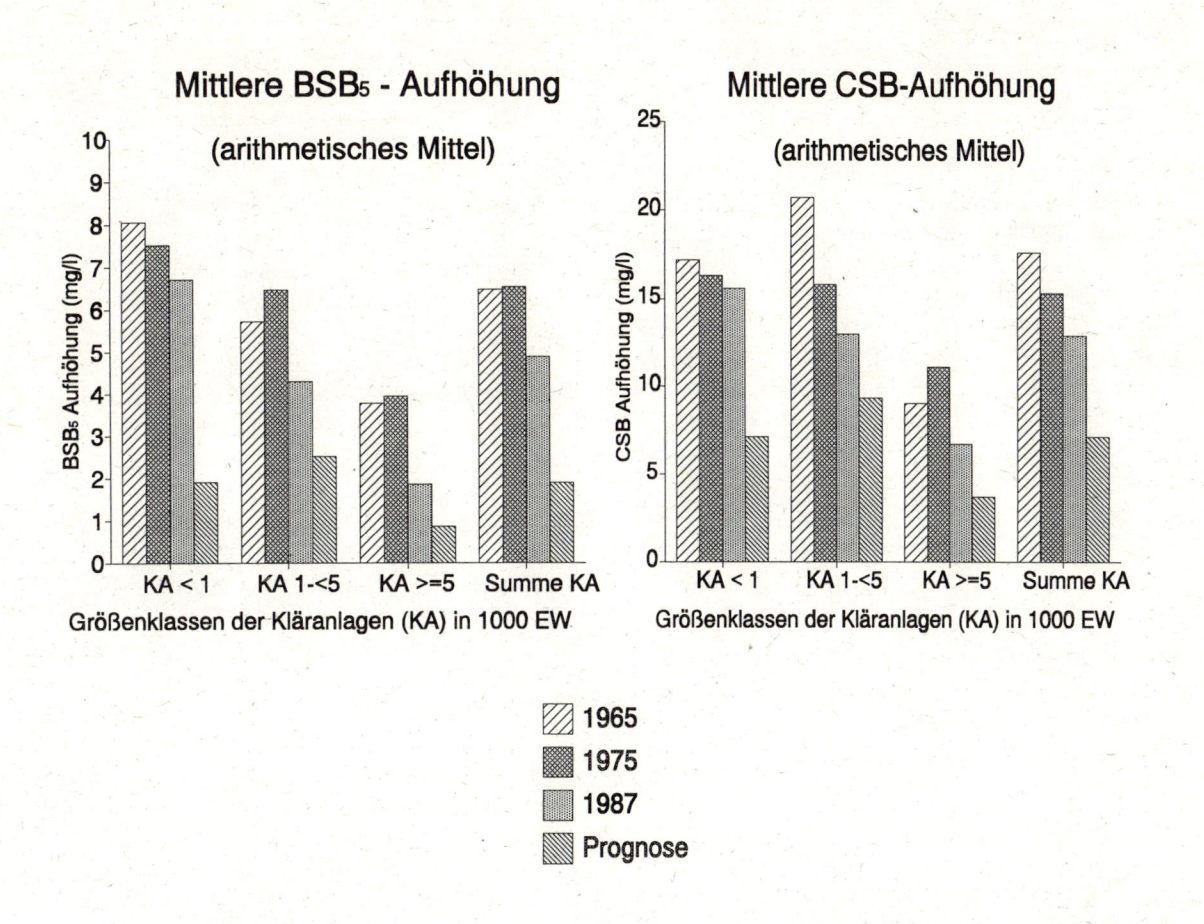

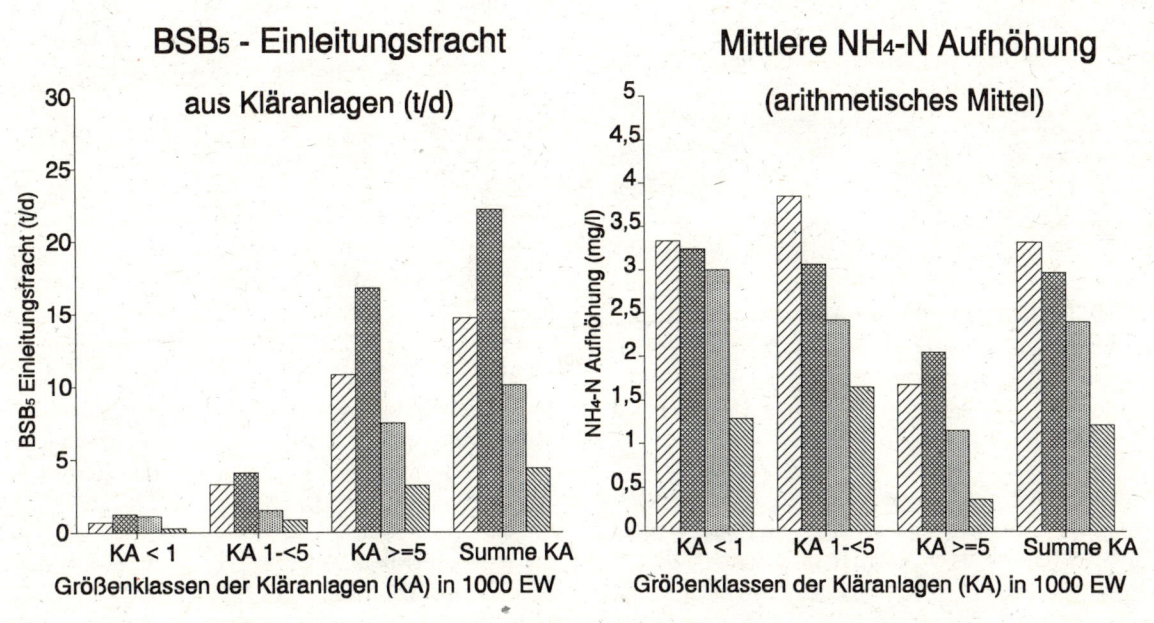

Abb. B 4-13   Mittlere Aufhöhungen der Vorfluter-Konzentrationen und BSB-Einleitungsfrachten nach KA-Größenklassen

Tabelle B 4-16: Simulierte Lastfälle

Nr.	Kennung	Bezeichnung	Regnitz	Main 1	Main 2
1	S.I	Sommer 1987	x	x	
2	S.IA	Sommer 1987 mit Aufhöhung	x	x	x
3	S.P1	Sommer Prognose 1 mit Aufhöhung		x	x
4	S.P2	Sommer Prognose 2 mit Aufhöhung	x	x	x
5	F.I	Frühjahr 1987	x	x	x

aufgeführten Kennungen werden in den Abbildungsbezeichnungen verwendet.

Die Lastfälle S.I, S.IA und F.I basieren auf dem Belastungszustand von 1987 (Bezugssituation). Der Frühjahrs- und die Sommerlastfälle unterscheiden sich vor allem im Abfluß und in den klimatischen Bedingungen. Die Prognose 1 und Prognose 2 berücksichtigen unter sonst gleichen Bedingungen die unterschiedlichen Stufen der Reinigungsanforderungen nach dem Wasserhaushaltsgesetz und nach der bayerischen Reinhalteordnung.

4.4.4.1 Beschreibung der Simulationsstrecken und Darstellung der Bezugssituation 1987

Regnitz

Die Strecke von Nürnberg bis Bamberg ist der wasserwirtschaftlich und wassergütewirtschaftlich am stärksten beanspruchte Abschnitt. Als relativ abflußschwaches Flußsystem mit mittleren Niedrigwasserabflüssen von 6,90 m^3/s am Pegel Ledererstreg in Nürnberg und 13,3 m^3/s am Pegel Hüttendorf hat es die Abläufe der Kläranlagen Nürnberg I und II, Fürth und Erlangen mit insgesamt ca. 3 m^3/s sowie die Abwärme aus dem Kraftwerk Franken II aufzunehmen. Darüber ist die Regnitz unterhalb von Hausen über große Strecken in den Main-Donau-Kanal einbezogen. Die dazu erforderlichen Profilaufweitungen und Querschnittsvergößerungen bedingen eine starke Abnahme der Fließgeschwindigkeiten und eine Erhöhung der Fließzeiten. Im Niedrigwasserbereich werden dadurch unter anderem Sedimentationsprozesse und Umsetzungen an der Gewässersohle begünstigt.

Aufgrund der stetig verbesserten Reinigungsleistung der Kläranlagen besonders an der oberen Regnitz ist bereits beim Bezugslastfall 1987 im Hinblick auf die BSB$_5$- und CSB-Belastung ein ausreichender Gütezustand in der Regnitz erreicht worden. Die Abbildungen B 4-14a und B 4-14b zeigen jedoch, daß die Ammonium- sowie Nitrat- und Phosphorkonzentrationen noch erhebliche Werte aufweisen. Der Sauerstoffgehalt auf Abbildung B 4-14c wird vor allem durch die Nitrifikation im Oberlauf der Regnitz noch stark beansprucht, im Unterlauf dagegen treten durch den phytogenen Sauerstoffeintrag Übersättigungen auf. Der chemische Index, dargestellt auf Abbildung B 4-14d bewegt sich bis zur Wiesentmündung im Bereich der CI-Klasse 3, danach überschreitet er die Grenze zu 2 - 3.

Die Niedrigwasseraufhöhung durch die Überleitung beim Lastfall S.IA verbessert die Güteverhältnisse deutlich, was besonders an der Konzentrationsabnahme des Phosphors und des Nitrats sowie der Erhöhung des Sauerstoffgehaltes zu erkennen ist. Beim Ammonium ist die Verbesserung auf den Oberlauf begrenzt.

Aufgrund gegenläufiger Einflüsse beschränkt sich die Verbesserung des chemischen Index auf den Oberlauf der Regnitz. Dies darf jedoch nicht darüber hinwegtäuschen, daß die Überleitung auch in diesem Bereich besonders bei noch niedrigeren Abflußsituationen merkliche Verbesserungen der Gewässerqualität bewirkt, da in diesen Fällen die Abflußerhöhung noch mehr Bedeutung erlangt.

Main

Während die Gewässergüte der Regnitz vor allem durch die Primärbelastung aus den Großkläranlagen im Bereich des Oberlaufes bestimmt ist, prägen den Gütezustand des Mains besonders im oberen Teil die Sekundärbelastungen infolge der Gewässereutrophierung. Der Anteil des algenbürtigen am gesamten BSB$_5$ erreicht hier mehr als 50 %. Wie im übrigen Abbildung B 4-15 am Beispiel des Ammoniums zeigt, werden die Vorflutkonzentrationen selbst durch die großen Kläranlagen von Schweinfurt und Würzburg nur noch mäßig erhöht.

Der Eutrophierungseinfluß sei zunächst am Beispiel des **Sommerlastfalles S.I** dargestellt. Das durch Regnitz und Obermain zugeführte Phytoplankton erreicht im Main unterhalb des Zusammenflusses bei günstigen Witterungsbedingungen Konzentrationen von 90 bis 100 µg/l Chlorophyll-a.

Gleichzeitig beginnt das Zooplankton sich infolge günstiger Temperatur- und Nahrungsbedingungen stärker zu entwickeln. Die Abweidung durch das Zooplankton verhindert ein weiteres Ansteigen der Algenkonzentrationen trotz guter Wachstumsbedingungen.

Wie Abbildung B 4-16 erkennen läßt, beginnt unterhalb von Schweinfurt dann ein deutlicher Rückgang der Algen, der mit dem Zooplanktonmaximum zusammenfällt. Durch Überweidung verringert sich das Nahrungsangebot jedoch sehr rasch, so daß das Zooplankton infolge des Nahrungsmangels ebenfalls stark reduziert wird.

Daraufhin kann sich die Algenkonzentration im Bereich des Untermains erholen und erreicht bis zur Landesgrenze wieder etwa 60 bis 70 µg/l Chlorophyll-a. Das Zooplankton dagegen beginnt erst wesentlich später aufgrund des verbesserten Nahrungsangebotes erneut stärker zu wachsen.

Im **Frühjahrslastfall F.I** dagegen ist der Einfluß des Zooplanktons aufgrund der niedrigen Wassertemperaturen viel geringer dafür wird nunmehr der Silikathaushalt für die Algenentwicklung bestimmend. Ebenso wie im Sommer zeigt die Algenkonzentration im Frühjahr zunächst ein Plateau, bevor ein stetiger Rückgang einsetzt. Dieser Rückgang ist jedoch flacher als im Sommer und kaum von der wesentlich geringeren Zooplanktondichte beeinflußt.

Im Gegensatz zum Sommer erholen sich die Algen im Frühjahr bis zum Ende der Berechnungsstrecke nicht mehr. Aufgrund der geringeren Silikatkonzentrationen in den Zuflüssen sind am Beginn des Mittelmains die Reserven für die nun fast ausschließlich vertretenen Kieselalgen begrenzt. Nach einem steilen Abfall durch Einbau in die Kieselgerüste der Algen wird das gelöste Silikat zum wachstumslimitierenden Faktor.

Erst im Untermain verbessert sich die Silikatversorgung durch die Zuflüsse aus Einzugsgebieten mit silikatreichen Gesteinen wieder etwas, so daß dort ein weiterer Abfall der Algengehalte verhindert wird. Die Phosphorkonzentrationen sind in beiden Lastfällen zu hoch, um das Algenwachstum begrenzend zu beeinflussen.

Die BSB_5-, CSB- und Nährstoffkonzentrationen zeigen in beiden Lastfällen einen sehr ähnlichen Verlauf, infolgedessen gilt das gleiche auch für den auf Abbildung B 4-17 dargestellten chemischen Index. Auch Vergleichsrechnungen mit und ohne Überleitung erbrachten keine nennenswerten Unterschiede, sodaß die Prognoselastfälle nur noch mit Überleitung untersucht wurden.

4.4.4.2 Prognoselastfälle

Regnitz

An der Regnitz wurde nur der Lastfall P2 betrachtet, da die Unterschiede in der Belastung durch die Kläranlagen im Vergleich zum Lastfall P1 gering sind. Der Einfluß der Primärbelastung im Prognosefall ist gegenüber der Bezugssituation S.IA mit Überleitung generell zurückgetreten. BSB_5 und CSB zeigen sich nun auch in der Regnitz mehr von der Sekundärbelastung beeinflußt, als von den durch Kläranlagen eingetragenen abbaubaren Substanzen. Der partikuläre BSB_5 der Biomasse ist geringfügig gestiegen, während der gelöste BSB_5 der Einleitungen deutlich abgenommen hat.

Wie die Abbildungen B 4-14a und B 4-14b zeigen, ergeben sich im Prognosefall 2 erhebliche Verbesserungen. Der Ammonium-Stickstoff erreicht in der Pegnitz noch einen Wert von 0,5 mg/l N, unterhalb der Rednitzmündung werden dagegen 0,25 mg/l N kaum noch überschritten. Das bedeutet, daß die Nitrifikation den Sauerstoffhaushalt der Regnitz praktisch nicht mehr beeinträchtigen kann.

Auch der Nitrat-Stickstoff bleibt auf der gesamten Strecke nunmehr unter 4 mg/l N und hat sich damit halbiert. Der Phosphat-P hat anteilig sogar noch stärker abgenommen. Unterhalb der Rednitzmündung werden 0,25 mg/l P kaum noch erreicht oder überschritten. Bei diesen Konzentrationen ist eine Limitierung des Algenwachstums bei den gegebenen Chlorophyll-a-Konzentrationen allerdings noch nicht zu erwarten.

Der Sauerstoffgehalt wird im Prognosefall durch den Abbau des Primär-BSB_5 nur noch wenig beeinflußt, wie besonders der ausgeglichene Konzentrationsverlauf in der oberen Regnitz zeigt. Dagegen ist nun auf der ganzen Strecke ein phytogener Sauerstoffeintrag zu erkennen, der sich unterhalb der Wiesentmündung im kanalisierten Abschnitt des Flusses noch merklich verstärkt.

Im Unterlauf werden bei den gegebenen Verhältnissen ca. 25 % Übersättigung erreicht. Die Chlorophyll-a-Konzentrationen liegen an der Mündung in den Main geringfügig unter den Werten der Bezugssituation S.IA.

Vor allem der starke Rückgang der Nährstoffkonzentrationen führt zu einer bedeutend besseren Bewertung der Gewässerqualität nach dem Chemischen Index. Die CI-Klasse 2 wird nunmehr durchgehend eingehalten. Gegenüber dem Lastfall S.IA bedeutet dies eine Verbesserung von 1 - 1,5 Klassen.

Main

Auch am Main wird nur mehr der Sommerlastfall betrachtet. Nach Abbildung B 4-18 zeigen die Längsprofile der drei Lastfälle von Chlorophyll-a und Zooplankton nur geringe Unterschiede. Aufgrund einer beginnenden Verlangsamung des Wachstums werden die Maxima lediglich leicht flußabwärts verlagert. Das Ammonium wird nach Abbildung B 4-19 in den Prognosefällen praktisch nicht mehr durch die Primärbelastung beeinflußt.

Die Konzentration unterhalb der Regnitzmündung wird auf ein Drittel reduziert. Der Konzentrationsanstieg zwischen km 300 und 220 ist durch Umsetzungen der Algenbiomasse (Ingestion - Exkretion des Zooplanktons etc.) bestimmt. Unterhalb der Mündung der Fränkischen Saale nimmt das Ammonium durch Nitrifikation wieder ab. Die Nitratkonzentrationen werden auf die Hälfte bis zwei Drittel verringert.

Stärker noch als bei den Stickstoffverbindungen gehen nach Abbildung B 4-20 die P-Gehalte bei den Prognoselastfällen zurück. Bereits am Streckenanfang haben sie mit ca. 0,20 mg/l P auf ein Drittel des Wertes der Bezugssituation abgenommen; am Ende sind es trotz der Aufstockungen durch die Kläranlagen im Untermaingebiet nur 0,25 bis 0,30 mg/l. Im größten Teil der Simulationsstrecke werden 0,25 mg/l unterschritten.

Der Sauerstoffgehalt weist in den Prognoselastfällen erwartungsgemäß keine großen Unterschiede zum Bezugslastfall auf. Da in der Entwicklungsdynamik der Biomasse keine wesentlichen Änderungen eintreten, bleibt der davon primär abhängige Sauerstoffhaushalt ebenfalls weitgehend unverändert. Auch beim BSB_5 sind kaum Änderungen festzustellen. Lediglich im Untermain wird der einleiterbedingte Konzentrationsanstieg auf ca. ein Drittel reduziert.

Abschließend sind in Abbildung B 4-21 wieder die CI-Profile für die Lastfälle dargestellt. Gegenüber dem Bezugslastfall ist in den CI-Werten der Prognoselastfälle eine Verbesserung um ca. eine CI-Klasse festzustellen.

Wie in der Regnitz weist auch der Main im Prognoselastfall 2 durchgehend die CI-Klasse 2 auf, lediglich im Prognosefall 1 zeigt der obere Mittelmain bis Kitzingen noch die CI-Klasse 2 - 3.

Zusammenfassung der Simulationsergebnisse

Die Gewässergütesimulationen für die Hauptentwicklungsachsen Regnitz und Main zielten darauf ab:

– die Dynamik der Algen- und Zooplanktonentwicklungen zu untersuchen und darzustellen,
– die Auswirkungen der Überleitung von Altmühl- und Donauwasser in das Regnitz-Maingebiet zu quantifizieren und
– die Auswirkungen zukünftiger Belastungszustände zu prognostizieren.

Die Entwicklung der Algen-Biomasse im Main ist im Frühjahr vor allem durch die Silikatgehalte, im Sommer durch die Abweidung durch das Zooplankton kontrolliert. Algenmassenentwicklungen entstehen, wenn diese Mechanismen gestört werden, sei es daß im Frühjahr verstärkt Silikat aus den oberen Einzugsgebieten des östlichen Teils des Planungsraumes zugeführt wird, sei es daß im Sommer die Zooplanktonentwicklung aus biologischen oder klimatischen Gründen oder infolge anthropogener Einflüsse zu spät einsetzt oder zu schwach ausfällt.

Die Überleitung bewirkt in der Regnitz durch Verdünnung eine merkliche Abnahme der Phosphor- und Stickstoffkonzentrationen sowie durch Verbesserung der Turbulenz höhere Sauerstoffgehalte.

Auf das Phytoplankton sind die Auswirkungen geringer, da sich zwar durch die Überleitung eine höhere Algenkonzentration in der oberen Regnitz einstellt, der Biomassezuwachs bis zur Mündung jedoch wegen der geringeren Aufenthaltszeiten infolge der höheren Fließgeschwindigkeiten abnimmt.

Im Main sind die Wirkungen im Vergleich zur Regnitz zwar etwas weniger ausgeprägt, jedoch noch deutlich feststellbar. So werden z. B. die gegenläufigen Zyklen der Algen- und Zooplanktonentwicklungen flußabwärts verlagert. Im übrigen nimmt die positive Wirkung der Überleitung im Vergleich zur gewählten Bezugssituation in dem Maße zu, wie die Abflüsse in Regnitz und Main das langjährige MNQ unterschreiten, d. h. vor allem in den extremen Trockenperioden.

Die Simulationen prognostischer Belastungszustände ergaben, daß die klärtechnischen Maßnahmen sowie die Reduktion der Nährstoffeinträge aus der Fläche zusätzlich zum Einfluß der Überleitung nochmals eine erhebliche Verbesserung der Wasserqualität bewirken. Vor allem die Ammonium-, Nitrat- und die Phosphorkonzentrationen nehmen deutlich ab, so daß der Chemische Index als vergleichender Bewertungsmaßstab eine Verbesserung um eine bis anderthalb CI-Klassen erreicht und damit fast die gesamte Simulationsstrecke in der Prognosesituation 2 die CI-Klasse 2 erreicht.

4.5 Zusammenfassung und Schlußbemerkungen

Der Umfang des Abschnitts „Gewässerschutz" im Wasserwirtschaftlichen Rahmenplan Main verdeutlicht die Probleme, die heute mit der Sicherung der Wasserqualität, sowohl der Oberflächengewässer wie des Grundwassers, verbunden sind. Die Gewässergüte ist ein Spiegelbild der verschiedenen Einwirkungen auf ein Gewässer. Im Wasserwirtschaftlichen Rahmenplan Main sind die im Hinblick auf ihre überörtlichen Auswirkungen maßgeblichen stofflichen Belastungen in einem flächendeckenden Kartenwerk dokumentiert. Grundlage dieser erstmals umfassenden Dokumentation waren nicht nur die Auswertung vorhandener Daten sondern auch spezielle Untersuchungen vor Ort.

Die Zusammenschau ist Grundlage einer fundierten Bestandsanalyse. Die Bestandsanalyse einerseits und die gesetzlichen Rahmenbedingungen andererseits ermöglichen eine Vorausschau auf die weitere Entwicklung. Insbesondere wird deutlich, wie sich die Gewässergüte der Oberflächengewässer schon nach Erfüllung der geltenden Emissionsnormen weiter verbessern wird. Entsprechend der Aufgabe eines Rahmenplanes werden langfristige Entwicklungen prognostiziert.

Die **Gewässerbelastungen** im Maingebiet sind, bezogen auf einzelne Gewässerabschnitte und Belastungen, unterschiedlich zu bewerten. Der Anschlußgrad an **Abwasseranlagen** ist im Maingebiet relativ hoch. Bedingt ist der frühzeitige Bau von Kanalisationen und Kläranlagen durch die wegen ungünstiger Bodenverhältnisse oft fehlenden Möglichkeiten der Versickerung und der infolge von Abwassereinleitungen kritischen Vorflutverhältnisse. Heute ergibt sich jedoch vielerorts die Notwendigkeit einer durchgreifenden Sanierung dieser Altanlagen und Anpassung an die gestiegenen Anforderungen der Abwasser- und Mischwasserbehandlung.

Die gesetzlichen Rahmenbedingungen für die **Einleitung von Abwässern aus Haushalten, Gewerbe und Industrie** wurden in letzter Zeit wesentlich verschärft. Die Prognose-Rechnungen im Mainplan haben gezeigt, daß bei Umsetzung dieser Anforderungen in weiten Bereichen maßgebliche Verbesserungen erreicht werden können.

Hervorzuheben sind einige größere Kläranlagen mit besonders ungünstigen Vorflutverhältnissen, wie Coburg, Kulmbach oder Zweckverband Oberes Werntal. Auch bei den Anlagen für Neustadt bei Coburg und Bayreuth sind weitergehende Anforderungen an die Abwasserreinigung zu stellen. Die gesetzlichen Vorgaben bieten diese Möglichkeiten.

Unbefriedigende Zustände treten auch noch bei der **Abwasserbehandlung im ländlichen Raum** auf. Bei den Kläranlagen kleiner 1000 EW wird sich zwar durch Umsetzung der gesetzlichen Anforderungen deren Einleitungsfracht gegenüber dem Stichjahr 1987 um ca. 70 % verringern; diese Kläranlagen liegen jedoch großteils an schwachen Vorflutern, wo kritische Belastungszustände (d. h. Gewässergüteklasse II - III) eher eintreten, als bei größeren Gewässern. Der Verminderung schädlicher Einwirkungen durch punktuelle und flächenhafte Einleitungen in kleinere Fließgewässer kommt daher im ländlichen Raum besondere Bedeutung zu.

In der folgenden Zusammenfassung kann nur eine Auswahl der maßgeblichen, **stoffbezogenen Gewässerbelastungen** angesprochen werden. Die **Stickstoff- und Phosphorbelastung** der Grund- und Oberflächengewässer im Planungsraum ist zu hoch. Für den Main als stauregeltes und eutrophierungsgefährdetes Gewässer ist die Begrenzung der **Phosphorkonzentrationen** besonders wichtig. Darüber hinaus sollen die P-Frachten gemäß Zielvorgabe zum Schutz der Nordsee um 50% verringert werden.

Die Phosphorbelastung der Gewässer hat sich infolge der Substitution der Phosphate in den Wasch- und Reinigungsmitteln, der erhöhten Anforderungen an die Abwasserreinigung und eines merklichen Rückganges des P-Einsatzes zur landwirtschaftlichen Düngung deutlich verringert. Mit weiteren Abnahmen des Eintrages ist im Zuge der Umsetzung des Anhanges 1 der Rahmenabwasser-VwV zu rechnen. Die Zielvorgaben an die Frachtverminderung zum Schutz der Nordsee können damit erreicht werden.

Um jedoch Konzentrationsbereiche einzuhalten, in denen der Phosphor zum begrenzenden Faktor für das Wachstum von Algen und Wasserpflanzen im Main werden kann, müssen zusätzlich die Einträge aus der Fläche verringert werden. Dies ist nur möglich durch Verminderung der Bodenerosion und der Nährstoffeinträge aus der Landwirtschaft, z. B. durch Einhaltung von Sicherheitsabständen zwischen Gewässerufern und landwirtschaftlich genutzten Flächen (Uferrandstreifen).

Die **Stickstoffbelastungen** sind insbesondere für das Grundwasser ein gravierendes Problem. Im Planungsraum erhält die Stickstoffproblematik im Verhältnis zu Gesamtbayern noch besonderes Gewicht durch die geringeren Niederschläge und daher erhöhten Boden-Sickerwasserbelastungen. Die hohen Nitratkonzentrationen gefährden Wasserversorgungsanlagen. Gemäß den Zielvorgaben zum Schutz der Nordsee sollen die N-Frachten des Main um 50 % verringert werden.

Für dieses Ziel müssen die Belastungen der Grund- und Oberflächengewässer deutlich gesenkt werden. Durch die verschärften Anforderungen an die Abwasserreinigung wird eine Abnahme von ca. 25% im Maingebiet zu erreichen sein. Für die Zielvorgaben zum Schutz der Nordsee ist dies allerdings nicht ausreichend. Ein weiterer Rückgang der Belastung der Oberflächengewässer, vor allem aber des Grundwassers ist nur durch Maßnahmen im landwirtschaftlichen Bereich zu bewirken. Hier sind vor allem der Abbau nicht tolerierbarer Überhangdüngung und die Einhaltung der guten landwirtschaftlichen Praxis beim Einsatz von Düngemitteln zu nennen.

Aufgrund der Langzeitwirkungen und der flächenhaften Ausbreitung von Grundwasserverunreinigungen gilt im Sinne des Vorsorgeprinzips der Grundsatz, daß Grundwasserschutz unteilbar ist, d. h. die Grundwassereinzugsgebiete insgesamt zu schützen sind. Darüber hinaus sind jedoch Wasserversorgungsanlagen durch Wasserschutzgebiete zu sichern. Soweit Wasserfassungen noch keine durch Verordnung festgelegten Schutzgebiete haben, sollen solche in dem erforderlichen Umfang zügig ausgewiesen werden.

Die **Gewässerversauerung** durch Luftschadstoffe ist im Planungsraum in den kristallinen Gebieten des Spessarts im Westen und des Fichtelgebirges und des Frankenwaldes im Osten trotz deutlich abnehmender Tendenz der Belastungen noch verbreitet anzutreffen. Die Flächenbelastung durch Luftschadstoffe in trockener und feuchter Deposition muß langfristig weiter abnehmen. Hier erweist sich der Gewässerschutz als Teil eines medienübergreifenden Umweltschutzes. Die Gewässerversauerung ist insbesondere für den Arten- und Biotopschutz von Bedeutung.

Die Schwermetallkonzentrationen in den Oberflächengewässern sind hinsichtlich der Gewässernutzungen, der aquatischen Lebensbedingungen und der landwirtschaftlichen Baggergutverwendung relevant. Für einige Metalle sind zusätzlich Frachtverminderungen zum Schutz der Nordsee gefordert. Die Belastungen werden durch die schrittweise Umsetzung der Reinigungsanforderungen nach dem Stand der Technik für Direkt- und Indirekteinleiter noch deutlich zurückgehen, sodaß die Ziele weitgehend erreicht werden. In Gebieten mit anthropogener Versauerung der Grundwässer können erhöhte Aluminiumkonzentrationen Probleme für die Trinkwasserversorgung darstellen.

Unter den organischen Schadstoffen sind die **leichtflüchtigen Halogenkohlenwasserstoffe** im Planungsraum an zahlreichen Grundwasserschadensfällen beteiligt. Aufgrund ihrer Persistenz bilden diese Stoffe ein erhebliches Gefährdungspotential für die Wasserversorgung. Die Stoffe werden darüber hinaus mit Schädigungen der Ozonschicht, ihre Abbauprodukte mit den neuartigen Waldschäden in Verbindung gebracht. Durch Vorschriften und Informationen zur Anwendung, durch eine Verringerung der Einsatzmengen und durch intensive Eigenkontrolle der Anwender konnte die Freisetzung dieser Stoffe in die Umwelt bereits erheblich eingeschränkt werden. Neue Grundwasserschadensfälle müssen verhindert, anfallende Sanierungskosten den Verursachern zugewiesen werden.

Die **polychlorierten Biphenyle**, die u. a. wegen ihrer Persistenz lange Zeit ein Problem für den Gewässerschutz darstellten, sind dank der Anwendungsbeschränkungen und schließlich dem Totalverbot überall stark rückläufig. Diese Stoffgruppe zeigt besonders deutlich, daß chemische Substanzen, die im Rahmen ihres bestimmungsgemäßen Einsatzes verbreitet in die Umwelt gelangen können, auf ihre Umweltverträglichkeit zu prüfen sind. Dies gilt auch für die PCB-Ersatzstoffe. Hierzu dient in erster Linie das Chemikaliengesetz und die Chemikalien-Verbotsverordnung.

Die **Pflanzenschutzmittel** erfordern im Hinblick auf die Wasserversorgung im Sinne des Vorsorgeprinzips besondere Beachtung. Dem Auftreten von Pflanzenschutzmitteln in Grundwasserfassungen muß verstärkt entgegengewirkt werden, ebenso Stoßbelastungen mit Pflanzenschutzmitteln in Bächen und Flüssen im Gefolge von Niederschlagsereignissen. Hierzu sind in der landwirtschaftlichen Praxis die Grundsätze des integrierten Pflanzenschutzes anzuwenden und die eingesetzten Wirkstoffe über die Stoffzulassung nach dem Pflanzenschutzgesetz so zu begrenzen, daß Beeinträchtigungen der Wasserversorgung vermieden werden.

Das Pflanzenschutzgesetz in Verbindung mit der Pflanzenschutzmittelanwendungsverordnung bietet die Handhabe zu einem Abbau des Gefährdungspotentials dieser Stoffe für die Trinkwasserversorgung. Ein wesentlicher Schritt wurde mit dem Atrazinverbot getan. Es ist zu fordern, daß die mit diesen gesetzlichen Regelungen erreichten Verbesserungen langfristig auch im europäischen Rahmen gesichert werden.

Während die **stoffbezogenen Belastungen** durch emissionsorientierte oder stoffspezifische Gesetze und Verordnungen in bundeseinheitlichem Rahmen begrenzt werden, sind die im folgenden aufgeführten **ökologischen und nutzungsorientierten Anforderungen** eher durch ortsspezifische Maßnahmen zu erreichen.

Nachdem sich in vielen Gewässern eine befriedigende Wasserqualität eingestellt hat, ist die Verbesserung der **gewässerökologischen Verhältnisse** von den aquatischen Lebensraumstrukturen über die Ufervegetation bis hin zur Einbindung in das Gesamtökosystem des Talraumes zu einem Schwerpunkt des Gewässerschutzes geworden. In Gewässereinzugsgebieten oder Gewässertypen des Mains, die derzeit nicht entsprechend der potentiellen Fischregion eingestuft sind, oder in denen bedrohte Arten vorkommen oder nachweislich vorkamen und dort wieder heimisch werden können, sollen hinsichtlich der Gewässergüte mögliche Verbesserungen unter diesem Aspekt weiterverfolgt werden.

Die Gewässergüte der Oberflächengewässer ist im Planungsraum auch für die **Trinkwasserversorgung** von Bedeutung, weil die Wassergewinnungsanlagen im Regnitz- und Maintal z.T. Uferfiltrat und angereichertes Grundwasser fördern. Sollen Oberflächengewässer unmittelbar zur Trinkwasserversorgung herangezogen werden, sind im Rohwasser, d.h. vor der Trinkwasseraufbereitung, bestimmte Grenzwerte einzuhalten. Diese Qualitätsziele werden im Planungsraum im wesentlichen erreicht.

Auftretende Stoßbelastungen werden durch die Uferfiltration ausgeglichen. Verbesserungen sind von einer Verringerung der Erosionsdisposition, der Abschwemmung von landwirtschaftlich genutzten Flächen und von Entlastungen unbehandelten Mischwassers zu erwarten. Die stofflichen Restbelastungen von Industrie und Gewerbe sind im Planungsraum verstärkt auch unter dem Gesichtspunkt der Trinkwasserversorgung zu sehen.

Zu den nutzungsorientierten Anforderungen zählt auch die **fischereiliche Nutzung** der Gewässer und die Einhaltung der lebensmittelrechtlichen Voraussetzungen für den menschlichen Verzehr aller in den Gewässern des Planungsraumes gefangenen Fische. Aufgrund der vorliegenden Befunde zu den Metall- und PCB-Konzentrationen im Fischfleisch kann festgestellt werden, daß die lebensmittelrechtlichen Qualitätsziele bereits heute eingehalten werden können. Infolge der Umsetzung der Mindestanforderungen an die Abwassereinleitungen nach dem Stand der Technik kann mit einem weiteren Rückgang der Schadstoffbelastungen der Gewässer gerechnet werden.

Zur **Freizeit- und Erholungsnutzung** sollen die Gewässer und ihre Uferzonen als naturnahe Landschaftsbestandteile erhalten oder ausgestaltet werden. Aus diesen Nutzungen leiten sich vor allem Anforderungen an die ästhetische Beschaffenheit des Wassers sowie der Gewässerufer ab. Besonders zu beachten sind dabei die schiffbaren Strecken an Main und Regnitz, insbesondere im Hinblick auf die zu erwartende Erhöhung des Schiffsverkehrs durch Last- und Fahrgastschiffe. In Bayern wurde hierzu bereits ein Grundnetz von Übernahmeeinrichtungen für Schiffahrtsabwässer und -abfälle an der Main-Donau-Wasserstraße konzipiert.

Für die Nutzung der Gewässer durch **Baden und Wassersport** sind in der EG-Badegewässerrichtlinie Qualitätsziele angegeben. Langfristig sind besonders bei den **gewässerhygienischen Verhältnissen** Verbesserungen anzustreben. Probleme bereitet hierbei die oft unzureichende Kenntnis der Verkeimungsquellen, da neben den Kläranlagenabläufen auch diffuse Einträge zu berücksichtigen sind. Die Erfolgsaussichten von keimreduzierenden Maßnahmen sind bei einer Beschränkung auf kleinere Gewässer mit überschaubarer Belastungsstruktur im Einzugsgebiet so wie auf stehende Gewässer größer als bei komplex beeinflußten und belasteten Flüssen, wie dem Main oder der Regnitz. Beim gegenwärtigen Stand der Forschung ist hierzu noch keine abschließende Beurteilung möglich.

Besonders im Bereich der schiffbaren Flußabschnitte in Main und Regnitz ist die Qualität der **Gewässersedimente** im Hinblick auf die Verwendung von Baggergut zu bewerten. Grundsätzlich sollen die Sedimente als Baggergut den Anforderungen der Klärschlammverordnung entsprechen und damit landwirtschaftlich verwertbar sein. Aus dem verfügbaren Datenmaterial zur derzeitigen Belastungssituation der Sedimente geht hervor, daß die Grenzwerte der Klärschlammverordnung für Schwermetalle sowohl im Main als auch in der Regnitz annähernd überall eingehalten werden. Auch hier ist zu erwarten, daß sich die Belastungen im Laufe der Zeit mit der weiteren Umsetzung der Mindestanforderungen an Abwassereinleitungen noch verringern werden.

Für die Hauptentwicklungsachsen Regnitz und Main wurden **Gewässergütesimulationen** durchgeführt, mit dem Ziel, die Dynamik der Algen- und Zooplanktonentwicklungen zu untersuchen, die Auswirkungen der Überleitung von Altmühl- und Donauwasser in das Regnitz-Maingebiet zu quantifizieren und die Auswirkungen zukünftiger Belastungszustände zu prognostizieren.

Die Entwicklung der Algen-Biomasse im Main wird im Frühjahr vor allem durch die Silikatgehalte, im Sommer infolge der Abweidung durch das Zooplankton kontrolliert. Algenmassenentwicklungen entstehen, wenn diese Mechanismen gestört werden, sei es durch einen Silikatüberschuß im Frühjahr, sei es durch eine Reduzierung der Zooplanktonentwicklung aus biologischen oder klimatischen Gründen im Sommer.

Die **Donauwasser-Überleitung** bewirkt in der Regnitz durch Verdünnung eine merkliche Abnahme der Phosphor- und Stickstoffkonzentrationen sowie durch Verbesserung der Turbulenz höhere Sauerstoffgehalte. Im Main sind die Wirkungen im Vergleich zur Regnitz etwas weniger ausgeprägt, jedoch noch deutlich feststellbar. Die positive Wirkung der Überleitung zeigt sich vor allem in den extremen Trockenperioden.

Die Simulationen prognostischer Belastungszustände ergaben, daß die klärtechnischen Maßnahmen sowie die Reduktion der Nährstoffeinträge aus der Fläche zusätzlich zum Einfluß der Überleitung nochmals eine erhebliche Verbesserung der Wasserqualität bewirken. Durch den Rückgang der Phosphorbelastungen werden Konzentrationsbereiche erreicht, bei denen das Algenwachstum Anzeichen einer Limitierung erkennen läßt.

Insgesamt gesehen verlagern sich die Prioritäten im Gewässerschutz langfristig zunehmend auf die sogenannten diffusen Belastungen, die einzelnen punktförmigen Quellen nicht mehr zuzurechnen sind. Besonderes Augenmerk muß den Stoffeinträgen in das Grundwasser zukommen.

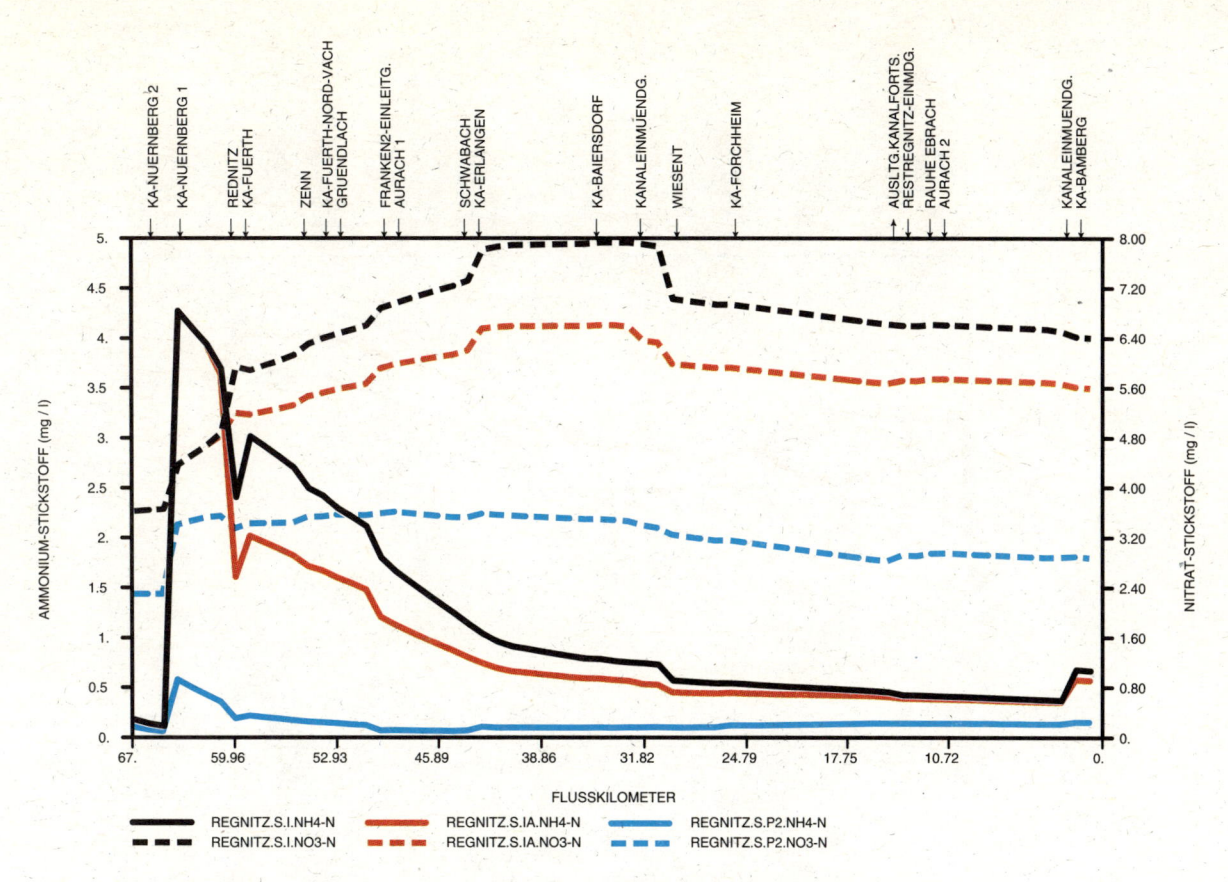

Abb. B 4-14a Ammonium- und Nitrat-Stickstoff, Regnitz, Sommer 1987
mit und ohne Überleitung, Prognose 2

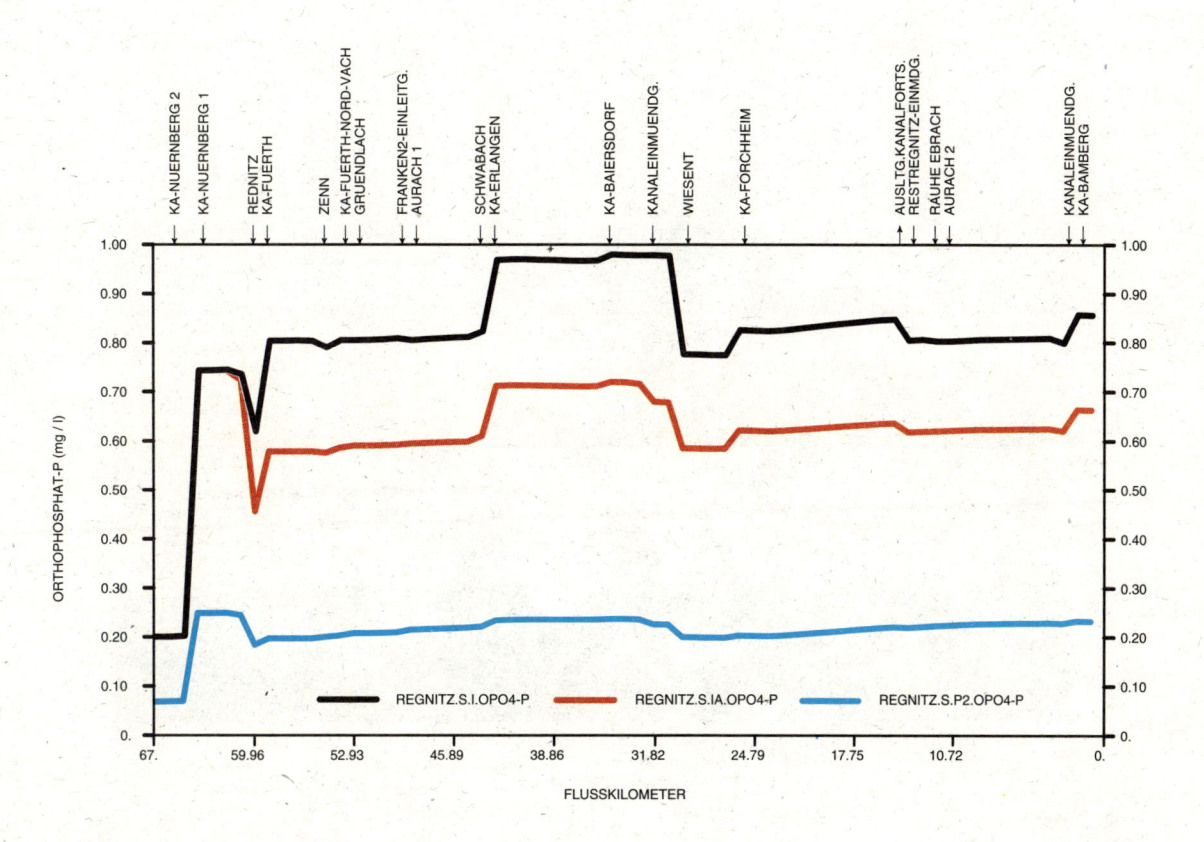

Abb. B 4-14b Ortho-Phosphat-P, Regnitz, Sommer 1987
mit und ohne Überleitung, Prognose 2

145

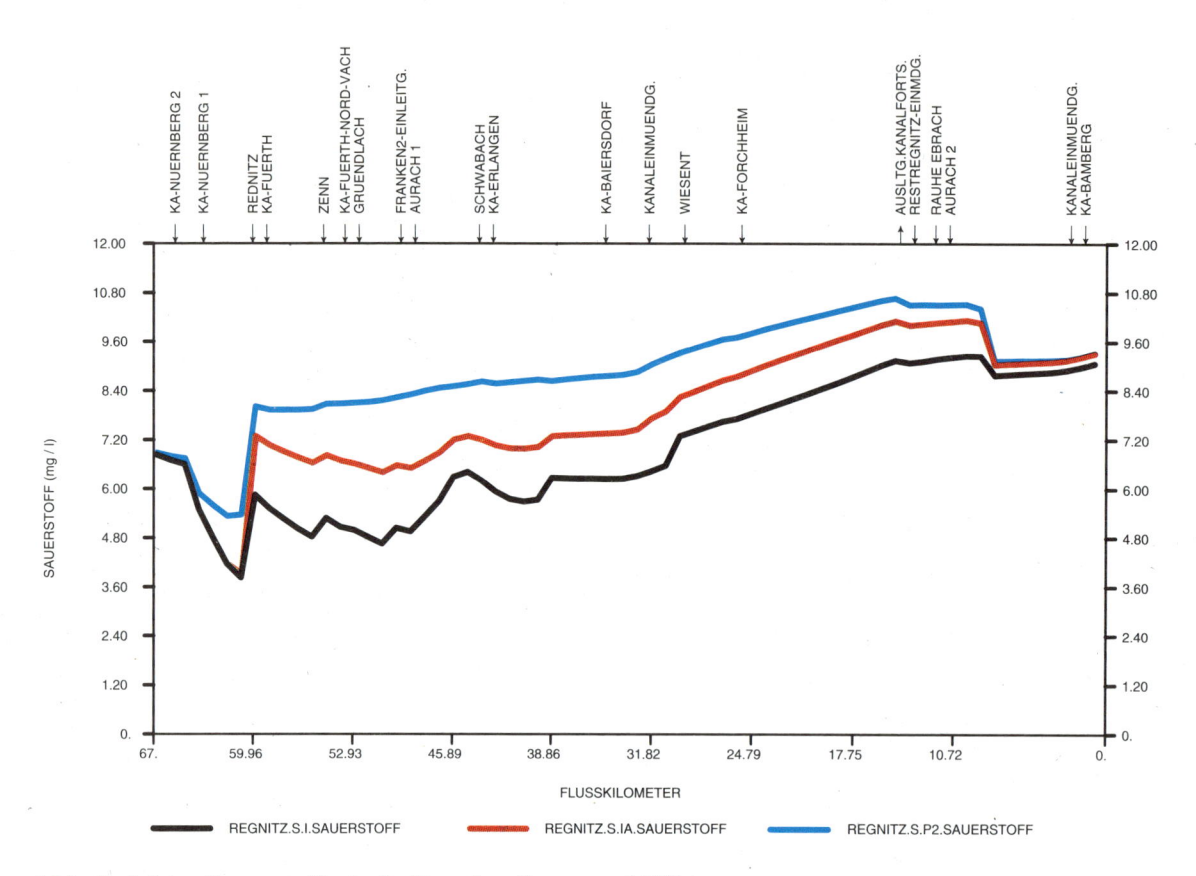

Abb. B 4-14c Sauerstoffgehalt, Regnitz, Sommer 1987
mit und ohne Überleitung, Prognose 2

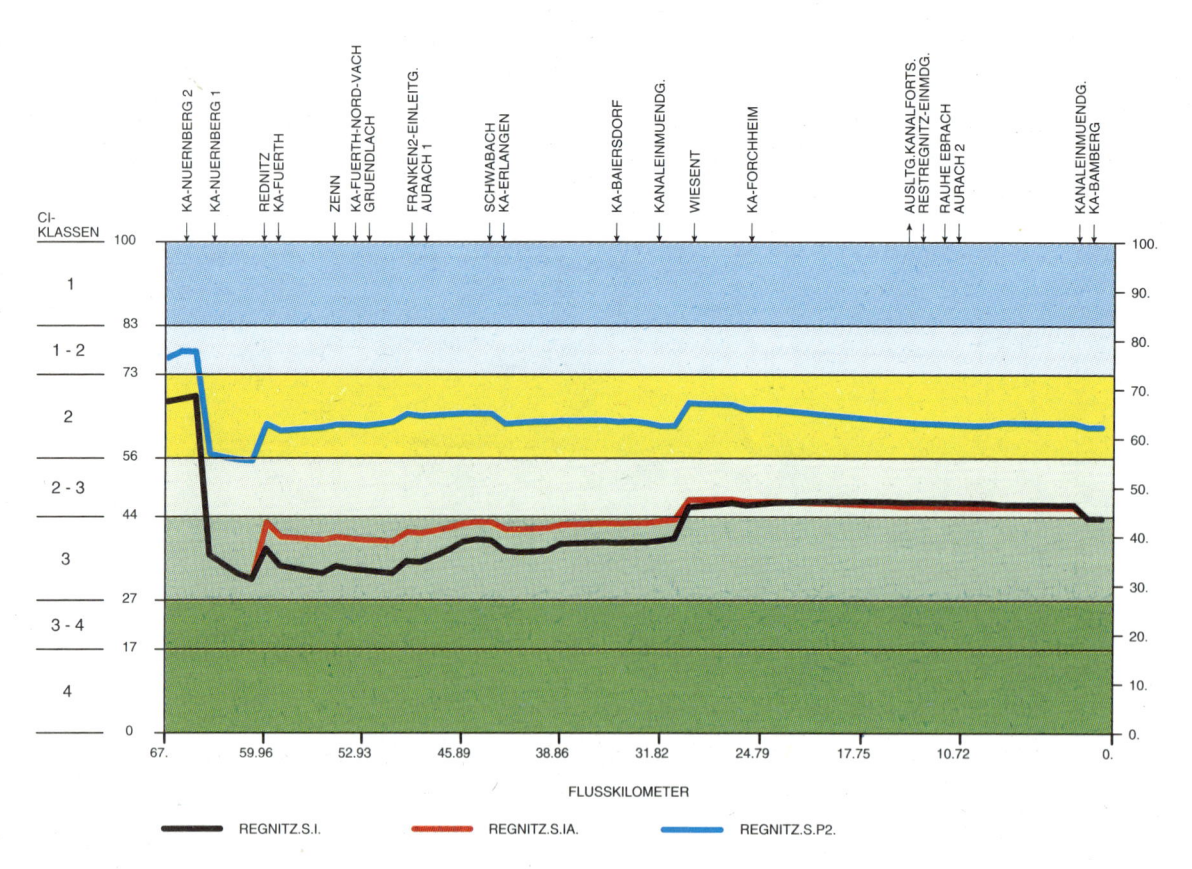

Abb. B 4-14d Chemischer Index, Regnitz, Sommer 1987
mit und ohne Überleitung, Prognose 2

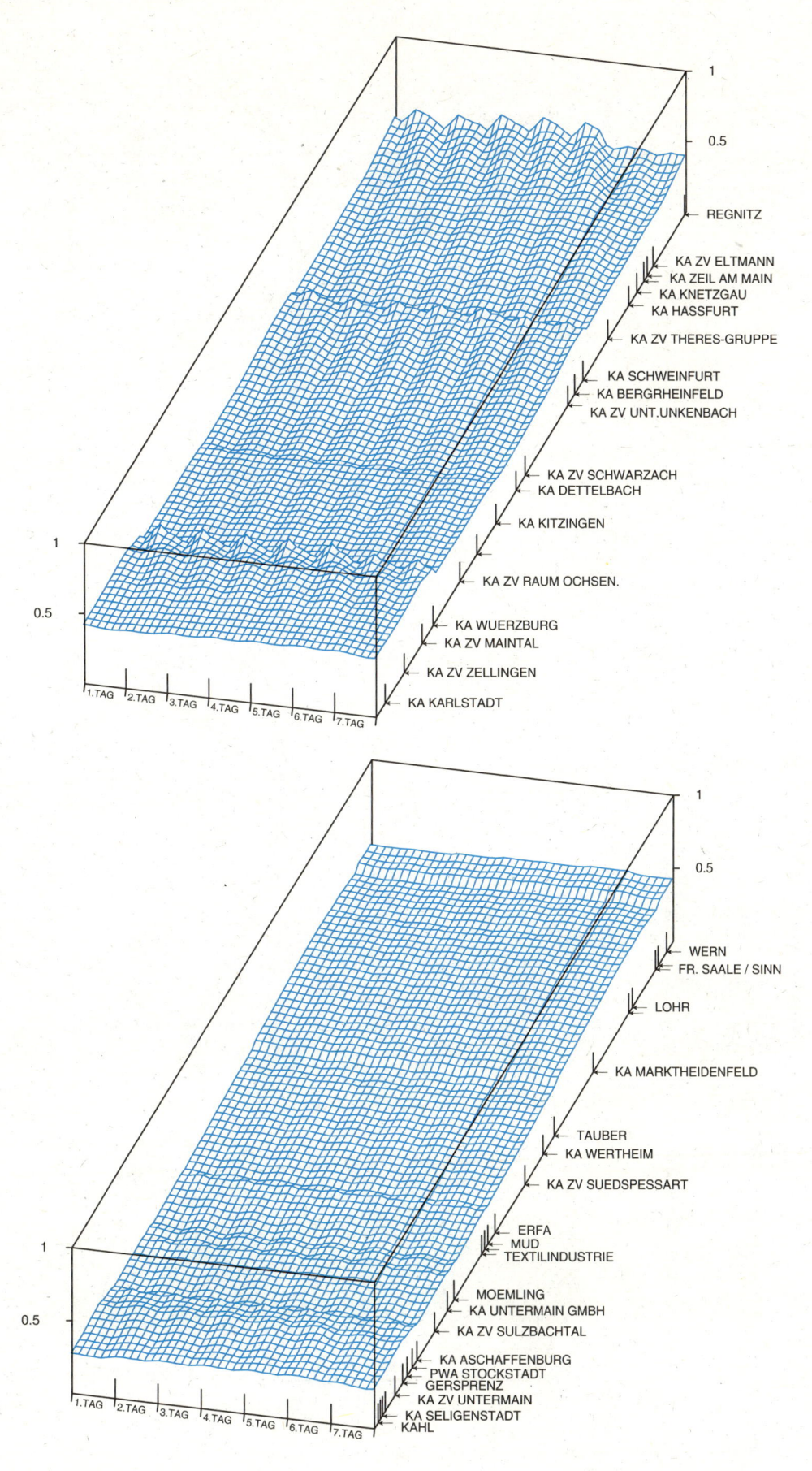

Abb. B 4-15 Ammonium - Stickstoff in mg/l, Main Sommer 1987 mit Überleitung

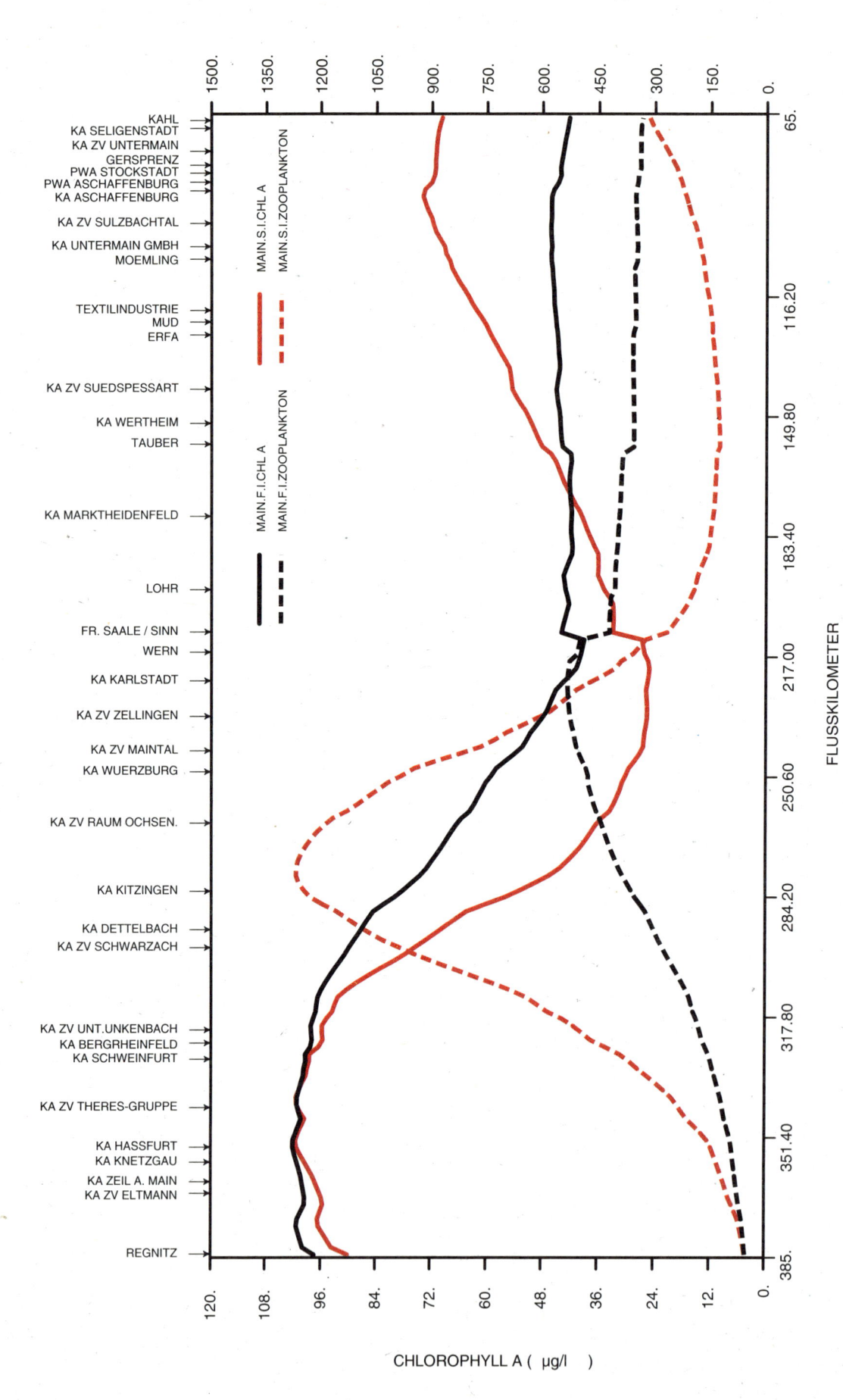

Abb. B 4-16 Chlorophyll a und Zooplankton-Trockengewicht, Main, Frühjahr und Sommer 1987 ohne Überleitung

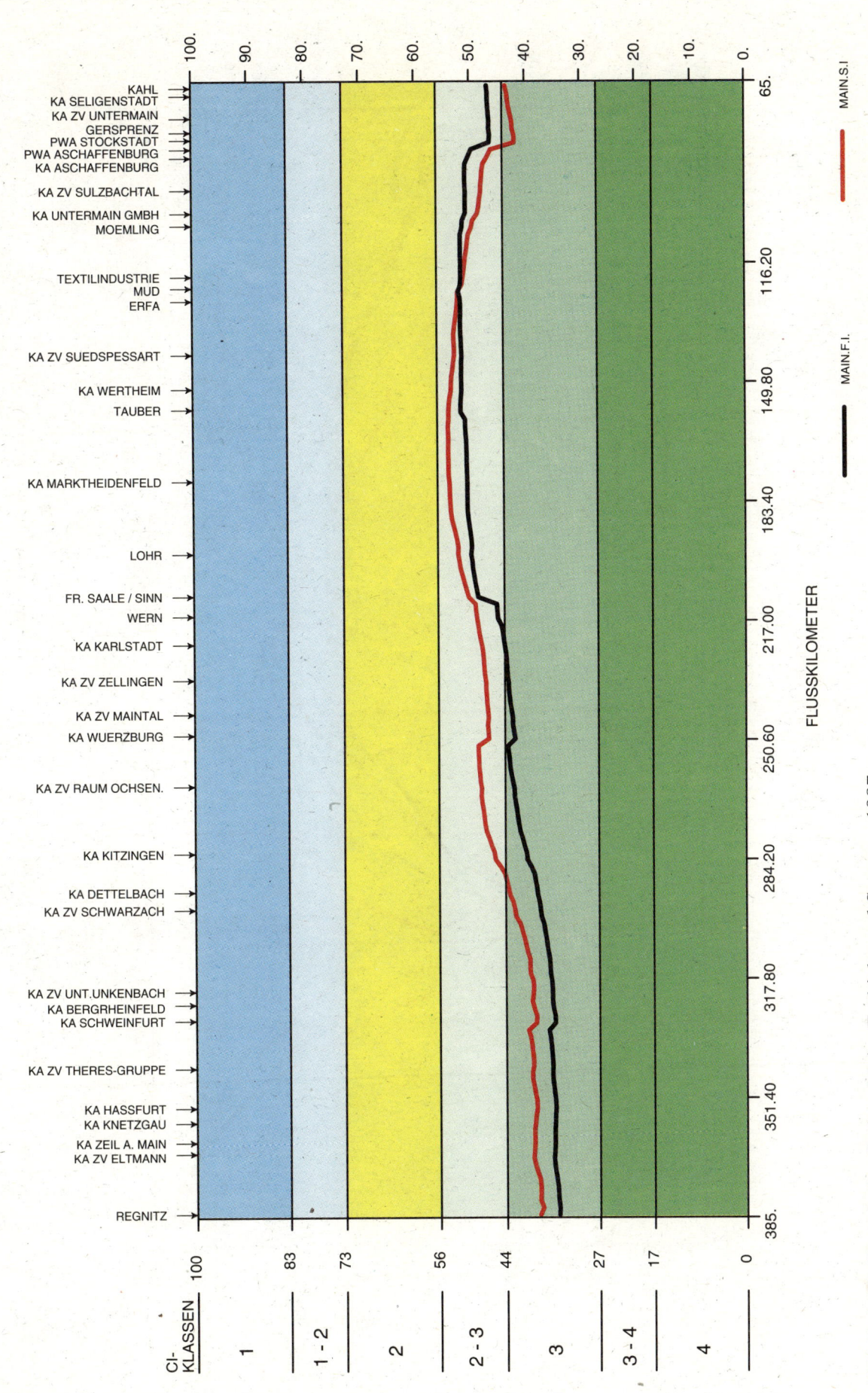

Abb. B 4-17 Chemischer Index, Main, Frühjahr und Sommer 1987

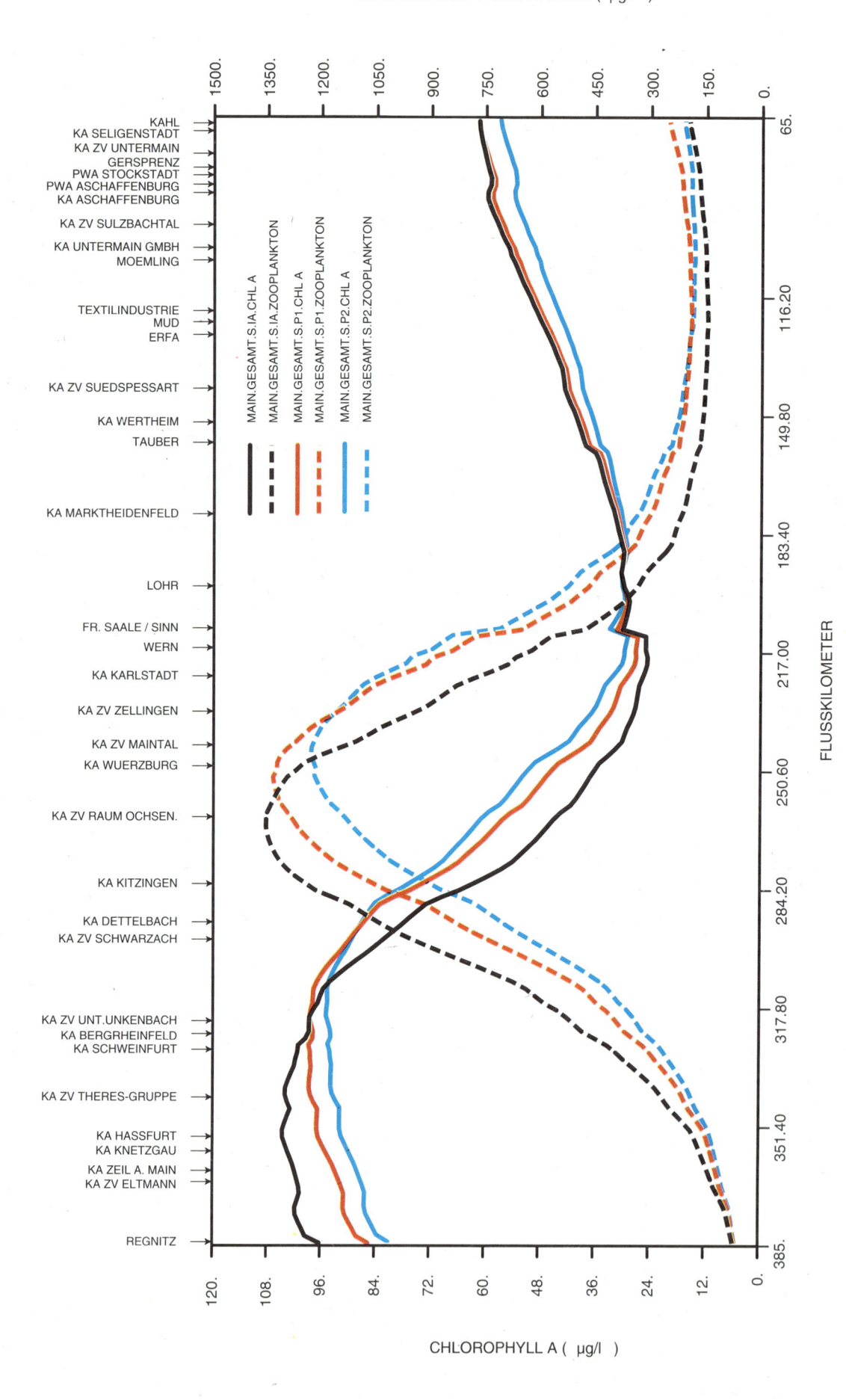

Abb. B 4-18 Chlorophyll a und Zooplankton-Trockengewicht, Main, Sommer 1987 mit Überleitung, Prognose 1 und Prognose 2

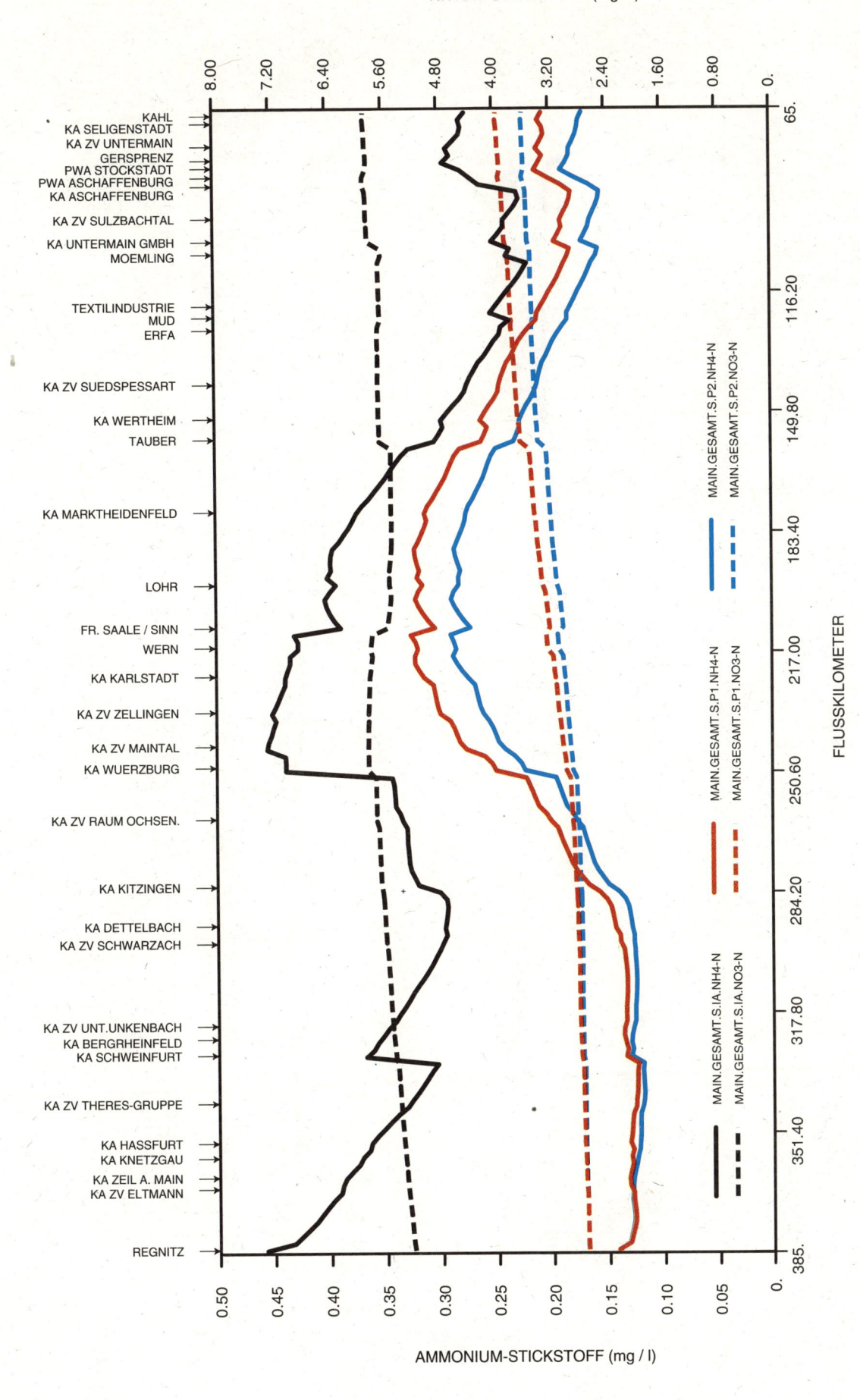

Abb. B 4-19 Ammonium- und Nitrat-Stickstoff, Main, Sommer 1987 mit Überleitung, Prognose 1 und Prognose 2

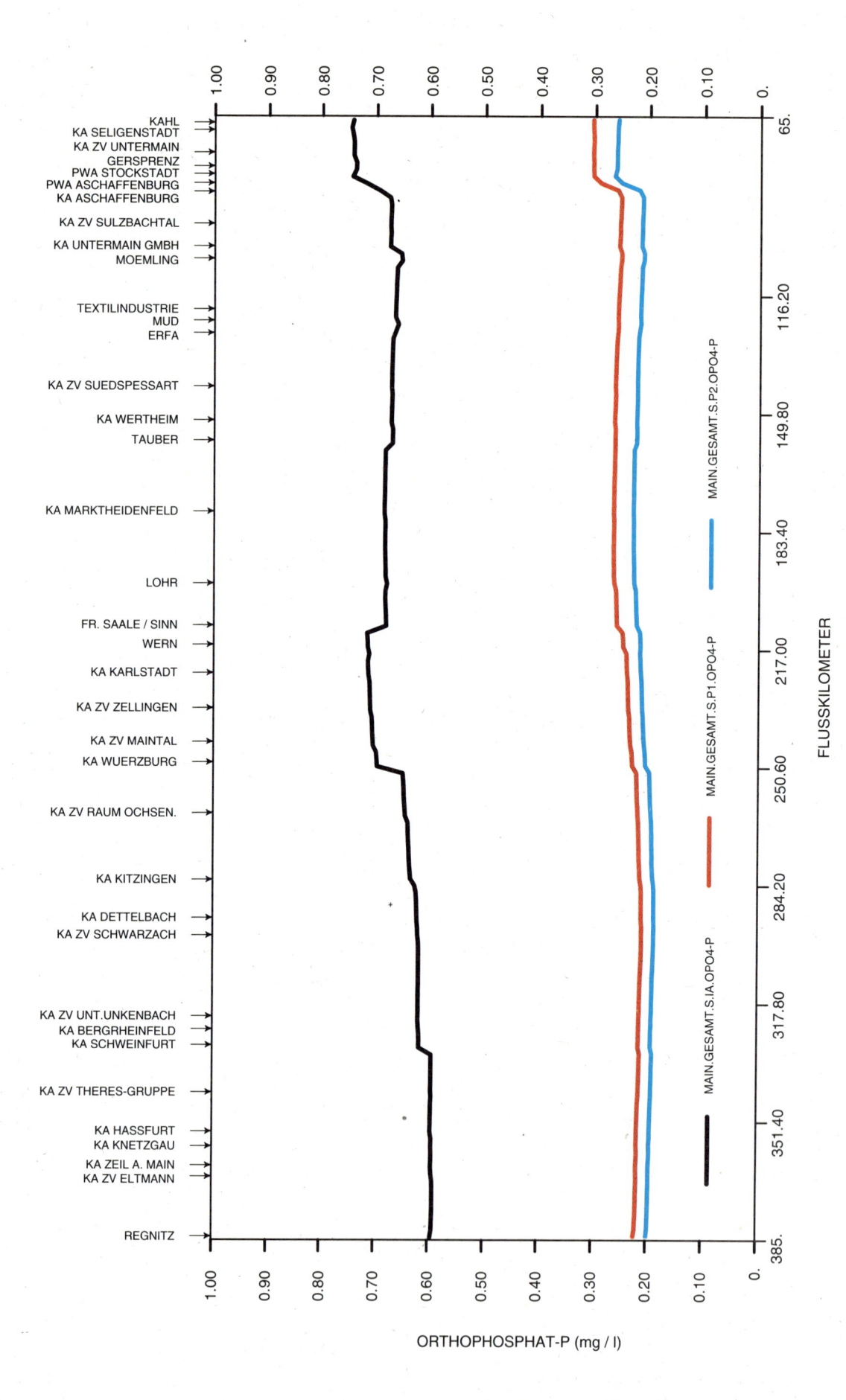

Abb. B 4-20 Ortho-Phosphat-P, Main, Sommer 1987 mit Überleitung, Prognose 1 und Prognose 2

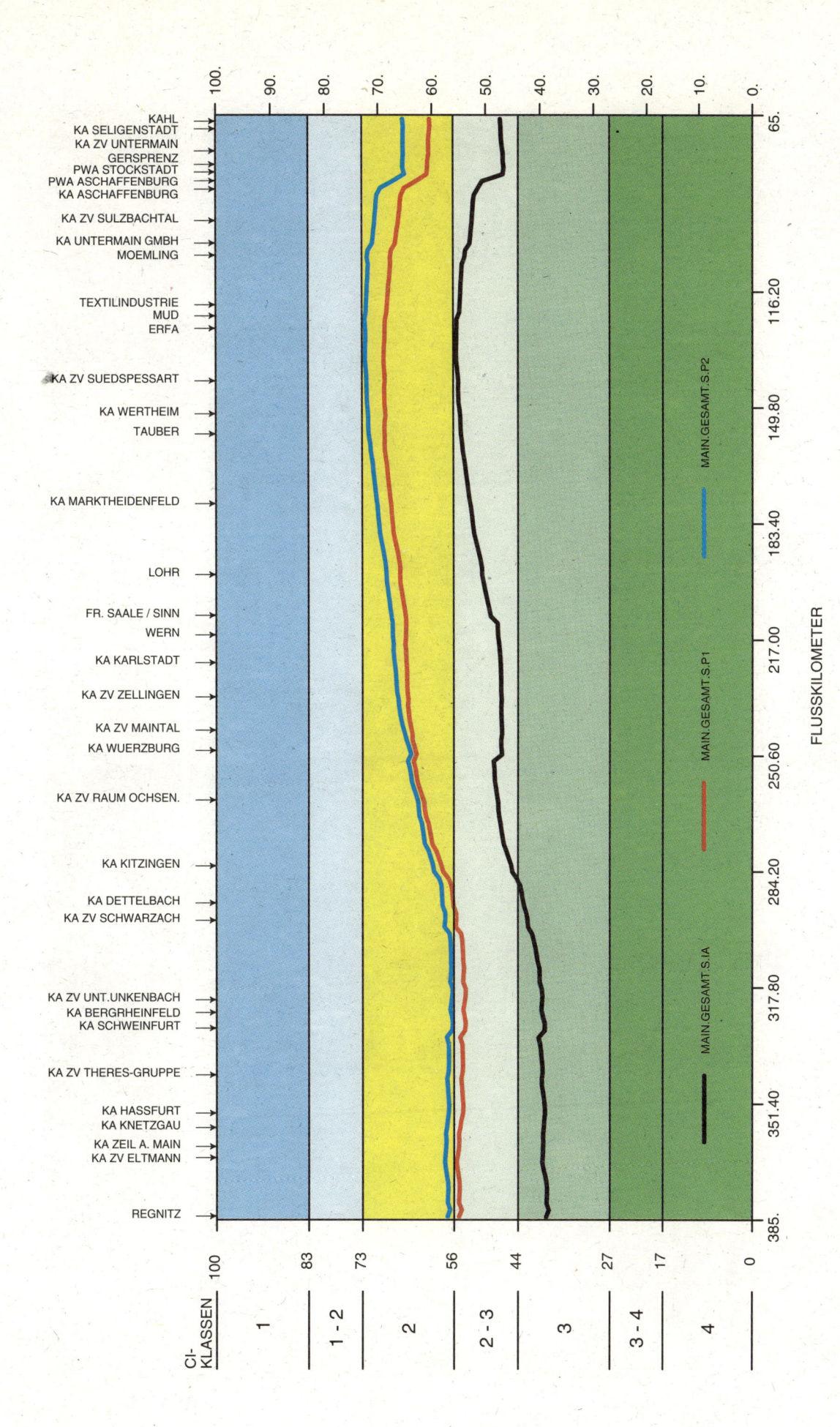

Abb. B 4-21 Chemischer Index, Main, Sommer 1987 mit Überleitung, Prognose 1 und Prognose 2

Bild 12   Historische Hochwassermarken am Main

Anhang
Literaturverzeichnis

A Planungsraum

zur Einführung

1 Gesetz zur Ordnung des Wasserhaushaltes (WHG) vom 23.09.1986. Bonn: BGBl Nr. 50, 1986, zuletzt geändert am 12.02.1991, BGBL Nr. I, Seite 205
2 Richtlinien für die Aufstellung von wasserwirtschaftlichen Rahmenplänen. Bonn: Bundesministerium des Innern, GMBL Nr.16, 1984
3 Bayerisches Wassergesetz (BayWG) vom 03.02.1988. München: GVBl Nr. 4, 1988
4 Wasserwirtschaftliche Rahmenplanung - Sonderplan Abfluß Mangfall. München: Bayer. Staatsministerium für Landesentwicklung und Umweltfragen und Bayer. Staatsministerium des Innern, 1972
5 Wasserwirtschaftlicher Rahmenplan Regnitz. München: Bayer. Staatsministerium für Landesentwicklung und Umweltfragen, 1974
6 Wasserwirtschaftlicher Rahmenplan Isar. München: Bayer. Staatsministerium für Landesentwicklung und Umweltfragen, 1979
7 Wasserwirtschaftliche Rahmenuntersuchung Donau und Main. München: Bayer. Staatsministerium für Landesentwicklung und Umweltfragen, 1985

zu Kapitel A 1 Allgemeine Beschreibung des Planungsraumes

1 Wasserwirtschaftlicher Rahmenplan Regnitz. München: Bayer. Staatsministerium für Landesentwicklung und Umweltfragen, 1974
2 Bewirtschaftungsplan Untermain. Wiesbaden: Hessische Landesanstalt für Umwelt, 1988
3 Fachbeitrag Hydrogeologie, Wasserwirtschaftlicher Rahmenplan Main. München: Bayer. Geologisches Landesamt, 1993
4 Grundwassererkundung in Bayern. München: Oberste Baubehörde im Bayer. Staatsministerium des Innern, 1974 (Schriftenreihe „Wasserwirtschaft in Bayern", Heft 13)
5 Klimatologisches Gutachten zum wasserwirtschaftlichen Rahmenplan des Main - Einzugsgebietes. Offenbach: Deutscher Wetterdienst, 1989 (unveröffentlicht)
6 Untersuchungen zur räumlichen Repräsentanz der Starkniederschlagsstatistiken von Bayreuth und Würzburg. Offenbach: Deutscher Wetterdienst, 1989 (unveröffentlicht)
7 Wasserwirtschaftliche Rahmenuntersuchung Donau und Main. München: Bayer. Staatsministerium für Landesentwicklung und Umweltfragen, 1985

zu Kapitel A 2 Raumnutzung

1 Landesentwicklungsprogramm Bayern Fortschreibung 1993. München: Bayer. Staatsministerium für Landesentwicklung und Umweltfragen, Stand des Entwurfes 01.07.1993
1a Status Quo Prognose zum Landesentwicklungsprogramm Bayern Fortschreibung 1993. München: Bayer. Staatsministerium für Landesentwicklung und Umweltfragen, Stand des Entwurfes 01.07.1993
2 Verordnung über das Landesentwicklungsprogramm Bayern. München: GVBL S. 121 vom 3. Mai 1984
3 Statistisches Jahrbuch. München: Bayer. Landesamt für Statistik und Datenverarbeitung, verschiedene Berichtsjahre
4 Statistik der öffentlichen Wasserversorgung und Abwasserbeseitigung, Umweltstatistik nach § 5 UStatG. München: Bayer. Landesamt für Statistik und Datenverarbeitung, verschiedene Erhebungsjahre
5 Bergbau und Verarbeitendes Gewerbe in den Regierungsbezirken und Planungsregionen Bayerns 1987. München: Bayer. Landesamt für Statistik und Datenverarbeitung, 1988

B Zusammenfassende Planaussagen

zu Kapitel B 1 Wasserversorgung und Wasserbilanz

1 Richtlinien für die Aufstellung von wasserwirtschaftlichen Rahmenplänen. Bonn: Bundesministerium des Innern, GMBl Nr.16, 1984
2 Fachbeitrag Hydrogeologie, Wasserwirtschaftlicher Rahmenplan Main. München: Bayer. Geologisches Landesamt, 1993
3 Bericht zur Grundwassererkundung in Bayern. München: Landesamt für Wasserwirtschaft, 1990, (Schriftenreihe „Bayer. Landesamt für Wasserwirtschaft", Heft 23)
4 Wasserversorgung in Unterfranken. München: Oberste Baubehörde im Bayer. Staatsministerium des Innern, 1991 (unveröffentlicht)
5 Trinkwassertalsperre im Hafenlohrtal oder im Schondratal. Würzburg: Regierung von Unterfranken - Wasserbau und Wasserwirtschaft, Unterlagen zum Raumordnungsverfahren, 1981
6 Die mittel- und langfristige Trink- und Brauchwasserversorgung in Bayern. München: Bayer. Landesamt für Wasserwirtschaft, 1982 (Informationsbericht 6/82)
7 Landesentwicklungsprogramm Bayern Fortschreibung 1993. München: Bayer. Staatsministerium für Landesentwicklung und Umweltfragen, Stand des Entwurfes 01.07.1993
8 Statistik der öffentlichen Wasserversorgung und Abwasserbeseitigung, Umweltstatistik nach § 5 UStatG. München: Bayer. Landesamt für Statistik und Datenverarbeitung, verschiedene Erhebungsjahre
9 Wasserstatistik Bayern (BGW-Statistik). Bonn: Bundesverband der deutschen Gas- und Wasserwirtschaft e.V., verschiedene Berichtsjahre
10 Statistik der Wasserversorgung und Abwasserbeseitigung im Bergbau und Verarbeitenden Gewerbe, Umweltstatistik nach § 6 UStatG. München: Bayer. Landesamt für Statistik und Datenverarbeitung, verschiedene Erhebungsjahre
11 Ermittlung der beregnungswürdigen Flächen und des Beregnungswasserbedarfs in den vorgegebenen Talabschnitten von Donau u. Main. München: Bayer. Landesanstalt für Betriebswirtschaft und Agrarstruktur. In: Bayer. Landwirtschaftliches Jahrbuch 59, 1982, H. 3, S. 283.
12 Ergänzung vom 30.10.1992 zum Gutachten [11]. München: Bayer. Landesanstalt für Betriebswirtschaft und Agrarstruktur, 1992
13 Statistisches Jahrbuch. München: Bayer. Landesamt für Statistik und Datenverarbeitung, verschiedene Berichtsjahre

14 Statistik der Wasserversorgung und Abwasserbeseitigung bei Wärmekraftwerken für die öffentliche Versorgung. Umweltstatistik nach § 7 UStatG. München: Bayer. Landesamt für Statistik und Datenverarbeitung, verschiedene Erhebungsjahre
15 Standortsicherungsplan für Wärmekraftwerke. München: Bayer. Staatsministerium für Wirtschaft und Verkehr, Energieprogramm für Bayern, 1978, Fortschreibung 1986
16 Wärmelastplan Bayern. München: Oberste Baubehörde im Bayer. Staatsministerium des Innern, 1981, (Schriftenreihe „Wasserwirtschaft in Bayern", Heft 16)
17 Stromversorgung in Bayern. München: Bayernwerk, Nov. 1991

zu Kapitel B 2 Abflußbewirtschaftung und Wasserbau

1 Landesentwicklungsprogramm Bayern Fortschreibung 1993. München: Bayer. Staatsministerium für Landesentwicklung und Umweltfragen, Stand des Entwurfes 01.07.1993
2 Regionalplan - Region Oberfranken-Ost (5). Regionaler Planungsverband Oberfranken-Ost (Hrsg.). Verbindlicherklärung mit Bescheid des BayStMLU vom 23.07.1987.
3 Regionalplan - Region Westmittelfranken (8). Regionaler Planungsverband Westmittelfranken (Hrsg.). Verbindlicherklärung mit Bescheid des BayStMLU vom 14.10.1987.
4 Hochwasserfreilegung Coburg. Wirkungsanalyse von Maßnahmen zum Hochwasserschutz (Bericht). Institut für Angewandte Wasserwirtschaft (IAWW), Prof. Dr.-Ing. Kleeberg und Partner, München 1988
5 Regionalplan - Region Würzburg (2). Regionaler Planungsverband Würzburg (Hrsg.). Verbindlicherklärung mit Bescheid des BayStMLU vom 23.08.1985.
6 Regionalplan - Region Bayerischer Untermain (1). Regionaler Planungsverband Bayerischer Untermain (Hrsg.). Verbindlicherklärung mit Bescheid des BayStMLU vom 29.03.1985.
8 Modelluntersuchung des Instituts für Wasserwesen an der Universität der Bundeswehr, Neubiberg. unveröffentlicht (Beauftragung durch den Bezirk Oberfranken)
9 Wasserwirtschaft des Systems zur Überleitung von Altmühl- und Donauwasser in das Regnitz-Main-Gebiet - Langzeitbewirtschaftung. München: Arbeitsgruppe Überleitungssystem „Donau-Main" im Bayer. Landesamt für Wasserwirtschaft, 1984
10 Wasserwirtschaftliche Rahmenuntersuchung Donau und Main. München: Bayer. Staatsministerium für Landesentwicklung und Umweltfragen, 1985
11 IFO-Institut für Wirtschaftsforschung: „Verkehrsprognose Bayern 2005"; München, Okt. 1991

zu Kapitel B 3 Wasser in Natur und Landschaft

1 Richtlinien für die Aufstellung von wasserwirtschaftlichen Rahmenplänen. Bonn: Bundesministerium des Innern, GMBl Nr.16, 1984
2 Landesentwicklungsprogramm Bayern Fortschreibung 1993. München: Bayer. Staatsministerium für Landesentwicklung und Umweltfragen, Stand des Entwurfes 01.07.1993
3 Erhebung zu den fischbiologischen Grundlagen in den Gewässern des Maingebietes. Wielenbach: Bayer. Landesanstalt für Wasserforschung, 1989 (unveröffentlicht)
4 Grundzüge der Gewässerpflege. München: Bayer. Landesamt für Wasserwirtschaft, Schriftenreihe, 1987, Heft 21
5 Flüsse und Bäche - erhalten, entwickeln, gestalten. München: Oberste Baubehörde im Bayer. Staatsministerium des Innern, Heft 21, 1989
6 Bayerisches Wassergesetz (BayWG) vom 03.02.1988. München: GVBL Nr. 4, 1988

zu Kapitel B 4 Gewässerschutz

1 Bayer. Landesanstalt für Betriebswirtschaft und Agrarstruktur: Entwicklung und Stand der mineralischen Düngung in Bayern sowie deren Preise und Preiswürdigkeit. 4. Fortschreibung. Sachgebiet: Ökonomik der Pflanzlichen Erzeugung. München 1991
2 Ruppert, W.; Fischer, a.: Schlagkarteien als Planungs- und Entscheidungshilfen. In: Dierks, R.; Heitefuss, R. (Hrsg.): Integrierter Landbau. BLV Verlagsgesellschaft München-Wien-Zürich, 1990
3 Richtlinie des Rates vom 18. Juli 1978 über die Qualität von Süßwasser, das schutz- oder verbesserungsbedürftig ist, um das Leben von Fischen zu erhalten (78/659/EWG). Amtsblatt der Europäischen Gemeinschaften, Nr. L 222 v. 14.8.78
4 Verordnung über Trinkwasser und über Wasser für Lebensmittelbetriebe (Trinkwasserverordnung - TrinkwV) vom 5. Dezember 1990 (BGBl I, Nr. 66, S. 2613-2629)
5 Bayer. Landesamt für Umweltschutz: Belastungsgebiet Aschaffenburg, Emissionskataster, Immissionskataster. München 1985
6 Bayer. Landesamt für Umweltschutz: Belastungsgebiet Würzburg, Emissionskataster, Immissionskataster. München 1986
7 Rudolph, E.: Das Niederschlagsdepositionsmeßnetz des Bayer. Landesamtes für Umweltschutz. Ergebnisse und Folgerungen für Ökosysteme. Staub-Reinhaltung der Luft 51 (12) 1991
8 Bayer. Landesanstalt für Bodenkultur und Pflanzenbau: Fachliche Leitlinie Stickstoff. München 1990
9 Richtlinie des Rates vom 12.12.1991 zum Schutz der Gewässer vor Verunreinigung aus landwirtschaftlichen Quellen (91/676/EWG).
10 Steiner, A.: Wege einer ordnungsgemäßen Klärschlammentsorgung in Bayern. Korrespondenz Abwasser Nr. 9, 1990, S. 1030-1036
11 Klärschlammverordnung - AbfKlärV vom 28. April 1992, Bundesgesetzblatt; Teil I, S. 912-934
12 Richtlinie des Rates vom 15. Juli 1980 über die Qualität von Wasser für den menschlichen Gebrauch (80/778/EWG). Amtsblatt der Europäischen Gemeinschaften Nr. L 229 v. 30.8.80
13 Richtlinie des Rates vom 16. Juni 1975 betreffend Qualitätsanforderungen an Oberflächenwasser für die Trinkwassergewinnung in den Mitgliedsstaaten (75/440/EWG). Amtsblatt der Europäischen Gemeinschaften, Nr. L 194 v. 25.7.75
14 Internationale Arbeitsgemeinschaft der Wasserwerke im Rheineinzugsgebiet (IAWR): Rhein-Memorandum 1986
15 Wachs, B.: Ökologisch erarbeitete Schwermetallqualitätsziele für Nutzungsarten des Wassers sowie zum aquatischen Ökosystem- und Artenschutz. GWF - Wasser/Abwasser 130 (6), 1989
16 Daffner, F.; Jonek, M.; Ruppert, H.; Wrobel, J.-P.: Bericht zum Sonderuntersuchungsprogramm „Spurenelemente im Grundwasser". Bayer. Geologisches Landesamt, unveröffentlichter Bericht, München 1989
17 Habereder; Daffner, F.; Wrobel, J.-P.: Bericht zum Sonderuntersuchungsprogramm „Spurenelemente im Grundwasser". Bayer. Geologisches Landesamt, unveröffentlichter Bericht, München 1990
18 Wachs, B.: Gewässerrelevanz der gefährlichsten Schwermetalle. Münchner Beiträge zur Abwasser-, Fischerei- und Flußbiologie, 42, Oldenbourg München-Wien, 1988
19 Richtlinie des Rates vom 4. Mai 1976 betreffend die Verschmutzung infolge der Ableitung bestimmter gefährlicher Stoffe in die Gewässer der Gemeinschaft (76/464/EWG). Amtsblatt der Europäischen Gemeinschaften, Nr. L 129 vom 18.5.76
20 Brüggemann, R.; Trapp, St.: Release and Fate Modeling of Highly Volatile Solvents in the River Main. Chemosphere 17, S. 2029 - 2041, 1988

21 Kopf, W., Pählmann, W., Reimann, K.: Grundlagen der Eutrophierung von Fließgewässern, dargestellt am Beispiel Main und Regnitz. Bayer. Landesanstalt für Wasserforschung, München 1988

22 Amann, W.; Schuster, M.: Gefahren für das Trinkwasser. Bau-Intern 6, Oberste Baubehörde im Bayer. Staatsministerium des Innern, München 1987

23 Ballschmiter, K.; Zell, M.: Analysis of Polychlorinated Biphenyls (PCB) by Glass Capillary Gas Chromatography. Anal. Chem. 302, S. 20-31, 1980

24 Braun, F.; Schüssler, W.; Wanzinger, M.; Wehrle- von Borzyskowski, R.: Neue Untersuchungen zur Analytik und Verbreitung von Polychlorbiphenylen (PCB) und Pflanzenbehandlungsmitteln. Bayer. Landesanstalt für Wasserforschung, München 1990

25 Industrieverband Agrar e.V.: Jahresbericht 1989/1990. Frankfurt am Main, 1990

26 Trapp, St.; Brüggemann, R.; Kalbfuß, W.; Frey, S.: Organische und anorganische Stoffe im Main. GWF - Wasser/Abwasser, im Druck

27 Bernhardt, H. et al. (Hrsg.): NTA: Studie über die aquatische Umweltverträglichkeit von Nitrilotriacetat (NTA). Hrsg.: NTA-Koordinierungsgruppe im Hauptausschuß Phosphate und Wasser der Fachgruppe Wasserchemie in der Gesellschaft Deutscher Chemiker, Verlag Hans Richarz, Sankt Augustin 1984

28 Zielwerte für die Qualität des Ruhrwassers. Gelsenkirchen: Arbeitsgemeinschaft der Wasserwerke an der Ruhr (AWWR), 1987

29 Richtlinie des Rates vom 8. Dezember 1975 über die Qualität der Badegewässer (76/160/EWG). Amtsblatt der Europäischen Gemeinschaften, Nr. L 31 v. 5.2.76

30 Baumann, M.; Popp, W.: Zwischenbericht zum Forschungsvorhaben: „Untersuchungen zur bakteriologisch-hygienischen Belastung von bayerischen Gewässern und Kläranlagenabläufen im Hinblick auf Sanierungsmaßnahmen zur Keimreduzierung". Bayer. Landesanstalt für Wasserforschung, unveröffentlicht, München 1988

31 Verordnung (EWG) Nr. 737/90 des Rates vom 22. März 1990 über die Einfuhrbedingungen landwirtschaftlicher Erzeugnisse mit Ursprung in Drittländern nach dem Unfall im Kernkraftwerk Tschernobyl.

32 Wachs, B.: Biologisches Monitoring und Schwermetallkonzentrationen in Mikrophyten und Makrophyten der Donau. Ergebnisse der Donauexpedition 1988, Eigenverlag der IAD, Wien, 1990

33 Gewässerbiologische Beschaffenheit der wichtigsten Grundwasservorkommen im Maintal. Untersuchungen der Regierung von Unterfranken 1991 und 1992, (unveröffentlicht)

34 Richtlinie des Rates vom 6. April 1976 über die Beseitigung polychlorierter Biphenyle und Terphenyle (76/403/EWG). Amtsblatt der Europäischen Gemeinschaften, Nr. L 108/41

35 Wachs, B.: Ökobewertung der Schwermetallbelastung in Fließgewässern. Münchner Beiträge zur Abwasser-, Fischerei- und Flußbiologie, 45, Oldenbourg München-Wien, 1991

36 Deutscher Verband für Wasserwirtschaft und Kulturbau e.V.: Umlagerung von Sedimenten in Wasserstraßen. DVWK - Nachrichten, Blatt 120, Verlag Paul Parey, Hamburg 1992

37 ATV-Arbeitsblatt A 128. Richtlinie für die Bemessung und Gestaltung von Regenentlastungen in Mischwasserkanälen. St. Augustin, 1977. Neufassung im Entwurf (April 1990)

38 Gesetz zur Ordnung des Wasserhaushalts (WHG) vom 23.09.1986. Bonn: BGBL Nr. 50, 1986, zuletzt geändert am 12.02.1991, BGBL Nr. I, Seite 205

39 Bayerisches Wassergesetz (BayWG) vom 03.02.1988. München: GVBL Nr. 4, 1988

40 Allgemeine Verwaltungsvorschrift über Mindestanforderungen an das Einleiten von Abwasser in Gewässer. Rahmen - Abwasser VwV (GMBl S. 518) vom 8. September 1989

41 Richtlinie des Rates vom 21.05.1991 über die Behandlung kommunaler Abwässer (91/271/EWG)

42 Reinhalteordnung kommunales Abwasser, ROkAbw vom 23.08.1992, (GVBl. S. 402)

43 Gesetz über die Umweltverträglichkeit von Wasch- und Reinigungsmitteln (Wasch- und Reinigungsmittelgesetz - WRMG) i.d.F.d.Bek. v. 5. März 1987, BGBl I, S. 875

44 Verordnung über Höchstmengen für Phosphate in Wasch- und Reinigungsmitteln (Phosphathöchstmengenverordnung PHöchst-MengV) v. 4.6.1980. BGBl I S. 644 u. BGBl III 753-8-2

45 Arbeitskreis Auswirkungen „PHöchstMengV" im Hauptausschuß „Phosphate und Wasser" der Fachgruppe Wasserchemie in der Gesellschaft Deutscher Chemiker: Auswirkungen der Phosphathöchstmengenverordnung für Waschmittel auf Kläranlagen und Gewässern. Academia Verlag, Sankt Augustin 1989

46 Hamm, A. (Hrsgb.): Studie über Wirkungen und Qualitätsziele von Nährstoffen in Fließgewässern. Academia Verlag, Sankt Augustin 1991

47 Anhang 40 zur Rahmen-AbwasserVwV vom 27.August 1991

48 3. Internationale Nordseeschutzkonferenz vom 7./8. März 1990

49 Deutscher Verband für Wasserwirtschaft und Kulturbau e.V.: Umlagerung von Sediment in Wasserstraßen. DVWK-Nachrichten, Blatt 120, Verlag Paul Parey, Hamburg 1992

50 Bayer. Staatsministerium für Landesentwicklung und Umweltfragen, Bayer. Staatsministerium des Innern: Altlasten-Leitfaden. München, Juli 1991

51 Rintelen, P.-M.: Auflagen in Wasserschutzgebieten und ihre ökonomische Bedeutung für landwirtschaftliche Betriebe. Landwirtschjaftliches Jahrbuch 67(6), 1990

52 Verordnung über Höchstmengen an Schadstoffen in Lebensmitteln (Schadstoff-Höchstmengenverordnung, SHmV) vom 23.03.1988, BGBL I S.422

53 Hösel, W.: Ökonomik der pflanzlichen Erzeugung. Bayer. Landesanstalt für Betriebswirtschaft und Agrarstruktur. München, Januar 1994

54 Rabel, P.; Beilke, S.; Paffrath, D.: Lufthygienische Situation in Nordostbayern. Bayer. Landesamt für Umweltschutz, München 1985

55 Wachs, W.: Ökobewertung der Schwermetallbelastung des Main-Regnitz-Gebietes anhand der Geo- und Bioakkumulation sowie der Immissionen. Münchner Beiträge zur Abwasser-, Fischerei- und Flußbiologie, 47, Oldenbourg München-Wien, 1993

56 Gesetz über Abgaben für das Einleiten von Abwasser in Gewässer (Abwasserabgabengesetz - AbwAG) vom 13. September 1976, BGBl. I, S. 2721

Anhangtabellen

Verzeichnis der Tabellen im Anhang

A Planungsraum

	Seite
A 1-11 Anteil der Einwohner der Planungsregionen an den Bilanzräumen	159
A 1-12 Anteil der Einwohner der Bilanzräume an den Planungsregionen	161
A 1-13 Vorherrschende geologische Formationen in den Naturräumen	162
A 1-14 Charakteristik der Böden in den Naturräumen	163
A 1-15 Flächennutzung in den Naturräumen	164
A 1-16 Klima in den Naturräumen	165
A 1-17 Geologie des Planungsraumes (Stratigraphische Übersicht)	166
A 1-18 Bedeutende Trinkwassergewinnungen in den einzelnen Grundwasserleitern	167
A 2-4 Entwicklung der Erwerbstätigenzahl von 1980 bis 1987 in den Wirtschaftsbereichen	168
A 2-5 Beschäftigte im Bergbau und Verarbeitenden Gewerbe in den einzelnen Industriegruppen	169
A 2-6 Flächennutzung in den Bilanzräumen	170
A 2-7 Flächennutzung in den Regionen	171

B Zusammenfassende Planungsaussagen

B 1-1 Wassergewinnung im Planungsgebiet 1987 in Bilanzräumen und Planungsregionen	172
B 1-2 Wassergewinnung in Ober- und Unterfranken	173
B 1-3 Öffentliche Wasserversorgung 1987	174
B 1-4 Prognose der Einflußfaktoren des Bevölkerungsbedarfes für die Jahre 2000 und 2020	175
B 1-6 Zukünftiges Grundwasserdargebot	177
B 1-7 Wasserbilanz 1987	178
B 1-8 Erforderliche Maßnahmen im Planungszeitraum (bis 2020)	179
B 1-9 Trinkwasserbilanz 2000 (öffentliche Wasserversorgung) mittlerer Fall	180
B 1-10 Trinkwasserbilanz 2020 (öffentliche Wasserversorgung) mittlerer Fall	182
B 1-11 Wassergewinnung in Planungsregionen 1987 und 1991 in Ober- und Unterfranken	183
B 1-12 Öffentliche Wasserversorgung 1987 und 1991 in Ober- und Unterfranken	184
B 1-13 Anschlußgrad an öffentliche Wasserversorgung 1987 und 1991	185
B 1-14 Personenbezogener Trinkwasserbedarf aus öffentlicher Wasserversorgung	186
B 1-15 Theoretische Ansätze für den zusätzlichen Beregnungswasserentzug (reduzierte Durchschnittswerte in m^3/s) im Main- und Regnitzgebiet	187
B 2-1 Orte mit geplanten oder potentiell notwendigen Verbesserungen des Hochwasserschutzes (Auswahl)	188
B 3-1 Auenbewertungsmodell I (Auenbereiche ohne besonderen Kies- und Sandabbau)	190
B 3-2 Auenbewertungsmodell II (Auenbereiche mit großflächigem Kies- und Sandabbau)	191
B 3-3 Fließgewässerbewertungsmodell I (Gewässer ohne systematische Stauregelung)	192
B 3-4 Fließgewässerbewertungsmodell II (Gewässer mit systematischer Stauregelung)	193

Tabelle A 1-11: Anteil der Einwohner der Planungsregionen an den Bilanzräumen

Region	Landkreis bzw. kreisfreie Stadt		Einwohner am 25.05.1987	davon in										außerhalb Planungsgebiet	
	Nr.	Name		Bilanzraum 1		Bilanzraum 2		Bilanzraum 3		Bilanzraum 4		Bilanzraum 5			
				Anzahl	% v.Sp.4	Anzahl	% v.Sp.4	Anzahl	% v.Sp.4	Anzahl	% v.Sp.4	Anzahl	% v.Sp.4	Anzahl	% v.Sp.4
1	2	3	4	5	6	7	8	9	10	11	12	13	14	15	16
Region 1: Bayer. Untermain															
1	661	Aschaffenburg	60.964	-	-	-	-	-	-	-	-	60.964	100	-	-
	671	Lkr. Aschaffenburg	152.367	-	-	-	-	-	-	-	-	152.367	100	-	-
	676	Lkr. Miltenberg	114.255	-	-	-	-	-	-	-	-	114.255	100	-	-
Σ Region 1			327.586	-	-	-	-	-	-	-	-	327.586	100	-	-
Region 2: Würzburg															
2	663	Würzburg	123.378	-	-	-	-	123.378	100	-	-	-	-	-	-
	675	Lkr. Kitzingen	79.304	-	-	-	-	77.288	97	-	-	-	-	2.016	3
	677	Lkr. Main Spessart	122.047	-	-	-	-	36.652	30	21.975	18	63.420	52	-	-
	679	Lkr. Würzburg	138.261	-	-	-	-	97.422	70	-	-	22.546	16	18.293	13
Σ Region 2			462.990	-	-	-	-	334.740	72	21.975	5	85.966	19	20.309	4
Region 3: Main-Rhön															
3	662	Schweinfurt	51.962	-	-	-	-	51.962	100	-	-	-	-	-	-
	672	Lkr. Bad Kissingen	99.022	-	-	-	-	-	-	97.381	98	-	-	1.641	2
	673	Lkr. Rhön Grabfeld	77.197	-	-	-	-	-	-	77.197	100	-	-	-	-
	674	Lkr. Haßberge	80.257	-	-	21.283	27	51.995	65	-	-	-	-	6.979	9
	678	Lkr. Schweinfurt	103.697	-	-	-	-	99.642	96	4.055	4	-	-	-	-
Σ Region 3			412.135	-	-	21.283	5	203.599	49	178.633	43	-	-	8.620	2
Region 3: Main-Rhön Einflußbereich Talsperre															
3	672	Lkr. Bad Kissingen	24.154	-	-	-	-	-	-	24.154	100	-	-	-	-
	678	Lkr. Schweinfurt	26.703	-	-	-	-	26.703	100	-	-	-	-	-	-
Teilgebiet Region 3			50.857	-	-	-	-	26.703	53	24.154	47	-	-	-	-

Quelle: Volkszählung 1987

Tabelle A 1-11: Anteil der Einwohner der Planungsregionen an den Bilanzräumen

Region	Landkreis bzw. kreisfreie Stadt		Einwohner am 25.05.1987	davon in										außerhalb Planungsgebiet	
				Bilanzraum 1		Bilanzraum 2		Bilanzraum 3		Bilanzraum 4		Bilanzraum 5			
	Nr.	Name		Anzahl	% v.Sp.4	Anzahl	% v.Sp.4	Anzahl	% v.Sp.4	Anzahl	% v.Sp.4	Anzahl	% v.Sp.4	Anzahl	% v.Sp.4
1	2	3	4	5	6	7	8	9	10	11	12	13	14	15	16
Region 4: Oberfranken Ost															
4	461	Bamberg	69.100	-	-	-	-	-	-	-	-	-	-	69.100	100
	463	Coburg	42.909	-	-	42.909	100	-	-	-	-	-	-	-	-
	471	Lkr. Bamberg	119.829	-	-	62.776	52	-	-	-	-	-	-	57.053	48
	473	Lkr. Coburg	82.033	-	-	82.033	100	-	-	-	-	-	-	-	-
	474	Lkr. Forchheim	97.433	-	-	-	-	-	-	-	-	-	-	97.433	100
	476	Lkr. Kronach	75.353	71.310	95	-	-	-	-	-	-	-	-	4.043	5
	478	Lkr. Lichtenfels	65.602	-	-	65.602	100	-	-	-	-	-	-	-	-
Σ Region 4			552.259	71.310	13	253.320	46	-	-	-	-	-	-	227.629	41
Region 5: Oberfranken Ost															
5	462	Bayreuth	69.813	69.813	100	-	-	-	-	-	-	-	-	-	-
	464	Hof	51.108	-	-	-	-	-	-	-	-	-	-	51.108	100
	472	Lkr. Bayreuth	96.772	48.003	50	-	-	-	-	-	-	-	-	48.769	50
	475	Lkr. Hof	105.628	11.933	11	-	-	-	-	-	-	-	-	93.695	89
	477	Lkr. Kulmbach	73.055	71.987	99	-	-	-	-	-	-	-	-	1.068	1
	479	Lkr. Wunsiedel	87.941	-	-	-	-	-	-	-	-	-	-	87.941	100
	377	Lkr. Tirschenreuth	11.160	-	-	-	-	-	-	-	-	-	-	11.160	100
Σ Region 5			495.477	201.736	41	-	-	-	-	-	-	-	-	293.741	59
Region 8: Westmittelfranken															
8	575	Lkr. Neustadt Aisch	1.864	-	-	-	-	1.864	100	-	-	-	-	-	-

Quelle: Volkszählung 1987

Tabelle A 1-12: Anteil der Einwohner der Bilanzräume an den Planungsregionen

Bilanzraum	Einwohner am 25.05.1987	davon in											
		Region 1		Region 2		Region 3		Region 4		Region 5		Region 8	
		Anzahl	% v.Sp.2	Anzahl	% v.Sp.2	Anzahl	% v.Sp.2	Anzahl	% v.Sp.2	Anzahl	% v.Sp.2	Anzahl	% v.Sp.2
1	2	3	4	5	6	7	8	9	10	11	12	13	14
B.1	273.046	-	-	-	-	-	-	71.310	26	201.736	74	-	-
B.2	274.604	-	-	-	-	21.283	8	253.320	92	-	-	-	-
B.3	540.202	-	-	334.740	62	203.599	38	-	-	-	-	1.864	0
B.4	200.608	-	-	21.975	11	178.633	89	-	-	-	-	-	-
B.5	413.552	327.586	79	85.966	21	-	-	-	-	-	-	-	-
Σ Planungsraum	1.702.012	327.586	19	442.681	26	403.515	24	324.630	19	201.736	12	1.864	0

Quelle: Volkszählung 1987

Tabelle A 1-13: Vorherrschende geologische Formationen in den Naturräumen

Naturraum		Geologische Formation
071	Obermainisches Hügelland	Keuper, Lias, Dogger, Muschelkalk, Buntsandstein
080	Nördliche Frankenalb	Weißer Jura, Brauner Jura
112	Vorland der nördlichen Frankenalb	Keuper, Lias, Dogger
115	Steigerwald	Sandstein- und Gipskeuper, auch Schilfsandstein
116	Haßberge	Gips- und Sandsteinkeuper, Feuerletten, einzelne Basaltintrusionen
117	Itz-Baunach-Hügelland	Keuper, Jura (Burgsandstein bis Dogger)
130	Ochsenfurter - und Gollachgau	Muschelkalk, Lettenkeuper
132	Marktheidenfelder Platte	Oberer, mittlerer, unterer Muschelkalk, auch Buntsandstein, Lettenkeuper
133	Mittleres Maintal	Muschelkalk, Keuper, Buntsandstein, Decksande, Terassenschotter
134	Gäuplatten im Maindreieck	Lettenkohlen- und Gipskeuper
135	Wern-Lauer-Platte	Muschelkalk, z.T. über Buntsandstein
136	Schweinfurter Becken	Muschelkalk, Schotteraufüllungen
137	Steigerwaldvorland	Letten- und Gipskeuper, auch Oberer Muschelkalk
138	Grabfeldgau	Oberer Muschelkalk, Letten- und Gipskeuper
139	Hesselbacher Waldland	Muschelkalk, Lettenkohlenkeuper
140	Südrhön	Mittlerer Buntsandstein, auch Unterer und Oberer Buntsandstein, Unterer Muschelkalk, Löß, Basalt
141	Sandsteinspessart	Unterer Buntsandstein, Mittlerer und Reste des Oberen Buntsandsteins
142	Vorderer Spessart	Glimmerschiefer, Magmatite, Gneise, auch Dolomit und Tonsteine
144	Sandsteinodenwald	Unterer, Mittlerer und Oberer Buntsandstein, einige Basaltintrusionen
232	Untermainebene	artenreiche Aufschüttungsfläche aus Sanden und Schotter
353	Vorder- und Kuppenrhön	Mittlerer Buntsandstein, auch Oberer Buntsandstein und Unterer Muschelkalk
354	Lange Rhön	Mittler Buntsandstein, auch Oberer Buntsandstein, Basalt und Muschelkalk
390	Südliches Vorland des Thüringer Waldes	Buntsandstein, Muschelkalk
392	Nordwestl. Frankenwald (Thüringisches Schiefergebirge)	Tonschiefer, Grauwacken und Konglomerate des Unterkarbons
393	Münchberger Hochfläche	"Münchberger Gneismasse" des alten Grundgebirges
394	Hohes Fichtelgebirge	Granit des Grundgebirges, auch Gneise, Phyllite und Quarzite

Tabelle A 1-14: Charakteristik der Böden in den Naturräumen

Naturraum		Charakteristik der Böden
071	Obermainisches Hügelland	Lehmböden, z.T. mit Kalkscherben, Sandböden - anlehmig, steinig, sandiger Lehm
080	Nördliche Frankenalb	Mullrendzine, Lehmböden, Braunerden, Gleye, Podsole
112	Vorland der nördlichen Frankenalb	Lehme mit Kalkscherben, Pelosole, Braunerden und Rendzinen
115	Steigerwald	Sandböden - lehmig, steinig, Braunerden, Lehmböden - sandig bis tonig
116	Haßberge	Sandböden - podsolig, Braunerden, auch gleyartige und Tonböden
117	Itz-Baunach-Hügelland	Pelosole, Braunerden, Sandböden - lehmig, steinig
130	Ochsenfurter und Gollachgau	Lößlehm, toniger Lehm, Sand
132	Marktheidenfelder Platte	Braunerden; Kalkböden - steinig, flach- bis mittelgründig
133	Mittleres Maintal	Sande - lehmig bis tonig, Braun- und Parabraunerden, Rendzinen
134	Gäuplatten im Maindreieck	Lößbraunerde, Sandböden - podsolig, tiefgründige Pelosole
135	Wern-Lauer-Platte	Lößlehm, z.T. feinsandig, Lehmböden - schwer und tonig
136	Schweinfurter Becken	Lehmböden - feinsandig, schwer, tonig, Sandböden - anlehmig bis lehmig, tonig
137	Steigerwaldvorland	tiefgründige Sandböden, Braunerden, Semigleye
138	Grabfeldgau	Rendzine, tiefgründige Pelosole, Braunerden
139	Hesselbacher Waldland	Pelosole, steinige Rendzinen, Braunerden
140	Südrhön	unterschiedlich, meist sauer und zu Staunässe neigend
141	Sandsteinspessart	Sandböden - mittel - tiefgründig podsoliert, Lößlehmböden
142	Vorderer Spessart	Sandböden - stark lehmig, Braunerde, Lehmböden
144	Sandsteinodenwald	Sandböden - anlehmig - lehmig auch podsolig, podsolierte Braunerden
232	Untermainebene	Auenböden; kalkfreie, tiefgründige podsolige Böden
353	Vorder- und Kuppenrhön	Sand, Lehm, kalkscherbenreicher Boden
354	Lange Rhön	unterschiedliche Böden
390	Südliches Vorland des Thüringer Waldes	Sandböden - anlehmig bis lehmig, podsolige Braunerden, tonige Lehme bis lehmige Tone
392	Nordwestl. Frankenwald (Thür. Schiefergebirge)	Braunerden - podsoliert, schwach sandig bis lehmig, auch Lehme
393	Münchberger Hochfläche	mittelflachgründige Braunerden - sandig, grusig; Sandböden
394	Hohes Fichtelgebirge	Lehme - feinsandig bis schluffig; Sandböden - anlehmig, steinig bis grusig

Tabelle A 1-15: Flächennutzung in den Naturräumen

Naturraum		Wald	Vorrangnutzung		Mischnutzung Acker und Grünland	Anteil der schutzwürdigen Biotope
			Acker	Grünland		
		alle Angaben in %				
071	Obermainisches Hügelland	20,4	21,5	4,2	47,9	2,7
080	Nördliche Frankenalb	33,7	32,2	2,1	28,5	5,6
112	Vorland der nördlichen Frankenalb	20,0	38,1	2,5	34,4	1,1
115	Steigerwald	46,2	42,3	5,1	1,6	2,1
116	Haßberge	61,0	32,8	2,1		1,8
117	Itz-Baunach-Hügelland	26,5	55,0	6,9		1,9
130	Ochsenfurter und Gollachgau	11,7	84,0		2,7	
132	Marktheidenfelder Platte	27,8	65,4		1,6	0,9
133	Mittleres Maintal	10,7	69,3		9,3	6,8
134	Gäuplatten im Maindreieck	9,3	83,8			0,8
135	Wern-Lauer-Platte	31,3	59,3		2,8	1,9
136	Schweinfurter Becken	4,7	81,1	4,4		2,1
137	Steigerwaldvorland	16,1	76,9	1,4		0,7
138	Grabfeldgau	20,6	69,3	3,0	1,5	2,3
139	Hesselbacher Waldland	45,4	47,4	2,1		1,5
140	Südrhön	50,5	32,8	7,9	4,0	2,2
141	Sandsteinspessart	70,0	9,8	3,5	9,7	1,5
142	Vorderer Spessart	30,8	25,6		34,1	2,3
144	Sandsteinodenwald	60,8	21,2		13,0	0,7
232	Untermainebene	*	*	*	*	*
353	Vorder- und Kuppenrhön	51,4	15,5	19,0	8,8	3,3
354	Lange Rhön	28,3	5,4	59,1	4,6	4,3
390	Südliches Vorland des Thüringer Waldes	62,6	8,3	5,7	19,6	3,3
392	Nordwestl. Frankenwald (Thür. Schiefergebirge)	53,4	12,2	4,8	24,2	2,9
393	Münchberger Hochfläche	28,8	5,5		58,9	2,0
394	Hohes Fichtelgebirge	69,7	1,6		22,9	2,6
* keine statistischen Daten vorhanden						

Tabelle A 1-16: Klima in den Naturräumen

	Naturraum	Klimabeschreibung
071	Obermainisches Hügelland	
080	Nördliche Frankenalb	Mittelgebirgsklima - trocken mit kontinentaler Prägung
112	Vorland der nördlichen Frankenalb	Mittelgebirgsklima - relativ trocken, kontinental geprägt
115	Steigerwald	eher Mittelfränkisch als Mainfränkisch
116	Haßberge	Mittelstellung zwischen Obermainischem, Mainfränkischem und mittelfränkischem Klimabezirk
117	Itz-Baunach-Hügelland	Mittelgebirgsklima - trocken
130	Ochsenfurter und Gollachgau	kontinental geprägt - trocken und warm
132	Marktheidenfelder Platte	im Regenschatten des Spessart - trockenes Gebiet
133	Mittleres Maintal	trockenwarm (Sommerhitze und Wintermilde); gehört zu den trockensten Gebieten Deutschlands
134	Gäuplatten im Maindreieck	trocken und relativ kontinental
135	Wern-Lauer-Platte	Mittelstellung zwischen ozeanischem und kontinentalem Klima
136	Schweinfurter Becken	zwischen ozeanischem und kontinentalem Klima - insgesamt günstig
137	Steigerwaldvorland	typisch mainfränkisch: trockenwarm
138	Grabfeldgau	relativ kontinental: trockenwarm
139	Hesselbacher Waldland	feuchter und rauher als in der Umgebung
140	Südrhön	uneinheitlich mit großen Schwankungen (Niederschlag: 550 mm im Südosten, 900 mm im Nordwesten)
141	Sandsteinspessart	Mittelgebirgsklima - mild, ozeanisch geprägt, häufige Nebelbildung
142	Vorderer Spessart	zwischen ozeanisch beeinflußtem Hochspessart und kontinentalem Bereich Mainfrankens
144	Sandsteinodenwald	Mittelgebirgsklima - überwiegend ozeanisch-feuchtkühl
232	Untermainebene	Mildes Klima
353	Vorder- und Kuppenrhön	unterschiedlich - besonders bezgl. des Niederschlags: 800-900 mm im Westen, 600-750 mm im Osten
354	Lange Rhön	feucht - winterkalt mit bis zu 1.100 mm NS, häufig Nebel
390	Südliches Vorland des Thüringer Waldes	verhältnismäßig trocken und warm
392	Nordwestlicher Frankenwald (Thüringisches Schiefergebirge)	Maintalklima - feucht, etwas niedrigere jährliche Durchschnittstemperaturen
393	Münchberger Hochfläche	Mittelgebirgsklima - feucht-kühl
394	Hohes Fichtelgebirge	feucht-kühl und rauh, hohe Niederschläge: 900-1.250 mm

Tabelle A 1-17: Geologie des Planungsraumes (Stratigraphische Übersicht)

ZEITALTER	ZEITRAUM (Mio. Jahre)	SYSTEM	SERIE	PLANUNGSRAUM Vorkommen	PLANUNGSRAUM Ausprägung	Grundwasserergiebigkeit
Känozoikum (Erdneuzeit)	2 - heute	Quartär	Holozän	Maintal	eiszeitliche (pleistozäne) und nacheiszeitliche (holozäne) Ablagerungen lockerer Sande und Kiese, vorwiegend durch Flüsse	sehr gut (großes Porenvolumen)
			Pleistozän			
	65 - 2	Tertiär	Pliozän, Miozän, Oligozän, Eozän, Paläozän	Rhön	vulkanische Gesteine, vorwiegend Basalte	gut (großes Kluftvolumen)
	136 - 65	Kreide	Obere Kreide	Nördliche Fränkische Alb	Kreidekalke, Sandsteine, Tonsteine	Deckschicht der stark grundwasserführenden Schichten des Malm
			Untere Kreide			
	195 - 136	Jura	Malm	Nördl. Fränkische Alb	Kalke, Dolomite	sehr gut (große Karsthohlräume)
			Dogger	Albumrahmung (Lias-Dogger-Vorland)	Ton- und Sandsteine (Ornatenton, Eisensandstein, Opalinuston)	gering bei Tonen als Wasserstauer, mittel in Sandsteingebieten
Mesozoikum (Erdmittelalter)			Lias		vor allem Tonsteine	generell gering
	225 - 195	Trias	Keuper	Fränkisches Keuper-Lias-Land Obermain-Hügelland	Sandsteinkeuper: wechselnde Ton- und Sandsteinschichten Gipskeuper: Tonsteine Unterer Keuper: Ton- und Mergelsteine, Dolomit mit Löß- und Flugsandüberdeckung	mittel in Klüften des Gipskarstes und in Sandsteinhorizonten (lokal begrenzt)
			Muschelkalk	Mainfränkische Platten	Kalke, Kalkstein-Tonstein-Wechselfolgen mit Gips-, Anhydrit-, Karst gut, tonige Schichten als Grundwasserstauer und Salzlinsen	
			Buntsandstein	Sandstein-Spessart, Sandstein-Odenwald	verfestigter, festländischer Abtragungsschutt, vor allem Sandsteine	gut (großes Poren- und Kluftvolumen)
	280 - 225	Perm	Zechstein	sehr geringe Verbreitung bei Alzenau (Unterfranken) und Stockheim a.d. Haslach (Oberfranken)	Karbonate, Dolomite, Salze, Tonstein	unbedeutend
			Rotliegendes		Fanglomerate (Schlammbrekzien)	
	345 - 280	Karbon	Ober- und Unterkarbon	Vorspessart, Frankenwald und Fichtelgebirge	bei verschiedenen Gebirgsbildungsphasen stark gefaltete, verdichtete, teilweise aufgeschmolzene Metamorphite und Granite (Kristallin).	gering (wenig Kluftvolumen)
Paläozoikum (Erdaltertum)	395 - 345	Devon	Ober-, Mittel- und Unterdevon		Frankenwald: Quarzite und Diabase, nicht metamorphe (nicht umgewandelte) Tonschiefer, Grauwacken und Kohlenkalke des Karbon Fichtelgebirge und Vorspessart: vor allem Granite und Gneise	
	440 - 395	Silur				
	500 - 440	Ordovizium	Ober- und Unterordovizium			
	570 - 500	Kambrium	Ober-, Mittel- u. Unterkambrium			
	∞ - 570	Präkambrium				

Tabelle A 1-18: Bedeutende Trinkwassergewinnungen in den einzelnen Grundwasserleitern

Grundwasserleiter	Vorkommen	Entnahme-menge 1989/91 Mio. m³/a	Versorgungsunternehmen	Bemerkung
1	2	3	4	5
Kristallin	Warmensteinach Marktschorgast	0,7 2,0	SW Bayreuth SW Kulmbach	Quellfassungen in Zersatzdecken
Rotliegendes	Kronach	Σ 1,2	Kronach	mit Wasser aus Buntsandstein gemischt, mehrere Anlagen
Unterer Keuper	Werneck	0,4	Rhön-Maintal Gruppe	
mittlerer Keuper	Seybothenreuth	2,4	SW Bayreuth	
Malmkarst	Lichtenfels	1,0	SW Lichtenfels	Karstquellen
Buntsandstein (Bruchschollenland)	Kulmbach Rödental Kronach	2,5 Σ 2,6 Σ 1,2	SW Kulmbach SW Coburg Kronach	mehrere Anlagen mit Wasser aus Rotliegendem gemischt, mehrere Anlagen
Buntsandstein (Spessart-Rhön)	Sandberg / Rhönquellen Lohr a. Main Rodenbach Erlach Laufach Bad Brückenau	1,3 0,7 0,7 2,1 1,0 0,7	Rhön-Maintal Gruppe Lohr a. Main Fernwasserversorgung Mittelmain ZV Aschafftalgemeinden SW Bad Brückenau	
Muschelkalk	Würzburg Bahnhofquellen Würzburg Zell a. Main Würzburg Zellingen Münnerstadt Kitzingen Poppenhausen Schweinfurt	3,2 6,3 0,9 2,0 1,4 Σ 0,6 Σ 0,4	SW Würzburg -"- -"- SW Bad Kissingen LKW Kitzingen Rhön-Maintal Gruppe SW Schweinfurt	mehrere Anlagen mehrere Anlagen
Mischwasser : Muschelkalk, Mainquartär, Uferfiltrat	Schweinfurt Volkach / Astheim Sulzfeld Marktsteft Weyer	5,7 2,1 6,3 1,5 2,1	SW Schweinfurt Fernwasserversorgung Franken -"- Rhön-Maintal Gruppe	Grundwasseranreicherung mit Mainwasser
Maintalquartär	Haßfurt Alzenau Aschaffenburg	1,0 3,0 8,3	SW Haßfurt ZV Spessartgruppe SW Aschaffenburg	gemeinsamer Grundwasserkörper aus quartären und tertiären Ablagerungen
Entnahmemengen nach Erhebungen der Wasserwirtschaftsverwaltung				

Tabelle A 2-4: Entwicklung der Erwerbstätigenzahl von 1980 bis 1987 in den Wirtschaftsbereichen

Jahr	Gebiet	Wohnbevölkerung insgesamt		darunter Erwerbstätige								
				Insgesamt		davon in den Wirtschaftsbereichen						
						Land- und Forstwirtschaft		Produzierendes Gewerbe		Handel und Verkehr		Sonstiger Bereich (Dienstleistung)	
		1.000	%	1.000	% v.Sp.3	1.000	% v.Sp.4	1.000	% v.Sp.4	1.000	% v.Sp.4	1.000	% v.Sp.4
1	2	3		4		5		6		7		8	
1980	Oberfranken	1.052,6	9,7	500,3	47,5	43,3	8,7	266,1	53,2	75,7	15,1	115,2	23,0
	Unterfranken	1.191,6	11,0	536,6	45,0	54,1	10,1	259,8	48,4	81,2	15,1	141,5	26,4
	Bayern	10.884,4	100	5.174,7	47,5	523,0	10,1	2.331,5	45,1	856,1	16,5	1.464,1	28,3
1982	Oberfranken	1.049,7	9,6	490,6	46,7	29,9	6,1	262,7	53,5	72,5	14,8	125,5	25,6
	Unterfranken	1.198,0	10,9	537,4	44,9	53,5	10,0	258,0	48,0	75,9	14,1	150,0	27,9
	Bayern	10.959,8	100	5.148,4	47,0	474,8	9,2	2.274,5	44,2	843,4	16,4	1.555,7	30,2
1985	Oberfranken	1.038,6	9,5	497,6	47,9	45,0	9,0	246,3	49,5	76,1	15,3	130,2	26,2
	Unterfranken	1.199,1	10,9	559,9	46,7	45,8	8,2	267,7	47,8	85,9	15,3	160,5	28,7
	Bayern	10.960,9	100	5.243,5	47,8	425,0	8,1	2.244,7	42,8	868,8	16,6	1.705,0	32,5
1987	Oberfranken	1.036,6	9,5	483,6	46,7	20,7	4,3	251,7	52,0	70,9	14,7	140,3	29,0
	Unterfranken	1.202,7	11,0	537,7	44,7	21,8	4,1	257,2	47,8	85,5	15,9	173,3	32,2
	Bayern	10.902,6	100	5.097,0	46,8	260,7	5,1	2.242,6	44,0	837,6	16,4	1.756,1	34,5

Quelle: Statistische Jahrbücher für Bayern 1981, 1984, 1987, 1990

Tabelle A 2-5: Beschäftigte 1987 im Bergbau und Verarbeitenden Gewerbe in den einzelnen Industriegruppen

Gebiet	Beschäftigte im Bergbau und Verarbeitenden Gewerbe insgesamt		davon in den Industriegruppen (IG)												
			IG 1 Steine und Erden SYPRO: 21,25, 51,52		IG 2 Maschinenbau SYPRO: 27,28,29, 30,31,32, 33,34,35		IG 3 Elektrotechnik SYPRO: 36,37,38, 39,50		IG 4 Chemische Industrie SYPRO: 22,24,40, 58,59		IG 5 Papiererzeugung SYPRO: 53,54,55, 56,57		IG 6 Textilgewerbe SYPRO: 61,62, 63,64		IG 7 Nahrungsmittel- gewerbe SYPRO: 68,69	
	Anzahl	%	Anzahl	% v.Sp.2	Anzahl	% v.Sp.2	Anzahl	% v.Sp.2	Anzahl	% v.Sp.2	Anzahl	% v.Sp.2	Anzahl	% v.Sp.2	Anzahl	% v.Sp.2
1	2		3		4		5		6		7		8		9	
Oberfranken	155.231	11,6	23.893	15,4	29.074	18,7	23.664	15,3	13.400	8,6	20.300	13,1	37.136	24,0	7.554	4,9
Unterfranken	147.432	11,1	7.483	5,1	69.300	47,0	22.318	15,1	10.300	7,0	14.248	9,7	16.917	11,5	6.782	4,6
Bayern	1.335.767	100	80.979	6,1	431.633	32,4	368.078	27,6	123.498	9,3	115.534	8,7	130.810	9,8	80.674	6,1

Quelle: Bergbau und Verarbeitendes Gewerbe in den Regierungsbezirken und Planungsregionen Bayerns 1987, Bayer. Landesamt für Statistik und Datenverarbeitung, München April 1988

Tabelle A 2-6: Flächennutzung in den Bilanzräumen

Bilanzraum	Fläche gesamt	Hauptarten der Bodennutzung													
		Landwirtschaft		davon genutzt als				Wald		Siedlung und Verkehr		Wasserflächen		Sonstige Flächen	
				Ackerland		Grünland									
	ha	Fläche ha	Anteil %	Fläche ha	Anteil %	Fläche ha	Anteil %	Fläche ha	Anteil %	Fläche ha	Anteil %	Fläche ha	Anteil %	Fläche ha	Anteil %
1	2	3	4	5	6	7	8	9	10	11	12	13	14	15	16
B.1	187.397	92.592	49	54.812	59	37.225	40	76.129	41	15.114	8	1.317	< 1	2.245	1
B.2	186.751	101.866	54	75.439	74	25.700	25	66.271	36	15.023	8	1.455	< 1	2.136	1
B.3	309.936	193.708	62	173.054	89	13.898	7	74.424	24	29.880	10	3.776	1	8.148	3
B.4	232.074	110.067	47	80.299	73	28.840	26	99.753	43	14.729	6	1.239	0,5	6.286	3
B.5	228.065	79.746	35	59.762	75	18.131	23	121.041	53	19.809	9	2.559	1	4.910	2
Σ Planungsraum	1.144.223	577.979	51	443.366	77	123.794	21	437.618	38	94.555	8	10.346	< 1	23.725	2

Quelle: Daten der Bayer. Landesanstalt für Betriebswirtschaft und Agrarstruktur

Tabelle A 2-7: Flächennutzung in den Regionen

Region	Fläche gesamt	Hauptarten der Bodennutzung													
		Landwirtschaft		davon genutzt als				Wald		Siedlung und Verkehr		Wasserflächen		Sonstige Flächen	
				Ackerland		Grünland									
	ha	Fläche ha	Anteil %	Fläche ha	Anteil %	Fläche ha	Anteil %	Fläche ha	Anteil %	Fläche ha	Anteil %	Fläche ha	Anteil %	Fläche ha	Anteil %
1	2	3	4	5	6	7	8	9	10	11	12	13	14	15	16
R.1	136.822	47.322	35	32.324	68	13.637	29	71.220	52	13.112	10	1.644	1	3.524	2
R.2	261.086	131.047	50	110.946	85	15.551	12	99.754	38	22.348	9	2.630	1	5.307	2
R.3	414.867	225.126	54	185.831	82	35.544	16	143.872	35	31.513	7	3.543	<1	10.813	3
R.4	215.553	112.900	53	77.370	68	34.759	31	80.401	37	17.793	8	1.779	<1	2.680	1
R.5	115.895	61.584	53	36.895	60	24.303	39	42.371	37	9.789	8	750	<1	1.401	1
Σ Planungsraum	1.144.223	577.979	51	443.366	77	123.794	21	437.618	38	94.555	8	10.346	<1	23.725	2

Quelle: Daten der Bayer. Landesanstalt für Betriebswirtschaft und Agrarstruktur

Tabelle B 1-1: Wassergewinnung im Planungsgebiet 1987 in Bilanzräumen und Planungsregionen

Bilanzraum	Wassergewinnung		davon										
			Grundwasser		Quellwasser		Flußwasser		See- bzw. Talsperrenwasser		Uferfiltrat		angereichertes Grundwasser	
	Anl.	1.000 m³	Anl.	1.000 m³	Anl.	1.000 m³	Anl.	1.000 m³	Anl.	1.000 m³	Anl.	1.000 m³	Anl.	1.000 m³
1	3	4	5	6	7	8	9	10	11	12	13	14	15	16
B.1	189	27.884	78	12.275	110	6.947	-	-	1	8.662	-	-	-	-
B.2	177	13.869	79	9.762	97	3.970	-	-	-	-	-	-	-	-
B.3	127	38.666	73	13.840	47	10.036	-	-	-	-	5	13.041	2	1.749
B.4	162	16.696	59	8.870	102	7.817	-	-	-	-	-	-	1	9
B.5	150	32.652	62	23.204	88	9.448	-	-	-	-	-	-	-	-
Σ Planungsraum	805	129.767	351	67.951	444	38.218	-	-	1	8.662	5	13.041	3	1.758
R.1	95	23.213	36	17.262	59	5.951	-	-	-	-	-	-	-	-
R.2	175	37.701	83	16.012	87	14.685	-	-	-	-	4	6.728	1	147
R.3	233	30.011	100	14.079	130	8.008	-	-	-	-	1	6.313	1	1.611
R.4	315	39.487	140	23.676	173	7.012	-	-	1	8.662	-	-	-	-
R.5	364	36.014	144	21.668	219	13.781	1	565	-	-	-	-	-	-

Quelle: Umweltstatistik nach §5 UStatG, Bayer. Landesamt für Statistik und Datenverarbeitung

Wassergewinnung im Planungsgebiet 1983 in Bilanzräumen und Planungsraum

	Anl.	1.000 m³	Anl.	1.000 m³	Anl.	1.000 m³	Anl.	1.000 m³	Anl.	1.000 m³	Anl.	1.000 m³	Anl.	1.000 m³
B.1	196	27.191	85	14.739	109	6.372	-	-	1	6.080	-	-	-	-
B.2	180	14.752	69	11.130	111	3.622	-	-	-	-	-	-	-	-
B.3	147	40.813	84	18.558	57	11.960	1	128	-	-	2	7.361	4	2.806
B.4	171	16.329	64	8.204	107	8.125	-	-	-	-	-	-	-	-
B.5	147	30.787	63	21.907	82	8.758	-	-	-	-	-	-	2	122
Σ Planungsraum	841	129.872	365	74.538	466	38.837	1	128	1	6.080	2	7.361	6	2.928

Tabelle B 1-2: Wassergewinnung in Ober- und Unterfranken

Jahr	Wassergewinnung		davon										
			Grundwasser		Quellwasser		Flußwasser		See- bzw. Talsperrenwasser		Uferfiltrat		angereichertes Grundwasser
	Anl.	1.000 m³	Anl.	1.000 m³	Anl.	1.000 m³	Anl.	1.000 m³	Anl.	1.000 m³	Anl.	1.000 m³	Anl.	1.000 m³
1	3	4	5	6	7	8	9	10	11	12	13	14	15	16
Entwicklung in Oberfranken														
1975	-	72.617	-	50.530	-	17.642	-	941	-	700	-	1.481	-	1.323
1979	699	71.649	275	44.763	417	18.357	1	793	1	3.676	3	1.452	2	2.608
1983	684	75.299	183	49.805	399	18.711	1	703	1	6.080	-	-	-	-
1987	671	75.094	282	45.166	386	20.564	1	565	1	8.662	-	-	-	-
Entwicklung in Unterfranken														
1975	-	80.695	-	38.143	-	27.769	-	-	-	-	-	13.550	-	1.233
1979	535	86.359	216	42.335	308	28.132	-	-	-	-	6	14.336	5	1.556
1983	529	91.750	233	49.992	287	31.341	1	128	-	-	2	7.361	6	2.928
1987	503	90.925	220	48.353	276	28.644	-	-	-	-	5	13.041	3	1.758

Quelle: Umweltstatistik nach §5 UStatG, Bayer. Landesamt für Statistik und Datenverarbeitung

Tabelle B 1-3: Öffentliche Wasserversorgung 1987

Bilanzraum/Region	Wasserbezug der Industrie aus dem öffentlichen Netz	Wasserabgabe an Letztverbraucher				Wasserwerkseigenbedarf und Wasserverluste	Gesamtbedarf öff. WV	Bevölkerungsbedarf
		insgesamt	gewerbliche Unternehmen	Haushalte	sonstige Abnehmer			
	1.000 m³/a	1.000 m³/a	1.000 m³/a	1.000 m³/a	1.000 m³/a	1.000 m³/a	1.000 m³/a	1.000 m³/a
1	2	3	4	5	6	7	8	9
B.1	2.846	18.286	3.128	12.527	2.631	3.652	21.938	19.092
B.2	1.137	15.492	1.137	12.539	1.816	2.166	17.658	16.521
B.3	3.537	37.516	3.854	27.064	6.598	3.721	41.237	37.700
B.4	852	13.339	1.862	10.266	1.211	2.891	16.230	15.378
B.5	2.760	24.828	4.482	18.103	2.243	3.768	28.596	25.836
Σ PR.	11.132	109.461	14.463	80.499	14.499	16.198	125.659	114.527
R.1	2.462	20.069	3.972	14.370	1.727	2.809	22.878	20.416
R.2	2.002	30.983	2.742	22.629	5.612	4.235	35.218	33.216
R.3	2.741	27.441	3.646	20.553	3.242	3.943	31.384	28.643
R.4	2.688	31.967	2.844	25.109	4.014	5.220	37.187	34.499
R.5	5.227	32.130	5.655	22.445	4.030	5.264	37.394	32.167
Versorgungsgebiet TWT Hafenlohr	4.618	53.651	6.985	39.167	7.499	7.613	61.264	56.646

Quelle: Umweltstatistik nach §5 UStatG, Bayer. Landesamt für Statistik und Datenverarbeitung

Tabelle B 1-4: Prognose der Einflußfaktoren des Bevölkerungsbedarfes für die Jahre 2000 und 2020

Gebiet	Bevölkerung			Pro-Kopf-Bedarf			Anschlußgrad	eigenversorgte Einwohner		
	min	mittel	max	min	mittel	max		min	mittel	max
	E	E	E	l/(E·d)	l/(E·d)	l/(E·d)	%	E	E	E
1	2	3	4	5	6	7	8	9	10	11
					im Jahre 2000					
R.1	374.200	383.200	385.000	170	190	200	100			
R.2	506.400	513.200	515.000	200	210	220	100			
R.3	450.800	455.300	460.000	195	200	235	100			
R.4	596.800	606.500	610.000	175	185	210	99	6.000	6.100	6.100
R.5	513.400	522.000	530.000	180	190	200	99	5.100	5.200	5.300
B.1	286.100	290.800	294.500	180	200	210	99	2.900	2.900	2.900
B.2	296.800	301.500	303.400	170	185	200	99	3.000	3.000	3.000
B.3	589.400	596.500	600.100	195	205	220	100			
B.4	220.900	223.200	225.300	205	225	250	100			
B.5	468.800	479.000	481.200	170	190	200	100			
Σ Planungsraum	1.862.000	1.891.000	1.904.500					5.900	5.900	5.900

175

Tabelle B 1-4: Prognose der Einflußfaktoren des Bevölkerungsbedarfes für die Jahre 2000 und 2020

Gebiet	Bevölkerung			Pro-Kopf-Bedarf			Anschlußgrad	eigenversorgte Einwohner		
	min	mittel	max	min	mittel	max		min	mittel	max
	E	E	E	l/(E·d)	l/(E·d)	l/(E·d)	%	E	E	E
1	2	3	4	5	6	7	8	9	10	11
					im Jahre 2020					
R.1	373.500	393.500	395.400	170	195	210	100			
R.2	487.500	499.100	500.900	200	215	220	100			
R.3	419.400	433.000	437.500	195	205	235	100			
R.4	547.300	565.200	568.500	175	190	210	99	5.500	5.700	5.700
R.5	447.000	469.300	476.500	180	195	210	99	4.500	4.700	4.800
B.1	252.600	264.000	267.400	180	205	220	99	2.500	2.600	2.700
B.2	272.500	281.400	283.100	170	190	210	99	2.700	2.800	2.800
B.3	560.200	575.300	578.700	195	205	220	100			
B.4	206.300	212.800	214.800	205	230	250	100			
B.5	464.600	486.700	488.900	170	195	210	100			
∑ Planungsraum	1.756.200	1.820.200	1.832.900					5.200	5.400	5.500

Tabelle B 1-6: Zukünftiges Grundwasserdargebot

Gebiet	genutztes Dargebot	mögliches Dargebot			Grundwasser-erkundung	Grundwasservorkommen in Spessart und Sinn-Saale-Gebiet*)			Summe	
	insgesamt	gesichert	Faktor	insgesamt		hydrologisch nachgewiesen	2000	2020	insgesamt 2000	insgesamt 2020
	1.000 m³						1.000 m³			
1	2	3	4	5	6	7	8	9	10	11
Bilanzraum 1	19.222	18.400	1,0	18.400	4.400				22.800	22.800
Bilanzraum 2	13.869	10.300	1,0	10.300	0				10.300	10.300
Bilanzraum 3	38.666	18.100	1,2	21.700	2.500				24.200	24.200
Bilanzraum 4	16.696	12.300	1,2	14.800	5.300	2.900	1.200	2.900	21.300	23.000
Bilanzraum 5	32.652	22.300	1,2	26.800	8.900	12.600	5.000	12.600	40.700	48.300
Σ Planungsraum	121.105	81.400		92.000	21.100	15.500	6.200	15.500	119.300	128.500

*) Ansatz bis 2000 40 %, bis 2020 100 % unter Vorbehalt des Nachweises der technischen Erschließbarkeit

Tabelle B 1-7: Wasserbilanz 1987

Bilanzraum			Bedarf			Dargebot			Überschuß (Ü), Fehlvolumen (F)		Fremdversorgung					Saldo 2)
			Bevölkerung	Industrie	Summe	Bevölkerung 1)	Industrie	Summe	Ü/F	T → I 3)	Abgabe		Bezug			
											a. PR.	innerhalb PR.		a. PR.	innerhalb PR.	
													nach			von	
						1.000 m³								1.000 m³			1.000 m³
1	2		3	4	5	6	7	8	9	10	11	12	13	14	15	16	17
B.1	T		19.329	4.765	24.094	25.426	6.158	31.584	7.490	1.393	2.200	4.000	B.2				-103
	I			10.432	10.432		9.041	9.041	-1.391								
B.2	T		16.699	3.399	20.098	13.010	5.683	18.693	-1.405	2.354					4.000	B.1	241
	I			4.461	4.461		2.169	2.169	-2.292								
B.3	T		38.038	4.719	42.757	35.724	7.758	43.482	725	3.039	1.700				3.800	B.4 B.5	-214
	I			25.535	25.535		22.500	22.500	-3.035								
B.4	T		15.453	1.101	16.554	15.954	1.509	17.463	909	618		500	B.3				-209
	I			2.175	2.175		1.757	1.757	-418								
B.5	T		25.866	3.988	29.854	29.981	11.973	41.954	12.100	7.985		3.300	B.3				815
	I			95.634	95.634		87.649	87.649	-7.985								
∑ PR.	T		115.385	17.972	133.357	120.095	33.081	153.176	19.819	15.389	3.900	7.800			7.800		530
	I			138.237	138.237		123.116	123.116	-15.121								

1) öff. WV und Eigenversorgung ohne Abgabe an Industrie
2) Wasserlieferungen kleinerer WVU, Einsatz von Oberflächenwasser als Wasser mit Trinkwasserqualität, Rundungsungenauigkeiten
3) Trinkwasserverwendung für Betriebszwecke (T → I)

Tabelle B 1-8: Erforderliche Maßnahmen im Planungszeitraum (bis 2020)

Bilanzraum	Allgemein	zeitlicher Rahmen		
		kurzfristig	mittelfristig	langfristig
1	2	3	4	5
B.1	Sanierung bestehender Anlagen; Wassersparmaßnahmen; Verbesserung der Mainwassergüte; Beobachtung der weiteren Entwicklung	Nutzung der Grundwassererkundungsgebiete; Aus- und Aufbau der Verteilungsnetze; Sicherung der Einzugsgebiete im Frankenwald	Extensivierung der Albhochfläche;	Nutzung des Karstgrundwassers; (Beileitungen zur TWT Mauthaus); (Bau Speicher Kremnitz)
B.2				
B.4	Sanierung bestehender Anlagen; Wassersparmaßnahmen; Verbesserung der Mainwassergüte; Beobachtung der weiteren Entwicklung	Nutzung der Grundwassererkundungsgebiete; Auf- und Ausbau des Verteilungsnetzes		
		Bau "Unterfrankenast" der FWO; Verbund zwischen FWO und RMG	Verbund mit der Trinkwassertalsperre Hafenlohr	
B.3	Sanierung bestehender Anlagen; Wassersparmaßnahmen; Verbesserung der Mainwassergüte; Beobachtung der weiteren Entwicklung	Nutzung der Grundwassererkundungsgebiete; Reparaturmaßnahmen; Auf- und Ausbau des Verteilungsnetzes	Nutzung der Hafenlohrtalsperre; Nutzung des Spessartgrundwassers	
		Verbund der FWVU, großen Städte und Gruppenversorgungen am Untermain	Planungen für weiträumige Beileitungen und/oder Flußwassernutzung	
B.5		Nutzung der Grundwassererkundungsgebiete; Reparaturmaßnahmen; Auf- und Ausbau des Verteilungsnetzes; Erkundung der Grundwasservorkommen im Spessart; Durchführung der Planungs- und Rechtsverfahren zum Bau der potentiellen Trinkwassertalsperre im Hafenlohrtal	Nutzung des Spessartgrundwassers; weitere Erkundung der Grundwasservorkommen im Spessart	
		Bau der Hafenlohrtalsperre; Verbund der FWVU, großen Städte und Gruppenversorgungen am Untermain	Planungen für weiträumige Beileitungen und/oder Flußwassernutzung	

Spalte 2: Maßnahmen für das gesamte Planungsgebiet; Durchführung z.T. bereits begonnen; Erfolg zeitlich nicht absehbar

Tabelle B 1-9: Trinkwasserbilanz 2000 (öffentliche Wasserversorgung) mittlerer Fall

Bilanzraum	Bedarf	Dargebot	Überschuß (+), Fehlvolumen (-)	Fremdversorgung						Reserve (+), Defizit (-)	Deckungsmöglichkeit	
				Abgabe			Bezug					
				a. PR. [1]	innerhalb PR.	a. PR. nach	a. PR. [5,6]	innerhalb PR.	von			
	$1.000\ m^3$	$1.000\ m^3$	$1.000\ m^3$	$1.000\ m^3$	$1.000\ m^3$		$1.000\ m^3$	$1.000\ m^3$		$1.000\ m^3$	$1.000\ m^3$	
1	2	3	4	5	6	7	8	9	10	11	12	13

Erläuterungen zu Tabellen B 1-9 und B 1-10

1) einschließlich Lieferungen in den Raum Bamberg/ Auracher Gruppe
2) Änderung der Abgabe an Bilanzraum 2
3) Nutzung der erkundeten Grundwasservorkommen (außer Bischofsheim) durch FWM für Bilanzraum 3 (rechnerische Annahme)
4) Beibehaltung der bestehenden Lieferungen der FWM in den Bilanzraum 3
5) künftige Beileitung der FWO von der WFW
6) künftige Beileitung der FWF von der WFW
7) für Bilanzraum 2 wird ein Ausgleich des täglichen Fehlbedarfes über das Ausgleichsvermögen der TWT Mauthaus angenommen
8) jeweils Mittel der jährlichen Werte

Deckungsmöglichkeiten:
I ausgeglichene Bilanz
II Nutzung der Grundwasservorkommen in der Nördlichen Frankenalb/ (Beileitung zu TWT Mauthaus) / Speicher Kremnitz / Beileitung aus Lechmündungsgebiet (alternativ oder in Kombination)
III TWT Hafenlohr
IV Grundwasservorkommen Spessart / Sinn-Saale-Gebiet / Beileitung aus dem Lechmündungsgebiet (alternativ oder in Kombination)
V Abgabe an Bilanzraum 4 über Unterfrankenast der FWO

$\sum$ 1,2,4   [..] erforderlicher Deckungsbetrag in den Bilanzräumen 1, 2 und 4 zusammen
$\sum$ 3,5   [..] erforderlicher Deckungsbetrag in den Bilanzräumen 3 und 5 zusammen

Tabelle B 1-9: Trinkwasserbilanz 2000 (öffentliche Wasserversorgung) mittlerer Fall

Bilanzraum	Bedarf		Dargebot		Überschuß (+), Fehlvolumen (-)		Fremdversorgung						Reserve (+), Defizit (-)		Deckungsmöglichkeit	
							Abgabe				Bezug					
							a. PR.[1]		innerhalb PR.		a. PR. [5,6]		innerhalb PR.				
										nach				von			
	1.000 m³		1.000 m³		1.000 m³		1.000 m³		1.000 m³		1.000 m³		1.000 m³		1.000 m³	1.000 m³	
1	2		3		4		5		6	7	8		9	10	11	12	13
B.1	26.900		35.400		8.500		5.700		2.800	B.2[2]					0	∑ 1,2,4	II
B.2	21.500		10.300		-11.200						3.100		2.800	B.1	-5.300	[9.200]	II
B.4	20.200		20.100		-100				3.800	B.3[3]					-3.900	[3.900]	V oder III
B.3	48.000		24.200		-23.800		1.700				6.500		7.100	B.4 B.5	-11.900	∑ 3,5	III
B.5	35.000		35.700		700				3.300	B.3[4]				B.1	-2.600	[14.500]	III
∑ PR	151.600		125.700		-25.900		7.400		9.900		9.600		9.900		-23.700		
	m³/d		m³/d		m³/d		m³/d		m³/d		m³/d		m³/d		m³/d	m³/d	
B.1	108.700		156.500		47.800		15.500		32.300	B.2[7]					0	∑ 1,2,4	II
B.2	88.000		42.200		-45.800						8.600		32.300	B.1	-4.900	[32.700]	II
B.4	82.900		65.500		-17.400				10.400	B.3[8]					-27.800	[20.000] [7.800]	V und III
B.3	195.600		81.200		-114.400		4.700				17.700		19.400	B.4 B.5	-82.000	∑ 3,5	III
B.5	142.700		116.000		-26.700				9.000	B.3[8]					-35.700	[117.700]	III
∑ PR	617.900		461.400		-156.500		20.200		51.700		26.300		51.700		-150.400	150.400	

Tabelle B 1-10: Trinkwasserbilanz 2020 (öffentliche Wasserversorgung) mittlerer Fall

Bilanzraum	Bedarf	Dargebot	Überschuß (+), Fehlvolumen (-)	Fremdversorgung						Reserve (+), Defizit (-)	Deckungsmöglichkeit	
				Abgabe			Bezug					
				a. PR. [1]	innerhalb PR.	nach	a. PR. 5,6)	innerhalb PR.	von			
			1.000 m³				1.000 m³			1.000 m³		
1	2	3	4	5	6	7	8	9	10	11	12	13
B.1	25.700	35.400	9.700	5.700	4.000	B.2 [2])				0	∑ 1,2,4	II
B.2	20.500	10.300	-10.200		3.800		3.100	4.000	B.1	-3.100	[6.800]	II
B.4	20.000	20.100	100			B.3 [3])				-3.700	[3.700]	V oder III
B.3	46.900	24.200	-22.700	1.700			6.500	7.100	B.4 B.5	-10.800	∑ 3,5	III
B.5	36.800	35.700	-1.100		3.300	B.3 [4])				-4.400	[15.200]	III
∑ PR	149.900	125.700	-24.200	7.400	11.100		9.600	11.100		-22.000		
	m³/d	m³/d	m³/d	m³/d	m³/d		m³/d	m³/d		m³/d		
B.1	103.600	156.500	52.900	15.500	32.800	B.2 [7])				4.600	∑ 1,2,4	I
B.2	83.600	42.200	-41.400				8.600	32.800	B.1	0	[21.900]	I
B.4	81.600	65.500	-16.100		10.400	B.3 [8])				-26.500	[20.000] [6.500]	V oder III /IV
B.3	191.400	81.200	-110.200	4.700			17.700	19.400	B.4 B.5	-77.800	∑ 3,5	III
B.5	150.400	116.000	-34.400		9.000	B.3 [8])				-43.400	[121.000]	III
∑ PR	610.600	461.400	-149.200	20.200	52.200		26.300	52.200		-143.100		

Tabelle B 1-11: Wassergewinnung in Planungsregionen 1987 und 1991 in Ober- und Unterfranken

Region	Wassergewinnung		davon										
			Grundwasser		Quellwasser		Flußwasser		See- bzw. Talsperrenwasser		Uferfiltrat		angereichertes Grundwasser	
	Anl.	1.000 m³	Anl.	1.000 m³	Anl.	1.000 m³	Anl.	1.000 m³	Anl.	1.000 m³	Anl.	1.000 m³	Anl.	1.000 m³
1	3	4	5	6	7	8	9	10	11	12	13	14	15	16
1987														
R.1	95	23.213	36	17.262	59	5.951	-	-	-	-	-	-	-	-
R.2	175	37.701	83	16.012	87	14.685	-	-	-	-	4	6.728	1	147
R.3	233	30.011	100	14.079	130	8.008	-	-	-	-	1	6.313	1	1.611
R.4	315	39.487	140	23.676	173	7.012	-	-	1	8.662	-	-	-	-
R.5	364	36.014	144	21.668	219	13.781	1	565	-	-	-	-	-	-
Oberfranken	671	75.094	282	45.166	386	20.564	1	565	1	8.662	-	-	-	-
Unterfranken	503	90.925	220	48.353	276	28.644	-	-	-	-	5	13.041	3	1.758
1991 (vorläufige Werte)														
R.1	98	24.582	44	19.006	54	5.576	-	-	-	-	-	-	-	-
R.2	170	39.525	91	24.415	76	13.085	-	-	-	-	1	626	1	1.394
R.3	219	32.149	107	16.809	109	6.337	-	-	-	-	2	6.801	1	2.202
R.4	289	45.685	132	24.538	153	5.682	-	-	1	12.695	2	2.667	1	103
R.5	348	37.264	139	24.650	208	12.055	1	559	-	-	-	-	-	-
Oberfranken	627	82.265	270	48.996	352	17.245	1	559	1	12.695	2	2.667	1	103
Unterfranken	487	96.256	242	60.230	239	24.998	-	-	-	-	3	7.427	2	3.596

Quelle: Umweltstatistik nach §5 UStatG, Bayer. Landesamt für Statistik und Datenverarbeitung

Tabelle B 1-12: Öffentliche Wasserversorgung 1987 und 1991 in Ober- und Unterfranken

Region / Regierungsbezirk	Wasserbezug der Industrie aus dem öffentlichen Netz	Wasserabgabe an Letztverbraucher				Wasserwerkseigenbedarf und Wasserverluste	Gesamtbedarf öff. WV	Bevölkerungsbedarf
		insgesamt	gewerbliche Unternehmen	Haushalte	sonstige Abnehmer			
		1.000 m³/a					1.000 m³/a	1.000 m³/a
1	2	3	4	5	6	7	8	9
1987								
R.1	2.462	20.069	3.972	14.370	1.727	2.809	22.878	20.416
R.2	2.002	30.983	2.742	22.629	5.612	4.235	35.218	33.216
R.3	2.741	27.441	3.646	20.553	3.242	3.943	31.384	28.643
R.4	2.688	31.967	2.844	25.109	4.014	5.220	37.187	34.499
R.5	5.227	32.130	5.655	22.445	4.030	5.264	37.394	32.167
Oberfranken	7.877	63.562	8.427	47.162	7.973	10.424	73.986	66.109
Unterfranken	7.208	78.493	10.360	57.552	10.581	10.987	89.480	82.272
1991 (vorläufige Werte)								
R.1	1.574	21.092	3.146	16.453	1.493	3.021	24.113	22.539
R.2	1.748	33.100	2.986	24.219	5.895	4.896	37.996	36.248
R.3	2.927	29.468	4.266	21.297	3.905	3.729	33.197	30.270
R.4	3.234	35.346	4.192	27.754	3.400	6.121	41.467	38.233
R.5	5.982	35.169	7.093	24.962	3.114	5.506	40.675	34.693
Oberfranken	9.088	69.754	11.152	52.174	6.428	11.572	81.326	72.238
Unterfranken	6.249	83.660	10.398	61.969	11.293	11.646	95.306	89.057

Quelle: Umweltstatistik nach §5 UStatG, Bayer. Landesamt für Statistik und Datenverarbeitung

Tabelle B 1-13:   Anschlußgrad an öffentliche Wasserversorgung 1987 und 1991

Region / Regierungsbezirk	öffentliche Wasserversorgung		
	Einwohner am Stichtag	versorgte Einwohner am Stichtag	
	Anzahl	Anzahl	% v. Sp. 2
1	2	3	4
1987			
R.1	327.586	327.250	99,9
R.2	462.990	459.586	99,3
R.3	412.135	409.128	99,3
R.4	552.259	540.409	97,9
R.5	495.477	488.404	98,6
Oberfranken	1.036.576	1.018.141	98,2
Unterfranken	1.202.711	1.195.964	99,4
1991 (vorläufige Werte)			
R.1	350.551	350.354	99,9
R.2	487.196	484.974	99,5
R.3	435.657	433.360	99,5
R.4	581.032	572.346	98,5
R.5	514.173	505.550	98,3
Oberfranken	1.083.962	1.066.835	98,4
Unterfranken	1.273.404	1.268.688	99,6
Quelle: Umweltstatistik nach §5 UStatG, Bayer. Landesamt für Statistik und Datenverarbeitung			

Tabelle B 1-14: Personenbezogener Trinkwasserbedarf aus öffentlicher Wasserversorgung

Region / Regierungsbezirk	Pro-Kopf-Bedarf				
	Gesamt	Bevölkerung	Industrie	Haushalte	verbrauchsreichster Tag *
	l/(E•d)	l/(E•d)	l/(E•d)	l/(E•d)	l/(E•d)
1	2	3	4	5	6
1987					
R.1	192	171	21	120	340
R.2	210	198	12	135	370
R.3	210	192	18	138	368
R.4	189	175	14	127	299
R.5	210	180	29	126	340
Oberfranken	199	178	21	127	319
Unterfranken	205	188	17	132	361
Bayern	240	219	21	144	393
1991 (vorläufige Werte)					
R.1	189	176	12	129	366
R.2	215	205	10	137	373
R.3	210	191	19	135	377
R.4	198	183	15	133	363
R.5	220	188	32	135	393
Oberfranken	209	186	23	134	377
Unterfranken	206	192	13	134	373
Bayern	235	216	19	144	402
* für 1991 noch ohne Ausgleich der Lieferungen von FWVU					
Quelle: Umweltstatistik nach §5 UStatG, Bayer. Landesamt für Statistik und Datenverarbeitung					

Tabelle B 1-15: Theoretische Ansätze für den zusätzlichen Beregnungswasserentzug (reduzierte Durchschnittswerte in m³/s) im Main - und Regnitzgebiet

Gebiet	Stufe[1]	April	Mai	Juni	Juli	August	September	Oktober
1	2	3	4	5	6	7	8	9
Main (Planungsgebiet)	25 %	0	0,327	0,708	1,149	0,239	0,071	0
	35 %	0	0,458	0,991	1,608	0,335	0,099	0
	60 %	0	0,785	1,699	2,757	0,574	0,170	0
Regnitz	25 %	0	0,095	0,196	0,341	0,110	0,012	0
	35 %	0	0,133	0,274	0,460	0,154	0,017	0
	60 %	0	0,227	0,469	0,788	0,265	0,028	0
Maingebiet	25 %	0	0,422	0,903	1,477	0,349	0,083	0
	35 %	0	0,590	1,265	2,068	0,489	0,116	0
	60 %	0	1,012	2,168	3,545	0,838	0,199	0

1) Bedarfsstufe: Anteil der tatsächlich bewässerten Fläche von der insgesamt als bewässerungswürdig erachteten Fläche; abhängig von der Entwicklung der Erzeugungsbedingungen; nicht auf bestimmte Zeithorizonte bezogen.

Quelle: Bayer. Landesamt für Umweltschutz, nach Angaben der Bayer. Landesanstalt für Betriebswirtschaft und Agrarstruktur

Tabelle B 2-1: Orte mit geplanten oder potentiell notwendigen Verbesserungen des Hochwasserschutzes (Auswahl)

Ort/Ortsteil	Gewässer	Bemerkung
Einzugsgebiet des Roten und Weißen Mains		
Bayreuth	Roter Main	
Kulmbach	Weißer Main	Noch geringe Dammerhöhungen erforderlich
Stadtsteinach	Untere Steinach, Zaubach	Geprüfter Vorentwurf für Hochwasserfreilegung liegt vor; Realisierung wird seitens der Gemeinde derzeit nicht angestrebt.
Mainzuflüsse		
Altenbuch	Faulbach	
Alzenau	Kahl	
Alzenau/Michelbach	Weibersbach	
Amorbach	Billbach	
Aschaffenburg	Aschaff	
Bad Kissingen	Fränkische Saale	
Bad Neustadt a.d. Saale	Brend, Fränkische Saale	
Burgsinn	Sinn	
Coburg	Itz, Lauter, Sulz, Rottenbach	HRüB Goldbergsee
Drosendorf	Leitenbach	
Eichenbühl	Erf	
Giebelstadt	Trinkriedgraben	
Gräfendorf	Fränkische Saale	
Gundelsheim	Leitenbach	
Hausen	Golaggraben	
Höchberg	Kühbach	
Hösbach	Aschaff	
Hösbach/Feldkahl	Feldkahl	
Iphofen	Stadtbäche	
Kahl	Kahl	
Karlstadt	Laudenbach	
Kitzingen	rechtsmainische Bäche	
Klosterlangheim	Leuchsenbach	
Kleinwallstadt	Flurgraben, Neuer Graben	
Königsberg/Dörflis	Ebelsbach	
Kronach	Rodach, Haßlach, Kronach	
Kronach/Vogtendorf	Rodach	

Tabelle B 2-1: Orte mit geplanten oder potentiell notwendigen Verbesserungen des Hochwasserschutzes (Auswahl)

Ort/Ortsteil	Gewässer	Bemerkung
Mainzuflüsse, Fortsetzung		
Laufach	Laufach	
Lautertal	Lauterbach	Überleitung
Leidersbach	Leidersbach	
Lohr	Lohr	
Marktgraitz	Steinach	
Mömbris	Kirchgrundgraben	
Münnerstadt/Fridritt	Edelbach	
Neukenroth	Haßlach	
Ochsenfurt	Klingengraben	
Pressig	Haßlach	
Reichenberg	Guttenberger Bach	
Rödental/Mittelberg	Itz	
Rödental/Oberwohlsbach	Itz	
Rödental/Schönstädt	Itz	
Rödental/Unterwohlsbach	Itz	
Rothenfels	Stelzengraben	
Sailauf	Sailauf	
Schöllkrippen	Kahl, Westernbach	
Staffelstein	Lauterbach	
Teuschnitz/Wickendorf	Teuschnitz	
Üchtelhausen	Zellergrundbach	
Veitshöchheim	Sendelbach, Ziegelhüttengraben	
Woffendorf	Weismain	
Wülfershausen	Fränkische Saale	
Talbereich des Mains		
	Main	
Eltmann		Verstärkung des HW-Deiches geplant
Gemünden (Altstadt)		
Mainleus/Pölz		Realisierung wird seitens der Gemeinde auf absehbare Zeit nicht angestrebt
Marktzeuln/Horb		Hochwasserfreilegung geplant 1995-1997
Michelau		Hochwasserfreilegung geplant 1995-1997
Miltenberg		
Rattelsdorf/Ebing		Hochwasserfreilegung geplant 1997-1999
Rothenfels		Hochwasserfreilegung geplant 1994-1996
Wörth		Hochwasserfreilegung geplant ab 1996
Würzburg		
Quellen: Oberste Baubehörde im Bayer. Staatsministerium des Innern; Regierungen von Ober- und Unterfranken		

Tabelle B 3-1: Auenbewertungsmodell I (Auenbereiche ohne besonderen Kies- und Sandabbau)

Zuordnungsskala bei der Gesamtgütebewertung eines Abschnittes	Kriterium					Bewertung
	A	B	C	D	E	
	Anteil extensiver Landnutzungen in der Aue	Vorhandensein auetypischer naturnaher Strukturen	entfällt	Funktionsfähigkeit der Aue als Retentionsraum	Pufferfunktion der angrenzenden Bereiche (Talhänge)	
	Gewichtung					
	2	3	2	1	1	
sehr hoch (32 - 35)	extensive Grünlandnutzung (>75%) mit hohem Anteil an Feuchtflächen (Art. 6d1) an standortgerechten auwaldartigen Gehölzbeständen	reich strukturierter Abschnitt mit Feucht- und Magerstandorten, wie Altwässer, Begleitsäume und Feuchtwiesen/ Sandheiden	entfällt	natürlicher, abschnittstypischer Ausuferungsbereich erhalten bei extensiver Aue und grundwassernahen Böden	überwiegend extensive Nutzungsformen (Brache, Wald) angrenzend; Boden mit Dauervegetation ganzjährig geschützt	5 Wertpunkte
hoch (25 - 31)	Auebereich überwiegend grünlandgenutzt (50-75%) oder hoher Anteil an Forstflächen	ehemaliger Auezustand noch gut erkennbar; mittlere bis höhere Dichte an Biotopen und erhaltenswerten Lebensräumen	entfällt	natürlicher Ausuferungsbereich weitgehend erhalten bei intensiv genutztem Grünland (teilentwässert) oder Forst	extensive Nutzungen vorherrschend (50-75%) bei teilweise sehr steilem Relief	4 Wertpunkte
mittel (18 - 24)	bis zu 50% Ackernutzung in der Aue bzw. Sonderkulturen (Garten- und Obstbau) mit einzelnen Mager- oder Trockenstandorten	einzelne Relikte der Auenlandschaft erhalten, wie Gewässerbegleitgrün, Auebäche, Einzelbäume, (Buhnen am Main)	entfällt	Überschwemmungsbereich mit bis zu 50% Ackernutzung und einzelne Einengungen des natürlichen Auenquerschnitts	bis 50% intensive Nutzungen ohne Dauervegetation angrenzend; teilweise steile Lagen	3 Wertpunkte
gering (11 - 17)	überwiegend Ackernutzung bzw. Sonderkulturen (50-75%), erheblicher Besiedlungsanteil oder intensive Sondernutzungen/Fischteiche	keine naturnahen Auestrukturen außer lückigen Gehölz-, Gras- und Staudensäumen am Gewässer vorhanden	entfällt	hohe Ackernutzung, deutlich über 50%, Aue zugleich teilweise eingeengt, Ausuferung oft nur einseitig möglich	50-75% intensive Nutzungen ohne Dauervegetation, mäßig steil	2 Wertpunkte
sehr gering (7 - 10)	mehr als 75% intensiv landwirtschaftlich/gartenbauliche Nutzungen oder sehr hoher Siedlungs- und Infrastrukturanteil	ausgeräumte Tallandschaft; vorhandene Grünstrukturen überwiegend nicht auetypisch	entfällt	intensiv genutzte Aue sowie teilweise beidseitige Einengungen (Eindeichung, Aufschüttungen); Ausuferung sehr eingeschränkt	über 75% intensiv genutzt und/oder sehr steile Lagen mit Nutzungsintensität 50-75%	1 Wertpunkt

Tabelle B 3-2: Auenbewertungsmodell II (Auenbereiche mit großflächigem Kies- und Sandabbau)

Zuordnungsskala bei der Gesamtgütebewertung eines Abschnittes	Kriterium					Bewertung
	A	B	C	D	E	
	Anteil extensiver Landnutzungen in der Aue	Vorhandensein auetypischer naturnaher Strukturen	Integration von Abbauflächen in die Landschaft	Funktionsfähigkeit der Aue als Retentionsraum	Pufferfunktion der angrenzenden Bereiche (Talhänge)	
			Gewichtung			
	2	3	2	1	1	
sehr hoch (41 - 45)	extensive Grünlandnutzung (>75%) mit hohem Anteil an Feuchtflächen (Art. 6d1) oder standortgerechten auwaldartigen Gehölzbeständen	reich strukturierter Abschnitt mit Feucht- und Magerstandorten, wie Altwässer, Begleitsäume, Feuchtwiesen/ Sandheiden	kein Abbau bei naturnaher, reich strukturierter Aue bzw. kleinteilige, naturnahe Rekultivierungsbereiche	natürlicher, abschnittstypischer Ausuferungsbereich erhalten bei extensiver Aue und grundwassernahen Böden	überwiegend extensive Nutzungsformen (Brache, Wald) angrenzend; Boden mit Dauervegetation ganzjährig geschützt	5 Wertpunkte
hoch (32 - 40)	Auebereich überwiegend grünlandgenutzt (50-75%) oder hoher Anteil an Forstflächen	ehemaliger Auezustand noch gut erkennbar; mittlere bis höhere Dichte an Biotopen und erhaltenswerten Lebensräumen	kein Abbau bei mittlerer Biotopdichte in der Aue oder Abbauflächen hoher ökolog. Qualität bei sonst strukturarmer Aue	natürlicher Ausuferungsbereich weitgehend erhalten bei intensiv genutztem Grünland (teilentwässert) oder Forst	extensive Nutzungen vorherrschend (50-75%) bei teilweise sehr steilem Relief	4 Wertpunkte
mittel (23 - 31)	bis zu 50% Ackernutzung in der Aue bzw. Sonderkulturen (Garten- und Obstbau) mit einzelnen Mager- oder Trockenstandorten	einzelne Relikte der Auenlandschaft erhalten, wie Gewässerbegleitgrün, Auebäche, Einzelbäume, (Buhnen am Main)	kleinflächiger Abbau mit überwiegend Freizeitnutzung bei mittlerer Ausstattung der Aue mit naturnahen Strukturen	Überschwemmungsbereich mit bis zu 50% Ackernutzung und einzelne Einengungen des natürlichen Auenquerschnitts	bis 50% intensive Nutzungen ohne Dauervegetation angrenzend; teilweise steile Lagen	3 Wertpunkte
gering (14 - 22)	überwiegend Ackernutzung bzw. Sonderkulturen (50-75%), erheblicher Besiedlungsanteil oder intensive Sondernutzungen/Fischteiche	keine naturnahen Auestrukturen außer lückigen Gehölz-, Gras- und Staudensäumen am Gewässer vorhanden	kein Abbau bei strukturarmer Aue oder große, zusammenhängende Abbauflächen mit überwiegend Freizeitnutzungen	hohe Ackernutzung, deutlich über 50%, Aue zugleich teilweise eingeengt, Ausuferung oft nur einseitig möglich	50-75% intensive Nutzungen ohne Dauervegetation, mäßig steil	2 Wertpunkte
sehr gering (9 - 13)	mehr als 75% intensiv landwirtschaftlich/gartenbauliche Nutzungen oder mit sehr hohem Siedlungs- und Infrastrukturanteil	ausgeräumte Tallandschaft; vorhandene Grünstrukturen überwiegend nicht auetypisch	große, im Abbau befindliche Bereiche mit geringem Anteil naturnaher Strukturen; Aue ist durch große Wasserflächen bestimmt	intensiv genutzte Aue sowie teilweise beidseitige Einengungen (Eindeichung, Aufschüttungen); Ausuferung sehr eingeschränkt	über 75% intensiv genutzt und/oder sehr steile Lagen, mit Nutzungsintensität 50-75%	1 Wertpunkt

Tabelle B 3-3: Fließgewässerbewertungsmodell I (Gewässer ohne systematische Stauregelung)

Zuordnungsskala bei der Gesamtgütebewertung eines Abschnittes	Kriterium					Bewertung
	A	B	C	D	E	
	Erhaltung des Fließcharakters	Naturbelassenheit des Gewässerlaufs	Pufferwirkung des Ufersaums	Gewässergüteeinstufung (Stand Dez. 1986)	Lebensraumbeurteilung des Gewässers	
	Gewichtung					
	1	1	2	1	1	
sehr hoch (27 - 30)	natürliche Fließstrecke erhalten; keine Eingriffe mit Stauwirkung; typische Ausprägung eines Fließgewässerabschnittes	dem jeweiligen Gewässerabschnitt entsprechender natürlicher Gewässerverlauf bei unbeeinflußter, naturnaher Uferausbildung	naturnahe Uferausbildung mit durchgehendem Bewuchs sowie breitem Uferschutzstreifen (> 10 m ungenutzt / sehr extensiv)	Gewässergüteklasse I (unbelastet bis sehr gering belastet)	abschnittstypische Fischregion gut ausgeprägt sowie Vorkommen von Fischarten der Roten-Liste bekannt	5 Wertpunkte
hoch (21 - 26)	Fließstrecke noch überwiegend naturnah erhalten; Fließcharakter nur durch punktuelle Maßnahmen beeinträchtigt	überwiegend natürlicher Gewässerverlauf mit nur geringen (bis 10%) Anteilen an leichten Ufersicherungsmaßnahmen	ausgeprägter ufersichernder Gehölzsaum mit nahezu durchgehend grünlandgenutztem Uferstreifen auf mind. 5-10m Breite	Gewässergüteklasse I - II (gering belastet)	abschnittstypische Fischregion erhalten sowie Vorkommen von Fischarten der Roten-Liste bekannt	4 Wertpunkte
mittel (15 - 20)	Fließstrecke mit Ausbaubereichen unter 25% der Abschnittslänge; sonst noch weitgehend naturnah erhaltener Charakter	teilausgebauter Gewässerlauf mit einzelnen Laufkorrekturen und Uferverbau, jedoch naturnahe Begleitstrukturen	lückiger Gehölzbewuchs oder schmaler Hochstaudensaum bei meist intensiver landwirtschaftlicher Nutzung bis ans Ufer	Gewässergüteklasse II (mäßig belastet)	abschnittstypische Fischregion erhalten; nur Rote-Listearten bekannt, die eventuell aus Besatz stammen können; oder Abschnitt mit Versauerungsproblemen	3 Wertpunkte
gering (9 - 14)	weitgehend ausgebaute Fließstrecke mit Laufverkürzungen und Querbauwerken; Stauwirkung deutlich vorhanden	Ausbaustrecke eines Gewässers (ehemaliger Verlauf noch erkennbar); überwiegend versteinte Ufersicherung (intakt)	Uferschutz nur durch schmale Gras-, Staudensäume; oder vorhandener Baum-/Strauchbestand bei naturfernem Ufer	Gewässergüteklasse II - III (kritisch belastet)	abschnittstypische Fischregion verändert / Mischgewässer; keine Rote-Listearten bekannt; oder Abschnitt mit starker Versauerung	2 Wertpunkte
sehr gering (6 - 8)	Gewässerabschnitt mit typischen Merkmalen eines Flußstaus, insbesondere deutliche Fließgeschwindigkeitsverminderungen	naturferne Ausbaustrecke nach vorwiegend wasserbautechnischen Gesichtspunkten / innerörtlich mit Ufermauern	naturferne Ufergestaltung mit nur geringem Bewuchs; kein extensiv genutzter Uferstreifen	Gewässergüteklassen III, III - IV, IV (stark bis übermäßig verschmutzt)	stillwasserähnlicher Gewässerabschnitt; kein typischer Fließgewässerlebensraum mehr vorhanden / Flußstau	1 Wertpunkt

Tabelle B 3-4: Fließgewässerbewertungsmodell II (Gewässer mit systematischer Stauregelung)

Zuordnungsskala bei der Gesamtgütebewertung eines Abschnittes	Kriterium					Bewertung
	A	B	C	D	E	
	Erhaltung des Fließcharakters	Naturbelassenheit des Gewässerlaufs	Pufferwirkung des Ufersaums	Gewässergüteeinstufung (Stand Dez. 1986)	Lebensraumbeurteilung des Gewässers	
	Gewichtung					
	1	1	2	1	1	
sehr hoch (27 - 30)	e n t f ä l l t	e n t f ä l l t	e n t f ä l l t	e n t f ä l l t	e n t f ä l l t	5 Wertpunkte
hoch (21 - 26)	e n t f ä l l t	e n t f ä l l t	ausgeprägter, vielfältiger Gehölzsaum mit nahezu durchgehend extensiv genutztem Uferstreifen auf mind. 5-10m Breite	Gewässergüteklasse II (mäßig belastet)	e n t f ä l l t	4 Wertpunkte
mittel (15 - 20)	Fließstrecke ohne Rückstauwirkung zwischen zwei Stauhaltungen oder als Mutterbett mit ausreichender Restwasserführung	ausgebauter Gewässerlauf mit vollständigem Uferverbau, jedoch mit Bewuchs sowie naturnahen Begleitstrukturen (z.B. Buhnen)	lückiger Gehölzbewuchs, z.T. nur schmaler Ufersaum;direkt angrenzende landwirtschaftliche Nutzung hoher Intensität	Gewässergüteklasse II - III (kritisch belastet)	abschnittstypische Fischregion erhalten; jedoch nur Rote-Liste-Arten bekannt, die auch aus Besatz stammen können	3 Wertpunkte
gering (9 - 14)	Unterwasserbereich von Stauhaltungen mit noch gut bis mittel ausgeprägten Fließgewässereigenschaften	ausgebauter Gewässerlauf mit rein technischer Ufersicherung im Bereich von Querbauwerken (Wehre, Kraftwerke, Schleusen)	Uferschutz nur durch Einzelbäume, Gras- und Staudensäume; oder vorhandener Baum- / Strauchbestand bei naturfernem Uferverbau	Gewässergüteklasse III (stark verschmutzt)	abschnittstypische Fischregion verändert / Mischgewässer; bei Stauhaltungen Unterwasserbereich mit Buhnen	2 Wertpunkte
sehr gering (6 - 8)	Gewässerabschnitt mit typischen Merkmalen eines Flußstaus / Oberwasserbereich von Stauhaltungen	naturferne Ausbaustrecke nach vorwiegend wasserbautechnischen Gesichtspunkten / Kanalstrecke	naturferne Ufergestaltung mit nur geringem Bewuchs; intensive, meist infrastrukturelle Ufernutzung	Gewässergüteklassen III - IV, IV (sehr stark bis übermäßig verschmutzt)	stillwasserähnlicher Gewässerabschnitt; bei Stauhaltungen Oberwasserbereich	1 Wertpunkt

Richtlinien für die Aufstellung von wasserwirtschaftlichen Rahmenplänen

Allgemeine Verwaltungsvorschrift

Richtlinien für die Aufstellung von wasserwirtschaftlichen Rahmenplänen

vom 30.Mai 1984

Nach § 36 Abs. 3 des Wasserhaushaltsgesetzes in der Fassung der Bekanntmachung vom 16.10.1976 (BGBL I S. 3017) wird mit Zustimmung des Bundesrates folgende, allgemeine Verwaltungsvorschrift erlassen.

I. Begriff, Ziel, Inhalt und Grundsätze der wasserwirtschaftlichen Rahmenplanung

1. Der wasserwirtschaftliche Rahmenplan ist die Darstellung der wasserwirtschaftlichen Zusammenhänge und Abhängigkeiten in einem Planungsraum. Damit stellt er als Bindeglied zwischen der Raumordnung und Landesplanung einerseits sowie der wasserwirtschaftlichen Fachplanung andererseits zugleich einen fachplanerischen Beitrag zur Verwirklichung der Ziele und Grundsätze der Raumordnung dar. Der Rahmenplan ergibt sich aus großräumigen Untersuchungen. Er soll die wasserwirtschaftlichen Gegebenheiten eines Planungsraumes aufzeigen und ermöglichen, die Auswirkungen von Änderungen zu beurteilen. Er ist Grundlage einer großräumigen wasserwirtschaftlichen Ordnung.

2. Ein wasserwirtschaftlicher Rahmenplan muß
   a) den derzeitigen und den voraussichtlichen künftigen Wasserbedarf angeben.
   b) das Wasserdargebot und seinen nutzbaren Teil nachweisen.
   c) die Abflußregelung und den Hochwasserschutz behandeln.
   d) die Reinhaltung der Gewässer berücksichtigen.
   e) die Möglichkeiten der Deckung des Wasserbedarfs aus dem Wasserdargebot in Wasserbilanzen aufzeigen.

3. Wasserwirtschaftliche Rahmenpläne sind in der Regel für Flußgebiete oder Teile davon aufzustellen. Die Gebietsgrenzen sind die oberirdischen Wasserscheiden.

   Wasserwirtschaftliche Rahmenpläne für Wirtschaftsräume oder Teile davon sind möglichst auf den Rahmenplänen für die zugehörigen Flußgebiete aufzubauen.

4. Es sind nicht nur durchschnittliche, sondern auch kritische Verhältnisse und Zeiträume zu untersuchen.

5. Es ist zu untersuchen, welche Wasservorkommen und wasserwirtschaftlich wichtigen Gebiete und Räume vorsorglich gesichert werden sollten.

6. Im Rahmenplan nachgewiesene Möglichkeiten sollen miteinander verglichen und bewertet werden. Welche der gezeigten Lösungsmöglichkeiten anzustreben ist, wird im Plan nicht entschieden.

II. Wasserbedarf

Für den Planungszeitraum sind der derzeitige und der künftige Bedarf unter Berücksichtigung von Volumen und Beschaffenheit zu ermitteln an:

a) Trinkwasser einschließlich Löschwasser
b) Betriebswasser einschließlich Kühl- und Löschwasser
c) Bewässerungswasser
d) Wasser für die Schiffahrt
e) Wasser für die Wasserkraftnutzung
f) Wasser zur Sicherung der Mindestwasserführung.

III. Wasserdargebot

Das Wasserdargebot zur Deckung der verschiedenen Bedarfsarten wird unter Berücksichtigung der Speichermöglichkeiten und der Beschaffenheit des Wassers ermittelt aus

a) dem Abfluß der oberirdischen Gewässer
b) der Grundwasserneubildung.

IV. Abflußregelung, Gewässerreinhaltung

Wasserbilanz

1. Anhand der Ermittlungen sind Möglichkeiten zu untersuchen

   a) zur Abflußregelung (Hochwasserschutz, Niedrigwasseraufhöhung u.a.),
   b) zur Reinhaltung der Gewässer,
   c) zur Deckung des Wasserbedarfs (Wasserbilanz).

   Dabei sind insbesondere Grundsätze zu beachten:

   a) Qualitativ hochwertiges Wasser ist in erster Linie für die Versorgung mit Trinkwasser vorzusehen.
   b) Speicherräume sollen erhalten und zusätzlich geschaffen werden, um den Abfluß zu regeln, das Grundwasser anzureichern und die nutzbaren Wasservorräte zu vermehren.
   c) Natürliche Rückhalteräume sollen wegen ihrer Bedeutung für Natur- und Wasserhaushalt erhalten werden.
   d) Die Bedeutung des Gewässers als Landschaftsbestandteil und Lebensraum ist zu berücksichtigen.

2. In der Wasserbilanz sind Wasserbedarf und Wasserdargebot gegenüberzustellen und Überschuß-/Fehlvolumina nachzuweisen.

V. Arbeitsverfahren

1. Als Grundlage für das Arbeitsverfahren dient die in der Anlage enthaltene "Technische Anleitung zur wasserwirtschaftlichen Rahmenplanung".

2. Werden für einen Planungsraum neben den Rahmenplänen wasserwirtschaftliche Fachpläne aufgrund anderer gesetzlicher Bestimmungen (u.a. Abwasserbeseitigungspläne nach § 18a Abs. 3. Bewirtschaftungspläne nach § 36b WHG) aufgestellt, so können sich die diesbezüglichen Inhalte in den Rahmenplänen auf eine zusammenfassende Darstellung beschränken.

VI. Zusammenarbeit mit anderen Behörden und Stellen

1. Bei der Aufstellung von wasserwirtschaftlichen Rahmenplänen sind die Landesplanungsbehörden zu beteiligen.

2. Die Behörden der Wasser- und Schiffahrtsverwaltung sind zur Wahrung ihrer Belange zu beteiligen.

3. Die Wehrbereichsverwaltungen sind zur Wahrung der verteidigungspolitischen Aufgaben einschließlich der insoweit bestehenden völkerrechtlichen Verpflichtungen des Bundes zu beteiligen.

4. Die für die wasserwirtschaftliche Rahmenplanung zuständigen obersten Landesbehörden bestimmen, welche weiteren Behörden und Stellen zu beteiligen sind.

5. Sind zwei oder mehrere Länder in einem Planungsraum zuständig, so sollen sie sich über die Durchführung der Arbeiten einigen. Werden die wasserwirtschaftlichen Interessen eines Landes außerhalb des Planungsraumes berührt, so ist dieses Land zu hören.

VII. Koordinieren der Rahmenpläne

1. Um eine überregionale Anpassung und Auswertung der Rahmenpläne zu ermöglichen, wird empfohlen, für länderübergreifende Flußgebiete Arbeitsgemeinschaften zu bilden und Vertreter des Bundes hinzuziehen.

2. Die Arbeitsgemeinschaften sollen auf die Angleichung der einzelnen Rahmenpläne hinwirken und Einzelfragen von überregionalem Interesse beraten. Ihre Mitglieder sollen sich gegenseitig über Stand und Fortgang der Planung unterrichten und Erfahrungen austauschen.

VIII. Unterrichtung des Bundes

Die für die wasserwirtschaftliche Rahmenplanung zuständigen obersten Landesbehörden unterrichten den zuständigen Bundesminister darüber welche wasserwirtschaftlichen Rahmenpläne begonnen, aufgestellt oder wesentlich geändert sind.

IX. Überarbeiten der Rahmenpläne

Wasserwirtschaftliche Rahmenpläne sind der Entwicklung anzupassen.

Diese allgemeine Verwaltungsvorschrift tritt mit dem Tage ihrer Veröffentlichung in Kraft. Gleichzeitig tritt die allgemeine Verwaltungsvorschrift vom 06.09.1966, veröffentlicht am 21.09.1966 im Bundesanzeiger, außer Kraft.

Bonn, den 30. Mai 1984

Inhaltsverzeichnisse der Fachteile

C	Wasserversorgung und Wasserbilanz

1	**Einleitung**
2	**Wasserversorgung der Bevölkerung und der gewerblichen Wirtschaft**
2.1	Situation der Wasserversorgung; Wasserbedarf
2.1.1	Grundlagen der Bedarfsermittlung
2.1.1.1	Bedarfsträger
2.1.1.2	Erhebungsgrundlagen
2.1.1.3	Prognoseverfahren Bevölkerungsbedarf
2.1.1.4	Prognoseverfahren Industriebedarf
2.1.1.5	Bilanzraumgliederung
2.1.2	Öffentliche zentrale Wasserversorgung
2.1.2.1	Versorgungsstruktur
2.1.2.2	Wasserbedarf der Bevölkerung 1983/1987
2.1.2.3	Entwicklung des Wasserbedarfes 1975-1987
2.1.2.4	Prognose der zukünftigen Entwicklung bis 2020
2.1.2.5	Abgabe an einem verbrauchsreichen Tag
2.1.3	Wasserversorgung von Bergbau und Verarbeitendem Gewerbe (Industrie)
2.1.3.1	Versorgungsstruktur 1983/1987
2.1.3.2	Bedarfsstruktur 1983/1987
2.1.3.3	Entwicklung des Industriewasserbedarfes 1975-1987
2.1.3.4	Prognose der zukünftigen Entwicklung
2.1.4	Abgleich der Ergebnisse auf die Planungsregionen und das Versorgungsgebiet einer Trinkwassertalsperre in Unterfranken
2.1.5	Gesamter Trinkwasserbedarf
2.2	Wasserdargebot des Planungsraumes
2.2.1	Grundlagen der Dargebotsermittlung
2.2.1.1	Hydrologisches Dargebot
2.2.1.2	Nutzbares Dargebot
2.2.2	Grundwasserneubildung in den Teilflußgebieten
2.2.3	Qualitative Beschaffenheit des Grundwassers
2.2.3.1	Geogene Grundwasserbeschaffenheit
2.2.3.2	Anthropogene Einflüsse auf die Grundwasserbeschaffenheit
2.2.3.3	Gütekriterien für Wasser zur Trinkwassernutzung
2.2.4	Nutzbares Grundwasserdargebot
2.2.4.1	Grundwasserentnahme der öffentlichen Wasserversorgung
2.2.4.2	Grundwasserentnahme der Industrie
2.2.4.3	Vorgehen bei der Abschätzung des weiterhin nutzbaren Dargebotes
2.2.4.4	Weiterhin nutzbares Grundwasserdargebot bestehender Wassergewinnungsanlagen
2.2.4.5	Ungenutzte Grundwasservorkommen mit Trinkwasserqualität
2.2.4.6	Gesamtes nutzbares Grundwasserdargebot in den Bilanzräumen
2.2.5	Bestehende Wasserlieferungen über Bilanzraumgrenzen
2.2.6	Talsperrenwasser
2.2.6.1	Übersicht
2.2.6.2	Trinkwassertalsperre Mauthaus
2.2.6.3	Hafenlohrtalsperre
2.2.6.4	Weitere Speichermöglichkeiten
2.2.7	Flußwasser
2.2.7.1	Anlagen im Maingebiet mit Beeinflussung durch oberirdische Gewässer
2.2.7.2	Anforderungen an Flußwasser zur Trinkwassernutzung
2.2.7.3	Eignung des Mainwassers zur Trinkwassernutzung
2.3	Wasserwirtschaftliche Zielsetzung
2.3.1	Zwischenbilanz
2.3.2	Möglichkeiten der Bedarfsdeckung
2.3.2.1	Sanierung bestehender Wassergewinnungsanlagen
2.3.2.2	Wassersparmaßnahmen
2.3.2.3	Ausbau des Verbundnetzes und Rationalisierung des Wasseraustausches
2.3.2.4	Beileitung aus Baden Württemberg
2.3.2.5	Beileitung von Grundwasser aus dem Illermündungsgebiet
2.3.2.6	Durchleitung von Grundwasser aus dem Lechmündungsgebiet durch bestehende Fernwasserversorgungsnetze
2.3.2.7	Flußwasseraufbereitung und Uferfiltratgewinnung am Main
2.3.2.8	Nutzung des Karstgrundwassers der Nördlichen Frankenalb
2.3.2.9	Zusätzliche Erschließung von Grundwasservorkommen im Maingebiet
2.3.2.10	Bau von Trinkwassertalsperren
2.3.3	Vergleich der Lösungsmöglichkeiten, Rangfolge der Bedarfsdeckung, Schlußfolgerung
2.3.3.1	Generelle Aussagen
2.3.3.2	Bilanzräume 1 und 2 (Oberfranken)
2.3.3.3	Bilanzraum 4 (Unterfranken)
2.3.3.4	Bilanzräume 3 und 5 (Unterfranken)
2.3.3.5	Erforderliche Maßnahmen
2.3.4	Wasserbilanzen
2.4	Zusammenfassung
2.4.1	Einleitung
2.4.2	Situation der Wasserversorgung; Wasserbedarf
2.4.2.1	Versorgungsstruktur der öffentlichen Wasserversorgung
2.4.2.2	Wasserbedarf der öffentlichen Wasserversorgung
2.4.2.3	Industrie
2.4.2.4	Abschätzung der zukünftigen Entwicklung
2.4.3	Wasserdargebot
2.4.3.1	Derzeit genutztes Dargebot
2.4.3.2	Dargebotsreserven
2.4.3.3	Wassertransporte über Planungs- und Bilanzraumgrenzen
2.4.4	Wasserbilanz
2.4.4.1	Zwischenbilanz
2.4.4.2	Möglichkeiten der Bedarfsdeckung
2.4.4.3	Wasserbilanzen und erforderliche Maßnahmen
2.4.5	Umweltstatistik 1991
2.4.6	Wasserwirtschaftliche Zielsetzung
3	**Landwirtschaftliche Bewässerung**
3.1	Allgemeine Voraussetzungen
3.2	Die beregnungswürdige Fläche
3.3	Bedarfsermittlung
4	**Wasserversorgung der Wärmekraftanlagen**
5	**Schlußbemerkungen**

D	Wasser in Natur und Landschaft		5.3	Ziel- und Maßnahmenkonzept für einzelne Auen- und Fließgewässerabschnitte
1	**Einleitung**		5.3.1	Maßnahmen zur Erhaltung und Sicherung von Natur und Landschaft
2	**Bedeutung der Gewässer und Auen in der Natur- und Kulturlandschaft**		5.3.1.1	Schutzvorhaben und Schutzobjekte nach Naturschutzrecht
2.1	Bach- und Flußauen und ihre Lebensräume		5.3.1.2	Erhaltung extensiver landwirtschaftlicher Nutzungsformen
2.1.1	Allgemeine Ausführungen			
2.1.2	Beschreibung einzelner Auenlebensräume		5.3.1.3	Naturschutzfachliche Pflegepläne für besonders wertvolle Bereiche
2.2	Funktionen des Ökosystems „Aue" im Naturhaushalt			
2.3	Auen im landschafts- und kulturgeschichtlichen Überblick		5.3.1.4	Schutz-, Pflege- und Entwicklungskonzepte für Fließgewässer
2.3.1	Abriß der Landschaftsgeschichte in den Flußauen		5.3.2	Maßnahmen zur Förderung und Entwicklung von Natur und Landschaft
2.3.2	Bedeutung der Auen für den Menschen		5.3.2.1	Ausweitung und Förderung extensiver Auennutzungen
2.4	Faktoren der Gefährdung und Bedrohung von Auen-Lebensräumen		5.3.2.2	Schaffung von Uferrandstreifen
3	**Naturräumliche Charakterisierung des Planungsraumes unter besonderer Berücksichtigung der Fließgewässersysteme**		5.3.2.3	Revitalisierung von Strukturelementen der Aue einschließlich der Fließgewässer
			5.3.2.4	Ergänzung und Ausweitung von Gehölzsäumen
3.1	Geomorphologische Grobgliederung des gesamten Maineinzugsgebietes		5.3.2.5	Umwandlung nicht standortgerechter Forstflächen in auetypische Laubholzbestände
3.2	Beschreibung der einzelnen Naturräume und ihrer typischen Gewässer		5.3.3	Maßnahmen zur Um- und Neugestaltung von Natur und Landschaft
4	**Landschaftsökologische Zustandserfassung und Gütebewertung von Auen, Fließgewässern und Einzugsgebieten**		5.3.3.1	Wiederanreicherung ausgeräumter Auebereiche und Fließgewässerabschnitte mit Biotopstrukturen
			5.3.3.2	Verbesserung des Wasserrückhalts in der Landschaft
4.1	Umfang der Bestandsaufnahme und Art der berücksichtigten Kriterien, Auswahl des untersuchten Gewässernetzes		5.3.3.3	Neuschaffung von Gehölzsäumen
			5.3.3.4	Naturschutzvorrang bei der Rekultivierung geeigneter Abbaustellen
4.1.1	Biotisches Landschaftsinventar		5.4	Gewässerpflegepläne
4.1.1.1	Biotope und Lebensräume		5.4.1	Grundsätze
4.1.1.2	Fische als Bioindikatoren		5.4.2	Gewässerpflegepläne für den Main (Bundeswasserstraße)
4.1.2	Aktuelle Flächennutzung in der Aue und in den angrenzenden Bereichen			
			5.4.3	Beispiele der Gewässerpflege für Gewässer II. und III. Ordnung
4.1.3	Schutzgebiete und sonstige schützenswerte Flächen			
4.1.3.1	Schutzgebiete gemäß Bayer. Naturschutzgesetz		5.5	Empfehlungen zu Nutzungsansprüchen
4.1.3.2	Wasserschutzgebiete		5.5.1	Wasserwirtschaftliche Nutzungen
4.1.3.3	Landschaftliche Vorbehaltsgebiete aus der Regionalplanung		5.5.1.1	Mainausbau
			5.5.1.2	Wasserkraftnutzung
4.1.3.4	Sonstige schützenswerte Flächen		5.5.1.3	Einzelmaßnahmen im Planungsraum
4.2	Landschaftsökologische Raumbewertung		5.5.2	Freizeit- und Erholungsnutzungen am Wasser
4.2.1	Allgemeine Bewertungsgrundlagen		5.5.3	Fischerei
4.2.2	Bewertungsmodell für Auenbereiche		5.5.4	Kies- und Sandabbau
4.2.3	Bewertungsmodell für Fließgewässer		6	**Zusammenfassung**
4.2.4	Bewertung großräumiger Einzugsgebiete		6.1	Allgemeine Betrachtungen
4.3	Zusammenfassung der Bewertungsergebnisse		6.2	Erfassung des Zustands der Auen und Fließgewässer
5	**Zielvorstellungen und Maßnahmen**		6.3	Landschaftsökologische Bewertung der Auen, Fließgewässer und Einzugsgebiete
5.1	Entwicklungsleitlinien und Rahmenziele für die Auen- und Gewässertypen			
5.1.1	Arten- und Biotopschutz		6.3.1	Allgemeine Bewertungsgrundlagen
5.1.2	Nutzungsextensivierung		6.3.2	Bewertungsmodell für Auenbereiche
5.1.3	Renaturierung/Revitalisierung		6.3.3	Bewertungsmodell für Fließgewässer
5.1.4	Konfliktvermeidung durch Nutzungsentflechtung		6.3.4	Bewertung großräumiger Einzugsgebiete
5.2	Landschaftsplanerische Empfehlungen zu den Flächennutzungen und zur Lebensraumvernetzung in den Einzugsgebieten		6.3.5	Ergebnisse der landschaftsökologischen Bewertung
			6.4	Zielvorstellungen und Maßnahmen
			6.4.1	Gewässerpflegepläne zur Umsetzung von Maßnahmen
5.2.1	Erhöhung des Flächenanteils extensiver Nutzungsformen		6.4.2	Maßnahmenkonzept für Auen- und Fließgewässerabschnitte
5.2.2	Erhaltung und Verbesserung der Vernetzungs- und Austauschbeziehungen zwischen Auen und ihren Einzugsgebieten			
			6.5	Schlußbemerkungen

E 1	Gewässerschutz / Oberflächengewässer
1	Einleitung
2	Gewässerbeschaffenheit
2.1	Allgemeine Beschreibung des Gewässergütezustandes
2.2	Sauerstoffhaushalt und Gewässereutrophierung
2.2.1	Allgemeines
2.2.2	Sauerstoffgehalt der Gewässer im Planungsraum
2.2.3	Biochemischer Sauerstoffverbrauch
2.2.4	Gewässereutrophierung, biogene Belüftung
2.2.4.1	Allgemeines
2.2.4.2	Eutrophierung der Gewässer im Planungsraum
2.2.4.3	Zusammensetzung der Algen- und Zooplanktonpopulationen im Main
2.3	Anorganische Salze
2.3.1	Allgemeines
2.3.2	Herkunft der anorganischen Salzbelastung
2.3.3	Salzbelastung im Planungsraum
2.3.4	Gewässerversauerung
2.3.4.1	Niederschlag, feuchte Deposition
2.3.4.2	Auswirkungen der geologisch/pedologischen Gebietsstruktur
2.3.4.3	Versauerungseinfluß auf Grund- und Trinkwasser
2.3.4.4	Auswirkungen auf die Oberflächengewässer
2.3.4.5	Zielvorstellungen
2.4	Nährstoffe
2.4.1	Phosphor
2.4.1.1	Allgemeines
2.4.1.2	Herkunft des Phosphors in den Gewässern
2.4.1.2.1	Punktförmige Quellen
2.4.1.2.2	Flächenhafte Einträge
2.4.1.3	Phosphorbelastung der Gewässer im Planungsraum
2.4.2	Stickstoff
2.4.2.1	Allgemeines
2.4.2.2	Herkunft der Stickstoffverbindungen
2.4.2.2.1	Punktförmige Quellen
2.4.2.2.2	Flächenhafte Einträge
2.4.2.2.2.1	Stickstoffgehalt im Niederschlag
2.4.2.2.2.2	Stickstoffausbringung mit landwirtschaftlicher Düngung
2.4.2.3	Belastungszustand der Gewässer im Planungsraum
2.4.3	Anforderungen zur Verringerung der Nährstoffeinträge aus landwirtschaftlichen Quellen in die Gewässer
2.5	Anorganische und organische Schadstoffe
2.5.1	Anorganische Schadstoffe
2.5.1.1	Herkunft und Wege in die Umwelt
2.5.1.2	Humantoxische und ökologische Auswirkungen der Schwermetalle
2.5.1.3	Bewertungsgrundlagen für Schwermetalle
2.5.1.4	Schwermetallbelastung der Gewässer im Planungsraum
2.5.1.4.1	Schwermetalle im Niederschlag
2.5.1.4.2	Grundwasserbelastung durch Schwermetalle
2.5.1.4.3	Schwermetalle in Oberflächengewässern
2.5.1.4.4	Schwermetallbelastung der Mainsedimente
2.5.1.4.5	Schwermetallgehalte im Fischfleisch
2.5.1.5	Maßnahmen und Zielvorstellungen
2.5.2	Organische Schadstoffe
2.5.2.1	Allgemeines
2.5.2.2	Halogenkohlenwasserstoffe
2.5.2.2.1	Leichtflüchtige Chlorkohlenwasserstoffe
2.5.2.2.1.1	Herkunft und Verwendung
2.5.2.2.1.2	Ökologische Bedeutung und Wege in die Umwelt
2.5.2.2.1.3	LCKW in der Atmosphäre
2.5.2.2.1.4	Grund- und Trinkwasserbelastung mit LCKW
2.5.2.2.1.5	Verhalten von LCKW im Abwasser
2.5.2.2.1.6	LCKW in Oberflächengewässern
2.5.2.2.1.7	Maßnahmen und Zielvorstellungen
2.5.2.2.2	Polychlorierte Biphenyle
2.5.2.2.2.1	Allgemeines
2.5.2.2.2.2	Herkunft
2.5.2.2.2.3	PCB im Niederschlag
2.5.2.2.2.4	Gewässerbelastung durch PCB
2.5.2.2.2.5	PCB-Gehalte im Fischfleisch
2.5.2.2.2.6	Nutzungsspezifische Grenzwerte für PCB
2.5.2.2.2.7	Maßnahmen und Zielvorstellungen
2.5.2.3	Pflanzenbehandlungsmittel
2.5.2.3.1	Allgemeines
2.5.2.3.2	Pflanzenschutzmitteleinsatz im Planungsraum
2.5.2.3.3	Pflanzenschutzmittel im Niederschlagswasser
2.5.2.3.4	Pflanzenschutzmittel im Grund- und Trinkwasser
2.5.2.3.5	Pflanzenschutzmittel in Oberflächengewässern
2.5.2.3.6	Zusammenfassung
2.5.2.3.7	Gesetzliche Regelungen zu Pflanzenschutzmitteln
2.5.2.3.8	Zielvorstellungen
2.5.2.4	Komplexbildner NTA und EDTA
2.5.2.4.1	Allgemeines
2.5.2.4.2	Herkunft
2.5.2.4.3	Gewässerökologische Wirkungen
2.5.2.4.4	NTA und EDTA im Main
2.5.2.4.5	Maßnahmen und Zielvorstellungen
2.6	Bakteriologisch-hygienische Belastung der Gewässer im Planungsraum
2.6.1	Allgemeines
2.6.2	Hygienische Belastung der Gewässer im Planungsraum
2.6.3	Maßnahmen und Zielvorstellungen
2.7	Radioaktive Substanzen
2.7.1	Überwachung der Radioaktivität
2.7.2	Herkunft natürlicher und künstlicher Radioaktivität
2.7.3	Strahlenexposition im Planungsraum
2.7.3.1	Radioaktivität im Niederschlag nach dem Störfall von Tschernobyl
2.7.3.2	Aktivität im Oberflächen-, Grund- und Trinkwasser
2.7.3.3	Radioaktive Kontamination der Fische
2.7.3.4	Radioaktive Kontamination des Klärschlammes
2.7.4	Zusammenfassung
2.8	Ökologische und nutzungsorientierte Bewertung der Gewässer im Planungsraum
2.8.1	Ökologische Anforderungen
2.8.2	Nutzungseignung als Rohwasser für die Trinkwasseraufbereitung.
2.8.3	Fischereiliche Nutzung.
2.8.4	Freizeit- und Erholungsnutzung
2.8.5	Sedimentbeschaffenheit
3	**Abwasser aus Kommunen und Industrie**
3.1	Systeme und Verfahren der Abwasserentsorgung
3.1.1	Abwasserarten und Entsorgungssysteme
3.1.2	Charakterisierung der Abwasserinhaltsstoffe
3.1.3	Möglichkeiten der Regenwassernutzung und Abwasserreduzierung
3.1.4	Verfahren der Regenwasserbehandlung
3.1.5	Verfahren der Abwasserbehandlung
3.2	Datenquellen und Bewertungsgrundlagen, Gliederung des Planungsraumes
3.2.1	Datenquellen und Bewertungsgrundlagen
3.2.2	Gliederung des Planungsraumes
3.3	Stand und Entwicklung von Kanalisation und Regenwasserbehandlung
3.3.1	Anschluß an Kanalisation und Kläranlagen
3.3.2	Ausbau und Zustand der Entwässerungssysteme
3.3.3	Stand und Entwicklung der Regenwasserbehandlung
3.4	Stand und Entwicklung kommunaler Kläranlagen
3.4.1	Anschluß an kommunale Kläranlagen
3.4.2	Abläufe und Frachten aus kommunalen Kläranlagen

3.4.2.1 Abwassermengen
3.4.2.2 Organische Stofffrachten (BSB_5 und CSB)
3.4.2.3 Phosphor
3.4.2.4 Stickstoff
3.4.2.5 Metalle
3.4.2.6 Klärschlamm
3.4.3 Konzentrationserhöhungen von Abwasserinhaltsstoffen im Vorfluter durch Kläranlagenabläufe
3.5 Abwasser aus Industrie und Gewerbe
3.6 Kosten der Abwasserreinigung
4 **Auswirkungen von Gewässerschutzmaßnahmen**
4.1 Allgemeines
4.2 Methoden
4.3 Auswertung der Jahresfrachten
4.4 Konzentrationserhöhungen von Abwasserinhaltsstoffen im Vorfluter durch Kläranlagenabläufe.
4.4.1 Mischungsverhältnisse
4.4.2 Konzentrationsaufhöhungen
4.5 Gewässergütesimulationen
4.5.1 Charakterisierung der Simulationsstrecken und Darstellung der Bezugssituation 1987.
4.5.1.1 Regnitz
4.5.1.2 Main
4.5.2 Prognoselastfälle
4.5.2.1 Regnitz
4.5.2.2 Main
4.5.3 Zusammenfassung der Simulationsergebnisse
5 **Zusammenfassung und Schlußbemerkungen**

E 2 **Gewässerschutz / Grundwasser**

1 **Die wichtigsten Grundwasserleiter im Planungsraum**
1.1 Paläozoikum und Kristallin
1.1.1 Verbreitung und lithologische Ausbildung
1.1.2 Hydrogeologische Verhältnisse
1.2 Trias
1.2.1 Buntsandstein
1.2.1.1 Verbreitung und lithologische Ausbildung
1.2.1.2 Hydrogeologische Verhältnisse
1.2.2 Muschelkalk
1.2.2.1 Verbreitung und lithologische Ausbildung
1.2.2.2 Hydrogeologische Verhältnisse
1.2.3 Keuper
1.2.3.1 Verbreitung und lithologische Ausbildung
1.2.3.2 Hydrogeologische Verhältnisse
1.3 Jura
1.3.1 Dogger
1.3.1.1 Verbreitung und lithologische Ausbildung
1.3.1.2 Hydrogeologische Verhältnisse
1.3.2 Malm
1.3.2.1 Verbreitung und lithologische Ausbildung
1.3.2.2 Hydrogeologische Verhältnisse
1.4 Tertiär
1.5 Quartär
1.6 Nutzungen der Hauptgrundwasserleiter

2 **Hydrochemische Beurteilung der Grundwässer nach Grundwasserleitern**
2.1 Kristalline Gesteine und Paläozoikum
2.2 Nichtmetamorphes Paläozoikum
2.3 Buntsandstein
2.3.1 Unterer und Mittlerer Buntsandstein
2.3.2 Oberer Buntsandstein
2.4 Muschelkalk
2.4.1 Unterer Muschelkalk
2.4.2 Mittlerer Muschelkalk
2.4.3 Oberer Muschelkalk
2.4.4 Mischwässer des Oberen und Mittleren Muschelkalkes
2.5 Keuper
2.5.1 Unterer Keuper
2.5.2 Mittlerer Keuper
2.5.2.1 Gipskeuper
2.5.2.2 Sandsteinkeuper
2.6 Jura
2.6.1 Rhätlias und Lias
2.6.2 Dogger
2.6.3 Malm
2.7 Tertiär
2.8 Maintalquartär
2.8.1 Hydrochemische Rahmenbedingungen, Grundwasserchemismus
2.8.2 Betrachtung der Teilabschnitte
2.8.2.1 Talabschnitt Burgkunstadt-Haßfurt
2.8.2.2 Talabschnittt Haßfurt-Karlstadt
2.8.2.2.1 Unterabschnitt Haßfurt-Würzburg
2.8.2.2.2 Unterabschnitt Würzburg-Karlstadt
2.8.2.3 Talabschnitt Karlstadt-Obernburg
2.8.2.4 Talabschnitt Obernburg-Alzenau
2.8.3 Zusammenfassung
2.9 Spurenelemente im Grundwasser
2.9.1 Definition und Bedeutung
2.9.2 Geochemisches Verhalten und natürliche Konzentrationen
2.9.3 Belastung der Grundwässer mit Spurenstoffen
3 **Quellen der Grundwasserbelastung**
3.1 Landwirtschaftliche Quellen
3.1.1 Nitratbelastung
3.1.2 Belastung mit Pflanzenschutzmitteln
3.2 Grundwasserverunreinigungen durch Industrie und Gewerbe
3.3 Grundwasserbelastungen durch Altlasten
3.3.1 Allgemeines
3.3.2 Altlasten im Planungsraum
3.4 Grundwasserbelastung durch Luftschadstoffe
4 **Maßnahmen und Zielvorstellungen**
4.1 Allgemeines und Zielvorstellungen
4.2 Rechtliche Grundlagen
4.3 Maßnahmen in der Landwirtschaft
4.4 Maßnahmen bei Schadensfällen durch industrielle und gewerbliche Betriebe
4.5 Altlastensanierungen
4.6 Maßnahmen zur Verminderung der Belastungen durch Stoffeinträge aus der Luft

F Abflußbewirtschaftung und Wasserbau

1 Einleitung
2 Hydrographie
2.1 Flußgeschichte und Flußmorphologie
2.2 Abfluß
2.2.1 Hydrologie
2.2.2 Hochwasser
2.2.2.1 Main
2.2.2.2 Fränkische Saale
2.2.3 Niedrigwasser
2.3 Feststoffhaushalt
2.4 Flußwassertemperatur
3 Kriterien und Maßgaben der Abflußbewirtschaftung
3.1 Einführung
3.2 Hochwasserschutz
3.2.1 Flußbauliche Maßnahmen
3.2.2 Dezentraler Hochwasserschutz
3.2.3 Speicher mit Hochwasserschutzfunktion
3.2.3.1 Speicher mit Dauerstau
3.2.3.2 Trockenbecken
3.3 Sicherung und Wiederherstellung wasserabhängiger Lebensräume
3.4 Erholungsnutzung
4 Bestehende Rahmenbedingungen für die Abflußbewirtschaftung
4.1 Abflußverluste durch Wasserverbrauch und Wasserüberleitungen
4.2 Abflußgewinne durch Beileitung
4.2.1 Fernwasserversorgung
4.2.2 Donauwasserüberleitung
4.2.3 Abflußausgleich im Maingebiet
5 Hochwasserschutz - gegenwärtiger Zustand und Zielvorstellungen
5.1 Roter Main, Weißer Main und Zuflüsse
5.2 Mainzuflüsse
5.3 Maintal
5.3.1 Hochwasserschutzmaßnahmen
5.3.2 Überschwemmungsflächen im Talraum des Mains
6 Spezielle Bewirtschaftungsprobleme
6.1 Hochwasserschutz im Bereich von Bayreuth
6.1.1 Ausgangslage
6.1.1.1 Einzugsgebiet
6.1.1.2 Bestehender und geplanter Hochwasserschutz
6.1.2 Hydrographie des Rotmaingebietes
6.1.2.1 Abflußcharakteristiken, historische Hochwasserereignisse
6.1.2.2 Hochwasserlastfälle
6.1.3 Maßnahmevarianten zum Hochwasserrückhalt
6.1.3.1 Örtliche Gewässerausbauten und -bedeichungen
6.1.3.2 Kleinräumige Maßnahmen im Einzugsgebiet
6.1.3.3 Hochwasser-Rückhaltebecken
6.2 Niedrigwasseraufhöhung
6.2.1 Allgemeines
6.2.2 Speicherkonzept im Rotmaintal
6.2.3 Bewirtschaftungsziele des Speichersystems
6.2.3.1 Verbesserung der Wasserqualität im Main unterhalb der Kläranlage Bayreuth
6.2.3.2 Verbesserung der Abflußdynamik
6.2.3.3 Verbesserung der Gewässergüteverhältnisse bei Stoßbelastungen.
6.2.3.4 Hochwasserschutz
6.2.3.5 Erholungsnutzung
6.2.4 Auswirkungen auf das Tal des Roten Mains
6.2.4.1 Ökologische Bedeutung des Tales
6.2.4.2 Ökologische Ausgleichsmaßnahmen
6.2.4.3 Abschätzung der Güteverhältnisse im Speichersystem
6.2.5 Simulation des Speichersystems
6.2.5.1 Berechnungsgrundlagen
6.2.5.2 Bewirtschaftungsvarianten
6.2.5.3 Berechnungsergebnisse
6.2.6 Ergebnis
6.3 Auswirkungen von Hochwasserrückhaltebecken auf den Oberen Main
7 Wasserkraftausbau
8 Schiffahrt
8.1 Einführung
8.2 Schiffahrtsanlagen
8.2.1 Geschichte der Mainschiffahrt
8.2.2 Stauregelung des Mains
8.2.3 Stauraumbewirtschaftung - „Leitabfluß"
8.3 Schiffsverkehr
8.3.1 Fracht- und Verkehrsaufkommen
8.3.2 Fahrgast- und Sportschiffahrt
8.3.3 Prognose des Schiffsverkehrs
8.4 Wasserwirtschaftliche Bewertung
9 Sonstige Gewässernutzungen
9.1 Erwerbsfischerei
9.1.1 Flußfischerei
9.1.2 Teichwirtschaft
9.2 Freizeit und Erholung
9.2.1 Naherholung und Freizeitgestaltung
9.2.2 Angelfischerei
10 Zusammenfassung
10.1 Hochwasserschutz
10.1.1 Kriterien
10.1.2 Hochwasserschutz im Maingebiet
10.1.3 Hochwasserschutz in Bayreuth
10.2 Niedrigwasseraufhöhung
10.2.1 Donauwasserüberleitung
10.2.2 Niedrigwasseraufhöhung am Roten Main
10.3 Flußausbau und Gewässerpflege
10.3.1 Pflegepläne
10.3.2 Kiesgruben
10.3.3 Flußbiologie
10.3.4 Erholungsnutzung und Fischerei
10.4 Wasserkraftausbau
10.5 Schiffahrt
10.6 Stauraumbewirtschaftung am Main
10.7 Schlußbemerkungen

Verzeichnis der Abkürzungen

Dienststellen, Behörden, Verbände, Namen, etc.

ATV	Abwassertechnische Vereinigung e.V.
AWWR	Arbeitsgemeinschaft der Wasserwerke an der Ruhr
BAG	Bayernwerk AG
BayGLA	Bayer. Geologisches Landesamt
BayLBA	Bayer. Landesanstalt für Betriebswirtschaft und Agrarstruktur
BayLBP	Bayer. Landesanstalt für Bodenkultur und Pflanzenbau
BayLfStaD	Bayer. Landesamt für Statistik und Datenverarbeitung
BayLfU	Bayer. Landesamt für Umweltschutz
BayLfW	Bayer. Landesamt für Wasserwirtschaft
BayLWF	Bayer. Landesanstalt für Wasserforschung
BayStMELF	Bayer. Staatsministerium für Ernährung, Landwirtschaft und Forsten
BayStMI	Bayer. Staatsministerium des Innern
BayStMLU	Bayer. Staatsministerium für Landesentwicklung und Umweltfragen
BGA	Bundesgesundheitsamt
BGW	Bundesverband der Deutschen Gas- und Wasserwirtschaft e.V.
BLAK QZ	Bund - Länder - Arbeitskreis Qualitätsziele
BMI	Bundesministerium des Innern
BML	Bundesministerium für Ernährung, Landwirtschaft und Forsten
BWV	Bodenseewasserversorgung
DIN	Deutsches Institut für Normung e.V. bzw. von diesem herausgegebenes Normblatt
DVGW	Deutscher Verein des Gas- und Wasserfaches e.V.
DVWK	Deutscher Verband für Wasserwirtschaft und Kulturbau e.V.
DWD	Deutscher Wetterdienst
EG	Europäische Gemeinschaft
EPA-USA	Environmental Protection Agency
FWF	Fernwasserversorgung Franken
FWM	Fernwasserversorgung Mittelmain
FWO	Fernwasserversorgung Oberfranken
GSF	Forschungszentrum für Umwelt und Gesundheit
IAWR	Internationale Arbeitsgemeinschaft der Wasserwerke am Rhein
IAWW	Institut für Angewandte Wasserwirtschaft, Prof. Dr.-Ing. H.-B. Kleeberg und Partner
LAWA	Länderarbeitsgemeinschaft Wasser
LUA	Landesuntersuchungsamt Nordbayern
NOW	Wasserversorgung Nordost Württemberg
OBB	Oberste Baubehörde im Bayer. Staatsministeruim des Innern
Reg.v.Ufr	Regierung von Unterfranken
RMD	Rhein - Main - Donau AG
RMG	Rhön-Maintal-Gruppe
WFW	Wasserversorgung Fränkischer Wirtschaftsraum
WSD	Wasser- und Schiffahrtsdirektion

Gesetze, Verordnungen, Amtsblätter, etc.

AllMBl	Allgemeines Ministerialblatt
BayLPlG	Bayer. Landesplanungsgesetz
BayNatSchG	Bayer. Naturschutzgesetz
BayWG	Bayer. Wassergesetz
BGBl	Bundesgesetzblatt
BNatSchG	Bundesnaturschutzgesetz
Drs.	Landtagsdrucksache
EG-RL	EG-Richtlinie
GMBl	Gemeinsames Ministerialblatt, BMI
GVBl	Bayer. Gesetz- und Verordnungsblatt
LEP	Landesentwicklungsprogramm Bayern
LMBl	Amtsblatt des Bayer. Staatsministeriums für Ernährung, Landwirtschaft und Forsten
LUMBl	Amtsblatt des Bayer. Staatsministeriums für Landesentwicklung und Umweltfragen
MABl	Ministerialblatt der Bayer. Inneren Verwaltung
PHöchstMengV	Phosphathöchstmengenverordnung
ROKAbw	Reinhalteordnung kommunales Abwasser
ROV	Raumordnungsverfahren
SYUM	Systematik der Wirtschaftszweige Fassung für Umweltstatistiken
TrinkwV	Trinkwasserverordnung
TVO	Trinkwasserverordnung (= TrinkwV)
UStat(G)	Umweltstatistik(gesetz)
VwV	Verwaltungsvorschriften
WaStrG	Bundeswasserstraßengesetz
WHG	Gesetz zur Ordnung des Wasserhaushaltes (Wasserhaushaltsgesetz)
WRMG	Wasch- und Reinigungsmittelgesetz

Fachbegriffe, sonstige Abkürzungen

20 Q	Abfluß, der im Mittel an 20 Tagen pro Jahr unterschritten wird
α-HCH	α-Hexachlorcyclohexan
a	(lat. annus bzw. anno) Jahr bzw. je Jahr
A1 - A4	Hauptabschnitte
A1.1 - A4.3	Unterabschnitte
AB	Abschreibung
Abb.	Abbildung
A_E	Einzugsgebiet
A_{Eo}	Oberirdisches Einzugsgebiet

Anl.	Anlage	IG	Industriegruppe
AOX	Adsorbierbare organisch gebundene Halogene	IK	Investitionskosten
AV	Abwasserverband	J	Betriebswasserbedarf
B.	Bilanzraum	KA	Kläranlage
BK	Betriebskosten	KAN	Kanalisation
BSB_5	Biochemischer Sauerstoffbedarf in 5 Tagen	KK	Kalkulatorische Kosten
CI	Chemischer Index	KKW	Kernkraftwerk
CKW	Chlorkohlenwasserstoffe	KW	Kraftwerk
CO_2	Kohlendioxid	LCKW	Leichtflüchtige Chlorkohlenwasserstoffe
CSB	Chemischer Sauerstoffbedarf	l/Ed	Liter pro Einwohner und Tag [l/(E•d)]
d	(lat. dies bzw. die) Tag bzw. je Tag	LHKW	Leichtflüchtige organische Halogenverbindungen
DDT	Dichlor-diphenyl-trichlorethan		
DKW	Dampfkraftwerk	LSG	Landschaftsschutzgebiet
E	Einwohner(zahl)	max.	maximal
EDTA	Ethylendinitrotetraacetat	MHq	Mittlere Hochwasserabflußspende
EGW	Einwohnergleichwert;	MHQ	Mittlerer Hochwasserabfluß als arithmetisches Mittel der Abflußhöchstwerte HQ aller Abflußjahre eines bestimmten Zeitraumes
ENR	Ausbauniedrigwasserstand bei der Flußschiffahrt, der einem Ausbau mit einer Überschreitungsdauer von 94% im Regeljahr entspricht		
		min.	minimal
		Mio.	Million
EW	Einwohnerwert; Summe aus Einwohnerzahl und Einwohnergleichwert	MNq	Mittlere Niedrigwasserabflußspende
		MNQ	Mittlerer Niedrigwasserabfluß als arithmetisches Mittel der Abflußniedrigstwerte NQ aller Abflußjahre eines bestimmten Zeitraumes
EZ	Einwohnerzahl		
Fkm	Flußkilometer		
FN	Einzugsgebiet		
FW	Fremdwasser	Mq	Mittlere Abflußspende
(F)WVU	(Fern)Wasserversorgungsunternehmen	MQ	Mittelwasserabfluß als arithmetisches Mittel aller Abflußwerte eines bestimmten Zeitraumes
GA	Gewerbeabwasser		
Gde.	Gemeinde		
GKl	Güteklasse	MW	Megawatt (10^6 W oder 1000 kW)
gepl.	geplant	n	Jährlichkeit als zeitlicher Abstand (in Jahren), in dem ein Abflußereignis im Mittel entweder einmal erreicht oder überschritten wird (HQ), oder einmal erreicht oder unterschritten wird (NQ)
ges.	gesamt		
GW	Grundwasser		
GWh	Gigawattstunden (10^9 Wattstunden)		
h	(lat. hora bzw. horae) Stunde bzw. Stunden		
h_A	Abflußhöhe als Quotient aus der Abflußsumme und der zugehörigen Einzugsgebietsfläche (in mm)	NE-Metall	Nichteisenmetall
		Nf	Nutzungsfaktor
		N-Frachten	Stickstofffrachten
		NH_4-N	als Ammonium (NH_4) gebundener Stickstoff
HA	Hausabwasser	NM_xQ	Niedrigwasserabfluß bei Abflußmittelung über x Tage
HB	Hochbehälter		
HK	Hauskläranlage	NNQ	Niedrigster bisher bekanntgewordener Abflußwert
HHQ	Höchster bisher bekanntgewordener Abflußwert		
		NO_2-N	als Nitrit (NO_2) gebundener Stickstoff
HKW	Halogenkohlenwasserstoffe	NO_3-N	als Nitrat (NO_3) gebundener Stickstoff
HKW	Heizkraftwerk	NOEC	No Observed Effective Concentration
h_N	Niederschlagshöhe als Wasserhöhe, die durch Niederschlag in einem bestimmten Zeitraum über einer horizontalen Fläche entsteht (in mm)	N_{org}	Organisch gebundener Stickstoff
		Nq	Niedrigwasserabflußspende
		NQ	Niedrigwasserabfluß
		NSG	Naturschutzgebiet
HOV - Studie	Studie über Halogenorganische Verbindungen in Wässern	NTA	Nitrilotriacetat
		NW	Niedrigster Wasserstand in einem bestimmten Zeitraum
HQ	Höchster Abfluß in einem bestimmten Zeitraum		
		OS	Ortsstruktur
HQ_n	Auf gleichartige Zeitspannen (z.B. Ganzjahr, Sommer-/Winterhalbjahr) bezogener Hochwasserabfluß, der im Mittel alle n Jahre erreicht oder überschritten wird, z.B. HQ_{20}	öff. WV	öffentliche Wasserversorgung
		PBSM	Stoffe zur Pflanzenbehandlung und Schädlingsbekämpfung „Pflanzenschutzmittel"
HRüB	Hochwasserrückhaltebecken	PCB	Polychlorierte Biphenyle
HW	Hochwasser	PEPL	Pflege- und Entwicklungsplan

PER	Tetrachlorethen, Perchlorethen	SW	Stadtwerke
P-Frachten	Phosphorfrachten	T	Trinkwasserbedarf
PO_4-P	als Phosphat (PO_4) gebundener Phosphor	T_B	Trinkwasserbedarf der Bevölkerung
PR.	Planungsraum	T_J	Trinkwasserbedarf der Industrie
PSM	Pflanzenschutzmittel	T→J	Trinkwasserverwendung für Betriebszwecke
P-Varianten	Prognosevarianten	TRI	Trichlorethen
PW	Phosphorwert	TU	Technische Universität
q	Abflußspende in $l/(s \cdot km^2)$	TW	Trinkwasser
Q	Abfluß in m^3/s	TWT	Trinkwassertalsperre
Q_D	Wasserbedarf pro Tag	U	Einleitung aus Hauskläranlage
QTW	Trockenwetterablauf von Kläranlagen	UA	Unterabschnitt
R.	Planungsregion	Vers.-gebiet	Versorgungsgebiet
RE	Regenentlastung	VERZ	Verzinsung
RV	Reinigungsverfahren	WEG	Wassereinzugsgebiet
RVSIM	Modell zur Berechnung von Mischwasserentlastungen in urbanen Kanalnetzen	WWA	Wasserwirtschaftsamt
RW	Regenwasser	zus.	zusätzlich
SCKW	Schwerflüchtige Chlorkohlenwasserstoffe	ZV	Zweckverband
Sp.	Spalte	°dH	Grad deutscher Härte

Verzeichnis der Fachausdrücke

6d1-Flächen:
Ökologisch besonders wertvolle Naß- und Feuchtflächen, sowie Mager- und Trockenstandorte.

Abflußdauerlinie:
Darstellung von beobachteten oder berechneten Abflußdaten in der Reihenfolge ihrer Größe.

Abflußganglinie:
Darstellung von beobachteten oder berechneten Abflußdaten in der Reihenfolge ihres zeitlichen Auftretens.

Abflußregime:
Flußspezifische Jahresganglinie des Abflusses, die die geographischen Verhältnisse des Einzugsgebietes widerspiegelt (Klima, Geologie, Vegetation, Morphologie etc.).

Abflußspende:
Quotient aus dem Abfluß eines Flußgebietes oder Teilflußgebietes und der Fläche des Gebietes (in $l/(s \cdot km^2)$).

Abwasser:
Durch Gebrauch verändertes, abfließendes Wasser und jedes in die Kanalisation gelangende Wasser.

Abwasserbehandlung:
Reinigung des gesammelten Schmutz- und Regenwassers in mechanisch und/oder biologisch und/oder chemisch wirkenden Kläranlagen.

Akarizide:
Chemisches Milbenbekämpfungsmittel.

Alluvion:
Junges Schwemmland an Fluß-, Seeufern und Meeresküsten.

Anhydrit:
Wasserfreier Gips.

Anschlußgrad:
Prozentualer Anteil an der Gesamtbevölkerung eines bestimmten Gebietes der z.B. an eine öffentliche zentrale Wasserversorgung angeschlossen ist.

Aquifer:
Grundwasserleiter.

artesisch:
Durch Überdruck des Grundwassers aufsteigendes Wasser.

Aufbereitung:
Behandlung des Wassers, um seine Beschaffenheit dem jeweiligen Verwendungszweck anzupassen.

Ausbaugrad (Hochwasserschutz):
Ausbau einer Hochwasserschutzanlage auf einen Bemessungsabfluß, der einer bestimmmten Jährlichkeit n entspricht.

Ausbaugrad (Speicherbewirtschaftung):
Verhältnis des Speichernutzraumes zur langjährigen mittleren Jahresdurchflußmenge (Speicherausbaugrad).

Ausleitung:
Streckenweise Flußwasserentnahme innerhalb eines Flußgebietes für den vorübergehenden Gebrauch.

Betriebswasser:
Gewerblichen, industriellen, landwirtschaftlichen oder ähnlichen Zwecken dienendes Wasser.

Bevölkerungsbedarf (aus öffentlicher Wasserversorgung):
Wasserbedarf von Haushalten und Kleingewerbe, sonstigen Abnehmern, gewerblichen Unternehmen, die nicht in der Umweltstatistik nach § 6 UStatG erfaßt sind, sowie Eigenbedarf und Wasserverluste der Wasserversorgungsunternehmen.

Biozönose:
Lebens- und Artengemeinschaften eines bestimmten Lebensraumes.

Brekzie:
Sedimentgestein aus kantigen, durch ein Bindemittel verkitteten Gesteinsträmmern.

Bruchschollenland:
Landschaft, die durch tektonische Vorgänge (Brüche) in Teilgebiete unterschiedlichen Niveaus zerlegt wurde.

Bryozoen:
Moostierchen.

Buhnen:
Dammartige Längs- und Querbauten im Randbereich des Flußquerschnittes zur Ufersicherung oder zur Freihaltung einer Schiffahrtsrinne.

Damm:
Wassersperrbauwerk, dessen Wasserseite ständig eingestaut ist.

Deich:
Wassersperrbauwerk, dessen Wasserseite nur zu Zeiten hohen Wasserstandes eingestaut ist.

Denitrifikation:
Reduktion von Nitrat (NO_3) durch Bakterien (Denitrifikanten) zu gasförmigem Stickstoff (N_2).

Direkteinleiter:
Abwasserproduzent, der seine gereinigten Abwässer - mit wasserrechtlicher Erlaubnis - direkt an einen Vorfluter abgibt.

Doline:
Durch Lösung oder Einsturz entstandene trichterförmige Vertiefung der Erdoberfläche in Karstgebieten.

Eigenwasserversorgung:
Wasserversorgung, die nicht der Allgemeinheit dient und die mit eigenen Anlagen betrieben wird.

Einzelwasserversorgung:
Wasserversorgung, bei der das Wasser nicht durch ein Rohrnetz verteilt wird und die nur einem kleinen Verbraucherkreis dient.

Einzugsgebiet:
In der Horitontalprojektion gemessenes Gebiet, aus dem das Wasser einem bestimmten Ort zufließt.

Emission:
Abgabe von Stoffen und Energie an ein Gewässer.

Eutrophierung:
Verstärkte Erzeugung von organischer Substanz durch autotrophe Organismen im Gewässer (z.B. Algen, Makrophyten), die durch die gesteigerte Verfügbarkeit und Ausnutzung von Nährstoffen bewirkt wird.

Evaporit:
Durch Eindampfung von Lösungen entstandenes Gestein (Anhydrit, Salze).

Evapotranspiration:
Aktive und passive Verdunstung.

Fanglomerat:
Ungeschichtete Ablagerung aus Schlammströmen zeitweilig wasserführender Flüsse in Trockengebieten.

Fazies:
Verschiedene Ausbildung von Sedimentgesteinen gleichen Alters.

Fernwasserversorgungsunternehmen:
Gruppenunternehmen, das sowohl hinsichtlich der Zahl der angeschlossenen Städte und Gemeinden als durch der Lage der genutzten Wasservorkommen zum Versorgungsgebiet von besonderer Bedeutung ist.

fluviatil:
Von fließendem Wasser abgetragen oder abgelagert.

Fällung:
Überführung von gelösten Abwasserinhaltsstoffen in ungelöste Formen durch chenische Reaktionen mit einem Fällungsmittel.

Gesamtwasserbedarf (aus öffentlicher Wasserversorgung):
Bedarf der Bevölkerung und der Industrie, soweit diese aus dem öffentlichen Netz versorgt wird.

Gesamtwasserbedarf der Bevölkerung:
Bevölkerungsbedarf aus öffentlicher Wasserversorgung zuzüglich des Bedarfs der Bevölkerung in den nicht zentral versorgten Gebieten.

Gewässerbelastung:
Sie resultiert aus der Einleitung von Schmutz- und Schadstoffen in ein Gewässer.

Gewässergüte:
Beschaffenheit der Gewässer, beurteilt nach definierten ökologischen oder nutzungsorientierten Maßstäben. Grundlage der Gewässergütebeurteilung in der Bundesrepublik ist der Saprobienindex. Daneben wurde ein chemischer Index eingeführt und in der Rahmenplanung verwendet.

Gewässerschutz (und Grundwasserschutz):
Summe aller Maßnahmen zum Reinhalten ober- und unterirdischer Gewässer.

Grauwacke:
Grauer bis graugrüner Sandstein mit einem hohen Anteil von Gesteinsbruchstücken.

Grundwasseranreicherung:
Künstliche Grundwasserneubildung aus oberirdischem Wasser.

Grundwasserneubildungsrate:
Der Anteil der Jahresniederschlagshöhe [in mm/a oder $l/(s \cdot km^2)$], der in den Untergrund und zum Grundwasser gelangt.

Gruppenwasserversorgung:
Wasserversorgung, die mindestens 2 Gemeinden oder Gemeindeteile verschiedener Gemeinden über eine gemeinsame Wasserversorgungsanlage zentral versorgt.

halophil:
Salzreiches Millieu bevorzugend.

Hangendes:
Die eine Bezugsschicht überlagernde Gesteinsschicht.

Haushaltswasserbedarf (aus öffentlicher Wasserversorgung):
Trinkwasserbedarf der Haushalte und des erhebungstechnisch nicht abtrennbaren Kleingewerbes.

Hochwasserfülle:
Gesamtabfluß während eines Hochwasserereignisses in einem Flußquerschnitt.

Hydrogeologie:
Zweig der angewandten Geologie, der sich mit dem Wasserhaushalt der verschiedenen Gesteine und Gesteinsverbände befaßt.

Hydrologie:
Lehre vom Wasser, von seinen Eigenschaften und von seinen Erscheinungsformen auf und unter der Landoberfläche.

Hydrologisches Sommerhalbjahr:
Mai bis Oktober.

Hydrologisches Winterhalbjahr:
November bis April.

Ichthyologie:
Fischkunde.

Immission:
Stoffe und Energie, die aus vorhergehenden Emissionen und auf natürliche Weise in das Gewässer gelangt sind.

Indirekteinleiter:
Abwasserproduzent, der seine Abwässer über die allgemeine Kanalisation an eine Kläranlage abgibt.

Intrusion:
Vorgang, bei dem Magma zwischen die Gesteine der Erdkruste eindringt und erstarrt.

Kaolin:
Durch Zersetzung von Feldspaten entstandener weicher und verformbarer Ton.

Karstgrundwasserleiter:
Kluftgrundwasserleiter mit durch Verkarstung erweiterten Trennfugen, Gerinnen und/oder Höhlen.

Kluftgrundwasserleiter:
Grundwasserleiter dessen durchflußwirksamer Hohlraumanteil überwiegend aus Klüften und anderen Trennfugen gebildet wird.

Kreislaufnutzung:
Wiederholter Wassereinsatz in einem geschlossenen Kreislauf für denselben Verwendungszweck.

Lastfallereignis:
Niederschlag – Abfluß Ereignis, dessen Abflußspitze (bezogen auf vorgegebene Pegel) einer bestimmten mittleren Wiederkehrzeit entspricht.

Laufentwicklung:
Flußlänge abzüglich Tallänge geteilt durch Tallänge.

Leitabfluß:
An natürlichen Gegebenheiten orientierter Abfluß, der durch Nutzungen möglichst nicht verändert werden soll. (Für den schiffbaren Main eingeführte Bezeichnung).

Lithologie:
Gesteinskunde, besonders in bezug auf Sedimentgesteine.

Mehrfachnutzung
Einsatz desselben Wassers nacheinander für verschiedene Verwendungszwecke.

Morphologie:
Allgemein die Lehre von den Formen und ihrer Entstehung (Morphogenese). Die Geomorphologie beschreibt die Formen der Erdoberfläche. Die Flußmorphologie erläutert die Formen der Fließgewässer und ihrer Talräume.

Niedrigwasseraufhöhung:
Abgabe von zusätzlichem Wasser an einen Fluß bei Niedrigwasserabfluß - entweder aus Speicher oder durch Überleitung.

Nitrifikation:
Umwandlung von Stickstoffverbindungen mit Hilfe von Bakterien zu Nitrit und Nitrat.

Nutzungsfaktor:
Maß für die Mehrfach- und Kreislaufnutzung des Wasseraufkommens. Quotient aus der Wassernutzung (Wasserverwendung) und dem Wasseraufkommen.

Ooid:
Kleines, rundes Gebilde aus Kalk oder Eisenverbindungen, das sich schwebend in bewegtem Wasser bilden kann.

Orogenese:
Gebirgsbildung, die ein weiträumiges Senkungsgebiet der Erdkruste bewirkt.

Orographie:
Kunde von den Gelände- und Oberflächenformen, wie sie aus Höhenschichtkarten zu entnehmen sind.

öffentliche Wasserversorgung:
Wasserversorgung, die der Versorgung der Allgemeinheit dient.

Pedologie:
Bodenkunde.

Penman - Verdunstung:
Potentielle Evapotranspiration, ermittelt nach der Penman - Formel.

periglazial:
Erscheinungen, Zustände, Prozesse in Eisrandgebieten, die Umgebung vergletscherter Gebiete betreffend.

personenbezogener Wasserbedarf:
Benötigte Wassermenge aus einer zentralen Wasserversorgung an einem Tag geteilt durch die Anzahl der Einwohner im Versorgungsgebiet (in l/(E•d)).

Perzentil:
Das p-te Perzentil einer Wahrscheinlichkeitsverteilung F bezeichnet den Wert x_p, der durch $F(x_p) = p/100$ (für $p = 1,...,99$) definiert ist. Im Falle eines stetigen F wird x_p mit einer Wahrscheinlichkeit von $p/100$ **unterschritten** und mit einer Wahrscheinlichkeit von $(1 - p/100)$ überschritten. Im vorliegenden Plan werden die Perzentile aus Stichproben geschätzt.

Petrographie:
Wissenschaft von der mineralogischen und chemischen Zusammensetzung der Gesteine.

Phytoplankton:
Kieselalgen, Grünalgen, etc..

Porengrundwasserleiter:
Grundwasserleiter im Locker- oder Festgestein dessen durchflußwirksamer Hohlraumanteil überwiegend aus Poren gebildet wird.

potentielle Verdunstung:
Maximal mögliche Verdunstungshöhe, die sich unter gegebenen meteorologischen Bedingungen über einer Landfläche ergibt, wenn hier keine Begrenzung im Wassernachschub herrscht.

Präzipitation:
Ausfällung, Ausflockung.

Reinigungsleistung:
Grad der Reduzierung der mit dem Abwasser eingeleiteten Schmutzfracht durch eine Kläranlage in kg BSB_5/d, in EGW oder in Prozent.

Residualschluffton:
nichtkarbonatisches Rückstandsmaterial der Kalklösung.

Retention:
Abflußhemmung und -verzögerung durch natürliche Gegebenheiten (Überschwemmungsgebiete) oder künstliche Maßnahmen (Speicher).

Rodentizid:
Chemisches Bekämpfungsmittel gegen Nagetiere, z.B. Rattengift.

salinar:
Salzhaltiges Milieu.

Scheitelabfluß:
Höchster Abfluß einer Hochwasserwelle.

Schlammbelastung:
Quotient aus den organischen Schmutzstoffen (BSB_5) und der Schlammtrockensubstanz (TS).

Selbstreinigungskraft:
Vorgang im Gewässer, bei dem Wasserinhaltsstoffe abgeschieden (z.B. durch Sedimentation) oder durch Organismen unter Verbrauch von Sauerstoff (Sauerstoffzehrung) abgebaut werden.

Simulationsmodell:
Mathematische Abbildung komplexer technischer oder natürlicher Vorgänge.

Solifluktion:
Bodenfließen, v.a. in periglaziden Gebieten in der durchnäßten Auftauzone über Frostböden.

Stratigraphie:
Teilgebiet der Geologie, das sich mit der Aufeinanderfolge (Altersfolge) der Schichtgesteine befaßt.

Talentwicklung:
Tallänge abzüglich Länge der zugehörigen Luftlinie, geteilt durch Länge der Luftlinie.

Talraum:
Morphologisch abgrenzbarer Talbereich, der den Flußlauf aufnimmt.

Tektonik:
Teilgebiet der Geologie, das sich mit dem Bau der Erdkruste und ihren inneren Bewegungen befaßt.

teufen:
Einen Schacht herstellen.

Translationswirkung:
Zurücklegen einer bestimmten Strecke durch ein bestimmtes Wasserteilchen.

Trinkwasser:
Für menschlichen Genuß und Gebrauch geeignetes Wasser.

Trockenwetterabfluß:
Abfluß in Mischkanalisationen bei Trockenwetter, d.h. ohne Regenwasseranteil.

Uferfiltrat:
Wasser, das aus einem oberirdischen Gewässer auf natürliche oder künstliche Weise durch Ufer oder Sohle in den Untergrund gelangt ist.

Ufersubstrat:
Nahrung der Flora und Fauna im Uferbereich.

Überleitung:
Wassertransport aus einem Flußgebiet in ein anderes.

Variszikum:
Gebirgsbildungsphase des jüngeren Erdaltertums (Paläozoikum).

Vb-artige Wetterlage:
Zusammentreffen einer kalten, feuchten nord-/nordwestlichen Strömung (N/NW-Lage) mit einer darauf aufgleitenden feuchten, warmen Höhenströmung (Mittelmeertief).

Wasseraufkommen:
Das in einem Verbrauchsbereich verwendete Wasser aus Eigengewinnung und Fremdbezug.

Wasserbedarf:
Die in einer bestimmten Zeiteinheit benötigte Trink- und Betriebswassermenge. In der Rahmenplanung umfaßt der Begriff „Wasserbedarf" nicht nur den der Planung zugrundezulegenden kommenden Bedarf sondern auch den zurückliegenden tatsächlichen Wasserverbrauch.

Wasserdargebot:
Für eine bestimmte Zeiteinheit ermittelte nutzbare Wassermenge, die zur Verwendung als Trink- und Betriebswasser in einem bestimmten Gebiet zur Verfügung steht.

Wassernutzung/verwendung:
Tatsächlicher Gebrauch des Wasseraufkommens unter Berücksichtigung der Kreislauf- und Mehrfachnutzung des Wassers.

Weitergehende Abwasserreinigung:
Vorwiegend chemische, aber auch physikalische Reinigungsverfahren, die als dritte Stufe nach der mechanischen und der biologischen Reinigung in Kläranlagen eingesetzt werden, um besonders Nährstoffe und die biologisch nicht oder schwer abbaubaren Restverschmutzungen weiter zu verringern.

zentrale Wasserversorgung:
Wasserversorgung, bei der das Wasser durch ein Rohrnetz einem größeren Verbraucherkreis zugeführt wird.

Verzeichnis der Bilder

		Seite
Bild 1	Main bei Himmelstadt	13
Bild 2	Fränkische Schichtstufenlandschaft am Main bei Harrbach	16
Bild 3	Grundwasseranreicherungsanlage der Rhön-Maintal-Gruppe bei Weyer	57
Bild 4	Trinkwassertalsperre Mauthaus; Blick auf den Entnahmeturm	61
Bild 5	Hochwasser am Main bei Haßfurt, 18.03.1988	64
Bild 6	Schiffahrt und Wasserkraftnutzung; Main bei Staustufe Himmelstadt	73
Bild 7	Naturnah umgestaltete Itz im Lkr. Coburg	76
Bild 8	Buhnenfelder im Main bei Erlabrunn	77
Bild 9	Naturnaher Wasserbau - Sohlrampe in der Kahl bei Mömbris	80
Bild 10	Maintal bei Grafenrheinfeld	109
Bild 11	Kläranlage Bad Kissingen	112
Bild 12	Historische Hochwassermarken am Main	154

Bildnachweis

Archiv BayLfW Bild Nr. 1, 4, 7, 9, 12

Archiv BayLfU, Abt. 7 Bild Nr. 2, 10

Archiv WWA Würzburg Bild Nr. 6, 8

Archiv WWA Schweinfurt Bild Nr. 3, 5, 11

Verzeichnis der Karten

A   Planungsraum

A 1	Topographische Übersicht	E 1.8	Phosphorkonzentrationen Jahresreihe 1985 bis 1987
A 2	Übersicht über das Flußgebiet	E 1.10	Stickstoffdüngung der Ackerflächen Jahresreihe 1985 bis 1989
A 3	Bevölkerungsdichte 1991	E 1.11	Stickstoffkonzentrationen Jahresreihe 1985 bis 1987
A 4	Bevölkerungsentwicklung (VZ 1970 bis VZ 1987)	E 1.14	Geogene Belastung des Grundwassers mit ausgewählten Metallen, 50 Perzentile
A 5	Bevölkerungsentwicklung (VZ 1987 bis 1991)	E 1.20	Metallgehalte in Fischen, 90 Perzentile Jahresreihe 1983 bis 1989
A 6	Fremdenverkehrsdichte 1991	E 1.23	PCB-Gehalte in Fischen, 50 Perzentile Jahresreihe 1983 bis 1989

B   Zusammenfassende Planaussagen

		E 1.26	Einsatzmengen von Pflanzenschutzmitteln Jahresreihe 1985 bis 1989
C 3	Fernwasserversorgungsunternehmen	E 1.31	PSM im Grund- und Trinkwasser in Anlagen > 1000 m^3/a, Stand: 1. 10. 1990
C 4	Grundwasserleiter	E 1.32	Übersicht zur hygienischen Belastung des Mains 1987 bis 1988
C 6	Trinkwasserbilanz 1987	E 1.33	CS - 137 - Aktivitäten im Klärschlamm Halbjahresmittelwerte 1986 bis 1989
C 7a	Trinkwasserbilanz 2000 (mittlerer Fall)	E 1.37	Lage der Kläranlagen 1987
C 8	Trinkwasserbilanz 2020 (mittlerer Fall)	E 1.40	Orte nach Reinigungsverfahren 1987
D 1	Naturräumliche Haupteinheiten des Planungsraumes	E 1.41	Angeschlossene Einwohner nach Reinigungsleistung der Kläranlagen
D 21	Zusammenfassende Bewertung der Einzugsgebiete	E 1.46	Abwasser- und Regenwassermengen
D 22	Gütewerte einzelner Auenabschnitte und davon abweichender Fließgewässerabschnitte	E 1.48	CSB-Frachten
D 23	Maßnahmen zur Erhaltung von Natur und Landschaft	E 1.49	Phosphor-Frachten
D 24	Maßnahmen zur Förderung und Entwicklung von Natur und Landschaft	E 1.50	Stickstoff-Frachten
D 25	Maßnahmen zur Um- und Neugestaltung von Natur und Landschaft	E 1.52	Jährliche Gesamtkosten der Abwasserbehandlung
		E 1.56	NH_4-N-Aufhöhung im Vorfluter durch Kläranlageneinleitungen 1987
E 1.2	Gewässergütekarte 1989	E 1.57	NH_4-N-Aufhöhung im Vorfluter durch Kläranlageneinleitungen Prognose 2
E 1.4	Sauerstoffsättigung Jahresreihe 1985 bis 1987		
E 1.5	BSB_5-Konzentrationen im Sommerhalbjahr Jahresreihe 1985 bis 1987	E 2.6	Nitratgehalte im Maingebiet
E 1.6	Stoffeintrag durch Niederschläge Jahresreihe 1983 bis 1989	E 2.7	Beteiligung von LHKW an Untergrundverunreinigungen in Franken 1990/1991
E 1.7	Phosphordüngung der Ackerflächen Jahresreihe 1985 bis 1989	E 2.9	Altlastverdächtige Flächen Stand: 1990